U0901313

中 国 国 家 标 准 汇 编

519

GB 27963～28002

（2011 年制定）

中国标准出版社　编

中国标准出版社

北　京

图书在版编目(CIP)数据

中国国家标准汇编:2011年制定.519:
GB 27963～28002/中国标准出版社编.—北京:中国
标准出版社,2012
ISBN 978-7-5066-6982-5

Ⅰ.①中… Ⅱ.①中… Ⅲ.①国家标准-汇编-中国
-2011 Ⅳ.①T-652.1

中国版本图书馆CIP数据核字(2012)第197832号

中国标准出版社出版发行
北京市朝阳区和平里西街甲2号(100013)
北京市西城区三里河北街16号(100045)

网址 www.spc.net.cn
总编室:(010)64275323 发行中心:(010)51780235
读者服务部:(010)68523946
中国标准出版社秦皇岛印刷厂印刷
各地新华书店经销

*

开本 880×1230 1/16 印张 35 字数 1 060 千字
2012年9月第一版 2012年9月第一次印刷

*

定价 220.00 元

出 版 说 明

1.《中国国家标准汇编》是一部大型综合性国家标准全集。自1983年起，按国家标准顺序号以精装本、平装本两种装帧形式陆续分册汇编出版。它在一定程度上反映了我国建国以来标准化事业发展的基本情况和主要成就，是各级标准化管理机构，工矿企事业单位，农林牧副渔系统，科研、设计、教学等部门必不可少的工具书。

2.《中国国家标准汇编》收入我国每年正式发布的全部国家标准，分为"制定"卷和"修订"卷两种编辑版本。

"制定"卷收入上一年度我国发布的、新制定的国家标准，顺延前年度标准编号分成若干分册，封面和书脊上注明"20××年制定"字样及分册号，分册号一直连续。各分册中的标准是按照标准编号顺序连续排列的，如有标准顺序号缺号的，除特殊情况注明外，暂为空号。

"修订"卷收入上一年度我国发布的、被修订的国家标准，视篇幅分设若干分册，但与"制定"卷分册号无关联，仅在封面和书脊上注明"20××年修订-1，-2，-3，……"字样。"修订"卷各分册中的标准，仍按标准编号顺序排列(但不连续)；如有遗漏的，均在当年最后一分册中补齐。需提请读者注意的是，个别非顺延前年度标准编号的新制定的国家标准没有收入在"制定"卷中，而是收入在"修订"卷中。

读者配套购买《中国国家标准汇编》"制定"卷和"修订"卷则可收齐由我社出版的上一年度我国制定和修订的全部国家标准。

3. 由于读者需求的变化，自1996年起，《中国国家标准汇编》仅出版精装本。

4. 2011年我国制修订国家标准共1 989项。本分册为"2011年制定"卷第519分册，收入国家标准GB 27963～28002的最新版本。

中国标准出版社

2012年8月

目　　录

ICS 07.060
A 47

中华人民共和国国家标准

GB/T 27963—2011

人居环境气候舒适度评价

Climatic suitability evaluating on human settlement

2011-12-30 发布 2012-03-01 实施

中华人民共和国国家质量监督检验检疫总局
中国国家标准化管理委员会 发布

前言

本标准按照GB/T 1.1—2009给出的规则起草。

本标准由中国气象局提出。

本标准由全国气象防灾减灾标准化技术委员会(SAC/TC 345)归口。

本标准起草单位:湖北省气象局、中国气象科学研究院、湖北省农业厅、华中师范大学。

本标准主要起草人:冯明、毛飞、王学良、刘学春、陈璇、任耀武、吴宜进。

人居环境气候舒适度评价

1 范围

本标准规定了人居环境气候舒适度的术语、等级指标和评价方法。

本标准适用于全国范围人居环境气候舒适度评价。

2 术语和定义

下列术语和定义适用于本文件。

2.1

空气温度　air temperature

表示空气冷热程度的物理量,简称气温。

2.2

空气湿度　air humidity

表示空气中的水汽含量和潮湿程度的物理量,简称湿温。本标准中是指地面气象观测场中离地面1.5 m处的空气相对湿度。

2.3

风　wind

空气的流动现象。地面气象观测中测量的是空气相对于地面的水平运动。本标准中是指风速。

2.4

日照　sunshine

能使地上物体投射出清晰阴影的直接辐射。本标准中是指太阳在　地实际照射的时数。

2.5

人居环境　human settlement

人类赖以生存、生活的空间及其自然条件。

2.6

气候舒适度　climatic comfortability

健康人群在无需借助任何防寒、避暑装备和设施情况下对气温、湿度、风速和日照等气候因子感觉的适宜程度。

2.7

温湿指数　temperature humidity index

描述人体对环境温度和湿度综合感受的指数。

2.8

风效指数　wind chill index

描述人体对风、温度和日照综合感受的指数。

3 人居环境气候舒适度评价

3.1 评价等级

气候舒适度划分为5个等级:寒冷、冷、舒适、热和闷热,见表1。

表 1 人居环境舒适度等级划分表

等级	感觉程度	温湿指数	风效指数	健康人群感觉的描述
1	寒冷	<14.0	<−400	感觉很冷,不舒服
2	冷	14.0~16.9	−400~−300	偏冷,较不舒服
3	舒适	17.0~25.4	−299~−100	感觉舒适
4	热	25.5~27.5	−99~−10	有热感,较不舒服
5	闷热	>27.5	>−10	闷热难受,不舒服

3.2 评价指标的计算方法

温湿指数 I 计算公式见式(1):

$$I = T - 0.55 \times (1 - \mathrm{RH}) \times (T - 14.4) \quad \cdots\cdots(1)$$

式中:

I ——温湿指数,保留 1 位小数;

T ——某一评价时段平均温度,单位为摄氏度(℃);

RH——某一评价时段平均空气相对湿度,%。

风效指数 K 计算公式见式(2):

$$K = -(10\sqrt{V} + 10.45 - V)(33 - T) + 8.55S \quad \cdots\cdots(2)$$

式中:

K ——风效指数,取整数;

T ——某一评价时段平均温度,单位为摄氏度(℃);

V ——某一评价时段平均风速,单位为米每秒(m/s);

S ——某一评价时段平均日照时数,单位为时每天(h/d)。

3.3 评价方法

气候舒适度采用温湿指数和风效指数评价。当两种指数不一致时,冬半年使用风效指数;夏半年使用温湿指数。当评价时段平均风速大于 3 m/s 的地区使用风效指数。

参 考 文 献

[1] QX/T 50—2007 地面气象观测规范 第6部分:空气温度和湿度观测

[2] QX/T 51—2007 地面气象观测规范 第7部分:风向和风速观测

[3] QX/T 56—2007 地面气象观测规范 第12部分:日照观测

[4] 唐焰,封志明,杨艳昭.基于栅格尺度的中国人居环境气候适宜性评价[J].资源科学,2008,5:648-653

[5] 余珊,戴文远.福建省旅游气候评价[J].福建师范大学学报,2005,2:103-106

[6] 刘梅,于波,姚克敏.人体舒适度研究现状及其开发应用前景[J].气象科技,2002,1:11-15

[7] 郑有飞,余永江,谈建国等.气象参数对人体舒适度的影响研究[J].气象科技,2007,6:827-830

[8] 黄海霞,李建龙,黄良美.南京市小气候日变化规律及其对人体舒适度的影响[J].生态学杂志,2008,27(4):601-606

[9] 王远飞,沈愈.上海市夏季温湿效应与人体舒适度[J].华东师范大学学报,1998,3:60-66

[10] 贾金明,王运行,吴建河等.气象与生活[M].北京:气象出版社,2008.

[11] 陈正洪,王祖承,张鸿雁.炎(闷)热指数在武汉市的试用、修订及检验[J].湖北气象,2000,3:23-24

ICS 07.060
A 47

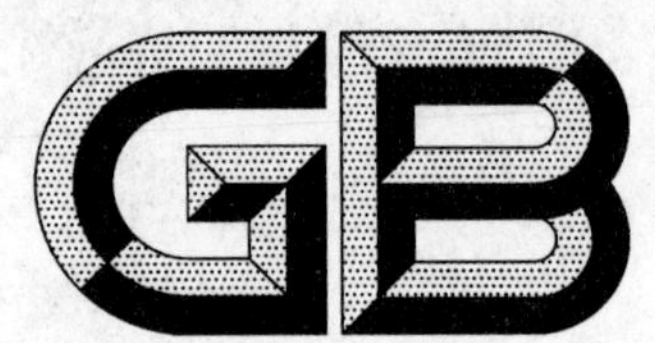

中华人民共和国国家标准

GB/T 27964—2011

雾的预报等级

Grade of fog forecast

2011-12-30 发布　　2012-03-01 实施

中华人民共和国国家质量监督检验检疫总局
中国国家标准化管理委员会　发布

前 言

本标准按照 GB/T 1.1—2009 给出的规则起草。

本标准由中国气象局提出。

本标准由全国气象防灾减灾标准化技术委员会(SAC/TC 345)归口。

本标准起草单位:国家气象中心。

本标准主要起草人:杨贵名、林建、宗志平。

引　言

雾是影响我国的主要灾害性天气之一。雾具有发生频率高、影响范围广和致灾严重等特点。雾给交通运输和人民健康造成影响和危害。

制定国家统一的雾的预报等级标准有助于规范雾预报预警服务工作。

雾的预报等级

1 范围

本标准规定了雾的预报等级。

本标准适用于雾的预报和预警。

2 术语和定义

下列术语和定义适用于本文件。

2.1

雾 fog

悬浮在近地层大气中的大量微细乳白色水滴或冰晶的可见集合体。

2.2

能见度 visibility

根据地面气象观测规范，视力正常(对比感阈为0.05)的人，在当时天气条件下，能够从天空背景中看到和辨认的目标物(黑色、大小适度)的最大距离。单位为米(m)。

3 划分原则与等级

3.1 划分原则

雾的等级依据当时的能见度。

3.2 等级

以 V 表示能见度。雾的预报等级见表1。

表1 雾的预报等级

等　级	能　见　度
轻雾	1 000 m≤V<10 000 m
大雾	500 m≤V<1 000 m
浓雾	200 m≤V<500 m
强浓雾	50 m≤V<200 m
特强浓雾	V<50 m

参 考 文 献

[1] 《大气科学辞典》编委会.大气科学辞典.北京:气象出版社,1994:425

[2] 中国气象局.地面气象观测规范.北京:气象出版社,2004:18

[3] QX/T 76—2007 高速公路能见度监测及浓雾的预警预报

[4] 中国民用航空总局.航空器机场运行最低标准的制定与实施规定(第一章 总则),2001

ICS 07.060
A 47

中华人民共和国国家标准

GB/T 27965—2011

应急气象服务工作流程

Emergency meteorological service workflow

2011-12-30 发布　　2012-03-01 实施

中华人民共和国国家质量监督检验检疫总局
中国国家标准化管理委员会　发布

前　言

本标准按照 GB/T 1.1—2009 给出的规则起草。

本标准由中国气象局提出。

本标准由全国气象防灾减灾标准化技术委员会(SAC/TC 345)归口。

本标准起草单位:陕西省气象局。

本标准主要起草人:梁谷、李燕、田显、乔旭霞、岳治国、苏玲芬、牛桂萍、周爱丽。

应急气象服务工作流程

1 范围

本标准规定了应急气象服务的工作流程。

本标准适用于应急气象服务。

2 术语及定义

下列术语及定义适用于本文件。

2.1

突发公共事件 public emergency

突然发生，造成或者可能造成严重社会危害，需要采取应急处置措施予以应对的自然灾害、事故灾难、公共卫生事件和社会安全事件。

2.2

应急气象服务 emergency meteorological service

为配合突发公共事件的应急处置，实施的气象监测、预报警报、评估、防范建议等服务。

2.3

应急气象服务指挥中心 emergency meteorological service commanding center

负责应急气象服务组织、管理、协调和实施的机构。

2.4

指挥中心成员单位 member unit of emergency service commanding center

接受应急气象服务指挥中心统一领导、指挥，在应急气象服务中承担气象监测、预报警报、评估、防范建议和人工影响天气等服务的单位。

2.5

应急气象服务方案 emergency meteorological service program

依据突发公共事件危害的特点，制定的气象服务实施方案。

2.6

应急气象服务指令 emergency meteorological service order

依据应急气象服务方案的要求，在应急气象服务实施过程中，由应急气象服务指挥中心向指挥中心成员单位下达的命令。

2.7

应急气象服务专家组 expert group of emergency meteorological service

由应急气象服务指挥中心设立的应急气象专家组。

3 工作流程

3.1 应急气象服务启动

应急气象服务指挥中心（以下简称指挥中心）接获上级主管机构应急响应命令，启动应急气象服务。

3.2 应急气象服务准备

3.2.1 启动应急气象服务后指挥中心应完成下列工作：

——开通与上级主管机构、相关指挥中心成员单位(以下简称成员单位)、指定服务用户间的通信联络；

——向相关成员单位下达应急气象服务准备指令；

——组织技术、管理人员和应争气象服务专家组成员制订应急气象服务方案(以下简称气象服务方案)。

3.2.2 接获应急气象监测准备指令的成员单位，应完成下列工作：

——检查监测设备是否完好；

——检查应急设备是否完好；

——检查监测、应急设备是否备份充足；

——组织应急气象监测专职人员待命。

3.2.3 接获应急气象预报准备指令的成员单位，应完成下列工作：

——向指挥中心提供最近时段的日常业务预报内容；

——组织应急气象预报专职人员待命。

3.2.4 接获应急气象防范准备指令的成员单位，应组织应急气象防范提示专职人员待命。

3.2.5 接获应急气象影响评估准备指令的成员单位，应完成下列工作：

——收集与应急气象影响评估相关的参考资料；

——组织应急气象影响评估专职人员待命。

3.2.6 指挥中心应向上级主管机构提交气象服务方案。

3.2.7 指挥中心应依据突发事件的发展和应急处置的进程及时调整气象服务方案，并向上级主管机构备案。

3.3 应急气象服务实施

3.3.1 指挥中心应依据气象服务方案向相关成员单位下达应急气象服务执行指令。

3.3.2 成员单位接到应急气象服务执行指令后应按照指令内容开展应急气象服务。

3.3.3 开展应急气象服务期间，指挥中心应完成下列工作：

——保持与上级主管机构、相关成员单位、指定服务用户间的通信联络；

——应急气象服务内容变更后，向相关成员单位下达应急气象服务变更指令；

——对实施应急气象服务的成员单位进行服务监督和提供技术指导；

——协助成员单位完成部门间合作的协调。

3.3.4 接获应急气象监测执行指令或变更指令的成员单位，应完成下列工作：

——按指令内容开展监测服务；

——按照信息传送要求发送监测资料。

3.3.5 接获应急气象预报执行指令或变更指令的成员单位，应完成下列工作：

——按指令内容开展预报服务；

——按照信息传送要求发送预报信息。

3.3.6 接获应急气象防范执行指令或变更指令的成员单位，应完成下列工作：

——按指令内容开展防范提示服务；

——按照信息传送要求发送防范提示信息。

3.3.7 接获应急气象影响评估执行指令或变更指令的成员单位，应完成下列工作：

——按指令内容开展评估服务；

——按照信息传送要求发送应急气象影响评估信息。

3.4 应急气象服务终止

3.4.1 指挥中心接获上级主管机构应急气象服务终止命令，终止应急气象服务。

3.4.2 终止应急气象服务指挥中心应下达应急气象服务停止指令。

3.4.3 成员单位接获指挥中心应急气象服务停止指令，停止应急气象服务。

3.4.4 停止应急气象服务后各单位应完成所承担任务的应急气象服务质量评估。

3.4.5 应急气象服务质量评估应包含下列内容：

——服务项目与质量；

——预期效果与结果；

——服务经验与问题；

——改进措施与建议。

参 考 文 献

［1］ 中华人民共和国突发事件应对法.2007 年 8 月 30 日
［2］ 国务院.国家突发公共事件总体应急预案.2006 年 1 月 8 日
［3］ 中国气象局.中国气象局气象灾害应急预案.2011 年 6 月 23 日

ICS 07.060
A 47

中华人民共和国国家标准

GB/T 27966—2011

灾害性天气预报警报指南

Guide to disastrous weather forecast and warning

2011-12-30 发布　　2012-03-01 实施

中华人民共和国国家质量监督检验检疫总局
中国国家标准化管理委员会　发布

前 言

本标准按照 GB/T 1.1—2009 给出的规则起草。

本标准由中国气象局提出。

本标准由全国气象防灾减灾标准化技术委员会(SAC/TC 345)归口。

本标准起草单位:陕西省人工影响天气办公室。

本标准主要起草人:梁谷、李燕、岳治国、田显、乔旭霞。

灾害性天气预报警报指南

1 范围

本标准规定了灾害性天气预报、警报的内容和要求。

本标准适用于灾害性天气预报警报业务。

2 规范性引用文件

下列文件对于本文件的应用是必不可少的。凡是注日期的引用文件，仅注日期的版本适用于本文件。凡是不注日期的引用文件，其最新版本(包括所有的修改单)适用于本文件。

GB/T 21984—2008 短期天气预报

3 术语及定义

下列术语及定义适用于本文件。

3.1

灾害性天气 disastrous weather

对人类的生命财产、生产和社会活动及大自然造成灾害的天气。

3.2

灾害性天气类别 types of disastrous weather

依据灾害性天气的特征及其影响程度进行的分类。

注：如台风、大风、暴雨、暴雪、高温、沙尘暴、寒潮、大雾等。

3.3

灾害性天气等级 grade of disastrous weather

依据灾害性天气可能造成的危害程度，对灾害性天气强度划分的等级。

3.4

灾害性天气预报 disastrous weather forecast

对未来灾害性天气可能出现的时间、地点、强度等信息的表述。

3.5

灾害性天气警报 warning of disastrous weather

对可能造成严重危害的灾害性天气的预报。

3.6

临近预报 nowcast

现时天气状况和未来0～2 h的天气预报。

3.7

短时预报 very short-range forecast

未来0～12 h的天气预报。

3.8

短期预报 short-range forecast

采用GB/T 21984—2008中3.1的定义。

3.9

中期预报 medium-range forecast

未来 3 d～10 d 的天气预报。

4 灾害性天气预报

4.1 预报内容

包括：

——灾害性天气类别；

——灾害性天气出现的时间；

——灾害性天气影响区域；

——灾害性天气等级或强度；

——灾害性天气发展趋势。

4.2 预报类型

包括：

——临近预报；

——短时预报；

——短期预报；

——中期预报。

5 灾害性天气警报

5.1 警报发布内容

包括：

——灾害性天气类别；

——灾害性天气出现的时间；

——灾害性天气影响区域；

——灾害性天气等级或强度；

——灾害性天气发展趋势；

——防范提示。

5.2 警报分类

5.2.1 分类原则

依据灾害性天气可能造成的危害程度、紧急程度、发展态势进行分类。

5.2.2 分类

包括：

——警报；

——紧急警报。

参 考 文 献

[1] International Meteorological Vocabulary,WMO-No.182

[2] 《大气科学辞典》编委会.大气科学辞典[M].北京:气象出版社,1994

ICS 07.060
A 47

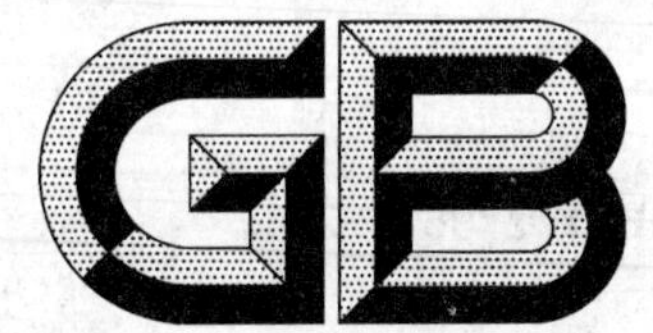

中华人民共和国国家标准

GB/T 27967—2011

公路交通气象预报格式

Format of weather forecast on highway traffic

2011-12-30 发布　　　　2012-03-01 实施

中华人民共和国国家质量监督检验检疫总局
中国国家标准化管理委员会　发布

前　言

本标准按照 GB/T 1.1—2009 给出的规则起草。

本标准由中国气象局提出。

本标准由全国气象防灾减灾标准化技术委员会(SAC/TC 345)归口。

本标准起草单位:交通运输部公路科学研究院、国家气象中心。

本标准主要起草人:高建刚、黄卓、包左军、赵琳娜、李长城、吴昊、郑昊、田华、陈磊。

公路交通气象预报格式

1 范围

本标准规定了公路交通气象预报格式的结构和用语。

本标准适用于全国各级公路交通气象预报。

2 规范性引用文件

下列文件对于本文件的应用是必不可少的。凡是注日期的引用文件,仅注日期的版本适用于本文件。凡是不注日期的引用文件,其最新版本(包括所有的修改单)适用于本文件。

GB/T 917 公路路线标识规则和国道编号

JTG A03 国家高速公路网命名和编号规则

3 术语和定义

下列术语和定义适用于本文件。

3.1

不利天气 adverse weather

影响公路交通安全与通畅的天气,如雾、道路结冰、高温、冰雹、雪、雨、风、沙尘等。

3.2

公路交通气象预报 weather forecast on highway traffic

以影响公路路段的不利天气为主要预报内容,以交通运输部门、公安交通管理部门、公路运输企业和社会公众为发布对象的气象预报。

3.3

影响路段 highway section under adverse weather

受不利天气影响的公路路段。

4 结构

4.1 要素

公路交通气象预报应包括标题、影响天气描述、影响路段描述及交通管理与安全行车提示。

4.2 标题

标题应包括如下信息:

a) 发布时间(北京时间);

示例:××××年××月××日××时××分;

b) 发布单位;

c) 预报时效;

d) 预报范围。

4.3 影响天气描述

4.3.1 影响天气描述应概括性地描述预报范围内不利天气出现的时间、强度和影响范围。

4.3.2 对于雨和雪的预报，应给出降水强度等级，见附录A。对于风的预报，应给出风力等级，见附录B。对于雾和沙尘的预报，应给出能见度等级，见附录C。对于高温的预报，应给出温度。

4.4 影响路段描述

4.4.1 影响路段可以按不同的不利天气分类，也可以按不同的公路路线分类。

4.4.2 影响路段按照公路行政等级（国道、省道、县道和乡道）的顺序排列；在同一行政等级的影响路段中，按照路线编号由小到大的顺序排列。

4.4.3 高速公路路线名称和编号，应符合JTG A03的规定；其他公路的名称和编号，应符合GB/T 917的规定。

4.4.4 影响路段可以采用如下方式描述：

城镇法，格式为"××（城镇）—××（城镇）—××（城镇）段"，如"北京—保定—石家庄段"。应根据预报区域范围合理选择城镇的行政级别，列举的城镇不宜超过4个。城镇的列举顺序应与JTG A03和GB/T 917中规定的路线走向或公路管理部门规定的路线走向一致。可选择省界作为节点，格式为"××××省界"，如"河北山东省界"。

区域法，格式为"××段"，如"河北段"、"济南段"。区域的列举顺序应与JTG A03和GB/T 917中规定的路线走向或公路管理部门规定的路线走向一致。

概述法，格式为"全线"、"大部分路段"、"部分路段"以及"××（城镇）以×（方位）路段"，如"西安以西路段"。

在同一次预报中，可以综合使用三种影响路段表示方法。

4.5 交通管理和安全行车提示

根据不利天气对公路交通可能造成的影响，应针对相关管理部门、企事业单位和社会公众的需求，给出交通管理和安全行车提示。

4.6 公路交通气象预报示例

公路交通气象预报示例参见附录D。

附 录 A
（规范性附录）
降水强度等级划分表

表 A.1 规定了降水强度等级的划分。

表 A.1 降水强度等级划分表

名 称	24 小时降水总量/mm
毛毛雨、小雨	＜10.0
小到中雨	5.0～16.9
中雨	10.0～24.9
中到大雨	17.0～37.9
大雨	25.0～49.9
大到暴雨	38.0～74.9
暴雨	50.0～99.9
暴雨到大暴雨	75.0～174.9
大暴雨	100～249.9
大暴雨到特大暴雨	175～299.9
特大暴雨	≥250.0
零星小雪、小雪	＜2.5
小到中雪	1.3～3.7
中雪	2.5～4.9
中到大雪	3.8～7.4
大雪	5.0～9.9
大到暴雪	7.5～15.0
暴雪	≥10.0

附 录 B
（规范性附录）
风力等级划分表

表 B.1 规定了风力等级的划分。

表 B.1 风力等级划分表

风力等级	名称	相当于平地 10 m 高处的风速/(m/s)
0	静稳	0.0～0.2
1	软风	0.3～1.5
2	轻风	1.6～3.3
3	微风	3.4～5.4
4	和风	5.5～7.9
5	清劲风	8.0～10.7
6	强风	10.8～13.8
7	疾风	13.9～17.1
8	大风	17.2～20.7
9	烈风	20.8～24.4
10	狂风	24.5～28.4
11	暴风	28.5～32.6
12	飓风	32.7～36.9
13		37.0～41.4
14		41.5～46.1
15		46.2～50.9
16		51.0～56.0
17		56.1～61.2
18		≥61.3

附 录 C
（规范性附录）
雾和沙尘能见度等级划分表

表 C.1 规定了雾能见度等级的划分，表 C.2 规定了沙尘能见度等级的划分。

表 C.1 雾能见度等级划分表

名 称	能见度/m
雾	500～1 000
大雾	200～500
浓雾	50～200
强浓雾	<50

表 C.2 沙尘能见度等级划分表

名 称	能 见 度
浮尘	尘土、细沙均匀地浮游在空中，水平能见度小于 10.0 km。
扬沙	风将地面沙尘吹起，使空气相当浑浊，水平能见度在 1.0 km～10.0 km 以内。
沙尘暴	强风将地面大量沙尘吹起，使空气很浑浊，水平能见度小于 1.0 km。
强沙尘暴	大风将地面沙尘吹起，使空气非常浑浊，水平能见度小于 500 m。
特强沙尘暴	大风将地面沙尘吹起，使空气特别浑浊，水平能见度小于 50 m。

附 录 D
（资料性附录）
公路交通气象预报格式示例

2006 年 06 月 06 日 18 时中国气象局和交通部联合发布 24 小时全国公路交通气象预报

6 日 20 时至 7 日 20 时，贵州南部、广西北部、湖南南部、江西中南部、浙江南部、福建大部、广东中北部将有大到暴雨，局部地区有大暴雨并有短时雷雨大风等强对流天气。另外，内蒙古东北部的一些地区也将有大雨。

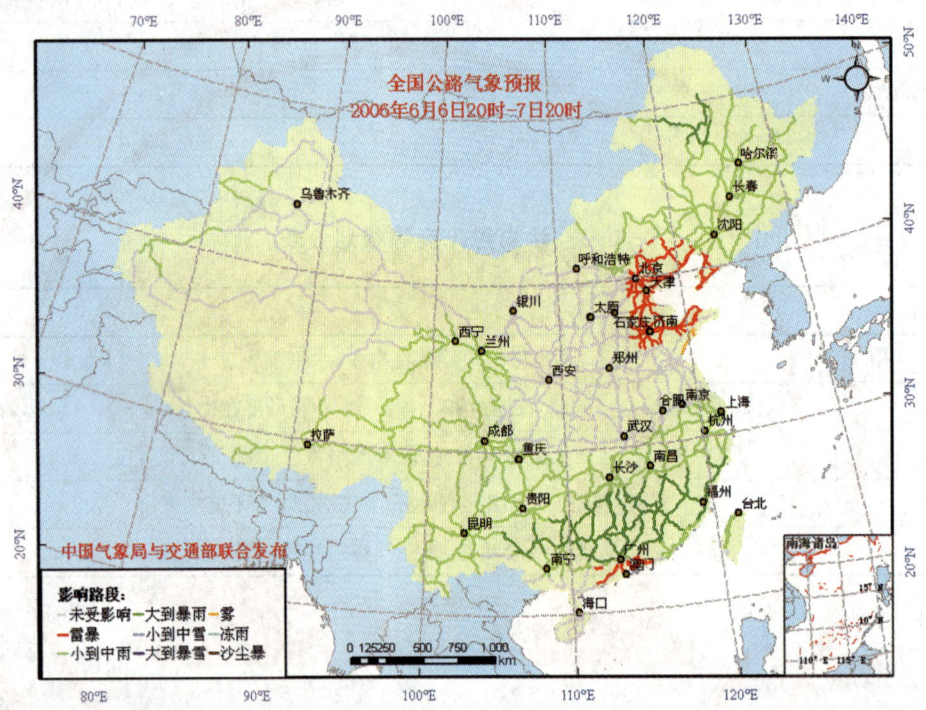

受大到暴雨影响的主要路段有：

104 国道浙江黄岩—温州—福建宁德—福州段

105 国道江西新干—吉安—赣州—广东从化段

106 国道湖南攸县—广东韶关—佛冈段

107 国道湖南衡山—郴州—广东清远—广州段

111 国道黑龙江齐齐哈尔—富裕—讷河—加格达齐段

205 国道福建浙江省界—福建南平—广东梅州—河源段

206 国道江西金溪—瑞金—广东梅州段

207 国道湖南东安—广西贺州—梧州—苍梧段

209 国道湖南广西省界—广西柳州段

301 国道黑龙江齐齐哈尔—内蒙古呼伦贝尔段

316 国道福建闽侯—南平—江西抚州段

319 国道福建龙岩—江西瑞金—莲花段

321 国道广东肇庆—广西梧州—桂林—贵州从江段

322 国道湖南衡阳—广西桂林—柳州段

323 国道江西瑞金—广东韶关—广西柳州—百色—广西云南省界段
324 国道福建宏路—莆田—惠安段、广西田东—百色—贵州安龙段
330 国道浙江温州—丽水段

受雾影响的主要路段有：

204 国道山东即墨—城阳—东港—山东江苏省界段

受雷暴影响的主要路段有：

101 国道北京—河北承德—辽宁朝阳段
102 国道河北玉田—卢龙—辽宁葫芦岛—锦州段
103 国道北京—天津—天津塘沽全线
104 国道北京—天津—济南—山东泰安段
105 国道北京—天津—山东德州—汶上段、广州—广东珠海段
106 国道北京—河北衡水段
107 国道北京—河北涿州—高碑店段、广东东莞—深圳段
108 国道北京段
109 国道北京段
111 国道北京段、河北段
201 国道辽宁庄河—大连段
202 国道辽宁盖州—大连段
204 国道山东烟台—莱阳—莱西段
205 国道河北秦皇岛—天津—山东莱芜—新泰段
206 国道山东烟台—潍坊—安丘段
220 国道山东滨州—济南—梁山段
305 国道辽宁庄河—营口段
306 国道辽宁绥中—建昌—凌源—内蒙古小城子段
307 国道河北新村—黄骅—沧州—武强段
308 国道山东潍坊—淄博—济南—河北清河段
309 国道山东莱阳—潍坊—济南—山东聊城段
324 国道广东惠东—惠州—博罗段、广东云浮—罗定段

ICS 03.080.01
A 10

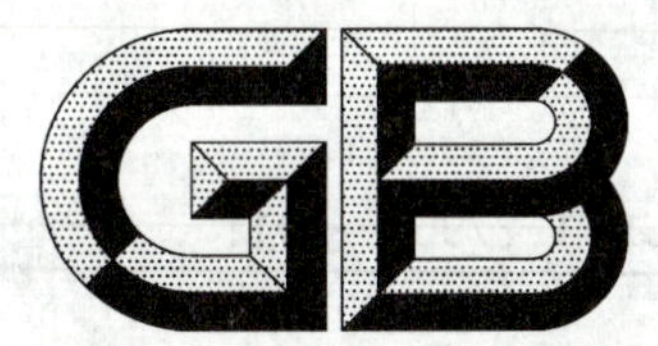

中华人民共和国国家标准

GB/T 27968—2011

拍卖企业的等级评估与等级划分

Grade assessment and classification for auction enterprises

2011-12-30 发布　　2012-05-01 实施

中华人民共和国国家质量监督检验检疫总局
中国国家标准化管理委员会　发布

前　言

本标准根据 GB/T 1.1—2009 给出的规则起草。

本标准由中华人民共和国商务部提出。

本标准由全国拍卖标准化技术委员会(SAC/TC 366)归口。

本标准负责起草单位:中国拍卖行业协会。

本标准参加起草单位:上海市拍卖行业协会、黑龙江省拍卖行业协会、福建省拍卖行业协会、四川省拍卖行业协会、湖北省拍卖行业协会、广西壮族自治区拍卖行业协会、中国嘉德国际拍卖有限公司、北京嘉禾国际拍卖有限公司、北京华辰拍卖有限公司、未来四方拍卖集团有限公司、厦门特拍拍卖有限公司。

本标准主要起草人:李卫东、寇勤、郑鑫尧、周建国、李伟、刘建红、王炎、赵晶、王焯。

拍卖企业的等级评估与等级划分

1 范围

本标准规定了拍卖企业的等级评估原则、评估指标及等级划分。

本标准适用于拍卖企业等级的界定、拍卖市场对拍卖企业的评估与选择。

2 术语和定义

下列术语和定义适用于本文件。

2.1

拍卖企业 auction enterprise

从事以公开竞价、价高者得的方式出卖特定物品或财产权利的活动，具有与自身业务相适应的信息管理系统，实行独立核算、独立承担民事责任的经济组织。

3 等级评估

3.1 评估原则

3.1.1 评估应能全面、系统反映企业从事拍卖业务的综合能力和实际业绩。

拍卖企业评估工作可由国家认可的全国性拍卖行业组织依照国家有关规定设立评估机构具体实施。

3.1.2 参加评估的企业应具备下列准入条件：

3.1.2.1 符合相关法规的要求，并且成立于评估基准日三年以前。

注1：相关法规可参见《中华人民共和国拍卖法》、《中华人民共和国公司法》和《拍卖监督管理暂行办法》等。

注2：评估基准日是指对拍卖企业在过去一定期间内的经营业绩开始进行测评的最后截止日期，以具体的某年某月某日来表示。

3.1.2.2 考核期限内及评估结果发布日之前没有因违规经营受到行政处罚或在生效裁判中被确认为有违规经营行为。

注：考核期限是指对拍卖企业的各项经营业绩进行评估的特定起止时间段，以自某年某月某日起至某年某月某日止来表示。

3.1.2.3 考核期限内(最近三年)每年度拍卖成交额均不应为零。

3.1.2.4 截止评估基准日之前拥有国家注册拍卖师不少于1名、拍卖从业人员不少于3名。

3.1.2.5 申报材料真实可信，无虚假。

3.2 评估指标

拍卖企业等级评估指标包括企业的规范性、诚信度、可持续发展能力、经营状况和社会贡献等5类20项指标。具体见表1。

表 1 拍卖企业等级评估指标及分值

<table>
<tr><th colspan="2">评估指标</th><th rowspan="2">级别</th><th rowspan="2">内 容</th><th rowspan="2">分值</th></tr>
<tr><th>类别</th><th>指标</th></tr>
<tr><td rowspan="9">拍卖规范性</td><td rowspan="3">制度建设</td><td>1</td><td>基本具备公司管理制度和基本的工作流程、业务规则。</td><td>1</td></tr>
<tr><td>2</td><td>具备相对健全的公司管理制度和基本的工作流程、业务规则。</td><td>2</td></tr>
<tr><td>3</td><td>具备健全的公司管理制度和基本的工作流程、业务规则。</td><td>3</td></tr>
<tr><td rowspan="3">档案管理</td><td>1</td><td>基本具备《拍卖法》要求的拍卖资料存档和管理，拍卖档案不够系统、健全。</td><td>1</td></tr>
<tr><td>2</td><td>具备《拍卖法》要求的拍卖资料存档和管理，有系统、健全的拍卖档案。</td><td>2</td></tr>
<tr><td>3</td><td>具备《拍卖法》要求的拍卖资料存档和管理，有系统、健全的拍卖档案，并有专用档案室、专职档案员。</td><td>3</td></tr>
<tr><td rowspan="3">人事管理</td><td>1</td><td>与企业员工全员签定《劳动合同》，员工交纳社会保险达到 5 人(含)至 9 人。</td><td>1</td></tr>
<tr><td>2</td><td>与企业员工全员签定《劳动合同》，员工交纳社会保险达到 10 人(含)至 19 人。</td><td>2</td></tr>
<tr><td>3</td><td>与企业员工全员签定《劳动合同》，员工交纳社会保险达到 20 人(含)以上。</td><td>3</td></tr>
<tr><td rowspan="6">拍卖诚信度</td><td rowspan="2">企业信誉</td><td>1</td><td>获得厅局级国家机关或省级行业协会奖励、荣誉称号。</td><td>1</td></tr>
<tr><td>2</td><td>获得省部级国家机关或国家级行业协会奖励、荣誉称号。</td><td>3</td></tr>
<tr><td rowspan="2">行业责任</td><td>1</td><td>能够在全国拍卖行业管理信息系统中报送企业信息；是中国拍卖行业协会或省(自治区、直辖市)拍卖行业协会会员并认真履行会员义务。</td><td>1</td></tr>
<tr><td>2</td><td>能够按时、准确地在全国拍卖行业管理信息系统中报送企业信息；是中国拍卖行业协会和省(自治区、直辖市)拍卖行业协会会员并认真履行会员义务。</td><td>3</td></tr>
<tr><td rowspan="2">客户服务</td><td>1</td><td>为客户提供并实施拍卖服务方案。</td><td>2</td></tr>
<tr><td>2</td><td>为客户提供并实施拍卖服务方案，建立满意度调查制度。</td><td>4</td></tr>
<tr><td rowspan="15">可持续发展能力</td><td rowspan="3">拍卖信息化水平</td><td>1</td><td>会计电算化、计算机管理拍卖档案、拥有企业网站，年均开展网络拍卖 2 场以上。</td><td>2</td></tr>
<tr><td>2</td><td>会计电算化、计算机管理拍卖档案、拥有企业网站，年均开展网络拍卖 4 场以上。</td><td>3</td></tr>
<tr><td>3</td><td>会计电算化、计算机管理拍卖档案、拥有企业网站、年均开展网络拍卖 6 场以上。</td><td>4</td></tr>
<tr><td rowspan="3">专业化水平</td><td>1</td><td>某专业标的年平均拍卖成交额在 3 000 万以上且年平均拍卖 6 场次以上。</td><td>2</td></tr>
<tr><td>2</td><td>某专业标的年平均拍卖成交额在 5 000 万以上且年平均拍卖 10 场次以上。</td><td>3</td></tr>
<tr><td>3</td><td>某专业标的年平均拍卖成交额在 8 000 万以上且年平均拍卖 15 场次以上。</td><td>4</td></tr>
<tr><td rowspan="3">市场化水平</td><td>1</td><td>社会委托业务的年平均拍卖成交额在 5 000 万以上。</td><td>2</td></tr>
<tr><td>2</td><td>社会委托业务的年平均拍卖成交额在 8 000 万以上。</td><td>3</td></tr>
<tr><td>3</td><td>社会委托业务的年平均拍卖成交额在 12 000 万以上。</td><td>4</td></tr>
<tr><td rowspan="3">人力资源</td><td>1</td><td>持有拍卖行业从业人员资格证书 5 人、拍卖师执业资格证书 2 人、其他与拍卖相关专业资格证书 3 人。</td><td>1</td></tr>
<tr><td>2</td><td>持有拍卖行业从业人员资格证书 8 人、拍卖师执业资格证书 4 人、其他与拍卖相关专业资格证书 4 人。</td><td>2</td></tr>
<tr><td>3</td><td>持有拍卖行业从业人员资格证书 10 人、拍卖师执业资格证书 6 人、其他与拍卖相关专业资格证书 5 人。</td><td>3</td></tr>
<tr><td rowspan="3">文化建设</td><td>1</td><td>有业务学习培训制度并组织实施。</td><td>1</td></tr>
<tr><td>2</td><td>有业务学习培训制度并组织实施，有健全并实际运行的企业党群组织。</td><td>2</td></tr>
<tr><td>3</td><td>有业务学习培训制度并组织实施，有健全并实际运行的企业党群组织，有企业报刊并定期刊出。</td><td>3</td></tr>
</table>

表 1（续）

评估指标		级别	内容	分值
类别	指标			
经营状况	年均净资产	1	100 万元(含)至 200 万元。	1
		2	200 万元(含)至 500 万元。	3
		3	500 万元(含)至 1 000 万元。	5
		4	1 000 万元(含)至 5 000 万元。	7
		5	5 000 万元(含)以上。	9
	经营时间	1	3(含)至 6 年(含)。	1
		2	6 至 10 年(含)。	3
		3	10 年以上。	5
	办公与经营场所	1	评估期限内连续使用的办公与经营场所合计面积 100 m^2(含)至 300 m^2(含)。	1
		2	评估期限内连续使用的办公与经营场所合计面积 300 m^2 至 1 000 m^2(含)。	3
		3	评估期限内连续使用的办公与经营场所合计面积 1 000 m^2 以上。	5
	年平均拍卖成交额	1	1 000 万元(含)至 3 000 万元。	1
		2	3 000 万元(含)至 6 000 万元。	2
		3	6 000 万元(含)至 1 亿元。	3
		4	1 亿元(含)至 2 亿元。	4
		5	2 亿元(含)至 3 亿元。	5
		6	3 亿元(含)以上。	6
	年平均主营业务收入	1	30 万元(含)至 100 万元。	1
		2	100 万元(含)至 250 万元。	2
		3	250 万元(含)至 500 万元。	3
		4	500 万元(含)至 1 000 万元。	4
		5	1 000 万元(含)至 1 500 万元。	5
		6	1 500 万元(含)以上。	6
	年平均拍卖场次	1	年平均拍卖 5(含)至 12 场。	1
		2	年平均拍卖 13(含)至 36 场。	3
		3	年平均拍卖 37(含)场以上。	5
社会贡献	公益拍卖等	1	年平均捐助金额 2 万元(含)以上或者年平均组织举办公益拍卖活动 1 次。	1
		2	年平均捐助金额 4 万元(含)以上或者年平均组织举办公益拍卖活动 2 次。	3
		3	年平均捐助金额 6 万元(含)以上或者年平均组织举办公益拍卖活动 3 次。	5
	年平均营业税	1	1.5(含)至 5 万元。	1
		2	5 万元(含)至 12.5 万元。	3
		3	12.5 万元(含)至 25 万元。	5
		4	25 万元(含)至 50 万元。	7
		5	50 万元(含)至 75 万元。	9
		6	75 万元(含)以上。	11
	年平均缴纳所得税	1	1 万元(含)至 3 万元。	1
		2	3 万元(含)至 10 万元。	3
		3	10 万元(含)至 30 万元。	5
		4	30 万元(含)至 100 万元。	7
		5	100 万元(含)至 200 万元。	9
		6	200 万元(含)以上。	11

4 等级划分

具备一定综合水平的拍卖企业，按照其具备的基本条件及评估的综合得分分为 AAA、AA、A 三个等级。AAA 级最高，依次降低。

4.1 AAA 级拍卖企业

4.1.1 参加“AAA”等级评估的企业应具备的基本条件：

a) 应是评估基准日五年以前成立的企业。

b) 考核期限内及评估结果发布日之前没有因违规经营受到行政处罚或在生效裁判中被确认为有违规经营行为。

c) 截止评估基准日之前拥有国家注册拍卖师不少于 3 名(含)，拍卖从业人员不少于 10 名。

d) 考核期限内(最近三年)各年度连续盈利。

4.1.2 综合得分最低限为 85 分(含)。

4.2 AA 级拍卖企业

综合得分最低限为 70 分(含)。

4.3 A 级拍卖企业

综合得分最低限为 60 分(含)。

参 考 文 献

[1] GB/T 19680—2005 物流企业分类与评估指标

ICS 81.060.01
Q 31

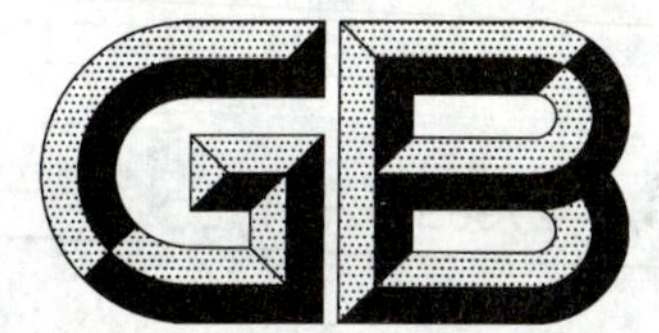

中华人民共和国国家标准

GB/T 27969—2011

建筑卫生陶瓷单位产品能耗评价体系和监测方法

The system of assess and the method of monitor for the energy consumption per unit products of architecture and sanitary ceramics

2011-12-30 发布　　2012-10-01 实施

中华人民共和国国家质量监督检验检疫总局
中国国家标准化管理委员会　发布

前　言

本标准按照 GB/T 1.1—2009 给出的规则起草。

本标准由中国建筑材料联合会提出。

本标准由全国建筑卫生陶瓷标准化技术委员会(SAC/TC 249)归口。

本标准负责起草单位:咸阳陶瓷研究设计院。

本标准参加起草单位:佛山市嘉俊陶瓷有限公司、广东新明珠陶瓷集团有限公司、广东东鹏陶瓷集团有限公司、广东梦佳陶瓷实业有限公司、广东四通集团有限公司、佛山市法恩洁具有限公司、广东欧美尔工贸实业有限公司、潮州市牧野陶瓷制造有限公司。

本标准主要起草人:任世理、刘幼红、王常德、叶德林、段先湖、杨继芳、钟保民、朱一军、徐文龙、王远。

建筑卫生陶瓷单位产品能耗评价体系和监测方法

1 范围

本标准规定了建筑卫生陶瓷单位产品能耗评价体系和监测方法的术语和定义、分类、评价体系、监测方法和评价报告。

本标准适用于建筑陶瓷和卫生陶瓷企业单位产品的能耗评价和监测。

2 规范性引用文件

下列文件对于本文件的应用是必不可少的。凡是注日期的引用文件,仅注日期的版本适用于本文件。凡是不注日期的引用文件,其最新版本(包括所有的修改单)适用于本文件。

GB/T 2587 用能设备能量平衡通则

GB/T 3484 企业能量平衡通则

GB/T 3485 评价企业合理用电技术导则

GB/T 6422 用能设备能量测试导则

GB/T 8222 用电设备电能平衡通则

GB/T 9195 建筑卫生陶瓷分类和术语

GB 17167 用能单位计量器具配备和管理通则

GB/T 23459 陶瓷工业窑炉热平衡、热效率测定与计算方法

3 术语和定义

GB/T 9195 界定的以及下列术语和定义适用于本文件。

3.1

建筑卫生陶瓷单位产品综合物耗 the comprehensive raw material consumption per unit of the products of architecture and sanitary ceramics

生产单位合格产品所用的物料(包括坯用原料和釉用原料)。卫生陶瓷单位产品综合物耗以每吨产品(t)所需消耗的原料(t)计;建筑陶瓷单位产品综合物耗以每吨产品(t)所需消耗的原料(t)计或以每平方米产品(m^2)所需消耗的原料(kg)计。

3.2

建筑卫生陶瓷单位产品综合水耗 the comprehensive water consumption per unit of the products of architecture and sanitary ceramics

生产单位合格产品所耗用的水量。卫生陶瓷单位产品综合水耗以每吨产品(t)所需消耗的水(t)计;建筑陶瓷单位产品综合水耗以每平方米产品(m^2)所需消耗的水(kg)计或以每吨产品(t)所需消耗的水(t)计。

3.3

建筑卫生陶瓷企业能耗体系边界 the systematic range of energy consumption for the architecture and sanitary enterprise

从坯、釉用原料进入生产区堆场或库房；煤、油、燃气进入生产区堆场或气站；电力接入变电站输入端起，到产品包装入库的生产过程中的耗能为企业能耗体系边界。供水接入由自来水供水管道水表输出端起。

4 分类

按产品类别分为卫生陶瓷和建筑陶瓷。

建筑陶瓷按成型方式分为压制成型、塑性成型和注浆成型；

建筑陶瓷按吸水率分为低吸水率（$E \leqslant 0.5\%$）、中吸水率（$0.5\% < E \leqslant 10\%$）、高吸水率产品（$E > 10\%$）。

5 评价体系

5.1 评价体系的构成

由同类产品的系统边界、能耗要素、生产工序能耗评价项目构成单位产品能耗评价体系；由生产场所的各类产品的单位能耗评价体系构成生产工厂的单位产品能耗评价体系；由企业各生产工厂的能耗评价体系构成企业的单位产品能耗评价体系。

5.2 系统边界

5.2.1 卫生陶瓷系统边界

包括原料在企业原料堆场里的转运、原料粗中细碎、原料制备输送、模型制作、釉料制备、成型、干燥、施釉、烧成、冷修、半成品运输、检验包装、仓储等过程。不包括石膏加工过程、匣钵及窑具加工制作、熔块制备、色料制备、生活设施(如:宿舍、学校、文化娱乐、医疗保健、商业服务和托儿幼教等)等过程。

5.2.2 建筑陶瓷系统边界

包括原料在企业原料堆场里的转运、原料粗中细碎、原料制备输送、模型制作、粉料制备、釉料制备、成型、干燥、施釉、烧成、冷修、抛光、半成品运输、检验包装、仓储等过程。不包括熔块制备、色料制备、窑具加工制作、生活设施(如:宿舍、学校、文化娱乐、医疗保健、商业服务和托儿幼教等)等过程。

5.3 能耗要素

系统边界范围内生产系统、辅助系统、附属生产系统及生产管理部门所消耗的能源。

5.3.1 燃耗:单位为千克标准煤每吨产品(kgce/t)；

5.3.2 电耗:单位为千瓦时每吨产品(kW·h/t)；

5.3.3 水耗:单位为吨水每吨产品或千克水每平方米产品(t/t 或 kg/m^2)；

5.3.4 物耗:卫生陶瓷物耗单位为吨原料每吨产品(t/t)；建筑陶瓷物耗单位为吨原料每吨产品(t/t)或千克原料每平方米产品(kg/m^2)。

5.4 产品能耗评价体系

在系统边界内，按产品实际生产流程进行评价，以实际产生能耗的生产工艺确定所涉及的能耗要素。

5.4.1 卫生陶瓷产品能耗评价体系

按卫生陶瓷产品生产流程进行评价，至少应包括表1所列能耗要素。

表 1　卫生陶瓷产品能耗评价体系

生产车间	序号	生产工序	燃耗/(kgce/t)	电耗/(kW·h/t)	水耗/(t/t)	物耗/(t/t)	废物排放	循环利用
原料处理	1	原料堆场及配料输送	+	+	+	+	−	−
	2	原料初次破碎	−	+	+	+	+	−
	3	球磨机运行	−	+	+	+	+	−
	4	泥浆搅拌、筛分、输送设备运行	−	+	+	+	+	+
	5	釉浆制备的球磨机运行	−	+	+	+	+	−
模具制作	6	胎型及工作模制作	+	+	+	+	+	−
	7	工作模干燥	+	+	−	−	+	−
坯体制作	8	成型车间动力、照明	+	+	+	−	+	−
	9	釉浆配制及釉浆输送	+	+	+	+	+	−
	10	压缩空气供给	−	+	+	−	+	−
	11	坯体成型	+	+	+	+	+	+
	12	施釉	−	+	+	+	+	+
	13	坯体干燥	+	+	−	+	+	+
烧成	14	窑炉	+	+	−	+	+	+
冷加工、包装	15	产品冷加工	−	+	+	−	+	−
	16	产品检验	−	+	+	−	−	−
	17	安装和包装	−	+	−	+	+	−
生产过程及仓储	18	产品输送	+	+	−	+	+	−
	19	仓储	+	+	−	+	+	−
注：表中“+”为应含元素，表中“−”为不含元素。								

5.4.2　压制成型建筑陶瓷产品能耗评价体系

按压制成型建筑陶瓷产品生产流程进行评价，至少应包括表 2 所列能耗要素。

表 2　压制成型建筑陶瓷产品能耗评价体系

序号	生产工序	燃耗/(kgce/t)	电耗/(kW·h/t)	水耗/(t/t)或(kg/m²)	物耗(t/t)或(kg/m²)	废物排放	循环利用
1	原料堆场及配料输送	+	+	+	+	−	−
2	原料初次破碎	−	+	+	+	+	−
3	球磨机运行	−	+	+	+	+	−
4	泥浆搅拌、筛分、输送设备运行	−	+	+	+	+	+
5	喷雾干燥器运行	+	+	+	+	+	+
6	粉料输送设备运行	−	+	−	+	+	+

表 2（续）

序号	生产工序	燃耗/(kgce/t)	电耗/(kW·h/t)	水耗/(t/t)或(kg/m²)	物耗(t/t)或(kg/m²)	废物排放	循环利用
7	压机运行	－	＋	－	＋	＋	＋
8	釉浆制备的球磨机运行	－	＋	＋	＋	＋	－
9	施釉	－	＋	＋	＋	＋	＋
10	坯体干燥	＋	＋	－	＋	＋	＋
11	窑炉运行	＋	＋	－	＋	＋	＋
12	半成品运输	＋	＋	－	＋	＋	－
13	产品磨边、抛光、干燥、包装	－	＋	＋	＋	＋	＋
14	仓储	＋	＋	－	＋	＋	－
注：表中“＋”为应含元素，表中“－”为不含元素。							

5.4.3 可塑成型建筑陶瓷产品能耗评价体系

按可塑成型建筑陶瓷产品生产流程进行评价，至少应包括表 3 所列能耗要素。

表 3 可塑成型建筑陶瓷产品能耗评价体系

序号	生产工序	燃耗/(kgce/t)	电耗/(kW·h/t)	水耗/(t/t)或(kg/m²)	物耗/(t/t)或(kg/m²)	废物排放	循环利用
1	原料堆场及配料输送	＋	＋	＋	＋	－	－
2	原料初次破碎	－	＋	＋	＋	＋	－
3	球磨机运行	－	＋	＋	＋	＋	－
4	泥浆搅拌、筛分、输送设备运行	－	＋	＋	＋	＋	＋
5	滤泥和炼泥设备运行	－	＋	＋	＋	＋	＋
6	挤出成型设备运行	－	＋	－	＋	－	－
7	挤出成型坯体干燥	＋	＋	－	＋	＋	＋
8	釉浆制备的球磨机运行	－	＋	＋	＋	＋	－
9	施釉	－	＋	＋	＋	＋	＋
10	窑炉	＋	＋	－	＋	＋	＋
11	半成品运输	＋	＋	－	＋	＋	－
12	产品冷加工及包装	－	＋	＋	＋	＋	－
13	仓储	＋	＋	－	＋	＋	－
注：表中“＋”为应含元素，表中“－”为不含元素。							

5.4.4 注浆成型的建筑陶瓷产品能耗评价体系

按注浆成型建筑陶瓷产品生产流程进行评价，至少应包括表1所列能耗要素。

6 监测方法

6.1 监测基本要求

6.1.1 监测范围

监测范围包括：

——对在同一生产场所的产品系统边界内的用能进行监测；

——对该生产场所同一类别产品系统边界内的用能进行监测；

——系统边界内所监测的用能要素不可少于5.4规定，应包括系统边界内的所有用能。

6.1.2 数据采集方法

采用测试法和统计法。

测试法应在生产正常、设备运行工况稳定条件下进行，测定单位时间内(某24 h或某周或某月)或完整生产周期内的用能参数；

统计法应采用日、周、月、年为统计周期，利用符合GB 17167要求配备的能源计量器具对报告期内的能耗数量和产品产量进行统计，不能重计或漏计。

6.2 分类监测方法

6.2.1 用能设备能量的测试

6.2.1.1 能量平衡测试

按GB/T 6422的规定，对系统边界内包括燃耗、电耗在内的所有用能设备、装置及系统进行能量平衡的测试。测试步骤如下：

a) 编制测试方案；

b) 绘制能流图：在能流图中应明显地表示各项输入、输出能量、有效利用能量、损失能量和回收利用的能量；

c) 测试：包括供给能量、有效能量和损失能量的能量平衡，能量平衡的测试应符合GB/T 2587、GB/T 3484、GB/T 8222的要求。

6.2.1.2 主要燃耗设备的监测

监测如下：

a) 窑炉：烧成窑炉的热平衡按照GB/T 23459规定进行测定和计算；测定正常运行状态下单位时间内(某日或某周或某月)或完整的烧成周期内的热平衡和燃耗，统计同时间内所生产的合格产品质量(t)，计算并报告所测设备的热效率(η_1,%)和单位产品的燃耗(kgce/t)；

b) 喷雾干燥器：测定喷雾干燥器正常运行状态下单位时间内的燃料消耗(kgce)，并统计同时间内每吨粉料所生产的合格产品质量(t)。计算并报告该设备单位产品的燃耗(kgce/t)。

喷雾干燥器的单位产品燃耗按式(1)计算。

$$E_{rp}=\frac{E_{pr}}{F(1-P)(1-L)\prod_{i=1}^{n}C_i} \qquad \cdots\cdots(1)$$

式中：

E_{rp}——设备单位产品的燃耗，单位为千克标准煤每吨产品（kgce/t）；

E_{pr}——设备正常运行状态下单位时间内的燃料消耗，单位为千克标准煤（kgce）；

F ——同时间内设备生产的粉料量，单位为吨（t）；

P ——后续生产过程中的原料抛洒损失率（%）；

L ——烧失率（%）；

C_i ——产品在第 i 工序以重量计算的合格率（%）。

c) 坯体干燥设备：测定坯体干燥设备正常运行状态下单位时间内的热量消耗（kgce），并统计同时间内干燥的合格坯体所生产的合格产品质量（t），计算并报告该设备单位产品的燃耗（kgce/t）；

d) 热能循环利用：测定各燃耗设备正常运行状态下单位时间内的循环利用热能值（kgce），并统计同时间内合格产品质量（t）。计算并报告该设备单位产品的循环利用燃耗（kgce/t）。设备体系内循环利用热计入该设备循环利用燃耗（kgce/t），设备体系外生产线内或企业内循环利用热计入生产线或企业的循环利用燃耗（kgce/t）。

6.2.1.3 主要用电设备的监测

生产用电的合理性应符合 GB/T 3485 的规定。应对系统边界内所有用电设备和装备进行监测。采用统计法记录监测周期内的耗电量。以下列出主要设备的电耗监测方法：

a) 粉碎设备：监测设备正常运行时单位时间内或运转周期内使用的电量与同单位时间或运转周期内生产的泥浆或粉料，以同期统计的每吨原料能生产出的合格产品相比，计算出设备的单位产品综合电耗；

粉碎设备的单位产品综合电耗按式(2)计算：

$$E_{df}=\frac{W}{G(1-P)(1-L)\prod_{i=1}^{n}C_i} \qquad \cdots\cdots(2)$$

式中：

E_{df}——设备的单位产品综合电耗，单位为千瓦小时每吨产品（kW·h/t）；

W ——设备正常运行时单位时间内或运转周期内使用的电量，单位为千瓦小时（kW·h）；

G ——同单位时间或运转周期内生产的泥浆或粉料折算的干料量，单位为吨（t）；

P ——后续生产过程中的原料抛洒损失率（%）；

L ——烧失率（%）；

C_i ——产品在第 i 工序以重量计算的合格率（%）。

b) 成型设备：监测设备正常运行时单位时间内或成型周期内使用的电量与同单位时间内或成型周期内生产的坯体，与统计同期的每吨坯体能生产出的合格产品相比，计算出成型设备的单位产品综合电耗；

c) 风机类：将设备正常运行时单位时间内或工作周期内使用的电量与同单位时间内或工作周期内生产的坯体或在线产品，与统计同期内的每吨坯体或在线产品能生产出的合格产品相比，计算出风机类的单位产品综合电耗；

d) 其他耗电设备：其他耗电设备单位时间内或工作周期内的耗电量与同单位时间或工作周期的在线产品（可以是泥浆、粉料、坯体等），与统计周期内生产的合格产品相比，计算出该类设备的单位产品电耗。

6.2.2 水耗的监测方法

在系统边界内对所供水量、排放废水量、再利用水量进行监测统计。应配置相应的计量器具，其准确度等级应符合相关标准要求。

测试周期和次数应与耗能设备一致。在规定的测试次数和周期内，所测得的数据应取其平均值，并统计同期合格产品的产量(t 或 m²)。计算出单位产品综合水耗(t/t 或 kg/ m²)。

企业应监测月或年的水耗情况。

单位产品综合水耗按式(3)计算：

$$E_S = \frac{S}{T} \qquad (3)$$

式中：

E_S——单位产品综合水耗，单位为吨水每吨产品或千克水每平方米产品(t/t 或 kg/ m²)；

S ——同期采集的供水量的平均值，单位为吨或千克(t 或 kg)；

T ——同期所生产的合格产品产量，单位为吨或平方米(t 或 m²)。

6.2.3 物耗的监测方法

对所监测产品的原料投入量、合格产品量、排放固体废料进行监测统计。应配置相应的计量器具，其准确度等级应符合相关标准要求。测试周期应与耗能设备测试周期一致，统计测试周期内各产品批的平均值。原料车间同周期的原料投放量除以同周期生产的合格产品量，计算出单位产品综合物耗(t/t或 kg/m²)。

企业应监测月或年的物耗情况。

单位产品综合物耗按式(4)计算：

$$W_h = \frac{T_1}{T_c} \qquad (4)$$

式中：

W_h——单位产品综合物耗，单位为吨原料每吨产品或千克原料每平方米产品(t/t 或 kg/m²)；

T_1——同期内生产中原料的投放量，单位为吨或千克(t 或 kg)；

T_c——同期内生产的合格产品产量，单位为吨或平方米(t 或 m²)。

6.3 监测结果处理

将系统边界内监测的同类能耗值之和作为该体系的该类能耗值。

7 评价报告

7.1 用能计量单位

计算综合能耗时，应将所监测的燃耗、电耗和水耗均按附录 A 折算成千克标准煤每吨产品(kgce/t)的标准单位表示。

7.1.1 燃耗(E_r)

燃耗按附录 A 中表 A.1 中所给出的相应能源折标准煤参考系数折算成千克标准煤每吨产品(kgce/t)的标准单位或按实测发热量折算成标准单位。

7.1.1.1 卫生陶瓷：标准单位为千克标准煤每吨产品(kgce/t)。

7.1.1.2 建筑陶瓷：产品公称厚度大于 6 mm 的建筑陶瓷标准单位为千克标准煤每吨产品(kgce/t)；公称厚度不大于 6 mm 的建筑陶瓷标准单位折算为千克标准煤每平方米产品(kgce/m²)。

7.1.2 电耗(E_d)

单位为千瓦小时每吨产品(kW·h/t)，按附录 A 中表 A.1 规定折算成千克标准煤每吨产品(kgce/t)

的标准单位。

7.1.3 水耗(E_S)

7.1.3.1 卫生陶瓷:单位为吨水每吨产品(t/t)。

7.1.3.2 建筑陶瓷:产品公称厚度大于6 mm的建筑陶瓷水耗单位为吨水每吨产品(t/t);公称厚度不大于6 mm的建筑陶瓷水耗单位为千克水每平方米产品(kg/m²)。

7.1.3.3 按附录A中表A.2规定将水耗折算成千克标准煤每吨产品(kgce/t)的标准单位;以kg/m²计时,需将面积(m²)折算成重量(t)。

7.1.4 物耗(W_h)

7.1.4.1 卫生陶瓷:单位为吨原料每吨产品(t/t)。

7.1.4.2 建筑陶瓷:产品公称厚度大于6 mm的建筑陶瓷物耗单位为吨原料每吨产品(t/t);公称厚度不大于6 mm的建筑陶瓷物耗单位为千克原料每平方米产品(kg/m²)。

7.2 监测结果报告

7.2.1 报告以下燃耗监测结果:

a) 单一产品单位产量的综合燃耗、有效利用能量、损失能量和循环利用能量:卫生陶瓷产品以kgce/t计;建筑陶瓷以kgce/t计或以kgce/m²计;
b) 单一产品单位产值的综合燃耗、有效利用能量、损失能量和循环利用能量:以kgce/万元计;
c) 产品单位产量的综合燃耗、有效利用能量、损失能量和循环利用能量:卫生陶瓷产品以kgce/t计;建筑陶瓷以kgce/t计或以kgce/m²计;
d) 企业单位产值的综合燃耗、有效利用能量、损失能量和循环利用能量:以kgce/万元计。

7.2.2 报告以下电耗监测结果:

a) 单一产品单位产量的电耗、有效电量和损失电量,单位为千瓦小时每吨产品(kW·h/t);
b) 单一产品单位产值的电耗、有效电量和损失电量,单位为千瓦小时每万元产品(kW·h/万元);
c) 产品单位产量的综合电耗、有效电量和损失电量,单位为千瓦小时每吨产品(kW·h/t);
d) 企业单位产值的综合电耗、有效电量和损失电量,单位为千瓦小时每万元产品(kW·h/万元)。

7.2.3 报告以下水耗监测结果:

a) 单一产品单位产量的水耗和循环利用水量,单位为吨水每吨产品或千克水每平方米产品(t/t或kg/m²);
b) 单一产品单位产值的水耗和循环利用水量,单位为吨水每万元产品(t/万元);
c) 产品单位产量的综合水耗和循环利用水量,单位为吨水每吨产品或千克水每平方米产品(t/t或kg/m²);
d) 企业单位产值的综合水耗和循环利用水量,单位为吨水每万元产品(t/万元)。

7.2.4 报告以下物耗监测结果:

a) 单一产品单位产量的物耗、固废利用量和固废排放量,单位为吨每吨产品或千克每平方米产品(t/t或kg/m²);
b) 单一产品单位产值的物耗、固废利用量和固废排放量,单位为吨原料每万元产品(t/万元);
c) 产品单位产量的综合物耗、固废利用量和固废排放量,单位为吨原料每吨产品(t/t或kg/m²);
d) 企业单位产值的综合物耗、固废利用量和固废排放量,单位为吨原料每万元产品(t/万元)。

7.2.5 报告综合能耗监测结果:

综合能耗为综合燃耗、综合电耗及综合水耗的加合。按式(5)计算:

$$E_z = E_r + E_d + E_S \qquad (5)$$

式中：

E_z——产品的综合能耗，单位为千克标准煤每吨产品（kgce/t）；

E_r——产品的综合燃耗，单位为千克标准煤每吨产品（kgce/t）；

E_d——产品的综合电耗，单位为千克标准煤每吨产品（kgce/t）；

E_S——产品的综合水耗，单位为千克标准煤每吨产品（kgce/t）。

附 录 A
（规范性附录）
各种能源折标准煤系数和耗能工质能源等价值

A.1 各种能源折标准煤系数

各种能源折标准煤系数见表 A.1。

表 A.1 各种能源折标准煤系数[注]

能源名称		单位	平均低位发热量	折标准煤系数
原煤		kJ/kg	20 908	0.714 3 kgce/kg
洗精煤			26 344	0.900 0 kgce/kg
洗中煤			8 363	0.285 7 kgce/kg
煤泥			8 363～12 545	0.285 7～0.428 6 kgce/kg
焦炭			28 435	0.971 4 kgce/kg
原油			41 816	1.428 6 kgce/kg
燃料油			41 816	1.428 6 kgce/kg
汽油			43 070	1.471 4 kgce/kg
煤油			43 070	1.471 4 kgce/kg
柴油			42 652	1.457 1 kgce/kg
煤焦油			33 453	1.142 9 kgce/kg
液化石油气			50 179	1.714 3 kgce/kg
炼厂干气			46 055	1.571 4 kgce/kg
油田天然气		kJ/m^3	38 931	1.330 0 kgce/m^3
气田天然气			35 544	1.214 3 kgce/m^3
煤矿瓦斯气			14 636～16 726	0.500 0～0.571 4 kgce/m^3
焦炉煤气			16 726～17 981	0.571 4～0.614 3 kgce/m^3
其他煤气	a) 发生炉煤气		5 227	0.178 6 kgce/m^3
	b) 重油催化裂解煤气		19 235	0.657 1 kgce/m^3
	c) 重油热裂解煤气		35 544	1.214 3 kgce/m^3
	d) 焦炭制气		16 308	0.557 1 kgce/m^3
	e) 压力汽化煤气		15 054	0.514 3 kgce/m^3
	f) 水煤气		10 454	0.357 1 kgce/m^3
电力(当量)		kJ/(kW·h)	3 601	0.122 9 kgce/(kW·h)

注：需要得到非常准确的燃耗值，可采用实测法所得值。

A.2 耗能工质能源等价值

耗能工质能源等价值见表 A.2。

表 A.2 耗能工质能源等价值

耗能工质名称	平均折算热量	折标准煤系数
外购水	2.51 MJ/t	0.085 7 kgce/t
软水	14.231 MJ/t	0.485 7 kgce/t
除氧水	28.451 MJ/t	0.971 4 kgce/t
压缩空气(标况)	1.17 MJ/m^3	0.040 0 $kgce/m^3$
鼓风(标况)	0.88 MJ/m^3	0.030 0 $kgce/m^3$
氧气(标况)	11.72 MJ/m^3	0.400 0 $kgce/m^3$
氮气(标况)	19.66 MJ/m^3	0.671 4 $kgce/m^3$
二氧化碳(标况)	6.28 MJ/m^3	0.214 3 $kgce/m^3$

ICS 23.100.60
Q 69

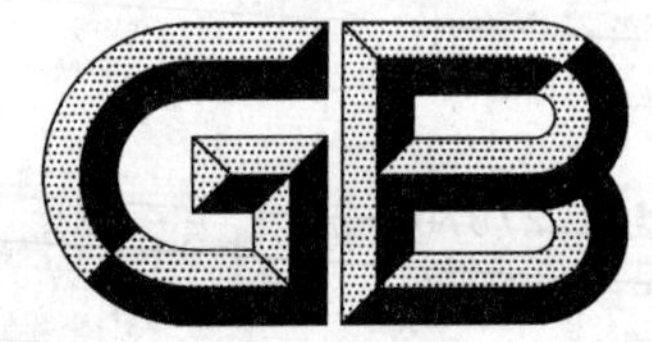

中华人民共和国国家标准

GB/T 27970—2011

非金属垫片材料烧失量试验方法

Test method for weight loss of non-metallic gasket materials upon exposure to elevated temperatures

2011-12-30 发布　　　　2012-10-01 实施

中华人民共和国国家质量监督检验检疫总局
中国国家标准化管理委员会　发布

前言

本标准按照 GB/T 1.1—2009 给出的规则起草。

本标准对应于 ASTM F495-99a(2004 确认)《垫片材料烧失量试验方法》,与其技术内容基本一致。本标准与 ASTM F495-99a(2004 确认)相比作了如下局部修改:

——第 1 章“范围”将 1.1 重新进行了编写,删除了 1.2、1.3 和 1.4。

——将第 2 章中的“本标准不适用于黏合剂含量的测定。”放在了第 1 章;删除了 1.2“以国际单位制表示的值为标准,括号内给定的值仅供参考”,并且在标准正文中删除了所有括号中给出的英制单位及其数值;

——删除了 1.3、1.4 关于危险性和安全的描述,将其作为警告语放在了标准最前面;

——删除了第 3 章“意义和用途”和第 11 章“关键词”。

本标准由中国建筑材料联合会提出。

本标准由全国非金属矿产品及制品标准化技术委员会(SAC/TC 406)归口。

本标准起草单位:浙江国泰密封材料股份有限公司、舟山市海山密封材料有限公司、咸阳非金属矿研究设计院有限公司、华尔卡(上海)贸易有限公司、中国标准化研究院、梁山车友汽车配件制造有限公司。

本标准主要起草人:侯立兵、吴益民、孙锦龙、施中堂、冯梅、刘涛、张忠东、尚兴春、侯彩红。

非金属垫片材料烧失量试验方法

警告:本标准中可能含有危险性的材料、操作和设备。本标准不涉及与其使用有关的安全问题。本标准的使用者有责任采取适当的安全和健康措施,并在使用前确定规章限制的应用范围。

1 范围

本标准规定了垫片材料不同温度下烧失量的试验方法。

本标准适用于非金属密封垫片材料烧失量的测定。本标准不适用于黏合剂含量的测定。

2 试验装置

2.1 马弗炉:能维持从 315 ℃~815 ℃的温度范围,精度±5 ℃。

2.2 瓷坩埚。

2.3 分析天平:精度 0.01 g。

2.4 干燥器:装有无水氯化钙或硅胶。

2.5 空气循环烘箱:能保持在 100 ℃±2 ℃。

3 试样

试样质量 5 g~10 g。试样应切成不大于 12.7 mm×12.7 mm 的方形。

4 试样调节

试样切好或破碎后放入坩埚,放入 100 ℃的空气循环烘箱中烘 1 h,然后置于干燥器中冷却至 21 ℃~30 ℃。

5 试验数量

从同一样品上裁取单独的试样,并至少做 3 次测试取平均值,供需双方另有约定除外。

6 试验程序

6.1 把洁净的坩埚在规定温度下加热 30 min,然后放入干燥器中冷却至 21 ℃~30 ℃,在分析天平上称量,记为 W_1。

6.2 把按 5.1 进行调节后的试样放入坩埚中,称量试样和坩埚,记为 W_2。

6.3 把试样和坩埚放入给定温度的马弗炉灼烧 60 min±1 min,取出放入干燥器中冷却至 21 ℃~30 ℃,称量试样和坩埚,记为 W_3。

对于 815 ℃的试验,从试样最初在坩埚中燃烧至燃烧完毕。应使用排风罩。

注:坩埚放入马弗炉之前,如果试样中大部分有机物燃烧掉,马弗炉加热元件的寿命就会大大延长。

7 计算

按式(1)计算烧失量。

$$烧失量 = \frac{(W_2 - W_3)}{(W_2 - W_1)} \times 100\% \quad \cdots\cdots(1)$$

式中：

W_1——坩埚质量，单位为克(g)；

W_2——烧前试样和坩埚的质量，单位为克(g)；

W_3——烧后试样和坩埚的质量，单位为克(g)。

8 报告

报告中应包含下列信息：

——烧失量百分数；

——垫片材料的信息，包括型号、来源、生产日期、厚度、制造厂名、试验温度等。

9 精密度和偏倚

下列数据用来判断结果的可接受性：

重复性(多个实验室间)：不同试验室分析获得的结果(重复测定的平均值)的变异系数估测为相对值12.4%。如果两个结果的相对值超过25%，则这两个数据应是可疑结果(置信水平应为95%)。

ICS 23.100.60
Q 69

中华人民共和国国家标准

GB/T 27971—2011

非金属密封垫片　术语

Non-metallic gaskets Terms

2011-12-30 发布　　2012-10-01 实施

中华人民共和国国家质量监督检验检疫总局
中国国家标准化管理委员会　发布

前　言

本标准按照 GB/T 1.1—2009 给出的规则起草。

本标准对应于 ASTM F118—2004《密封垫片　术语》,与其技术内容基本一致。本标准与 ASTM F118—2004 相比作了如下局部修改:

——删除了第1章的条号 1.1;

——为了更加符合我国的习惯,将同一类的术语进行了归纳;

——为了便于和我国标准对照增加了附录 A,将标准正文中所涉及的 ASTM 标准号统一移至本附录中。

本标准由中国建筑材料联合会提出。

本标准由全国非金属矿产品及制品标准化技术委员会(SAC/TC 406)归口。

本标准起草单位:浙江国泰密封材料股份有限公司、梁山车友汽车配件制造有限公司、咸阳非金属矿研究设计院有限公司、华尔卡(上海)贸易有限公司、舟山市海山密封材料有限公司、中国标准化研究院。

本标准主要起草人:侯立兵、蒋忠灿、吴益民、张忠东、施中堂、冯梅、刘涛、尚兴春、侯彩红。

非金属密封垫片 术语

1 范围

本标准规定了非金属密封垫片和与其相关的材料性能的名词术语及其定义或含义。

本标准适用于以非金属材料制成的密封垫片。其他密封垫片也可参照采用。

注：相关标准中涉及的本标准术语见附录A。

2 基本术语

2.1

法兰 flange

密封组件中压紧垫片的部分。

2.2

垫片 gasket

夹在两个面之间起静密封作用的材料。垫片可以用平板切割，或用模具制成所需的形状，也可以在装配中即时成型。包括以下结构：

a) 一种板材的单层或多层；

b) 不同材料的复合体；

c) 在装配时才以坨状或其他形状放到结合面的单面或双面上的材料。

2.3

密封组件(法兰连接件) gasketed joint (flanged joint)

用于两个分离物件之间起密封作用的所有构件的集合。

2.4

应力 stress

施加于垫片材料单位面积上的力。

2.5

应变 strain

在施加的力或应力作用下垫片样品的变形。

2.6

蠕变 creep

当应力保持不变而应变仍在增加时的应力-应变状况(这种情形接近于平面密封连接中垫片可能产生的蠕变和螺栓伸长的关系)。

2.7

圆环 annulus

按两个已知同心圆切割而成的垫片形状。

2.8

横截面积 cross-sectional area

垫片宽度和厚度的乘积。

2.9

泄漏　leak

在垫片内或四周发生的界面或层间物质的穿透。

2.10

分类　classification

根据成分和物理性能区分垫片材料种类的方法。

2.11

描述　description/line call out

用于定义垫片材料的成分和物理性能的含文字和数字的术语。

2.12

分解　disintegration

在给定的液体和/或环境中曝露后垫片材料解体成组件或碎片的过程。

3　密封材料性能术语

3.1

压缩厚度　compressed thickness

垫片材料在已知应力下测得的垫片厚度。

3.2

压缩率　compressibility

在垫片材料的压缩回弹试验中，初载荷和全载荷下试样厚度差除以初载荷下的厚度，用百分数表示。

3.3

回弹率　recovery

在垫片材料的压缩回弹试验中，试样的回弹厚度和全载荷厚度之差除以预载荷厚度和全载荷厚度之差，用百分数表示。

3.4

变形量　deflection

由施加应力引起的在垫片厚度方向上材料的变形。

3.5

变形率　deformation

垫片材料在应力下或应力卸载后变形的百分比。

3.6

弹性变形率　resiliency

在垫片材料的压缩回弹试验中，试样的回弹厚度和全载荷厚度之差除以全载荷厚度，用百分数表示。

3.7

抗压强度/耐挤出性　compressive strength/crush extrusion resistance

不考虑泄漏，在特定温度下产生挤出前的最大应力。

3.8

压缩屈服力　compressive yield

垫片材料产生的变形和施加的力之间的关系曲线拐点。

3.9

蠕变松弛率　creep relaxation

应变增加应力衰减时的应力应变状况。平面密封组件中存在的普遍现象。(螺栓存在一个相对大的伸长量)。

3.10

应力松弛率　stress relaxation

在应变保持恒定,应力衰减时的应力应变状况。(这种情况在槽面密封金属与金属接触时会遇到,这种情形也接近于在当螺栓具有几乎无限刚性时的平面密封连接。)

3.11

密度　density

垫片材料在规定条件下质量和体积的比值。

3.12

拉伸强度　tensile strength

在拉伸试样直至断裂期间所施加的最大拉伸应力。

3.13

拉伸应力　tensile stress

施加的力与试样的原始截面积之比。

3.14

最大载荷　peak load

垫片材料在发生拉伸失效前所能承受的最大应力。

3.15

线性尺寸稳定性　linear dimensional stability

垫片材料在特定的环境中曝露后在 $x-y$ 平面上保持原尺寸的程度。

3.16

粘附性　adhesion

经加温或加压或加温加压后垫片材料对某一表面的吸附力或粘结力。

3.17

耐久性　durability

在给定的液体和/或环境中曝露后垫片材料抗分解的能力。

3.18

柔软性　flexibility

垫片材料在圆棒上弯曲 180°不产生裂纹时的圆棒直径与垫片材料厚度之比。

3.19

密封性　sealability

在一定的流体内部压力和法兰压力下,对一定几何形状的垫片材料的泄漏速率的测量。通常以一定时间内流体的体积或质量损失报告并作为比较研究的方法。

3.20

泄漏率　leakage

流体从垫片连接处流出的速度。

4 装配和应用术语

4.1

平面接合 flat faced joint

接头或法兰的接触面为平面。

4.2

法兰歪斜 flange distortion

实际接触面与应接触面的偏离。

4.3

(垫片)吹出 (gasket) blowout

管路法兰受压垫片在内部压力突然释放时产生的。系统内部压力会引起垫片吹出,此压力称为吹出压力。

4.4

垫片系数 maintenance factor,M

提供在法兰紧固件中所需的残余应力,以便在接合部施加内压力后垫片能保持密封。

4.5

产率因数(最小设计应力) yield factor(minimum design seating stress),Y

表示在没有内压力情况下,要求提供密封连接的垫片接触面上以兆帕(或磅每平方英寸)为单位的压力。

5 相关材料术语

5.1

粘结剂 binder

某些垫片材料的组成部分,能固化结构,均匀附着于表面,并对孔隙结构有影响。

5.2

可燃物 combustibles

给定温度下燃烧失去的垫片材料的成分。

5.3

流体 fluid

用于垫片材料浸渍或密封试验的气体或液体。

5.4

压力计 manometer

用于测量密闭系统内压力的装置。可以用来测量流体通过密封组件的泄漏率。

5.5

扭矩螺栓 torque bolt

由规定的合金制成的校准用螺栓,包括让试验员使用松弛仪来测定螺栓伸长的插销机构。

附 录 A
（资料性附录）
相关标准中涉及的本标准术语

相关标准中涉及的本标准术语见表 A.1(按英文字母表顺序排序)。

表 A.1

序号	术语	涉及的中国标准	涉及的 ASTM 标准
1	黏附性 adhesion	GB/T 20671.6—2006	F 607
2	分类 classification	GB/T 20671.1—2006	F 104
3	可燃物 combustibles	GB/T 27970—2011	F 495
4	压缩率 compressibility	GB/T 20671.2—2006	F 36
5	抗压强度/耐挤出性 compressive strength/crush extrusion resistance	GB/T 22307—2008	F 1574
6	压缩屈服力 compressive yield	GB/T 22307—2008	F 1574
7	蠕变 creep	GB/T 20671.5—2006	F 38
8	蠕变松弛率 creep relaxation	GB/T 20671.5—2006	F 38
9	变形率 deformation	GB/T 22307—2008	F 1574
10	密度 density	GB/T 22308—2008	F 1315
11	描述 description/line call out	GB/T 20671.1—2006 GB/T 27792—2011	F 104 F 868
12	分解 disintegration	GB/T 20671.9—2006	F 148
13	耐久性 durability	GB/T 20671.9—2006	F 148
14	柔软性 flexibility	GB/T 20671.8—2006	F 147
15	流体 fluid	GB/T 20671.4—2006 GB/T 20671.3—2006	F 37 F 146
16	最大载荷 peak load	GB/T 20671.7—2006	F 152
17	密封性 sealability	GB/T 20671.4—2006	F 37
18	拉伸强度 tensile strength	GB/T 20671.7—2006	F 152
19	拉伸应力 tensile stress	GB/T 20671.7—2006	F 152
20	扭矩螺栓 torque bolt	GB/T 20671.5—2006	F 38

中 文 索 引

英 文 索 引

A

B

C

D

F

G

ICS 91.100.25
Q 31

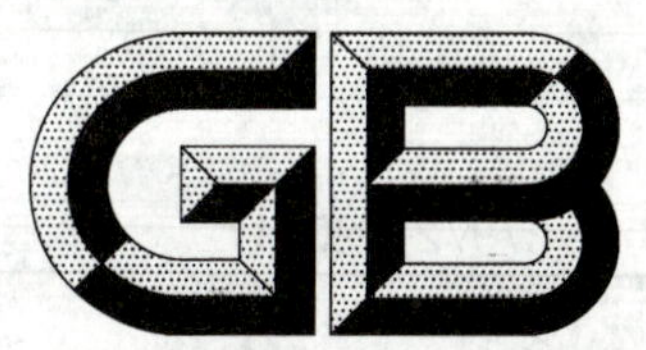

中华人民共和国国家标准

GB/T 27972—2011

干挂空心陶瓷板

Dry-hanging hollow ceramic slab

2011-12-30 发布 2012-10-01 实施

中华人民共和国国家质量监督检验检疫总局
中国国家标准化管理委员会 发布

前言

本标准按照 GB/T 1.1—2009 给出的规则起草。

本标准由中国建筑材料联合会提出。

本标准由全国建筑卫生陶瓷标准化技术委员会(SAC/TC 249)归口。

本标准起草单位：福建华泰集团有限公司、咸阳陶瓷研究设计院、华源风积沙开发有限公司、宁夏黑金新型建材有限公司、佛山市摩德娜机械有限公司、湘潭炜达机电制造有限公司。

本标准主要起草人：吴国良、刘西民、鲁雅文、陈岚波、熊亮。

干挂空心陶瓷板

1 范围

本标准规定了干挂空心陶瓷板的术语和定义、分类、技术要求、试验方法、检验规则、标志和使用说明书。

本标准适用于建筑装饰上使用的干挂空心陶瓷板。

2 规范性引用文件

下列文件对于本文件的应用是必不可少的。凡是注日期的引用文件，仅注日期的版本适用于本文件。凡是不注日期的引用文件，其最新版本(包括所有的修改单)适用于本文件。

GB/T 3810.1 陶瓷砖试验方法 第1部分：抽样和接收条件

GB/T 3810.2 陶瓷砖试验方法 第2部分：尺寸和表面质量的检验

GB/T 3810.3 陶瓷砖试验方法 第3部分：吸水率、显气孔率、表观相对密度和容重的测定

GB/T 3810.4 陶瓷砖试验方法 第4部分：断裂模数和破坏强度的测定

GB/T 3810.5 陶瓷砖试验方法 第5部分：用恢复系数确定砖的抗冲击性

GB/T 3810.8 陶瓷砖试验方法 第8部分：线性热膨胀的测定

GB/T 3810.9 陶瓷砖试验方法 第9部分：抗热震性的测定

GB/T 3810.12 陶瓷砖试验方法 第12部分：抗冻性的测定

GB/T 3810.13 陶瓷砖试验方法 第13部分：耐化学腐蚀性的测定

GB/T 3810.14 陶瓷砖试验方法 第14部分：耐污染性的测定

GB/T 9195 陶瓷砖和卫生陶瓷分类及术语

GB/T 13475 绝热 稳态传热性质的测定 标定和防护热箱法

3 术语和定义

GB/T 9195界定的以及下列术语和定义适用于本文件。

3.1

干挂 dry-hanging

采用金属配件将板材牢固悬挂在结构体上形成饰面的一种施工方法的简称。

3.2

空心陶瓷板 hollow ceramic slab

由粘土和其他无机非金属原料经混练、挤出成型和烧成等工序而制成的，用作建筑装饰的空心板状陶瓷制品。

3.3

正面 front side

安装在建筑物上的可见装饰面。

3.4

有效宽度 valid width

单件产品正面宽度(W)，见图1。

3.5

承载力部分壁厚　thickness of load parts

单件产品承载力部分壁厚(h),见图1。

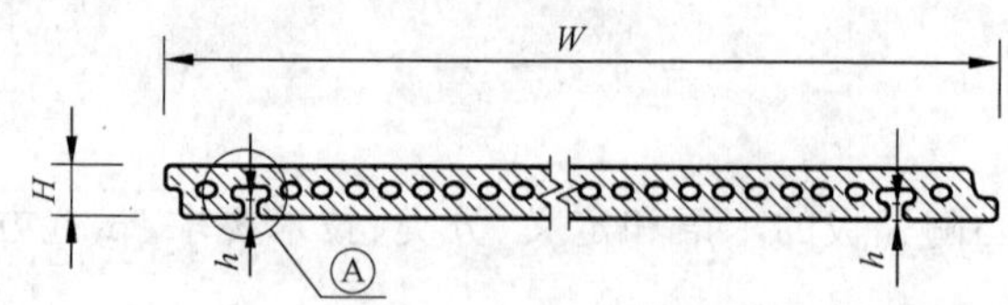

a)　H=18 mm 板有效宽度、承载力部分壁厚示意图

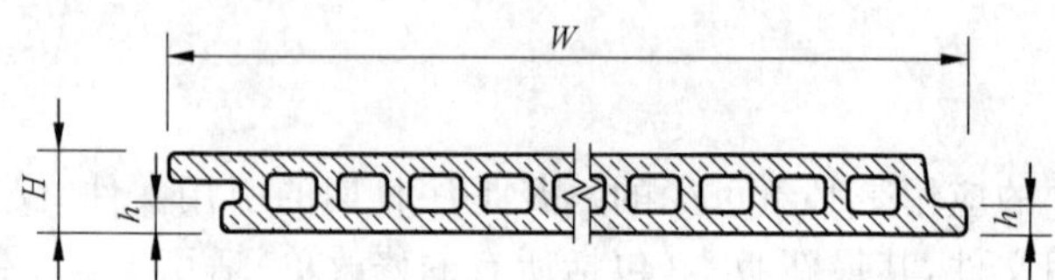

b)　H=30 mm 板有效宽度、承载力部分壁厚示意图

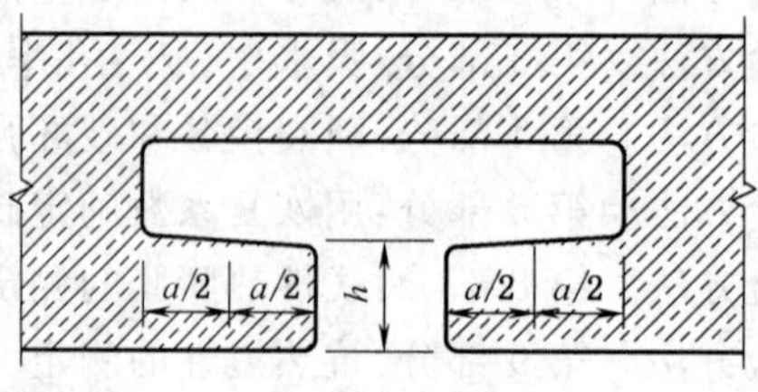

c)　Ⓐ节点示意图

图1　有效宽度、承载力部分壁厚示意图

4　分类

4.1　按干挂空心陶瓷板表面特性分类：

a)　无釉干挂空心陶瓷板；

b)　有釉干挂空心陶瓷板。

4.2　按干挂空心陶瓷板吸水率(E)分类：

a)　$E \leqslant 0.5\%$ 瓷质干挂空心陶瓷板；

b)　$0.5\% < E \leqslant 10\%$ 炻质类干挂空心陶瓷板。

5　技术要求

5.1　规格

干挂空心陶瓷板的有效宽度(W)不宜大于 620 mm。长度由供需双方商定。特殊形状或尺寸的干挂空心陶瓷板由供需双方商定。

$H \leqslant 18$ mm 的干挂空心陶瓷板,$h \geqslant 5.5$ mm。

18 mm $< H \leqslant 30$ mm 的干挂空心陶瓷板,$h \geqslant 7.7$ mm。

5.2 尺寸允许偏差

干挂空心陶瓷板每块板的平均尺寸相对于工作尺寸允许偏差应符合表 1 的规定。

表 1 干挂空心陶瓷板每块板的平均尺寸相对于工作尺寸允许偏差

长度、有效宽度		对角线	平整度		厚度	
允许偏差/%	允许最大偏差/mm	允许最大偏差/mm	允许偏差/%	允许最大偏差/mm	允许偏差/%	允许最大偏差/mm
±1.0	长度±1.0 有效宽度±2.0	+2.0 0	±0.5	±2.0	±10	±2.0
注：产品正面为非平面或有装饰性凹凸的异形干挂空心陶瓷板，尺寸偏差由供需双方商定。						

5.3 表面质量

至少 95%的干挂空心陶瓷板主要区域无明显缺陷。

5.4 物理性能

干挂空心陶瓷板的物理性能应符合表 2 的规定。

表 2 干挂空心陶瓷板物理性能

物理性能	要求		
	瓷质干挂空心陶瓷板	炻质干挂空心陶瓷板	
吸水率(E)	平均值 $E\leqslant0.5\%$，单个值 $E\leqslant1\%$	$0.5\%<$平均值 $E\leqslant10\%$，单个值 $E\leqslant12\%$	
破坏强度	报告破坏强度值	$H\leqslant18$ mm	平均值≥2 100 N 单个值≥1 900 N
		18 mm$<H\leqslant30$ mm	平均值≥4 500 N 单个值≥4 200 N
抗冲击性	报告恢复系数值		
线性热膨胀系数	报告线性热膨胀系数值		
抗热震性	经 10 次抗震性试验不出现裂纹或炸裂		
抗冻性	经 100 次抗冻性试验后无裂纹或剥落		
传热系数	根据需要报告传热系数值		

5.5 化学性能

干挂空心陶瓷板化学性能应符合表 3 的规定。

表 3 干挂空心陶瓷板化学性能

化学性能	要求
耐化学腐蚀性	用低浓度酸和碱进行试验，有釉干挂空心陶瓷板不低于 GLB 级，无釉干挂空心陶瓷板不低于 ULB 级
耐污染性	有釉干挂空心陶瓷板不低于 3 级，无釉干挂空心陶瓷板报告耐污染性级别

6 试验方法

6.1 尺寸允许偏差

按 GB/T 3810.2 规定进行。

6.2 表面质量

按 GB/T 3810.2 规定进行。对角线长度差采用分度值不大于 1 mm 的钢卷尺测量。

6.3 物理性能

6.3.1 吸水率

按 GB/T 3810.3 规定进行。

6.3.2 破坏强度

按 GB/T 3810.4 规定进行。将干挂空心陶瓷板切割成长度为 600 mm 的试样进行检测；长度小于 600 mm 的干挂空心陶瓷板，按实际尺寸检测，检测时，支撑棒方向与干挂空心陶瓷板中孔方向垂直。

6.3.3 抗冲击性

按 GB/T 3810.5 规定进行。

6.3.4 线性热膨胀系数

按 GB/T 3810.8 规定进行。

6.3.5 抗热震性

按 GB/T 3810.9 规定进行。

6.3.6 抗冻性

按 GB/T 3810.12 规定进行。检测干挂空心陶瓷板浸水放置时将板垂直地面、孔平行地面。

6.3.7 传热系数

按 GB/T 13475 规定进行。

6.4 化学性能

6.4.1 耐化学腐蚀性

按 GB/T 3810.13 规定进行。

6.4.2 表面耐污染性

按 GB/T 3810.14 规定进行。

7 检验规则

7.1 检验分类

检验分出厂检验和型式检验。

7.1.1 出厂检验

出厂检验包括表面质量、尺寸允许偏差、吸水率和破坏强度。

7.1.2 型式检验

型式检验包括本标准第 5 章技术要求的全部项目。正常生产条件下，全年至少进行一次；有下列情况之一的，应进行型式检验。

a) 新产品或老产品转厂生产的试制定型鉴定；

b) 正式生产后，如产品结构、材料、工艺有较大改变，可能影响产品性能时；

c) 产品停产半年以上，恢复生产时；

d) 出厂检验结果与上次形式检验有较大差异时。

7.2 组批规则、抽样方案

7.2.1 组批规则

同一生产厂生产的同品种、同规格、同质量的产品组批，每 2 000 m^2 为一批。不足 2 000 m^2 仍以一批计。

7.2.2 抽样方案

按 GB/T 3810.1 规定进行。

7.3 判定规则

对所有项目进行检验，经检验所有项目均合格，则判定该批产品为合格。如有一项或一项以上不合格，重新抽样进行检测，若仍一项或一项以上不合格，则判定该批产品为不合格。

8 标志、使用说明书

8.1 标志

产品应有清晰的标记，包装箱上应有企业名称和地址、产品名称、商标、规格、数量、生产日期、执行标准编号。

产品出厂时，应提供产品质量合格证。

产品质量合格证主要包括合格证编号、生产日期并有检验部门和检验员签章。

8.2 使用说明书

为方便使用，供货方应提供干挂空心陶瓷板的使用说明书，说明现场施工方法和要求。

ICS 91.100.10
Q 11

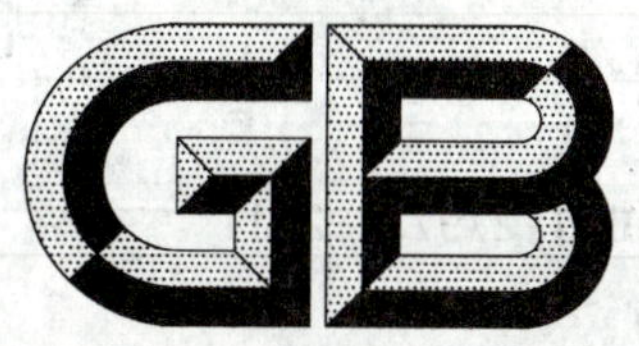

中华人民共和国国家标准

GB/T 27973—2011

硅灰的化学分析方法

Methods for chemical analysis of volatilized silica

2011-12-30 发布　　2012-10-01 实施

中华人民共和国国家质量监督检验检疫总局
中国国家标准化管理委员会　发布

前言

本标准按照 GB/T 1.1—2009 给出的规则起草。

本标准由中国建筑材料联合会提出。

本标准由全国水泥标准化技术委员会(SAC/TC 184)归口。

本标准起草单位:中国建筑材料科学研究总院、中国建筑材料检验认证中心有限公司、嘉兴南方水泥有限公司。

本标准主要起草人:崔健、刘文长、王瑞海、黄清林、倪竹君、戴平、于克孝、黄小楼、温玉刚。

硅灰的化学分析方法

1 范围

本标准规定了硅灰中二氧化硅、三氧化二铁、氧化镁、烧失量、碱含量、含水量和氯离子的分析方法。

本标准适用于凝聚硅灰和微硅粉。

2 规范性引用文件

下列文件对于本文件的应用是必不可少的。凡是注日期的引用文件，仅注日期的版本适用于本文件。凡是不注日期的引用文件，其最新版本(包括所有的修改单)适用于本文件。

GB/T 2007.1 散装矿产品取样、制样通则 手工取样方法

GB/T 6682 分析实验室用水规格和试验方法

JJG 196 常用玻璃量器检定规程

3 试验的基本要求

3.1 质量、体积和结果的表示

质量以克表示，精确至 0.000 1 g。除非另有规定，吸管的体积用 mL 表示，精确度按 JJG 196 的规定执行。

测试结果以质量分数计，氯的测试结果的计算与表示至小数点后三位，其他成分均表示至小数点后二位。

3.2 空白试验

使用等量的试剂，不加入试样，按照相同的测定步骤进行试验，对得到的测定结果进行校正。

3.3 灼烧

将滤纸和沉淀放入预先已灼烧并恒量的坩埚中，烘干。在氧化性气氛中慢慢灰化，不使之有火焰产生，灰化至无黑色碳颗粒后，放入高温炉(5.5)中，在规定的温度下灼烧。在干燥器中冷却至室温，称量。

3.4 恒量

经第一次灼烧、冷却、称量后，通过连续对每次 15 min 的灼烧，然后冷却、称量的方法来检查恒定质量，当连续两次称量之差小于 0.000 5 g 时，即达到恒量。

4 试剂和材料

4.1 通则

所用试剂不低于分析纯。用于标定与配制标准溶液的试剂，除另有说明外应为基准试剂。所用水应符合 GB/T 6682 中规定的三级水要求。

除非另有说明,“%”均为质量分数。

在化学分析中,所用酸或氨水,凡未注浓度者均指市售的浓酸或浓氨水。

用体积比表示试剂稀释程度,例如,盐酸(1+2)表示1份体积的浓盐酸与2份体积的水相混合。

4.2 盐酸(HCl)

ρ=1.18 g/cm^3~1.19 g/cm^3,质量分数36%~38%。

4.3 氢氟酸(HF)

ρ=1.13 g/cm^3,质量分数40%。

4.4 硝酸(HNO_3)

ρ=1.39 g/cm^3~1.41 g/cm^3,质量分数65%~68%。

4.5 硫酸(H_2SO_4)

ρ=1.84 g/cm^3,质量分数95%~98%。

4.6 氨水(NH_3H_2O)

ρ=0.90 g/cm^3~0.91 g/cm^3,质量分数25%~28%。

4.7 磷酸(H_3PO_4)

质量分数85%。

4.8 乙醇(C_2H_5OH)

体积分数为95%。

4.9 过氧化氢(H_2O_2)

质量分数30%。

4.10 氯化钾(KCl)

颗粒粗大时,应研细后使用。

4.11 无水碳酸钠(Na_2CO_3)

将无水碳酸钠用玛瑙研钵研细至粉末状,贮存于密封瓶中。

4.12 盐酸溶液

4.12.1 盐酸(1+1)

1份体积的浓盐酸与1份体积的水相混合。

4.12.2 盐酸(3+97)

3份体积的浓盐酸与97份体积的水相混合。

4.13 硫酸(1+1)

1份体积的浓硫酸慢慢注入1份体积的水中并不断搅拌混合均匀。

4.14 氨水(1+1)

1份体积的浓氨水与1份体积的水相混合。

4.15 硝酸溶液

4.15.1 硝酸(1+2)

1份体积的浓硝酸与2份体积的水相混合。

4.15.2 硝酸(1+100)

1份体积的浓硝酸与100份体积的水相混合。

4.16 硝酸银溶液(0.05 mol/L)

称取8.494 g硝酸银($AgNO_3$)溶于水,稀释到1 L,避光保存。

4.17 氢氧化钠溶液(0.5 mol/L)

将2 g氢氧化钠(NaOH)溶于100 mL水中。

4.18 氢氧化钾溶液(200 g/L)

将200 g氢氧化钾(KOH)溶于水中,加水稀释至1 L,贮存于塑料瓶中。

4.19 三乙醇胺(1+2)

1份体积的三乙醇胺与2份体积的水相混合。

4.20 碳酸铵溶液(100 g/L)

将10 g碳酸铵[$(NH_4)_2CO_3$]溶解于100 mL水中。用时现配。

4.21 氟化钾溶液(150 g/L)

将150 g氟化钾($KF \cdot 2H_2O$)置于塑料杯中,加水溶解后,加水稀释至1 L,贮存于塑料瓶中。

4.22 氯化钾溶液(50 g/L)

将50 g氯化钾(KCl)溶于水中,加水稀释至1 L。

4.23 氯化钾—乙醇溶液(50 g/L)

将5 g氯化钾(KCl)溶于50 mL水后,加入50 mL乙醇(4.8),混匀。

4.24 硫氰酸铵标准滴定溶液(0.05 mol/L)

称取3.8 g硫氰酸铵(NH_4SCN)溶于水,稀释到1 L。

4.25 硝酸溶液(0.5 mol/L)

取3 mL硝酸,用水稀释至100 mL。

4.26 抗坏血酸溶液(5 g/L)

将0.5 g抗坏血酸(V.C)溶于100 mL水中,必要时过滤后使用。用时现配。

4.27 邻菲罗啉溶液(10 g/L 乙酸溶液)

将 1 g 邻菲罗啉($C_{12}H_8N_2 \cdot 2H_2O$)溶于 100 mL 乙酸(1+1)中,用时现配。

4.28 乙酸铵溶液(100 g/L)

将 10 g 乙酸铵(CH_3COONH_4)溶于 100 mL 水中。

4.29 氯化铵(NH_4Cl)

固体研细,密封保存。

4.30 氯化锶溶液(锶 50 g/L)

将 152.2 g 氯化锶($SrCl_2 \cdot 6H_2O$)溶解于水中,加水稀释至 1 L,必要时过滤后使用。

4.31 焦硫酸钾($K_2S_2O_7$)

将市售的焦硫酸钾在瓷蒸发皿中加热熔化,加热至无泡沫发生,冷却并压碎熔融物,贮存于密封瓶中。

4.32 钼酸铵溶液(15 g/L)

将 3 g 钼酸铵[$(NH_4)_6Mo_7O_{24} \cdot 4H_2O$]溶于 100 mL 热水中,加入 60 mL 硫酸(1+1),混匀。冷却后加水稀释至 200 mL,贮存于塑料瓶中,必要时过滤后使用。此溶液在一周内使用。

4.33 工作曲线的绘制

4.33.1 氧化钾、氧化钠标准溶液的配制

称取 1.582 9 g 已于 105 ℃～110 ℃烘过 2 h 的氯化钾(KCl,基准试剂或光谱纯)及 1.885 9 g 已于 105 ℃～110 ℃烘过 2 h 的氯化钠(NaCl,基准试剂或光谱纯),精确至 0.000 1 g,置于烧杯中,加水溶解后,移入 1 000 mL 容量瓶中,用水稀释至标线,摇匀。贮存于塑料瓶中。此标准溶液每毫升含 1 mg 氧化钾及 1 mg 氧化钠。

吸取 50.00 mL 上述标准溶液放入 1 000 mL 容量瓶中,用水稀释至标线,摇匀。贮存于塑料瓶中。此标准溶液每毫升含 0.05 mg 氧化钾和 0.05 mg 氧化钠。

4.33.2 用于火焰光度法的工作曲线的绘制

吸取每毫升含 1 mg 氧化钾及 1 mg 氧化钠的标准溶液 0 mL;2.50 mL;5.00 mL;10.00 mL;15.00 mL;20.00 mL 分别放入 500 mL 容量瓶中,用水稀释至标线,摇匀。贮存于塑料瓶中。将火焰光度计(5.11)调节至最佳工作状态,按仪器使用规程进行测定。用测得的检流计读数作为相对应的氧化钾和氧化钠含量的函数,绘制工作曲线。

4.33.3 用于原子吸收光谱法的工作曲线的绘制

每毫升含 0.05 mg 氧化钾及 0.05 mg 氧化钠的标准溶液 0 mL、2.50 mL、5.00 mL、10.00 mL、15.00 mL、20.00 mL、25.00 mL 分别放入 500 mL 容量瓶中,加入 30 mL 盐酸及 10 mL 氯化锶溶液(4.30),用水稀释至标线,摇匀,贮存于塑料瓶中。将原子吸收光谱仪(5.12)调节至最佳工作状态,在空气-乙炔火焰中,分别用钾元素空心阴极灯于波长 766.5 nm 处和钠元素空心阴极灯于波长 589.0 nm 处,以水校零测定溶液的吸光度。用测得的吸光度作为相对应的氧化钾和氧化钠含量的函数,绘制工作曲线。

4.34 氯标准溶液

准确称取0.3297 g已在105 ℃～110 ℃烘过2 h的光谱纯氯化钠，溶于少量水中，然后移入1 L容量瓶中，用水稀释至标线，摇匀。此溶液1 mL含0.2 mg氯。

4.35 硝酸汞[$Hg(NO_3)_2$]标准滴定溶液

4.35.1 0.001 mol/L硝酸汞[$Hg(NO_3)_2$]标准溶液的配制

称取0.34 g硝酸汞[$Hg(NO_3)_2$]，溶于10 mL、0.5 mol/L的硝酸中，移入1 L容量瓶内，用水稀释至标线，摇匀。

4.35.2 0.005 mol/L硝酸汞[$Hg(NO_3)_2$]标准滴定溶液的配制

称取1.67 g硝酸汞[$Hg(NO_3)_2$]，溶于10 mL、0.5 mol/L的硝酸中，移入1 L容量瓶内，用水稀释至标线，摇匀。

4.35.3 硝酸汞标准滴定溶液标定

用微量滴定管准确加入0.20 mg(或1.40 mg/mL)氯标准溶液(m_1)于50 mL锥形瓶中，加入20 mL乙醇(4.8)及数滴氢氧化钠标准溶液(4.17)至溶液呈蓝色，然后滴入硝酸溶液(4.25)至溶液刚好变黄，再过量1滴(pH约为3.5)，加入10滴二苯偶氮碳酰肼指示剂(4.45)，用0.001 mol/L(或0.05 mol/L)硝酸汞标准溶液滴定至樱桃红色出现，消耗的体积为(V_1)同时进行空白试验。消耗的体积(V_2)。

硝酸汞标准溶液对氯的滴定度，按式(1)计算：

$$T_{Cl^-}=\frac{m_1}{V_1-V_2} \qquad \cdots\cdots(1)$$

式中：

T_{Cl^-}——每毫升硝酸汞标准溶液相当于氯的毫克数；

m_1——加入氯的质量，单位为毫克(mg)；

V_1——标定时消耗硝酸汞标准溶液的体积，单位为毫升(mL)；

V_2——空白试验消耗硝酸汞标准溶液的体积，单位为毫升(mL)。

4.36 比色法测定三氧化二铁工作曲线的绘制

4.36.1 三氧化二铁标准溶液的配制

称取0.1000 g已于(950±25)℃灼烧过60 min的三氧化二铁(Fe_2O_3，光谱纯)，精确至0.0001 g，置于300 mL烧杯中，依次加入50 mL水、30 mL盐酸(1+1)、2 mL硝酸，低温加热微沸，待溶解完全，冷却至室温后，移入1000 mL容量瓶中，用水稀释至标线，摇匀。此标准溶液每毫升含0.1 mg三氧化二铁。

4.36.2 比色工作曲线的绘制

吸取每毫升含0.1 mg三氧化二铁的标准溶液0.00 mL；1.00 mL；2.00 mL；4.00 mL；6.00 mL；分别放入100 mL容量瓶中，加水稀释至约50 mL，加入5 mL抗坏血酸溶液(4.26)，放置5 min后，加入5 mL邻菲罗啉溶液(4.27)、10 mL乙酸铵溶液(4.28)，用水稀释至标线，摇匀。放置30 min后，用分光光度计(5.8)，10 mm比色皿，以水作参比，于波长510 nm处测定溶液的吸光度。用测得的吸光度作为相对应的三氧化二铁含量的函数，绘制工作曲线。

4.37 比色法测定二氧化硅工作曲线的绘制

4.37.1 二氧化硅标准溶液的配制

称取0.2 g已于1 000 ℃～1 100 ℃灼烧过60 min的二氧化硅(SiO_2,光谱纯),精确至0.000 1 g,置于铂坩埚中,加入2 g无水碳酸钠(4.11),搅拌均匀,在950 ℃～1 000 ℃高温下熔融15 min。冷却后,将熔融物浸出于盛有约100 mL沸水的塑料烧杯中,待全部溶解,冷却至室温后,移入1 000 mL容量瓶中。用水稀释至标线,摇匀,贮存于塑料瓶中。此标准溶液每毫升含0.2 mg二氧化硅。

吸取50.00 mL上述标准溶液放入500 mL容量瓶中,用水稀释至标线,摇匀,贮存于塑料瓶中。此标准溶液每毫升含0.02 mg二氧化硅。

4.37.2 比色工作曲线的绘制

吸取每毫升含0.02 mg二氧化硅的标准溶液0 mL;2.00 mL;4.00 mL;5.00 mL;6.00 mL;8.00 mL;10.00 mL分别放入100 mL容量瓶中,加水稀释至约40 mL,依次加入5 mL盐酸(1+10),8 mL乙醇(4.8),6 mL钼酸铵溶液(4.32),摇匀。放置30 min后,加入20 mL盐酸(1+1),5 mL抗坏血酸溶液(4.26),用水稀释至标线,摇匀。放置60 min后,用分光光度计(5.8),10 mm比色皿,以水作参比,于波长660 nm处测定溶液的吸光度。用测得的吸光度作为相对应的二氧化硅含量的函数,绘制工作曲线。

4.38 原子吸收法测定氧化镁工作曲线的绘制

4.38.1 氧化镁标准溶液的配制

称取1.000 0 g已于(950±25)℃灼烧过60 min的氧化镁(MgO,基准试剂或光谱纯),精确至0.000 1 g,置于250 mL烧杯中,加入50 mL水,再缓缓加入20 mL盐酸(1+1),低温加热至完全溶解,冷却至室温后,移入1 000 mL容量瓶中,用水稀释至标线,摇匀。此标准溶液每毫升含1 mg氧化镁。

吸取25.00 mL上述标准溶液放入500 mL容量瓶中,用水稀释至标线,摇匀。此标准溶液每毫升含0.05 mg氧化镁。

4.38.2 用于原子吸收工作曲线的绘制

吸取每毫升含0.05 mg氧化镁的标准溶液0.00 mL;2.00 mL;4.00 mL;6.00 mL;8.00 mL;10.00 mL;12.00 mL分别放入500 mL容量瓶中,加入30 mL盐酸及10 mL氯化锶溶液(4.30),用水稀释至标线,摇匀。将原子吸收光谱仪(5.12)调节至最佳工作状态,在空气-乙炔火焰中,用镁元素空心阴极灯,于波长285.2 nm处,以水校零测定溶液的吸光度。用测得的吸光度作为相对应的氧化镁含量的函数,绘制工作曲线。

4.39 碳酸钙标准溶液[$c(CaCO_3)$=0.024 mol/L]

称取0.6 g(m_2)已于105 ℃～110 ℃烘过2 h的碳酸钙($CaCO_3$,基准试剂),精确至0.000 1 g,置于400 mL烧杯中,加入约100 mL水,盖上表面皿,沿杯口慢慢加入5 mL～10 mL盐酸(1+1),搅拌至碳酸钙全部溶解,加热煮沸并微沸1 min～2 min。冷却至室温后,移入250 mL容量瓶中,用水稀释至标线,摇匀。

4.40 EDTA标准滴定溶液[c(EDTA)=0.015 mol/L]

4.40.1 EDTA标准滴定溶液的配制

称取5.6 g EDTA(乙二胺四乙酸二钠,$C_{10}H_{14}N_2O_8Na_2\cdot 2H_2O$)置于烧杯中,加入约200 mL水,加热溶解,过滤,加水稀释至1 L,摇匀。

4.40.2 EDTA 标准滴定溶液浓度的标定

吸取 25.00 mL 碳酸钙标准溶液(4.39)放入 300 mL 烧杯中，加水稀释至约 200 mL 水，加入适量的 CMP 混合指示剂(4.46)，在搅拌下加入氢氧化钾溶液(4.18)至出现绿色荧光后再过量 2 mL～3 mL，用 EDTA 标准滴定溶液滴定至绿色荧光消失并呈现红色。

EDTA 标准滴定溶液的浓度按式(2)计算：

$$c(\mathrm{EDTA})=\frac{m_2\times 25\times 1\,000}{250\times V_3\times 100.09}=\frac{m_2}{V_3\times 1.000\,9} \quad\cdots\cdots(2)$$

式中：

$c(\mathrm{EDTA})$——EDTA 标准滴定溶液的浓度，单位为摩尔每升(mol/L)；

V_3 ——滴定时消耗 EDTA 标准滴定溶液的体积，单位为毫升(mL)；

m_2 ——按 4.39 配制碳酸钙标准溶液的碳酸钙的质量，单位为克(g)；

100.09 ——$CaCO_3$ 的摩尔质量，单位为克每摩尔(g/mol)。

4.40.3 EDTA 标准滴定溶液对各氧化物的滴定度的计算

EDTA 标准滴定溶液对三氧化二铁的滴定度分别按式(3)计算：

$$T_{\mathrm{Fe_2O_3}}=c(\mathrm{EDTA})\times 79.84 \quad\cdots\cdots(3)$$

4.41 氢氧化钠标准滴定溶液[$c(\mathrm{NaOH})=0.15$ mol/L]

4.41.1 氢氧化钠标准滴定溶液的配制

称取 30 g 氢氧化钠(NaOH)溶于水后，加水稀释至 5 L，充分摇匀，贮存于塑料瓶或带胶塞(装有钠石灰干燥管)的硬质玻璃瓶内。

4.41.2 氢氧化钠标准滴定溶液浓度的标定

称取 0.8 g(m_3)苯二甲酸氢钾($C_8H_5KO_4$，基准试剂)，精确至 0.000 1 g，置于 300 mL 烧杯中，加入约 200 mL 预先新煮沸过并冷却后用氢氧化钠溶液中和至酚酞呈微红色的冷水，搅拌使其溶解，加入 6～7 滴酚酞指示剂溶液(4.43)，用氢氧化钠标准滴定溶液滴定至微红色。

氢氧化钠标准滴定溶液的浓度按式(4)计算：

$$c(\mathrm{NaOH})=\frac{m_3\times 1\,000}{V_4\times 204.2} \quad\cdots\cdots(4)$$

式中：

$c(\mathrm{NaOH})$——氢氧化钠标准滴定溶液的浓度，单位为摩尔每升(mol/L)；

V_4 ——滴定时消耗氢氧化钠标准滴定溶液的体积，单位为毫升(mL)；

m_3 ——苯二甲酸氢钾的质量，单位为克(g)；

204.2 ——苯二甲酸氢钾的摩尔质量，单位为克每摩尔(g/mol)。

4.41.3 氢氧化钠标准滴定溶液对二氧化硅的滴定度的计算

氢氧化钠标准滴定溶液对二氧化硅的滴定度按式(5)计算：

$$T_{\mathrm{SiO_2}}=c(\mathrm{NaOH})\times 15.02 \quad\cdots\cdots(5)$$

式中：

$T_{\mathrm{SiO_2}}$ ——氢氧化钠标准滴定溶液对二氧化硅的滴定度，单位为毫克每毫升(mg/mL)；

$c(\mathrm{NaOH})$——氢氧化钠标准滴定溶液的浓度，单位为摩尔每升(mol/L)；

15.02 ——($1/4SiO_2$)的摩尔质量，单位为克每摩尔(g/mol)。

4.42 甲基红指示剂溶液(2 g/L)

将 0.2 g 甲基红溶于 100 mL 乙醇(4.8)中。

4.43 酚酞指示剂溶液

将 1 g 酚酞溶于 100 mL 乙醇(4.8)中。

4.44 溴酚蓝指示剂乙醇溶液(1 g/L)

将 0.1 g 溴酚蓝溶于 100 mL 乙醇(1+4)中。

4.45 二苯偶氮碳酰肼乙醇溶液(10 g/L)

将 1 g 二苯偶氮碳酰肼溶于 100 mL 乙醇(4.8)中。

4.46 钙黄绿素-甲基百里香酚蓝-酚酞混合指示剂(简称 CMP 混合指示剂)

称取 1.000 g 钙黄绿素、1.000 g 甲基百里香酚蓝、0.200 g 酚酞与 50 g 已在 105 ℃～110 ℃烘干过的硝酸钾(KNO_3),混合研细,保存在磨口瓶中。

4.47 磺基水杨酸钠指示剂溶液(100 g/L)

将 10 g 磺基水杨酸钠($C_7H_5O_6SNa \cdot 2H_2O$)溶于水中,加水稀释至 100 mL。

4.48 硫酸铁铵指示剂溶液

将 10 mL 硝酸(1+2)加入到 100 mL 冷的硫酸铁(Ⅲ)铵[$NH_4Fe(SO_4)_2 \cdot 12H_2O$]饱和水溶液中。

5 仪器与设备

5.1 天平

精确至 0.000 1 g。

5.2 铂、银、镍或瓷坩埚

带盖,容量 15 mL～30 mL。

5.3 铂皿

容量 50 mL～100 mL。

5.4 瓷蒸发皿

容量 150 mL～200 mL。

5.5 高温炉

隔焰加热炉,在炉膛外围进行电阻加热。应使用温度控制器,准确控制炉温。

5.6 滤纸

定量滤纸。

5.7 玻璃容量器皿

容量瓶、移液管、滴定管、称量瓶。

5.8 分光光度计

可在 400 nm～700 nm 范围内测定溶液的吸光度，带有 10 mm、20 mm 比色皿。

5.9 测氯蒸馏装置

测氯蒸馏装置如图 1 所示。

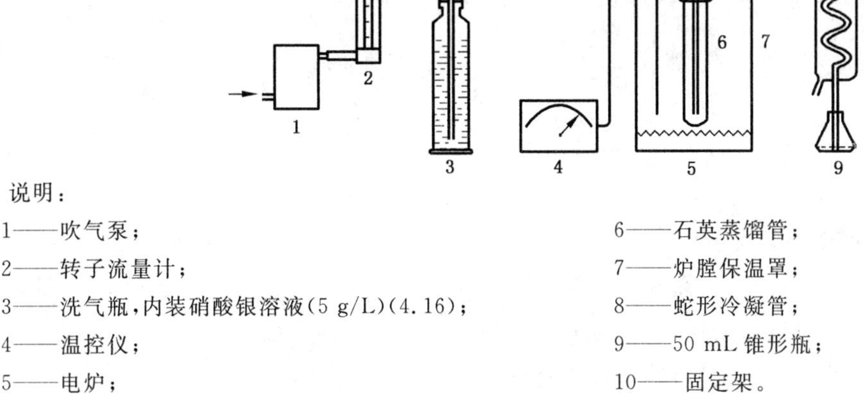

说明：

1——吹气泵；
2——转子流量计；
3——洗气瓶，内装硝酸银溶液(5 g/L)(4.16)；
4——温控仪；
5——电炉；
6——石英蒸馏管；
7——炉膛保温罩；
8——蛇形冷凝管；
9——50 mL 锥形瓶；
10——固定架。

图 1　测氯蒸馏装置示意图

5.10 玻璃砂芯漏斗

直径 50 mm，型号 G4(平均孔径 4 μm～7 μm)。

5.11 火焰光度计

可稳定地测定钾在波长 768 nm 处和钠在波长 589 nm 处的谱线强度。

5.12 原子吸收光谱仪

带有镁、钾、钠、铁、锰元素空心阴极灯。

6 试样的制备

6.1 含水量测定试样的制备

按 GB/T 2007.1 的规定进行取样，试样必须具有代表性和均匀性。经混匀后缩分至 100 g 将试样分为两份，一份用于检验，另一份为备份试样，密封保存。

6.2 化学分析试样的制备

供化学分析用试样，经研磨后，用磁铁吸去筛余物中金属铁，使其全部通过孔径为 80 μm 方孔筛，充分混匀，装入试样瓶中，在 105 ℃～110 ℃的温度下烘干 2 h 以上，取出密封保存于干燥器中。

7 含水量的测定

7.1 方法提要

在 105 ℃～110 ℃的条件下，将试样中的水份烘干，称取失去的水分质量。

7.2 分析步骤

称取约 1 g(6.1)试样(m_4)，精确至 0.000 1 g，放入已烘干至恒量的带有磨口塞的称量瓶中(m_5)，于 105 ℃～110 ℃的烘干箱内烘 1 h(烘干过程中称量瓶应敞开盖)，取出，盖上磨口塞，放入干燥器中冷至室温，称量。再放入烘箱中于同样温度下烘干 30 min，如此反复烘干、冷却、称量，直至恒量(m_6)。

7.3 结果的计算与表示

含水量的质量分数 w_{H_2O} 按式(6)计算：

$$w_{H_2O}=\frac{m_5-m_6}{m_4}\times 100 \qquad \cdots\cdots(6)$$

式中：

w_{H_2O}——含水量的质量分数，%；

m_4 ——烘干前试料质量，单位为克(g)；

m_5 ——烘干前试料与称量瓶的质量，单位为克(g)；

m_6 ——烘干后试料与称量瓶的质量，单位为克(g)。

8 烧失量的测定——灼烧差减法

8.1 方法提要

试样中水分、碳酸盐及其他易挥发性物质，经高温灼烧即分解逸出，灼烧所失去的质量即为烧失量。

8.2 分析步骤

称取约 1 g(6.2)试样(m_7)，精确至 0.000 1 g，置于已灼烧恒量的 30 mL 瓷坩埚中(m_8)，将坩埚盖置于坩埚上，放在高温炉(5.5)内。从低温开始逐渐升高温度，在(950±25)℃下灼烧 30 min，取出坩埚置于干燥器中，冷却至室温，称量。反复灼烧，直至恒量(m_9)。

8.3 结果的计算与表示

烧失量的质量分数 $w_{L.O.I}$ 按式(7)计算：

$$w_{L.O.I}=\frac{m_8-m_9}{m_7}\times 100 \qquad \cdots\cdots(7)$$

式中：

$w_{L.O.I}$——烧失量的质量分数，%；

m_7 ——灼烧前试料的质量，单位为克(g)。

m_8 ——灼烧前试料与瓷坩埚的质量，单位为克(g)；

m_9 ——灼烧后试料与瓷坩埚的质量，单位为克(g)。

9 氯离子的测定——硫氰酸铵容量法(基准法)

9.1 方法提要

本方法测定除氟以外的卤素含量,以氯离子(Cl^-)表示结果。试样用硝酸进行分解。同时消除硫化物的干扰。加入已知量的硝酸银标准溶液使氯离子以氯化银的形式沉淀。煮沸、过滤后,将滤液和洗涤液冷却至 25 ℃以下,以铁(Ⅲ)盐为指示剂,用硫酸氰铵标准滴定溶液滴定过量的硝酸银。

9.2 分析步骤

称取约 2 g(6.2)试样(m_{10}),精确至 0.000 1 g,置于 400 mL 烧杯中,加入 50 mL 水,搅拌使试样完全分散,在搅拌下加入 50 mL 硝酸(1+2),加热煮沸,在搅拌下微沸 1 min~2 min。准确移取 5.00 mL 硝酸银标准溶液(4.16)放入溶液中,煮沸 1 min~2 min,加入少许滤纸浆,用预先用硝酸(1+100)洗涤过的中速滤纸抽气过滤或玻璃砂芯漏斗(5.10)抽气过滤,滤液收集于 250 mL 锥形瓶中,用硝酸(1+100)洗涤烧杯、玻璃棒和滤纸,直至滤液和洗液总体积达到约 200 mL,溶液在弱光线或暗处冷却至 25 ℃以下。

加入 5 mL 硫酸铁铵指示剂溶液(4.48),用硫氰酸铵标准滴定溶液(4.24)滴定至产生的红棕色在摇动下不消失为止。记录滴定所用硫氰酸铵标准滴定溶液的体积 V_5。如果 V_5 小于 0.5 mL,用减少一半的试样质量重新试验。

不加入试样按上述步骤进行空白试验,记录空白滴定所用硫氰酸铵标准滴定溶液的体积 V_6。

9.3 结果的计算与表示

氯离子的质量分数 w_{Cl^-} 按式(8)计算:

$$w_{Cl^-}=\frac{1.773\times 5.00\times (V_6-V_5)}{V_6\times m_{10}\times 1\ 000}\times 100=0.886\ 5\times \frac{V_6-V_5}{V_6\times m_{10}} \quad\cdots\cdots\cdots\cdots(8)$$

式中:

w_{Cl^-} ——氯离子的质量分数,%;

V_5 ——滴定时消耗硫氰酸铵标准滴定溶液的体积,单位为毫升(mL);

V_6 ——空白试验滴定时消耗的硫氰酸铵标准滴定溶液的体积,单位为毫升(mL)。

m_{10} ——试料的质量,单位为克(g);

1.773 ——硝酸银标准溶液对氯离子的滴定度,单位为毫克每毫升(mg/mL)。

10 氯离子的测定——磷酸蒸馏-汞盐滴定法(代用法)

10.1 方法提要

用规定的蒸馏装置在 250 ℃~260 ℃温度条件下,以过氧化氢和磷酸分解试样,以净化空气做载体,蒸馏分离氯离子,用稀硝酸作吸收液。在 pH 值 3.5 左右,以二苯偶氮碳酰肼为指示剂,用硝酸汞标准滴定溶液滴定。

10.2 分析步骤

使用 5.9 规定的测氯蒸馏装置进行测定。

向 50 mL 锥形瓶中加入约 3 mL 水及 5 滴硝酸(4.25),放在冷凝管下端用以承接蒸馏液,冷凝管下端的硅胶管插于锥形瓶的溶液中。

称取约 0.2 g(6.2)试样(m_{11}),精确至 0.000 1 g,置于已烘干的石英蒸馏管中,勿使试样粘附于管壁。

向蒸馏管中加入 5～6 滴过氧化氢溶液(4.9),摇动使试样完全分散后加入 5 mL 磷酸,套上磨口塞,摇动,待试料分解产生的二氧化碳气体大部分逸出后,将(5.9)所示的仪器装置中的固定架(图 1)套在石英蒸馏管上,并将其置于温度 250 ℃～260 ℃的测氯蒸馏装置(5.9)炉膛内,迅速地以硅橡胶管连接好蒸馏管的进出口部分(先连出气管,后连进气管),盖上炉盖。

开动气泵,调节气流速度在 100 mL/min～200 mL/min,蒸馏 10 min～15 min 后关闭气泵,拆下连接管,取出蒸馏管置于试管架内。

用乙醇(4.8)吹洗冷凝管及其下端,洗液收集于锥形瓶内(乙醇用量约为 15 mL)。由冷凝管下部取出承接蒸馏液的锥形瓶,向其中加入 1～2 滴溴酚蓝指示剂溶液(4.44),用氢氧化钠溶液(4.17)调节至溶液呈蓝色,然后用硝酸(4.25)调节至溶液刚好变黄,再过量 1 滴,加入 10 滴二苯偶氮碳酰肼指示剂溶液(4.45),用硝酸汞标准滴定溶液(4.35.1)滴定至紫红色出现。记录滴定所用硝酸汞标准滴定溶液的体积 V_7。

氯离子含量为 0.2%～1%时,蒸馏时间应为 15 min～20 min;用硝酸汞标准滴定溶液(4.35.2)进行滴定。

不加入试样按上述步骤进行空白试验,记录空白滴定所用硝酸汞标准滴定溶液的体积 V_8。

10.3 结果的计算与表示

氯离子的质量分数 w_{Cl^-} 按式(9)计算:

$$w_{Cl^-} = \frac{T_{Cl^-} \times (V_7 - V_8)}{m_{11} \times 1\,000} \times 100 = \frac{T_{Cl^-} \times (V_7 - V_8) \times 0.1}{m_{11}} \quad \cdots\cdots(9)$$

式中:

w_{Cl^-}——氯离子的质量分数,%;

T_{Cl^-}——硝酸汞标准滴定溶液对氯离子的滴定度,单位为毫克每毫升(mg/mL);

V_7——滴定时消耗硝酸汞标准滴定溶液的体积,单位为毫升(mL);

V_8——空白试验消耗硝酸汞标准滴定溶液的体积,单位为毫升(mL);

m_{11}——试料的质量,单位为克(g)。

11 氧化钾和氧化钠的测定——火焰光度法(基准法)

11.1 方法提要

经氢氟酸—硫酸蒸发处理除去硅,用热水浸取残渣,以氨水和碳酸铵分离铁、铝、钙、镁。滤液中的钾、钠用火焰光度计进行测定。

11.2 分析步骤

称取约 0.1 g 化学分析试样(m_{12}),精确至 0.000 1 g,置于铂皿中,加少量水润湿,加入 10 mL 氢氟酸(4.3)和 15～20 滴硫酸(1+1),放入通风橱内电炉上缓慢加热,蒸发至干,近干时摇动铂皿以防溅失,至白色浓烟完全逸尽后,取下冷却至室温。加入适量热水,压碎残渣使其溶解,加 1 滴甲基红指示剂(4.42),用氨水(1+1)中和至黄色,再加入 10 mL 碳酸铵溶液(4.20)搅拌,然后放入通风橱内电炉上低温加热 20 min～30 min。用快速滤纸过滤,以热水洗涤,滤液及洗液转移到 100 mL 容量瓶中,冷却至室温。用盐酸(1+1)中和至溶液呈微红色,用水稀释至标线,摇匀。将火焰光度计调节至最佳工作状态,按仪器使用规程进行测定。在工作曲线(4.33.2)上分别查出氧化钾和氧化钠的含量(m_{13})和(m_{14})。

11.3 结果的计算与表示

氧化钾和氧化钠的质量分数 w_{K_2O} 和 w_{Na_2O} 按式(10)和式(11)计算：

$$w_{K_2O}=\frac{m_{12}}{m_{13}\times 1\ 000}\times 100=\frac{m_{12}\times 0.1}{m_{13}} \qquad (10)$$

$$w_{Na_2O}=\frac{m_{12}}{m_{14}\times 1\ 000}\times 100=\frac{m_{12}\times 0.1}{m_{14}} \qquad (11)$$

式中：

w_{K_2O} ——氧化钾的质量分数，%；

w_{Na_2O} ——氧化钠的质量分数，%；

m_{12} ——试料的质量，单位为克(g)。

m_{13} ——测定溶液中氧化钾的含量，单位为毫克每毫升 mg；

m_{14} ——测定溶液中氧化钠的含量，单位为毫克每毫升 mg。

12 氧化钾和氧化钠的测定——原子吸收光谱法(代用法)

12.1 方法提要

用氢氟酸—高氯酸分解试样，以锶盐消除硅、铝、钛等的干扰，在空气-乙炔火焰中，分别于波长 766.5 nm处和波长 589.0 nm 处测定氧化钾和氧化钠的吸光度。

12.2 分析步骤

称取约 0.1 g(6.2)试样(m_{15})，精确至 0.000 1 g，置于铂坩埚(或铂皿)中，加入 0.5 mL～1 mL 水润湿，加入 5 mL～7 mL 氢氟酸和 0.5 mL 高氯酸，放入通风橱内低温电热板上加热，近干时摇动铂坩埚以防溅失。待白色浓烟完全驱尽后，取下冷却。加入 20 mL 盐酸(1+1)，温热至溶液澄清，冷却后，移入 100 mL 容量瓶中，加入 5 mL 氯化锶溶液(4.30)，用水稀释至标线，摇匀。此溶液供原子吸收光谱法测定氧化钾和氧化钠用。

从上述溶液中吸取一定量的试样溶液放入容量瓶中(试样溶液的分取量及容量瓶的容积视氧化钾和氧化钠的含量而定)，加入盐酸(1+1)及氯化锶溶液(4.30)，使测定溶液中盐酸的体积分数为 6%，锶的浓度为 1 mg/mL。用水稀释至标线，摇匀。用原子吸收光谱仪(5.12)，在空气-乙炔火焰中，分别用钾元素空心阴极灯于波长 766.5 nm 处和钠元素空心阴极灯于波长 589.0 nm 处，在仪器条件下测定溶液的吸光度，在工作曲线(4.33.3)上查出氧化钾的浓度(c_1)和氧化钠的浓度(c_2)。

12.3 结果的计算与表示

氧化钾和氧化钠的质量分数 w_{K_2O} 和 w_{Na_2O} 分别按式(12)和(13)计算：

$$w_{K_2O}=\frac{c_1\times V_9\times n}{m_{15}\times 1\ 000}\times 100=\frac{c_1\times V_9\times n\times 0.1}{m_{15}} \qquad (12)$$

$$w_{Na_2O}=\frac{c_2\times V_9\times n}{m_{15}\times 1\ 000}\times 100=\frac{c_2\times V_9\times n\times 0.1}{m_{15}} \qquad (13)$$

式中：

w_{K_2O} ——氧化钾的质量分数，%；

w_{Na_2O} ——氧化钠的质量分数，%；

c_1 ——测定溶液中氧化钾的浓度，单位为毫克每毫升(mg/mL)；

c_2 ——测定溶液中氧化钠的浓度,单位为毫克每毫升(mg/mL);
V_9 ——测定溶液的体积,单位为毫升(mL);
m_{15} ——试料的质量,单位为克(g);
n ——全部试样溶液与所分取试样溶液的体积比。

13 二氧化硅的测定——氯化铵重量法(基准法)

13.1 方法提要

试样以无水碳酸钠烧结,盐酸溶解,加入固体氯化铵于蒸气水浴上加热蒸发,使硅酸凝聚,经过滤灼烧后称量。用氢氟酸处理后,失去的质量即为胶凝性二氧化硅含量,加上从滤液中比色回收的可溶性二氧化硅含量即为总二氧化硅含量。

13.2 分析步骤

13.2.1 胶凝性二氧化硅的测定

称取约 0.2 g 化学分析试样(m_{16}),精确至 0.000 1 g。置于铂坩埚中,加入 0.3 g 无水碳酸钠(4.11),混匀,将坩埚置于 950 ℃～1 000 ℃下灼烧 15 min,放冷。

将烧结块移入瓷蒸发皿中,加少量水润湿,用平头玻璃棒压碎块状物,盖上表面皿,从皿口滴入 5 mL 盐酸及 2～3 滴硝酸,待反应停止后取下表面皿,用平头玻璃棒压碎块状物使分解完全,用(1+1)盐酸清洗坩埚数次,洗液合并于蒸发皿中。将蒸发皿置于沸水浴上,皿上放一玻璃三脚架,再盖上表面皿。蒸发至糊状后,加 1 g 氯化铵,充分搅匀,继续在沸水浴上蒸发至干。

取下蒸发皿,加入 10 mL～20 mL 热盐酸(3+97),搅拌使可溶性盐类溶解。用中速滤纸过滤,用胶头扫棒以热盐酸(3+97)擦洗玻璃棒及蒸发皿,并洗涤沉淀 3～4 次,然后用热水充分洗涤沉淀,直至检验无氯根为止。滤液及洗液保存在 250 mL 的容量瓶中。

将沉淀连同滤纸一并移入恒重的坩埚中,烘干并灰化后放入 950 ℃～1 000 ℃的高温炉内灼烧 1 h,取出坩埚置于干燥器中冷却至室温,称量。反复灼烧,直至恒重(m_{17})。

向坩埚中慢慢加入数滴水润湿沉淀,加入 3 滴硫酸(1+4)和 10 mL 氢氟酸(4.3),放入通风橱内电热板上缓慢加热,蒸发至干,升高温度继续加热至三氧化硫白烟完全驱尽。将坩埚放入(950±25)℃的高温炉(5.5)内灼烧 30 min,取出坩埚置于干燥器中,冷却至室温,称量。反复灼烧,直至恒量(m_{18})。

13.2.2 经氢氟酸处理后的残渣的分解

向经过氢氟酸处理后得到的残渣中加入 0.5 g 焦硫酸钾(4.31),在喷灯上熔融,熔块用热水和数滴盐酸(1+1)溶解,溶液合并入分离二氧化硅后得到的滤液中。用水稀释至标线,摇匀。此溶液供测定滤液中残留的可溶性二氧化硅的测定。

13.2.3 可溶性二氧化硅的测定——硅钼蓝分光光度法

从溶液(13.2.2)中吸取 25.00 mL 溶液放入 100 mL 容量瓶中,加水稀释至 40 mL,依次加入 5 mL 盐酸(1+10)、8 mL 乙醇(4.8)、6 mL 钼酸铵溶液(4.32),摇匀。放置 30 min 后,加入 20 mL 盐酸(1+1)、5 mL 抗坏血酸溶液(4.26),用水稀释至标线,摇匀。放置 60 min 后,用分光光度计(5.8),10 mm 比色皿,以水作参比,于波长 660 nm 处测定溶液的吸光度,在工作曲线(4.37.2)上查出二氧化硅的含量(m_{19})。

13.3 结果的计算与表示

13.3.1 胶凝性二氧化硅质量分数的计算

胶凝性二氧化硅的质量分数 $w_{胶凝SiO_2}$ 按式(14)计算：

$$w_{胶凝SiO_2}=\frac{m_{17}-m_{18}}{m_{16}}\times 100 \quad\cdots\cdots(14)$$

式中：

$w_{胶凝SiO_2}$——胶凝性二氧化硅的质量分数，%；

m_{16}——13.2.1 中试料的质量，单位为克(g)。

m_{17}——灼烧后未经氢氟酸处理的沉淀及坩埚的质量，单位为克(g)；

m_{18}——用氢氟酸处理并经灼烧后的残渣及坩埚的质量，单位为克(g)。

13.3.2 可溶性二氧化硅质量分数的计算

可溶性二氧化硅的质量分数 $w_{可溶SiO_2}$ 按式(15)计算：

$$w_{可溶SiO_2}=\frac{m_{19}\times 250}{m_{16}\times 25\times 1\,000}\times 100=\frac{m_{19}}{m_{16}} \quad\cdots\cdots(15)$$

式中：

$w_{可溶SiO_2}$——可溶性二氧化硅的质量分数，%；

m_{16}——13.2.1 中试料的质量，单位为克(g)；

m_{19}——按 13.2.3 测定的 100 mL 溶液中二氧化硅的含量，单位为毫克(mg)。

13.3.3 总二氧化硅质量分数的计算

总二氧化硅的质量分数 $w_{总SiO_2}$ 按式(16)计算：

$$w_{总SiO_2}=w_{胶凝SiO_2}+w_{可溶SiO_2} \quad\cdots\cdots(16)$$

式中：

$w_{总SiO_2}$——总二氧化硅的质量分数，%；

$w_{胶凝SiO_2}$——胶凝性二氧化硅的质量分数，%；

$w_{可溶SiO_2}$——可溶性二氧化硅的质量分数，%。

14 二氧化硅的测定——氟硅酸钾容量法(代用法)

14.1 方法提要

在有过量的氟离子和钾离子存在的强酸性溶液中，使硅酸形成氟硅酸钾(K_2SiF_6)沉淀，经过滤、洗涤及中和残余酸后，加沸水使氟硅酸钾沉淀水解生成等物质的量的氢氟酸，然后以酚酞为指示剂，用氢氧化钠标准滴定溶液进行滴定。

14.2 试样溶液的制备

称取 0.4 g(6.2)(精确至 0.000 1 g)试样(m_{20})，置于银坩埚中。放在 650 ℃～700 ℃高温炉中预烧 20 min，取出冷却，加入 5 g～6 g 氢氧化钠，置于高温炉中，低温升起至 650 ℃熔融 30 min(期间取出摇匀 1 次)，取出，冷却至室温。将银坩埚放入盛有 100 mL 近沸腾水的烧杯中，盖上表面皿，于电热板上适当加热，待熔块完浸出后，取出银坩埚，用水冲洗银坩埚和盖，在搅拌下一次加入 25 mL～30 mL 盐酸，再加入 1 mL 硝酸。用热盐酸(1+5)洗净银坩埚和盖，将溶液加热至沸，冷却，然后移入 250 mL 容量瓶中，用水稀释至标线，摇匀。此溶液供测定二氧化硅、三氧化二铁、氧化镁用。

14.3 分析步骤

吸取试样溶液(14.2)50.00 mL 放入 300 mL 塑料杯中,加入 10 mL~15 mL 硝酸,搅拌,冷却至 30 ℃以下。加入固体氯化钾,仔细搅拌至饱和并有少量氯化钾固体颗粒析出,再加入 2 g 氯化钾及 10 mL 氟化钾溶液(4.21),仔细搅拌(如氯化钾析出量不够,应再补充加入),放置 15 min~20 min。用中速滤纸过滤,用氯化钾溶液洗涤塑料杯及沉淀 3 次。将滤纸连同沉淀取下,置于原塑料杯中,沿杯壁加入 10 mL 30 ℃以下的氯化钾-乙醇溶液(4.23)及 1 mL 酚酞指示剂(4.43)溶液,用氢氧化钠标准滴定溶液中和未洗尽的酸,仔细搅动滤纸并随之擦洗杯壁直至溶液呈红色。向杯中加入 200 mL 沸水(煮沸并用氢氧化钠溶液(4.41)中和至酚酞呈微红色),用氢氧化钠标准滴定溶液(4.41)滴定至微红色。

14.4 结果的计算与表示

二氧化硅的质量分数 w_{SiO_2} 按式(17)计算:

$$w_{SiO_2}=\frac{T_{SiO_2}\times V_{10}\times 5}{m_{20}\times 1\ 000}\times 10 \quad\cdots\cdots(17)$$

式中:

w_{SiO_2}——二氧化硅的质量分数,%;

T_{SiO_2}——每毫升氢氧化钠标准滴定溶液相当于二氧化硅的毫克数,单位为 mg/mL;

V_{10}——滴定时消耗氢氧化钠标准滴定溶液的体积,单位为 mL;

m_{20}——试料的质量,单位为克(g);

5——全部试样溶液与所分取试样溶液的体积比。

15 三氧化二铁的测定——邻菲罗啉分光光度法(基准法)

15.1 方法提要

在酸性溶液中,加入抗坏血酸溶液,使三价铁离子还原为二价铁离子,与邻菲罗啉生成红色配合物,于波长 510 nm 处测定溶液的吸光度。

15.2 分析步骤

从溶液(14.2)中吸取 10.00 mL 溶液放入 100 mL 容量瓶中,用水稀释至标线,摇匀后吸取 25.00 mL 溶液放入 100 mL 容量瓶中,加水稀释至约 40 mL。加入 5 mL 抗坏血酸溶液(4.26),放置 5 min,然后再加入 5 mL 邻菲罗啉溶液(4.27)、10 mL 乙酸铵溶液(4.28),用水稀释至标线,摇匀。放置 30 min 后,用分光光度计(5.8)、10 mm 比色皿,以水作参比,于波长 510 nm 处测定溶液的吸光度。在工作曲线(4.36.2)上查出三氧化二铁的含量(m_{21})。

15.3 结果的计算与表示:

三氧化二铁的质量分数 $w_{Fe_2O_3}$ 按式(18)计算:

$$w_{Fe_2O_3}=\frac{m_{21}\times 100}{m_{20}\times 1\ 000}\times 100=\frac{m_{21}\times 10}{m_{20}} \quad\cdots\cdots(18)$$

式中:

$w_{Fe_2O_3}$——三氧化二铁的质量分数,%;

m_{21}——100 mL 测定溶液中三氧化二铁的含量,单位为毫克(mg);

m_{20}——14.2 试料的质量,单位为克(g)。

16 三氧化二铁的测定——EDTA 直接滴定法(代用法)

16.1 方法提要

在 pH1.8～2.0、温度为 60 ℃～70 ℃的溶液中,以磺基水杨酸钠为指示剂,用 EDTA 标准滴定溶液滴定。

16.2 分析步骤

从(14.2)制备的溶液中吸取 50.00 mL 溶液放入 300 mL 烧杯中,加水稀释至约 100 mL,用氨水(1+1)和盐酸(1+1)调节溶液 pH 值在 1.8～2.0 之间(用精密 pH 试纸或酸度计检验)。将溶液加热至 70 ℃,加入 10 滴磺基水杨酸钠指示剂溶液(4.47),用 EDTA 标准滴定溶液(4.40.1)缓慢地滴定至亮黄色(终点时溶液温度应不低于 60 ℃,如终点前溶液温度降至近 60 ℃时,应再加热至 65 ℃～70 ℃)。

16.3 结果的计算与表示

三氧化二铁的质量分数 $w_{Fe_2O_3}$ 按式(19)计算:

$$w_{Fe_2O_3}=\frac{T_{Fe_2O_3}\times V_{11}\times 10\times 5}{m_{20}\times 1\,000}\times 100=\frac{T_{Fe_2O_3}\times 5\times V_{11}}{m_{20}} \quad\cdots\cdots(19)$$

式中:

$w_{Fe_2O_3}$——三氧化二铁的质量分数,%;

$T_{Fe_2O_3}$——EDTA 标准滴定溶液对三氧化二铁的滴定度,单位为毫克每毫升(mg/mL);

V_{11} ——滴定时消耗 EDTA 标准滴定溶液的体积,单位为毫升(mL);

m_{20} ——14.2 试料的质量,单位为克(g);

5 ——全部试样溶液与所分取试样溶液的体积比。

17 氧化镁的测定——原子吸收光谱法

17.1 方法提要

以氢氟酸—高氯酸分解或氢氧化钠熔融-盐酸分解试样的方法制备溶液,分取一定量的溶液,用锶盐消除硅、铝、钛等对镁的干扰,在空气-乙炔火焰中,于波长 285.2 nm 处测定溶液的吸光度。

17.2 分析步骤

从溶液(14.2)中吸取一定量的溶液放入容量瓶中(试样溶液的分取量及容量瓶的容积视氧化镁的含量而定),加入盐酸(1+1)及氯化锶溶液(4.30),使测定溶液中盐酸的体积分数为 6%,锶的浓度为 1 mg/mL。用水稀释至标线,摇匀。用原子吸收光谱仪(5.12),在空气-乙炔火焰中,用镁空心阴极灯,于波长 285.2 nm 处,在相同的仪器条件下测定溶液的吸光度,在工作曲线(4.38.1)上查出氧化镁的浓度(c_3)。

17.3 结果的计算与表示

氧化镁的质量分数 w_{MgO} 按式(20)计算:

$$w_{MgO}=\frac{c_3\times V_{12}\times n}{m_{20}\times 1\,000}\times 100=\frac{c_3\times V_{12}\times n\times 0.1}{m_{20}} \quad\cdots\cdots(20)$$

式中：

w_{MgO}——氧化镁的质量分数，%；

c_3 ——测定溶液中氧化镁的浓度，单位为毫克每毫升(mg/mL)；

V_{12} ——测定溶液的体积，单位为毫升(mL)；

m_{20} ——14.2 试料的质量，单位为克(g)；

n ——全部试样溶液与所分取试样溶液的体积比。

18 重复性限和再现性限

本标准所列重复性限和再现性限为绝对偏差，以质量分数(%)表示。

在重复性条件下，采用本标准所列方法分析同一试样时，两次分析结果之差应在所列的重复性限(表1)内。如超出重复性限，应在短时间内进行第三次测定，测定结果与前两次或任一次分析结果之差值符合重复性限的规定时，则取其平均值，否则，应查找原因，重新按上述规定进行分析。

在再现性条件下，采用本标准所列方法对同一试样各自进行分析时，所得分析结果的平均值之差应在所列的再现性限(表1)内。

化学分析方法测定结果的重复性限和再现性限应符合表1要求。

表1 化学分析方法测定结果的重复性限和再现性限

成　分	测定方法	含量范围/%	重复性限/%	再现性限/%
含水量	灼烧差减法		0.15	0.20
烧失量	灼烧差减法		0.15	0.25
氧化镁	原子吸收光谱法		0.15	0.25
二氧化硅(基准法)	氯化铵重量法		0.25	0.30
三氧化二铁(基准法)	邻菲罗啉分光光度法		0.15	0.20
氧化钾(基准法)	火焰光度法		0.10	0.15
氧化钠(基准法)	火焰光度法		0.05	0.10
氯离子(基准法)	硫氰酸铵容量法	≤0.10%	0.003	0.005
		>0.10%	0.010	0.015
氧化钾(代用法)	原子吸收光谱法		0.05	0.10
氧化钠(代用法)	原子吸收光谱法		0.05	0.10
二氧化硅(代用法)	氟硅酸钾容量法		0.35	0.40
三氧化二铁(代用法)	EDTA 直接滴定法		0.15	0.20
氯离子(代用法)	磷酸蒸馏-汞盐滴定法	≤0.10%	0.003	0.005
		>0.10%	0.010	0.015

ICS 91.100.10
Q 11

中华人民共和国国家标准

GB/T 27974—2011

建材用粉煤灰及煤矸石化学分析方法

Methods for chemical analysis of fly ash and coal gangue as building material

2011-12-30 发布　　2012-10-01 实施

中华人民共和国国家质量监督检验检疫总局
中国国家标准化管理委员会　发布

前　言

本标准按照 GB/T 1.1—2009 给出的规则起草。

本标准由中国建筑材料联合会提出。

本标准由全国水泥标准化技术委员会(SAC/TC 184)归口。

本标准负责起草单位:中国建筑材料科学研究总院、河南民安新型材料有限公司、中国建筑材料检验认证中心。

本标准参加起草单位:北京中科建自动化设备有限公司。

本标准主要起草人:刘文长、崔健、刘胜、戴平、于克孝、王文茹、王瑞海、倪竹君、司政凯。

建材用粉煤灰及煤矸石化学分析方法

1 范围

本标准规定了建材用粉煤灰及煤矸石化学分析方法。

本标准适用于建材用粉煤灰及煤矸石和指定采用本标准的其他材料。

2 规范性引用文件

下列文件对于本文件的应用是必不可少的。凡是注日期的引用文件，仅注日期的版本适用于本文件。凡是不注日期的引用文件，其最新版本(包括所有的修改单)适用于本文件。

GB/T 6682 分析实验室用水规格和试验方法

GB/T 12573 水泥取样方法

3 试验的基本要求

3.1 试验次数与要求

每项试验次数为两次，用两次试验结果的平均值表示测定结果。

在进行化学分析时，除另有说明外，必须同时进行烧失量的测定；其他各项测定应同时进行空白试验，并对测定结果加以校正。

3.2 质量、体积、滴定度和结果的表示

用克(g)表示质量，精确至0.000 1 g。滴定管体积用毫升(mL)表示，精确至0.05 mL。滴定度单位用毫克每毫升(mg/mL)表示。

标准滴定溶液的滴定度和体积比经修约后保留有效数字四位。

除另有说明外，各项分析结果均以质量分数计。各项分析结果以%表示至小数后二位。

3.3 空白试验

使用相同量的试剂，不加入试样，按照相同的测定步骤进行试验，对得到的测定结果进行校正。

3.4 灼烧

将滤纸和沉淀放入预先已灼烧并恒量的坩埚中，为避免产生火焰，在氧化性气氛中缓慢干燥、灰化，灰化至无黑色炭颗粒后，放入高温炉(5.7)中，在规定的温度下灼烧。在干燥器(5.5)中冷却至室温，称量。

3.5 恒量

经第一次灼烧、冷却、称量后，通过连续对每次15 min的灼烧，然后冷却、称量的方法来检查恒定质量，当连续两次称量之差小于0.000 5 g时，即达到恒量。

3.6 检查氯 Cl^- 离子(硝酸银检验)

按规定洗涤沉淀数次后，用数滴水淋洗漏斗的下端，用数毫升水洗涤滤纸和沉淀，将滤液收集在试

管中，加几滴硝酸银溶液(4.28)，观察试管中溶液是否浑浊。如果浑浊，继续洗涤并定期检查，直至用硝酸银检验不再浑浊为止。

4 试剂和材料

除另有说明外，所用试剂应不低于分析纯。所用水应符合 GB/T 6682 中规定的三级水要求。

本标准所列市售浓液体试剂的密度指 20 ℃的密度(ρ)，单位为克每立方厘米(g/cm^3)。在化学分析中，所用酸或氨水，凡未注浓度者均指市售的浓酸或浓氨水。用体积比表示试剂稀释程度，例如，盐酸(1+2)表示 1 份体积的浓盐酸与 2 份体积的水相混合。

4.1 盐酸(HCl)

ρ 为 1.18 g/cm^3～1.19 g/cm^3，质量分数 36%～38%。

4.2 氢氟酸(HF)

ρ 为 1.15 g/cm^3～1.18 g/cm^3，质量分数 40%。

4.3 硝酸(HNO_3)

ρ 为 1.39 g/cm^3～1.41 g/cm^3，质量分数 65%～68%。

4.4 硫酸(H_2SO_4)

ρ 为 1.84 g/cm^3，质量分数 95%～98%。

4.5 冰乙酸(CH_3COOH)

ρ 为 1.05 g/cm^3，质量分数 99.8%。

4.6 磷酸(H_3PO_4)

ρ 为 1.68 g/cm^3，质量分数 85%。

4.7 氨水($NH_3 \cdot H_2O$)

ρ 为 0.90 g/cm^3～0.91 g/cm^3，质量分数 25%～28%。

4.8 三乙醇胺 [$N(CH_2CH_2OH)_3$]

ρ 为 1.12 g/cm^3，质量分数 99%。

4.9 乙醇或无水乙醇(C_2H_5OH)

乙醇的体积分数 95%，无水乙醇的体积分数不低于 99.5%。

4.10 乙二醇($HOCH_2CH_2OH$)

体积分数 99%。

4.11 盐酸溶液

4.11.1 盐酸(1+1)

1 份体积的浓盐酸与 1 份体积的水相混合均匀。

4.11.2 盐酸(1+2)

1份体积的浓盐酸与2份体积的水相混合均匀。

4.11.3 盐酸(1+5)

1份体积的浓盐酸与5份体积的水相混合均匀。

4.12 硝酸溶液

4.12.1 硝酸(1+2)

1份体积的浓硝酸与2份体积的水相混合均匀。

4.12.2 硝酸(1+9)

1份体积的浓硝酸与9份体积的水相混合均匀。

4.12.3 硝酸(1+100)

1份体积的浓硝酸与100份体积的水相混合均匀。

4.13 硫酸溶液

4.13.1 硫酸(1+1)

1份体积的浓硫酸慢慢注入1份体积的水中并不断搅拌混合均匀。

4.13.2 硫酸(1+2)

1份体积的浓硫酸慢慢注入2份体积的水中并不断搅拌混合均匀。

4.13.3 硫酸(1+4)

1份体积的浓硫酸慢慢注入4份体积的水中并不断搅拌混合均匀。

4.13.4 硫酸(1+9)

1份体积的浓硫酸慢慢注入9份体积的水中并不断搅拌混合均匀。

4.13.5 硫酸(5+95)

5份体积的浓硫酸慢慢注入95份体积的水中并不断搅拌混合均匀。

4.14 磷酸(1+1)

1份体积的浓磷酸与1份体积的水相混合均匀。

4.15 氨水(1+1)

1份体积的浓氨水与1份体积的水相混合均匀。

4.16 三乙醇胺(1+2)

1份体积的三乙醇胺与1份体积的水相混合均匀。

4.17 氢氧化钠($NaOH$)

固体颗粒,密封保存。

4.18 无水碳酸钠(Na_2CO_3)

将无水碳酸钠(Na_2CO_3)用玛瑙研钵研细至粉末状保存。

4.19 焦硫酸钾($K_2S_2O_7$)

将市售的焦硫酸钾($K_2S_2O_7$)在瓷蒸发皿中加热熔化,加热至无泡沫发生,冷却并压碎熔融物,贮存于密封瓶中。

4.20 碳酸钠-硼砂混合溶剂(2+1)

将2份质量的无水碳酸钠(Na_2CO_3)与1份质量的无水硼砂($Na_2B_4O_7$)混匀研细,贮存于密封瓶中。

4.21 艾士卡试剂

将2份质量的轻质氧化镁(MgO)与1份质量的无水碳酸钠(Na_2CO_3)混匀并研细至粒度小于0.2 mm后,贮存于密封瓶中。

4.22 高碘酸钾(KIO_4)

固体研细,密闭保存。

4.23 盐酸羟胺($NH_2OH \cdot HCl$)

固体研细,密闭保存。

4.24 五氧化二钒(V_2O_5)

粉末状固体,密闭保存。

4.25 氢氧化钠溶液(10 g/L)

将10 g氢氧化钠($NaOH$)溶于水中,加水稀释至1 L。贮存于塑料瓶中。

4.26 氢氧化钾溶液(200 g/L)

将200 g氢氧化钾(KOH)溶于水中,加水稀释至1 L。贮存于塑料瓶中。

4.27 氯化钡溶液(100 g/L)

将100 g氯化钡($BaCl_2 \cdot 2H_2O$)溶于水中,加水稀释至1 L。

4.28 硝酸银溶液(5 g/L)

将0.5 g硝酸银($AgNO_3$)溶于水中,加入1 mL硝酸,加水稀释至100 mL,贮存于棕色瓶中。

4.29 二安替比林甲烷溶液(30 g/L盐酸溶液)

将6 g二安替比林甲烷($C_{23}H_{24}N_4O_2$)溶于200 mL盐酸(1+11)中,必要时过滤后使用。

4.30 碳酸铵溶液(100 g/L)

将 10 g 碳酸铵[$(NH_4)_2CO_3$]溶解于 100 mL 水中。用时现配。

4.31 pH4.3 的缓冲溶液

将 42.3 g 无水乙酸钠(CH_3COONa)溶于水中,加入 80 mL 冰乙酸(CH_3COOH),加水稀释至 1 L。

4.32 pH6 的缓冲溶液

将 200 g 无水乙酸钠(CH_3COONa)溶于水中,加入 20 mL 冰乙酸(CH_3COOH),加水稀释至 1 L。

4.33 pH10 的缓冲溶液

将 67.5 g 氯化铵(NH_4Cl)溶于水中,加入 570 mL 氨水($NH_3 \cdot H_2O$),加水稀释至 1 L。

4.34 酒石酸钾钠溶液(100 g/L)

将 10 g 酒石酸钾钠($C_4H_4KNaO_6 \cdot 4H_2O$)溶于水中,加水稀释至 100 mL。

4.35 氯化钾(KCl)

颗粒粗大时,应研细后使用。

4.36 氯化钾溶液(50 g/L)

将 50 g 氯化钾(KCl)溶于水中,加水稀释至 1 L。

4.37 氯化钾-乙醇溶液(50 g/L)

将 5 g 氯化钾(KCl)溶于 50 mL 水后,加入 50 mL 乙醇(4.9),混匀。

4.38 氟化钾溶液(150 g/L)

将 150 g 氟化钾($KF \cdot 2H_2O$)放入塑料杯中,加水溶解后,加水稀释至 1 L,贮存于塑料瓶中。

4.39 氟化钾溶液(20 g/L)

将 20 g 氟化钾($KF \cdot 2H_2O$)溶于水中,加水稀释至 1 L,贮存于塑料瓶中。

4.40 电解液

将 6 g 碘化钾(KI)和 6 g 溴化钾(KBr)溶于 100 mL 水中,加入 10 mL 冰乙酸(CH_3COOH),加水稀释至 300 mL。

4.41 氢氧化钠-无水乙醇溶液(0.1 mol/L)

将 0.4 g 氢氧化钠(NaOH)溶于 100 mL 无水乙醇(4.9)中。

4.42 乙二醇-无水乙醇溶液(2+1)

将 1 000 mL 乙二醇(4.10)与 500 mL 无水乙醇(4.9)混合,加入 0.5 g 酚酞,混匀。用氢氧化钠-无水乙醇溶液(4.41)中和至微红色。贮存于干燥密封的容器中,防止吸潮。

4.43 氟化铵溶液(100 g/L)

称取 100 g 氟化铵($NH_4F \cdot 2H_2O$)放入塑料烧杯中,加入 200 mL 水溶解后,用水稀释至 1 L。

4.44 苦杏仁酸溶液(100 g/L)

将 100 g 苦杏仁酸(苯羟乙酸)[$C_6H_5CH(OH)COOH$]溶于 1 L 热水中,并用氨水(1+1)调节 pH 值约为 4(用精密 pH 试纸检验)。

4.45 抗坏血酸溶液(50 g/L)

将 5 g 抗坏血酸(V.C)溶于 100 mL 水中,必要时过滤后使用。用时现配。

4.46 二氧化钛(TiO_2)标准溶液工作曲线的绘制

4.46.1 标准溶液的配制

称取 0.100 0 g 已于 950 ℃灼烧过 60 min 的二氧化钛(TiO_2,光谱纯),精确至 0.000 1 g,置于铂坩埚中,加入 2 g 焦硫酸钾(4.19),在 500 ℃~600 ℃下熔融至透明。冷却后,熔块用硫酸(1+9)浸出,加热至 50 ℃~60 ℃使熔块完全溶解,冷却后移入 1 000 mL 容量瓶中,用硫酸(1+9)稀释至标线,摇匀。此标准溶液每毫升含 0.1 mg 二氧化钛。

吸取 100.00 mL 上述标准溶液放入 500 mL 容量瓶中,用硫酸(1+9)稀释至标线,摇匀。此标准溶液每毫升含 0.02 mg 二氧化钛。

4.46.2 工作曲线的绘制

吸取每毫升含 0.02 mg 二氧化钛的标准溶液 0.00 mL、2.00 mL、4.00 mL、6.00 mL、8.00 mL、10.00 mL、12.00 mL、15.00 mL 分别放入 100 mL 容量瓶中,依次加入 10 mL 盐酸(1+2)、10 mL 抗坏血酸溶液(4.45)、5 mL 乙醇(4.9)、20 mL 二安替比林甲烷溶液(4.29),用水稀释至标线,摇匀。放置 40 min 后,使用分光光度计,10 mm 比色皿,以水作参比,于波长 420 nm 处测定溶液的吸光度。用测得的吸光度作为相对应的二氧化钛含量的函数,绘制工作曲线。

4.47 氧化钾(K_2O)、氧化钠(Na_2O)标准溶液工作曲线的绘制

4.47.1 氧化钾、氧化钠标准溶液的配制

称取 1.583 g 已于 105 ℃~110 ℃烘过 2 h 的氯化钾(KCl,基准试剂或光谱纯)及 1.886 g 已于 105 ℃~110 ℃ 烘过 2 h 的氯化钠(NaCl,基准试剂或光谱纯),精确至 0.000 1 g,置于烧杯中,加水完全溶解后,移入 1 000 mL 容量瓶中,用水稀释至标线,摇匀。贮存于塑料瓶中。此标准溶液每毫升含 1 mg 氧化钾及 1 mg 氧化钠。

吸取 50.00 mL 上述标准溶液放入 1 000 mL 容量瓶中,用水稀释至标线,摇匀。贮存于塑料瓶中。此标准溶液每毫升含 0.05 mg 氧化钾和 0.05 mg 氧化钠。

4.47.2 工作曲线的绘制

吸取每毫升含 1 mg 氧化钾及 1 mg 氧化钠的标准溶液 0.00 mL、2.50 mL、5.00 mL、10.00 mL、15.00 mL、20.00 mL,分别放入 500 mL 容量瓶中,用水稀释至标线,摇匀。贮存于塑料瓶中。将火焰光度计调节至最佳工作状态,按仪器使用规程进行测定。用测得的检流计读数作为相对应的氧化钾和氧化钠含量的函数,绘制工作曲线。

4.48 一氧化锰(MnO)标准溶液工作曲线的绘制

4.48.1 无水硫酸锰($MnSO_4$)

取一定量硫酸锰($MnSO_4$,光谱纯)或含水硫酸锰($MnSO_4 \cdot xH_2O$)置于称量瓶中,在 250 ℃温度

下烘干至恒量，所获得的产物为无水硫酸锰($MnSO_4$)。

4.48.2 标准溶液的配制

称取 0.106 4 g 无水硫酸锰($MnSO_4$)，精确至 0.000 1 g，置于 300 mL 烧杯中，加水溶解后，加入约 1 mL 硫酸(1+1)，移入 1 000 mL 容量瓶中，用水稀释至标线，摇匀。此标准溶液每毫升含 0.05 mg 一氧化锰。

4.48.3 工作曲线的绘制

吸取每毫升含 0.05 mg 一氧化锰的标准溶液 0.00 mL、2.00 mL、6.00 mL、10.00 mL、14.00 mL、20.00 mL 分别放入 50 mL 烧杯中，加入 5 mL 磷酸(1+1)及 10 mL 硫酸(1+1)，加水稀释至约50 mL，加入约 1 g 高碘酸钾(4.22)，加热微沸 15 min 至溶液达到最大颜色深度，冷却至室温，移入 100 mL 容量瓶中，用水稀释至标线，摇匀。使用分光光度计，10 mm 比色皿，以水作参比，于波长 530 nm 处测定溶液的吸光度。用测得的吸光度作为相对应的一氧化锰含量的函数，绘制工作曲线。

4.49 碳酸钙标准溶液[$c(CaCO_3)=0.024$ mol/L]

称取 0.6 g(m_1)已于 105 ℃～110 ℃烘过 2 h 的碳酸钙($CaCO_3$，基准试剂)，精确至 0.000 1 g，置于 400 mL 烧杯中，加入约 100 mL 水，盖上表面皿，沿杯口慢慢加入 10 mL 盐酸(1+1)，至碳酸钙全部溶解，加热煮沸 2 min～3 min。将溶液冷却至室温，移入 250 mL 容量瓶中，用水稀释至标线，摇匀。

4.50 EDTA 标准滴定溶液[$c(EDTA)=0.015$ mol/L]

4.50.1 EDTA 标准滴定溶液的配制

称取约 5.6 g EDTA(乙二胺四乙酸二钠，$C_{10}H_{14}N_2O_8Na_2\cdot 2H_2O$)置于烧杯中，加入约 200 mL 水，加热溶解，过滤，加水稀释至 1 L，摇匀。

4.50.2 EDTA 标准滴定溶液浓度的标定

吸取 25.00 mL 碳酸钙标准溶液(4.49)放入 400 mL 烧杯中，加水稀释至约 200 mL，加入适量的 CMP 混合指示剂(4.55)，在搅拌下加入氢氧化钾溶液(4.26)至出现绿色荧光后再过量 2 mL～3 mL，用 EDTA 标准滴定溶液滴定至绿色荧光消失并呈现红色。

EDTA 标准滴定溶液的浓度按式(1)计算：

$$c(\mathrm{EDTA})=\frac{m_1\times 25\times 1\,000}{250\times V_1\times 100.09} \qquad (1)$$

式中：

$c(\mathrm{EDTA})$——EDTA 标准滴定溶液的浓度，单位为摩尔每升(mol/L)；

V_1——滴定时消耗 EDTA 标准滴定溶液的体积，单位为毫升(mL)；

m_1——按(4.49)配制碳酸钙标准溶液的碳酸钙的质量，单位为克(g)；

25——吸取溶液的体积，单位为毫升(mL)；

250——溶液的总体积，单位为毫升(mL)；

100.09——$CaCO_3$ 的摩尔质量，单位为克每摩尔(g/mol)。

4.50.3 EDTA 标准滴定溶液对各氧化物的滴定度的计算

EDTA 标准滴定溶液对三氧化二铁、三氧化二铝、氧化钙、氧化镁的滴定度分别按式(2)、式(3)、式(4)、式(5)计算：

$$T_{Fe_2O_3}=c(EDTA)\times 79.84 \qquad (2)$$

$$T_{Al_2O_3}=c(EDTA)\times 50.98 \qquad (3)$$

$$T_{CaO}=c(EDTA)\times 56.08 \qquad (4)$$

$$T_{MgO}=c(EDTA)\times 40.31 \qquad (5)$$

式中：

$T_{Fe_2O_3}$ ——EDTA 标准滴定溶液对三氧化二铁的滴定度，单位为毫克每毫升(mg/mL)；

$T_{Al_2O_3}$ ——EDTA 标准滴定溶液对三氧化二铝的滴定度，单位为毫克每毫升(mg/mL)；

T_{CaO} ——EDTA 标准滴定溶液对氧化钙的滴定度，单位为毫克每毫升(mg/mL)；

T_{MgO} ——EDTA 标准滴定溶液对氧化镁的滴定度，单位为毫克每毫升(mg/mL)；

c(EDTA) ——EDTA 标准滴定溶液的浓度，单位为摩尔每升(mol/L)；

79.84 ——($1/2Fe_2O_3$)的摩尔质量，单位为克每摩尔(g/mol)；

50.98 ——($1/2Al_2O_3$)的摩尔质量，单位为克每摩尔(g/mol)；

56.08 ——CaO 的摩尔质量，单位为克每摩尔(g/mol)；

40.31 ——MgO 的摩尔质量，单位为克每摩尔(g/mol)。

4.51 硫酸铜标准滴定溶液［$c(CuSO_4)$=0.015 mol/L］

4.51.1 硫酸铜标准滴定溶液的配制

称取约 3.7 g 硫酸铜($CuSO_4 \cdot 5H_2O$)溶于约 200 mL 水，加入 4～5 滴硫酸(1+1)，加水稀释至 1 L，摇匀。

4.51.2 EDTA 标准滴定溶液与硫酸铜标准滴定溶液体积比的标定

从滴定管中缓慢放出 10 mL～15 mL EDTA 标准滴定溶液(4.50)于 400 mL 烧杯中，加水稀释至约 150 mL，加入 15 mL pH 值为 4.3 的缓冲溶液(4.31)，加热至沸，取下稍冷，加入 5～6 滴 PAN 指示剂溶液(4.59)，用硫酸铜标准滴定溶液滴定至亮紫色。

EDTA 标准滴定溶液与硫酸铜标准滴定溶液的体积比按式(6)计算：

$$K_1=\frac{V_2}{V_3} \qquad (6)$$

式中：

K_1——EDTA 标准滴定溶液与硫酸铜标准滴定溶液的体积比；

V_2——加入 EDTA 标准滴定溶液的体积，单位为毫升(mL)；

V_3——滴定时消耗硫酸铜标准滴定溶液的体积，单位为毫升(mL)。

4.52 乙酸铅标准滴定溶液［$c(Pb(CH_3COO)_2)$=0.015 mol/L］

4.52.1 乙酸铅标准滴定溶液的配制

称取 5.7 g 乙酸铅[$Pb(CH_3COO)_2 \cdot 3H_2O$]置于 400 mL 烧杯中，溶于约 250 mL 水，加入 5 mL 冰乙酸，用水稀释至 1 L，摇匀，放置过夜后标定。

4.52.2 EDTA 标准滴定溶液与乙酸铅标准滴定溶液体积比的标定

从滴定管中缓慢放出 10 mL～15 mL EDTA 标准滴定溶液(4.50)于 300 mL 烧杯中，用水稀释至约 150 mL，加入 10 mL pH 值为 6 的缓冲溶液(4.32)及 7～8 滴半二甲酚橙指示剂溶液(4.62)，以乙酸铅标准滴定溶液滴定至红色。

EDTA 标准滴定溶液与乙酸铅标准滴定溶液的体积比按式(7)计算：

$$K_2 = \frac{V_4}{V_5} \quad \cdots\cdots(7)$$

式中：

K_2——每毫升乙酸铅标准滴定溶液相当于 EDTA 标准滴定溶液的毫升数；

V_4——滴定时消耗 EDTA 标准滴定溶液的体积，单位为毫升(mL)；

V_5——滴定时消耗乙酸铅标准滴定溶液的体积，单位为毫升(mL)。

4.53 氢氧化钠标准滴定溶液[$c(NaOH)=0.15$ mol/L]

4.53.1 氢氧化钠标准滴定溶液的配制

称取 30 g 氢氧化钠(NaOH)溶于水后，加水稀释至 5 L，充分摇匀，贮存于塑料瓶或带胶塞(装有钠石灰干燥管)的硬质玻璃瓶内。

4.53.2 氢氧化钠标准滴定溶液浓度的标定

称取约 0.8 g(m_2)苯二甲酸氢钾($C_8H_5KO_4$，基准试剂)，精确至 0.000 1 g，置于 400 mL 烧杯中，加入约 200 mL 预先新煮沸过并冷却后用氢氧化钠溶液中和至酚酞呈微红色的冷水，搅拌使其溶解，加入 6～7 滴酚酞指示剂溶液(4.57)，用氢氧化钠标准滴定溶液滴定至微红色。

氢氧化钠标准滴定溶液的浓度按式(8)计算：

$$c(\mathrm{NaOH}) = \frac{m_2 \times 1\,000}{V_6 \times 204.2} \quad \cdots\cdots(8)$$

式中：

$c(\mathrm{NaOH})$——氢氧化钠标准滴定溶液的浓度，单位为摩尔每升(mol/L)；

V_6——滴定时消耗氢氧化钠标准滴定溶液的体积，单位为毫升(mL)；

m_2——称取苯二甲酸氢钾的质量，单位为克(g)；

204.2——苯二甲酸氢钾的摩尔质量，单位为克每摩尔(g/mol)。

4.53.3 氢氧化钠标准滴定溶液对二氧化硅的滴定度的计算

氢氧化钠标准滴定溶液对二氧化硅的滴定度按式(9)计算：

$$T_{\mathrm{SiO_2}} = c(\mathrm{NaOH}) \times 15.02 \quad \cdots\cdots(9)$$

式中：

$T_{\mathrm{SiO_2}}$——氢氧化钠标准滴定溶液对二氧化硅的滴定度，单位为毫克每毫升(mg/mL)；

$c(\mathrm{NaOH})$——氢氧化钠标准滴定溶液的浓度，单位为摩尔每升(mol/L)；

15.02——($1/4SiO_2$)的摩尔质量，单位为克每摩尔(g/mol)。

4.54 苯甲酸-无水乙醇标准滴定溶液[$c(C_6H_5COOH)=0.1$ mol/L]

4.54.1 苯甲酸-无水乙醇标准滴定溶液的配制

称取 12.2 g 已在干燥器(5.5)中干燥 24 h 后的苯甲酸(C_6H_5COOH)溶于 1 000 mL 无水乙醇(4.9)中，贮存在带胶塞(装有硅胶干燥管)的玻璃瓶内。

4.54.2 苯甲酸-无水乙醇标准滴定溶液对氧化钙滴定度的标定

取一定量碳酸钙($CaCO_3$，基准试剂)置于铂(或瓷)坩埚中，在 950 ℃ 下灼烧至恒量，从中称取 0.04 g 氧化钙(m_3)，精确至 0.000 1 g，置于 250 mL 干燥的锥形瓶中，加入 30 mL 乙二醇-无水乙醇溶液(4.42)，放入一根搅拌子，装上回流冷凝管，置于游离氧化钙测定仪(5.15)上，打开电源开关，以适当的速度搅拌溶液，同时升温并加热煮沸，当冷凝下的乙醇开始连续滴下时，继续在搅拌下微沸4 min后，取下锥形瓶，立即用苯甲酸-无水乙醇标准滴定溶液滴定至微红色消失。

苯甲酸-无水乙醇标准滴定溶液对氧化钙的滴定度按式(10)计算：

$$T_{CaO}=\frac{m_3\times 1\,000}{V_7} \qquad \cdots\cdots(10)$$

式中：

T_{CaO}——苯甲酸-无水乙醇标准滴定溶液对氧化钙的滴定度，单位为毫克每毫升(mg/mL)；

V_7 ——滴定时消耗苯甲酸-无水乙醇标准滴定溶液的总体积，单位为毫升(mL)；

m_3 ——称取氧化钙的质量，单位为克(g)。

4.55 钙黄绿素-甲基百里香酚蓝-酚酞混合指示剂(简称CMP混合指示剂)

称取1.000 g钙黄绿素、1.000 g甲基百里香酚蓝、0.200 g酚酞与50 g已在105 ℃～110 ℃烘干过的硝酸钾(KNO_3)混合研细，保存在磨口瓶中。

4.56 酸性铬蓝K-萘酚绿B混合指示剂(简称K-B混合指示剂)

称取1.000 g酸性铬蓝K、2.500 g萘酚绿B与50 g已在105 ℃～110 ℃烘干过的硝酸钾(KNO_3)混合研细，保存在磨口瓶中。

滴定终点颜色不正确时，可调节酸性铬蓝K与萘酚绿B的配制比例，并通过国家标准样品/标准物质进行对比确认。

4.57 酚酞指示剂溶液(10 g/L)

将1 g酚酞溶于100 mL乙醇(4.9)中。

4.58 磺基水杨酸钠指示剂溶液(100 g/L)

将10 g磺基水杨酸钠($C_7H_5O_6SNa\cdot 2H_2O$)溶于水中，加水稀释至100 mL。

4.59 1-(2-吡啶偶氮)-2萘酚指示剂溶液(简称PAN指示剂溶液)(2 g/L)

将0.2 g 1-(2-吡啶偶氮)-2萘酚溶于100 mL乙醇(4.9)中。

4.60 甲基红指示剂溶液(2 g/L)

将0.2 g甲基红溶于100 mL乙醇(4.9)中。

4.61 硝酸银溶液(5 g/L)

将5 g硝酸银($AgNO_3$)溶于水中，加水稀释至1 L。

4.62 半二甲酚橙指示剂溶液(5 g/L)

将0.5 g半二甲酚橙溶于100 mL水中。

5 仪器与设备

5.1 天平

精确至0.000 1 g。

5.2 铂、银、瓷坩埚

带盖，容量 20 mL～50 mL。

5.3 铂皿

容量 50 mL～100 mL。

5.4 瓷蒸发皿

容量 100 mL～150 mL。

5.5 干燥器

内装变色硅胶。

5.6 干燥箱

可控制在(105±5)℃、(150±5)℃、(250±5)℃温度。

5.7 高温炉

隔焰加热炉，在炉膛外围进行电阻加热。应使用温度控制器准确控制炉温，可控制(700±25)℃、(950±25)℃温度。

5.8 滤纸

快速、中速、慢速三种型号的定量滤纸。

5.9 玻璃容量器皿

滴定管、容量瓶、移液管。

5.10 磁力搅拌器

带有塑料壳的搅拌子，具有调速和加热功能。

5.11 分光光度计

可在波长 400 nm～800 nm 范围内测定溶液的吸光度，带有 10 mm、20 mm 比色皿。

5.12 火焰光度计

可稳定地测定钾在波长 768 nm 处和钠在波长 589 nm 处的谱线强度。

5.13 库仑积分测硫仪

由管式高温炉、电解池、磁力搅拌器和库仑积分器组成。

5.14 瓷舟

长 70 mm～80 mm，可耐温 1 200 ℃以上。

5.15 游离氧化钙测定仪

具有加热、搅拌、计时功能，并配有回流冷凝管。

6 试样的制备

6.1 含水量测定用试样制备

按 GB/T 12573 方法取样，样品应是具有代表性的均匀性样品。经过破碎后，采用四分法或缩分器将试样缩分至约 200 g，充分混匀，一分为二，装入两个试样瓶中，密封保存，试样标识，其中一个试样，供测定含水量用。另一个试样供化学分析试样制备用。

6.2 化学分析用试样制备

供化学分析试验所用试样，如因水份较大无法研磨时，需先在 105 ℃～110 ℃的温度下加热烘干。经研磨后，用磁铁吸去筛余物中金属铁，使其全部通过孔径为 80 μm 方孔筛，充分混匀，装入试样瓶中，再在 105 ℃～110 ℃的温度下加热烘干 2 h 以上，取出密封保存于干燥器中。

7 含水量的测定——烘干法

7.1 方法提要

试样在 105 ℃～110 ℃的温度下，水分经高温加热完全蒸发，然后在干燥器中冷却到室温，称量。

7.2 分析步骤

称取测定含水量的试样(6.1)10 g(m_4)，精确至 0.000 1 g，放入已恒重的瓷蒸发皿(m_5)中，放至鼓风干燥箱中，在 105 ℃～110 ℃的温度下烘干 1 h，取出瓷蒸发皿置于干燥器(5.5)中，冷却至室温，称量。反复烘干，直至恒量(m_6)。

7.3 结果的计算与表示

含水量的质量百分数 w_{H_2O} 按式(11)计算：

$$w_{H_2O}=\frac{m_5-m_6}{m_4}\times 100 \qquad \cdots\cdots(11)$$

式中：

w_{H_2O}——含水量的质量分数，%；

m_4 ——试料的质量，单位为克(g)；

m_5 ——烘干前试料和瓷蒸发皿的质量，单位为克(g)；

m_6 ——烘干后试料和瓷蒸发皿的质量，单位为克(g)。

8 烧失量的测定——灼烧差减法

8.1 方法提要

试样在 950 ℃±25 ℃的高温炉中灼烧，去除二氧化碳和水分，同时将存在的易氧化的元素氧化。

8.2 分析步骤

称取化学分析用试样(6.2)约 1 g(m_7)，精确至 0.000 1 g，放入已灼烧恒量的瓷坩埚(m_8)中，将盖斜置于坩埚上，放在高温炉(5.7)内，从低温开始逐渐升高温度，在 950 ℃±25 ℃下灼烧 15 min～20 min，取出坩埚置于干燥器(5.5)中，冷却至室温，称量。反复灼烧，直至恒量(m_9)。

8.3 结果的计算与表示

烧失量的质量分数 w_{LOI} 按式(12)计算：

$$w_{LOI}=\frac{m_8-m_9}{m_7}\times 100 \qquad \cdots\cdots(12)$$

式中：

w_{LOI}——烧失量的质量分数，%；

m_7 ——试料的质量，单位为克(g)；

m_8 ——灼烧前试料和瓷坩埚的质量，单位为克(g)；

m_9 ——灼烧后试料和瓷坩埚的质量，单位为克(g)。

9 二氧化硅的测定——氟硅酸钾容量法

9.1 方法提要

在有过量的氟、钾离子存在的强酸性溶液中，使硅酸形成氟硅酸钾(K_2SiF_6)沉淀。经过滤、洗涤及中和残余酸后，加入沸水使氟硅酸钾沉淀水解生成等物质的量的氢氟酸。然后以酚酞为指示剂，用氢氧化钠标准滴定溶液滴定。

9.2 系统溶液的制备

称取化学分析用试样(6.2)约 0.5 g(m_{10})，精确至 0.000 1 g，置于银坩埚中，盖上盖子并留有缝隙，放入高温炉中，在 700 ℃～750 ℃的高温下预烧 15 min～20 min，取出，放冷，加入 6 g～7 g 氢氧化钠，从低温升起，在 700 ℃～750 ℃的高温下熔融 30 min，中间取出摇动 1 次。取出冷却，将坩埚放入已盛有约 100 mL 沸水的 300 mL 烧杯中，盖上表面皿，在电炉上适当加热，待熔块完全浸出后，取出坩埚，用水冲洗坩埚和盖。在搅拌下一次加入 30 mL 盐酸，再加入 2 mL～5 mL 硝酸，用热盐酸(1+5)洗净坩埚和盖。将溶液加热至沸 2 min～3 min，冷却后，转移至 250 mL 容量瓶中，用水稀释至标线，摇匀。此溶液供测定二氧化硅(9.3)、三氧化二铁(10.2)、三氧化二铝(11.2 或 12.2)、氧化钙(14.2)、氧化镁(15.2) 和二氧化钛(13.2)用。

9.3 分析步骤

从溶液(9.2)中吸取 50.00 mL 溶液，放入 300 mL 塑料杯中，然后加入 15 mL 硝酸，搅拌，冷却至 30 ℃以下。加入氯化钾(4.35)，仔细搅拌至饱和并有少量氯化钾析出，然后再加入 2 g 氯化钾(4.35)，仔细搅拌并压碎大颗粒氯化钾，使氯化钾完全饱和(此时搅拌，溶液应该比较浑浊，氯化钾颗粒呈悬浮状，如氯化钾析出量不够，应再补充加入，使氯化钾的析出量约 2 g，不宜过多)，加入 10 mL 氟化钾溶液(4.38)，搅拌，在环境温度 30 ℃以下放置 15 min～20 min，其间搅拌 1～2 次。用中速滤纸过滤，先过滤溶液将固体氯化钾和沉淀留在杯底，溶液滤完后用氯化钾溶液(4.36)洗涤塑料杯及沉淀，洗涤过程中使固体氯化钾溶解，洗涤液总量不超过 30 mL。将滤纸连同沉淀取下，置于原塑料杯中，沿杯壁加入 15 mL 30℃以下的氯化钾-乙醇溶液(4.37)及 1 mL 酚酞指示剂溶液(4.57)，将滤纸展开，用氢氧化钠标准滴定溶液(4.53)中和未洗尽的酸，仔细搅动、挤压滤纸并随之擦洗杯壁直至溶液呈红色(过滤、洗涤、中和残余酸的操作应迅速，以防止氟硅酸钾沉淀的水解)。向杯中加入 250 mL 沸水(煮沸后用氢氧化钠溶液中和至酚酞呈微红色的沸水)，用氢氧化钠标准滴定溶液(4.53)滴定至微红色(30 s 之内不褪色)。

9.4 结果的计算与表示

二氧化硅的质量分数 w_{SiO_2} 按式(13)计算：

$$w_{SiO_2}=\frac{T_{SiO_2}\times V_8\times 5}{m_{10}\times 1\ 000}\times 100 \quad \cdots\cdots(13)$$

式中：

w_{SiO_2}——二氧化硅的质量分数，%；

T_{SiO_2}——氢氧化钠标准滴定溶液对二氧化硅的滴定度，单位为毫克每毫升(mg/mL)；

V_8 ——滴定时消耗氢氧化钠标准滴定溶液的体积，单位为毫升(mL)；

5 ——全部试样溶液与所分取溶液的体积比；

m_{10} ——9.2 中试料的质量，单位为克(g)。

10 三氧化二铁的测定——EDTA 直接滴定法

10.1 方法提要

在 pH 值为 1.8～2.0、温度为 60 ℃～70 ℃的溶液中，以磺基水杨酸钠为指示剂，用 EDTA 标准滴定溶液滴定。

10.2 分析步骤

从溶液(9.2)中吸取 25.00 mL 溶液放入 300 mL 烧杯中，加水稀释至约 100 mL，用氨水(1+1)和盐酸(1+1)调节溶液 pH 值在 1.8～2.0 之间(用精密 pH 试纸或酸度计检验)。将溶液加热至 70 ℃，加入 10 滴磺基水杨酸钠指示剂溶液(4.58)，用 EDTA 标准滴定溶液(4.50)缓慢地滴定至亮黄色(终点时溶液温度应不低于 60 ℃，如终点前溶液温度降至近 60℃时，须再加热至 65 ℃～70 ℃)。保留此溶液供测定三氧化二铝(11.2 或 12.2)用。

10.3 结果的计算与表示

三氧化二铁的质量分数 $w_{Fe_2O_3}$ 按式(14)计算：

$$w_{Fe_2O_3}=\frac{T_{Fe_2O_3}\times V_9\times 10}{m_{10}\times 1\ 000}\times 100 \quad \cdots\cdots(14)$$

式中：

$w_{Fe_2O_3}$——三氧化二铁的质量分数，%；

$T_{Fe_2O_3}$——EDTA 标准滴定溶液对三氧化二铁的滴定度，单位为毫克每毫升(mg/mL)；

V_9 ——滴定时消耗 EDTA 标准滴定溶液的体积，单位为毫升(mL)；

10 ——全部试样溶液与所分取溶液的体积比；

m_{10} ——9.2 中试料的质量，单位为克(g)。

11 三氧化二铝的测定——铅盐回滴—氟化铵置换法(基准法)

11.1 方法提要

在 EDTA 存在下，调整溶液 pH 值至 6.0，煮沸使铝及其他金属离子和 EDTA 配位，以半二甲酚橙为指示剂，用铅盐溶液回滴过量的 EDTA，再加入氟化铵，煮沸置换铝-EDTA 配合物中的 EDTA，用乙酸铅标准滴定溶液滴定置换出来的 EDTA,测定出铝的含量。

11.2 分析步骤

在滴定三氧化二铁后的溶液(10.2)中,加入 10 mL 苦杏仁酸溶液(4.44),然后加入对铁、铝过量 10 mL～15 mL EDTA 标准滴定溶液,用氨水(1+1)调整溶液 pH 值至 4 左右(pH 试纸检验),然后将溶液加热至 70 ℃～80 ℃,再加入 10 mL pH 值为 6 的缓冲溶液(4.32),并加热煮沸 5 min～10 min。取下,冷至室温,加 7～8 滴半二甲酚橙指示剂溶液(4.62),用乙酸铅标准滴定溶液(4.52)滴定至由黄色至橙红色(不记读数)。然后立即向溶液中加入 10 mL 氟化铵溶液(4.43),并加热煮沸 1 min～2 min,取下,冷至室温,补加 2～3 滴半二甲酚橙指示剂溶液(4.62),用乙酸铅标准滴定溶液(4.52)滴定至由黄色至橙红色(记读数)。

11.3 结果的计算与表示

三氧化二铝的质量百分数 $w_{Al_2O_3}$ 按式(15)计算:

$$w_{Al_2O_3}=\frac{T_{Al_2O_3}\times K_2\times V_{10}\times 10}{m_{10}\times 1\,000}\times 100 \quad\cdots\cdots(15)$$

式中:

$w_{Al_2O_3}$——三氧化二铝的质量百分数,%;

$T_{Al_2O_3}$——每毫升 EDTA 标准滴定溶液相当于三氧化二铝的毫克数,mg/mL;

K_2 ——每毫升乙酸铅标准滴定溶液相当于 EDTA 标准滴定溶液的毫升数;

V_{10} ——测定时消耗乙酸铅标准滴定溶液的体积,单位为毫升,mL;

10 ——全部试样溶液与所分取溶液的体积比;

m_{10} ——9.2 中试料的质量,单位为克(g)。

12 硫酸铜返滴定法(代用法)

12.1 方法提要

在滴定铁后的溶液中,加入对铝、钛过量的 EDTA 标准滴定溶液,控制溶液 pH 值在 3.8～4.0,以 PAN 为指示剂,用硫酸铜标准滴定溶液回滴过量的 EDTA。

12.2 分析步骤

往溶液(10.2)中测完铁的溶液中加入 EDTA 标准滴定溶液(4.50)至过量 10 mL～15 mL(对铝、钛含量而言),加水稀释至 150 mL～200 mL。将溶液加热至 70 ℃～80 ℃后,加入数滴氨水(1+1)调节溶液 pH 值在 3.0～3.5 之间(用精密 pH 试纸检验),加入 15 mL pH 4.3 的缓冲溶液(4.31),加热煮沸并保持 1 min～2 min,取下加入 4～5 滴 PAN 指示剂溶液(4.59),用硫酸铜标准滴定溶液(4.51)滴定至亮紫色。

12.3 结果的计算与表示

三氧化二铝的质量分数 $w_{Al_2O_3}$ 按式(16)计算:

$$w_{Al_2O_3}=\frac{T_{Al_2O_3}\times (V_{11}-K_1\times V_{12})\times 10}{m_{10}\times 1\,000}\times 100-0.64w_{TiO_2} \quad\cdots\cdots(16)$$

式中：

$w_{Al_2O_3}$ ——三氧化二铝的质量分数，%；

w_{TiO_2} ——按第13章测得的二氧化钛的质量分数，%；

$T_{Al_2O_3}$ ——EDTA标准滴定溶液对三氧化二铝的滴定度，单位为毫克每毫升(mg/mL)；

V_{11} ——加入EDTA标准滴定溶液的体积，单位为毫升(mL)；

V_{12} ——滴定时消耗硫酸铜标准滴定溶液的体积，单位为毫升(mL)；

K_1 ——EDTA标准滴定溶液与硫酸铜标准滴定溶液的体积比；

10 ——全部试样溶液与所分取溶液的体积比；

m_{10} ——9.2中试料的质量，单位为克(g)；

0.64 ——二氧化钛对三氧化二铝的换算系数。

13 二氧化钛的测定——二安替比林甲烷分光光度法

13.1 方法提要

在酸性溶液中钛氧基离子(TiO^{2+})与二安替比林甲烷生成黄色配合物，于波长420 nm处测定溶液的吸光度。用抗坏血酸消除三价铁离子的干扰。

13.2 分析步骤

从溶液(9.2)中吸取10.00 mL溶液放入100 mL容量瓶中，加入10 mL盐酸(1+2)、10 mL抗坏血酸溶液(4.45)，放置5 min，加入5 mL乙醇(4.9)、20 mL二安替比林甲烷溶液(4.29)。用水稀释至标线，摇匀。放置40 min后，用分光光度计，10 mm比色皿，以水作参比，于波长420 nm处测定溶液的吸光度，在工作曲线(4.46.2)上查出二氧化钛的含量(m_{11})。

13.3 结果的计算与表示

二氧化钛的质量分数 w_{TiO_2} 按式(17)计算：

$$w_{TiO_2}=\frac{m_{11}\times 25}{m_{10}\times 1\,000}\times 100 \qquad \cdots\cdots(17)$$

式中：

w_{TiO_2} ——二氧化钛的质量分数，%；

25 ——全部试样溶液与所分取溶液的体积比；

m_{11} ——100 mL测定溶液中二氧化钛的含量，单位为毫克(mg)；

m_{10} ——9.2中试料的质量，单位为克(g)。

14 氧化钙的测定——EDTA滴定法

14.1 方法提要

在pH值为13以上的强碱性溶液中，以三乙醇胺为掩蔽剂，用钙黄绿素-甲基百里香酚蓝-酚酞混合指示剂，用EDTA标准滴定溶液滴定。

对于氢氧化钠熔融制备的试样溶液，须预先在酸性溶液中加入适量的氟化钾，以抑制硅酸的干扰。

14.2 分析步骤

从溶液(9.2)中吸取 25.00 mL 溶液放入 400 mL 烧杯中，先加入 15 mL 氟化钾溶液(4.39)，搅拌并放置 2 min 以上。加水稀释至约 200 mL。加入 5 mL 三乙醇胺溶液(1+2)及适量的 CMP 混合指示剂(4.55)，在搅拌下加入氢氧化钾溶液(4.26)至出现绿色荧光后再过量 7 mL～8 mL，此时溶液酸度在 pH 值 13 以上，用 EDTA 标准滴定溶液(4.50)滴定至绿色荧光完全消失并呈现红色。

14.3 结果的计算与表示

氧化钙的质量分数 w_{CaO} 按式(18)计算：

$$w_{CaO}=\frac{T_{CaO}\times V_{13}\times 10}{m_{10}\times 1\,000}\times 100 \qquad (18)$$

式中：

w_{CaO}——氧化钙的质量分数，%；

T_{CaO}——EDTA 标准滴定溶液对氧化钙的滴定度，单位为毫克每毫升(mg/mL)；

V_{13}——滴定时消耗 EDTA 标准滴定溶液的体积，单位为毫升(mL)；

10——全部试样溶液与所分取溶液的体积比；

m_{10}——9.2 中试料的质量，单位为克(g)。

15 氧化镁的测定——EDTA 滴定差减法

15.1 方法提要

在 pH 值为 10 的溶液中，以酒石酸钾钠、三乙醇胺为掩蔽剂，用酸性铬蓝 K-萘酚绿 B 混合指示剂，用 EDTA 标准滴定溶液滴定。

当试样中一氧化锰含量在 0.5%以上时，在盐酸羟胺存在下，测定钙、镁、锰总量，差减法测得氧化镁含量。

15.2 分析步骤

15.2.1 一氧化锰含量在 0.5%以下时

从溶液(9.2)中吸取 25.00 mL 溶液放入 400 mL 烧杯中，加入 15 mL 氟化钾溶液(4.39)，搅拌 2 min 以上，加水稀释至约 200 mL，依次加入 2 mL 酒石酸钾钠溶液(4.34)和 10 mL 三乙醇胺(1+2)溶液(4.16)，搅拌。然后加入 25 mL pH 值为 10 缓冲溶液(4.33)及适量的酸性铬蓝 K-萘酚绿 B 混合指示剂(4.56)，用 EDTA 标准滴定溶液(4.50)滴定，近终点时应缓慢滴定至纯蓝色不再变色为止。

氧化镁的质量分数 w_{MgO} 按式(19)计算：

$$w_{MgO}=\frac{T_{MgO}\times (V_{14}-V_{13})\times 10}{m_{10}\times 1\,000}\times 100 \qquad (19)$$

式中：

w_{MgO}——氧化镁的质量分数，%；

T_{MgO}——EDTA 标准滴定溶液对氧化镁的滴定度，单位为毫克每毫升(mg/mL)；

V_{14}——滴定钙、镁总量时消耗 EDTA 标准滴定溶液的体积，单位为毫升(mL)；

V_{13}——按(14.2)测定氧化钙时消耗 EDTA 标准滴定溶液的体积，单位为毫升(mL)；

10——全部试样溶液与所分取溶液的体积比；

m_{10} ——(9.2)中试料的质量，单位为克(g)。

15.2.2 一氧化锰含量在0.5%以上时

除在滴定前加入0.5 g～1 g盐酸羟胺(4.23)外，其余分析步骤同(15.2.1)。

氧化镁的质量分数 w_{MgO} 按式(20)计算：

$$w_{MgO}=\frac{T_{MgO}\times(V_{15}-V_{13})\times 10}{m_{10}\times 1\,000}\times 100-0.57\times w_{MnO} \qquad \cdots\cdots\cdots\cdots\cdots(20)$$

式中：

w_{MgO}——氧化镁的质量分数，%；

T_{MgO}——EDTA标准滴定溶液对氧化镁的滴定度，单位为毫克每毫升(mg/mL)；

V_{15} ——滴定钙、镁总量时消耗EDTA标准滴定溶液的体积，单位为毫升(mL)；

V_{13} ——按(14.2)测定氧化钙时消耗EDTA标准滴定溶液的体积，单位为毫升(mL)；

m_{10} ——(9.2)中试料的质量，单位为克(g)；

w_{MnO}——按(16.2)测定的一氧化锰的质量分数，%；

10 ——全部试样溶液与所分取溶液的体积比；

0.57——一氧化锰对氧化镁的换算系数。

16 一氧化锰的测定——高碘酸钾氧化比色法

16.1 方法提要

在硫酸介质中，用高碘酸钾将锰氧化成高锰酸，于波长530 nm处测定溶液的吸光度。用磷酸掩蔽三价铁离子的干扰。

16.2 分析步骤

称取化学分析用试样(6.2)约0.5 g(m_{12})，精确至0.000 1 g，置于铂坩埚中，加入3 g碳酸钠-硼砂混合熔剂(2+1)，混匀，在950 ℃～1 000 ℃下熔融10 min，用坩埚钳夹持坩埚旋转，使熔融物均匀地附于坩埚内壁，冷却后，将坩埚放入已至微沸的盛有50 mL硝酸(1+9)及100 mL硫酸(5+95)的400 mL烧杯中，并继续保持微沸状态，直至熔融物完全溶解，用水洗净坩埚及盖，用快速滤纸将溶液过滤至250 mL容量瓶中，并用热水洗涤数次。将溶液冷却至室温后，用水稀释至标线，摇匀。

吸取50.00 mL上述溶液放入150 mL烧杯中，依次加入5 mL磷酸(1+1)、10 mL硫酸(1+1)和约1 g高碘酸钾(4.22)，加热微沸15 min至溶液达到最大颜色深度，冷却至室温，移入100 mL容量瓶中，用水稀释至标线，摇匀。用分光光度计，10 mm比色皿，以水作参比，于波长530 nm处测定溶液的吸光度。在工作曲线(4.48.3)上查出一氧化锰的含量(m_{13})。

16.3 结果的计算与表示

一氧化锰的质量分数 w_{MnO} 按式(21)计算：

$$w_{MnO}=\frac{m_{13}\times 5}{m_{12}\times 1\,000}\times 100 \qquad \cdots\cdots\cdots\cdots\cdots(21)$$

式中：

w_{MnO}——一氧化锰的质量百分数，%；

m_{13} ——100 mL测定溶液中一氧化锰的含量，单位为毫克(mg)；

m_{12} ——试料的质量，单位为克(g)。

17 三氧化硫的测定——艾士卡法(基准法)

17.1 方法提要

将试样与艾士卡试剂混合灼烧,试样中硫生成硫酸盐,之后使硫酸根离子生成硫酸钡沉淀,将沉淀过滤、灼烧恒量。根据硫酸钡的质量计算试样中全硫的含量,测定结果以三氧化硫计。

17.2 分析步骤

称取化学分析用试样(6.2)约 1.0 g(m_{14}),精确至 0.000 1 g,置于 50 mL 瓷坩埚(m_{15})中,再将 6 克艾士卡试剂(4.21)置于瓷坩埚中,与试样混合均匀;将坩埚盖斜置于坩埚上放入马弗炉内,从室温逐渐加热到 800 ℃~850 ℃,并在该温度下保持 40 min~50 min;将坩埚从马弗炉内取出,冷却到室温。用玻璃棒将坩埚中的灼烧物仔细搅动捣碎,然后转移到 400 mL 的烧杯中。用热水洗涤坩埚内壁,将洗液收集于烧杯中,再加入 100 mL~150 mL 热水,充分搅拌,并保持微沸,搅拌使其完全分散,在充分搅拌下加入 10 mL 盐酸(1+1),用平头玻璃棒压碎块状物,加热至沸并保持微沸 1 min~2 min;用慢速定量滤纸以倾泻法过滤,用热水洗涤 3 次,然后将残渣移入滤纸中,用热水仔细洗涤至少 10 次,洗液总体积约为 200 mL~250 mL;向滤液中滴入 2~3 滴甲基红指示剂溶液(4.60),滴加盐酸(1+1)至溶液呈红色,然后加入 10 mL 盐酸(1+1),将溶液煮沸至澄清,在近煮沸状态下滴加 10 mL 氯化钡溶液,在 50 ℃~60 ℃ 下保温 4 h,或常温下保持 12 h 以上,用慢速定量滤纸过滤,用热水洗至无氯离子为止[用硝酸银溶液(4.28)检验];将滤纸连同沉淀移入已恒量的 20 mL 瓷坩埚中,先低温灰化滤纸,盖上盖子,然后在温度为 800 ℃~850 ℃的马弗炉内灼烧 30 min 以上,取出坩埚,在空气中稍加冷却后放入干燥器中,冷却至室温,称量。反复灼烧,直至恒量(m_{16})。

同时进行空白试验,空白试验中灼烧后沉淀的质量为 m_{17}。

17.3 结果的计算与表示

试样中三氧化硫的质量分数 w_{SO_3} 按式(22)计算:

$$w_{SO_3}=\frac{(m_{16}-m_{15}-m_{17})\times 0.343}{m_{14}}\times 100 \qquad (22)$$

式中:

w_{SO_3} ——三氧化硫的质量分数,%;

m_{15} ——瓷坩埚的质量,单位为克(g);

m_{16} ——灼烧后瓷坩埚和沉淀的质量,单位为克(g);

m_{17} ——空白试验中灼烧后沉淀的质量,单位为克(g);

m_{14} ——试料的质量,单位为克(g);

0.343——硫酸钡对三氧化硫的换算系数。

18 三氧化硫的测定——库仑滴定法(代用法)

18.1 方法提要

试样在催化剂的作用下,于空气流中燃烧分解,试样中硫生成二氧化硫并被碘化钾溶液吸收,以电解碘化钾溶液所产生的碘进行滴定。

18.2 分析步骤

使用库仑积分测硫仪(5.13),将管式高温炉升温并控制在 1 150 ℃～1 200 ℃。

开动供气泵和抽气泵并将抽气流量调节到约 1 000 mL/min。在抽气下,将约 300 mL 电解液(4.40) 加入电解池内,开动磁力搅拌器。

调节电位平衡:在瓷舟中放入少量含一定硫的试样,并盖一薄层五氧化二钒(4.24),将瓷舟置于一稍大的石英舟上,送进炉内,库仑滴定随即开始。如果试验结束后库仑积分器的显示值为零,应再次调节直至显示值不为零为止。

称取化学分析用试样(6.2)约 0.05 g(m_{18}),精确至 0.000 1 g,铺于瓷舟中,在试料上覆盖一薄层五氧化二钒(4.24),将瓷舟置于石英舟上,输入试样的质量(mg),将石英舟连同盛有试样的瓷舟送进炉内燃烧,库仑滴定随即开始,试验结束后,库仑积分器显示出的结果通过标准样品进行校正后,得到硫(或三氧化硫)的质量分数(w_s)。

18.3 结果的计算与表示

三氧化硫的质量分数 w_{SO_3} 按式(23)计算:

$$w_{SO_3} = 2.5 \times w_s \qquad (23)$$

式中:

w_{SO_3}——三氧化硫的质量分数,%;

w_s ——测得硫的质量分数,%;

2.5 ——三氧化硫相对分子质量与硫相对分子质量的比值。

19 氧化钾和氧化钠的测定——火焰光度法

19.1 方法提要

试样经氢氟酸-硫酸蒸发处理除去硅,用热水浸取残渣,以氨水和碳酸铵分离铁、铝、钙、镁。滤液中的钾、钠用火焰光度计进行测定。

19.2 分析步骤

称取化学分析用试样(6.2)约 0.2 g(m_{19}),精确至 0.000 1 g,置于 100 mL 铂皿中,放入 700 ℃～750 ℃的高温炉内灼烧 15 min～20 min,取出,放冷。加入少量水润湿,加入 10 mL 氢氟酸和 1 mL 硫酸(1+1),放入通风橱内电热板上缓慢加热,近干时摇动铂皿,以防溅失,待氢氟酸驱尽后逐渐升高温度,继续将三氧化硫白烟赶尽,取下冷却。加入少量热水,压碎残渣使其溶解,加入 1 滴甲基红指示剂溶液(4.60),用氨水(1+1)中和至黄色,再加入 10 mL 碳酸铵溶液(4.30),搅拌,加入热水,使溶液的体积约为 50 mL,然后放入通风橱内电热板上加热煮沸并继续微沸至溶液中没有刺激性气味为止。用快速滤纸过滤,以热水充分洗涤,滤液及洗液盛于 250 mL 容量瓶中,冷却至室温。用盐酸(1+1)中和至溶液呈微红色,用水稀释至标线,摇匀。在火焰光度计上,按仪器使用规程,在与 4.47.2 相同的仪器条件下进行测定。在工作曲线(4.47.2)上分别查出氧化钾和氧化钠的含量(m_{20})和(m_{21})。

19.3 结果的计算与表示

氧化钾和氧化钠的质量分数 w_{K_2O} 和 w_{Na_2O} 分别按式(24)和(25)计算:

$$w_{K_2O}=\frac{m_{20}}{m_{19}\times 1\,000}\times 100 \qquad \cdots\cdots(24)$$

$$w_{Na_2O}=\frac{m_{21}}{m_{19}\times 1\,000}\times 100 \qquad \cdots\cdots(25)$$

式中：

w_{K_2O}——氧化钾的质量分数，%；

w_{Na_2O}——氧化钠的质量分数，%；

m_{20} ——250 mL 测定溶液中氧化钾的含量，单位为毫克(mg)；

m_{21} ——250 mL 测定溶液中氧化钠的含量，单位为毫克(mg)；

m_{19} ——试料的质量，单位为克(g)。

20 游离氧化钙的测定——乙二醇法

20.1 方法提要

在微沸温度下，使试样中的游离氧化钙与乙二醇作用生成弱碱性的乙二醇钙，使酚酞指示剂呈红色，用苯甲酸-无水乙醇标准滴定溶液滴定。

20.2 分析步骤

称取化学分析用试样(6.2)约 0.5 g(m_{22})，精确至 0.000 1 g，置于 250 mL 干燥的锥形瓶中，加入 30 mL 乙二醇-乙醇溶液(4.42)，放入一根搅拌子，装上回流冷凝管，置于游离氧化钙测定仪(5.15)上，打开电源开关，以适当的速度搅拌溶液，同时升温并加热煮沸，当冷凝下的乙醇开始连续滴下时，继续在搅拌下微沸 4 min 后，取下锥形瓶，用干燥的漏斗快速干过滤，用无水乙醇(4.9)洗涤 3 次，滤液及洗液收集于 250 mL 干燥的抽滤瓶中，立即用苯甲酸-无水乙醇标准滴定溶液(4.54)滴定至微红色消失。

20.3 结果的计算与表示

游离氧化钙的质量分数 $w_{f\,CaO}$ 按式(26)计算：

$$w_{f\,CaO}=\frac{T_{CaO}\times V_{16}}{m_{22}\times 1\,000}\times 100 \qquad \cdots\cdots(26)$$

式中：

$w_{f\,CaO}$——游离氧化钙的质量分数，%；

T_{CaO} ——苯甲酸-无水乙醇标准滴定溶液对氧化钙的滴定度，单位为毫克每毫升(mg/mL)；

V_{16} ——滴定时消耗苯甲酸-无水乙醇标准滴定溶液的总体积，单位为毫升(mL)；

m_{22} ——试料的质量，单位为克(g)。

21 重复性限和再现性限

本标准所列重复性限和再现性限为绝对偏差，以质量分数(%)表示。

在重复性条件下，采用本标准所列方法分析同一试样时，两次分析结果之差应在所列的重复性限(表 1)内。如超出重复性限，应在短时间内进行第三次测定，测定结果与前两次或任一次分析结果之差值符合重复性限的规定时，则取其平均值，否则，应查找原因，重新按上述规定进行分析。

在再现性条件下，采用本标准所列方法对同一试样各自进行分析时，所得分析结果的平均值之差应在所列的再现性限(表 1)内。

化学分析方法测定结果的重复性极限和再现性极限见表 1。

表1　化学分析方法测定结果的重复性限和再现性限

成　　分	测定方法	含量范围/%	重复性限/%	再现性限/%
含水量	烘干法		0.05	0.10
烧失量	灼烧差减法		0.15	0.25
二氧化硅	氟硅酸钾容量法		0.20	0.40
三氧化二铁	EDTA 直接滴定法		0.15	0.20
三氧化二铝(基准法)	氟化铵置换法		0.25	0.40
三氧化二铝(代用法)	硫酸铜返滴定法	≤15%	0.25	0.40
二氧化钛	二安替比林甲烷分光光度法		0.05	0.10
一氧化锰	高碘酸钾氧化分光光度法		0.05	0.10
氧化钙	EDTA 滴定法		0.25	0.40
氧化镁	EDTA 滴定差减法	≤2%	0.15	0.25
		>2%	0.20	0.30
三氧化硫(基准法)	艾士卡法		0.15	0.20
三氧化硫(代用法)	库仑滴定法		0.15	0.20
氧化钾	火焰光度法		0.10	0.15
氧化钠	火焰光度法		0.10	0.15
游离氧化钙	乙二醇法	≤2%	0.10	0.20
		>2%	0.20	0.30

ICS 91.100.10
Q 11

中华人民共和国国家标准

GB/T 27975—2011

粒化高炉矿渣的化学分析方法

Methods for chemical analysis of granulated blastfurnace slag

2011-12-30 发布　　　　2012-10-01 实施

中华人民共和国国家质量监督检验检疫总局
中国国家标准化管理委员会　发布

前　言

本标准按照 GB/T 1.1—2009 给出的规则起草。

本标准由中国建筑材料联合会提出。

本标准由全国水泥标准化技术委员会(SAC/TC 184)归口。

本标准起草单位：中国建筑材料科学研究总院、中国建筑材料检验认证中心有限公司、嘉兴南方水泥有限公司。

本标准主要起草人：崔健 、刘文长、王瑞海、黄清林、倪竹君、戴平、于克孝、黄小楼、温玉刚。

粒化高炉矿渣的化学分析方法

1 范围

本标准规定了粒化高炉矿渣中二氧化硅、三氧化二铁、三氧化二铝、氧化钙、氧化镁、一氧化锰、二氧化钛、氟化物、全硫、烧失量、氯离子、水溶性六价铬、碱含量、三氧化硫、含水量的化学分析方法。

本标准适用于粒化高炉矿渣及指定采用本标准其他材料的化学分析。

2 规范性引用文件

下列文件对于本文件的应用是必不可少的。凡是注日期的引用文件，仅注日期的版本适用于本文件。凡是不注日期的引用文件，其最新版本(包括所有的修改单)适用于本文件。

GB/T 176 水泥化学分析方法

GB/T 2007.1 散装矿产品取样、制样通则 手工取样方法

GB/T 6682 分析实验室用水规格和试验方法

GB/T 17671 水泥胶砂强度检验方法(ISO法)(GB/T 17671—1999,IDT ISO 679:1989)

JC/T 681 行星式水泥胶砂搅拌机

3 试验的基本要求

3.1 试验次数

每项测定次数为两次，用两次试验结果的平均值表示测定结果。

在进行化学分析时，除另有说明外，应同时进行烧失量的测定；其他各项测定应同时进行空白试验，并对所测定结果加以校正。

3.2 质量、体积、滴定度和结果的表示

用克(g)表示质量，精确至0.000 1 g。滴定管体积用毫升(mL)表示，精确至0.05 mL。滴定度单位用毫克每毫升(mg/mL)表示。

除另有说明外，各项分析结果均以质量分数计。分析结果以%表示至小数点后二位。

3.3 空白试验

使用相同量的试剂，不加入试样，按照相同的测定步骤进行试验，对得到的测定结果进行校正。

3.4 灼烧

将滤纸和沉淀放入预先已灼烧并恒量的坩埚中，为避免产生火焰，在氧化性气氛中缓慢干燥、灰化，灰化至无黑色炭颗粒后，放入高温炉(5.6)中，在规定的温度下灼烧。在干燥器中冷却至室温，称量。

3.5 恒量

经第一次灼烧、冷却、称量后，通过连续对每次15 min的灼烧，然后冷却、称量的方法来检查恒定质量，当连续两次称量之差小于0.000 5 g时，即达到恒量。

3.6 检查氯离子(Cl^-)(硝酸银检验)

按规定洗涤沉淀数次后,用数滴水淋洗漏斗的下端,用数毫升水洗涤滤纸和沉淀,将滤液收集在试管中,加几滴硝酸银溶液(4.14),观察试管中溶液是否浑浊。如果浑浊,继续洗涤并检验,直至用硝酸银检验不再浑浊为止。

4 试剂和材料

4.1 通则

所用试剂不低于分析纯。所用水应符合 GB/T 6682 中规定的三级水要求。

本标准所列市售浓液体试剂的密度指 20 ℃的密度(ρ),单位为克每立方厘米(g/cm^3)。

除非另有说明,"%"均为质量分数。

在化学分析中,所用酸或氨水,凡未注浓度者均指市售的浓酸或浓氨水。

用体积比表示试剂稀释程度,例如:盐酸(1+2)表示 1 份体积的浓盐酸与 2 份体积的水相混合。

4.2 盐酸(HCl)

ρ 为 1.18 g/cm^3～1.19 g/cm^3,质量分数 36%～38%。

4.3 氢氟酸(HF)

ρ 为 1.13 g/cm^3,质量分数 40%。

4.4 硝酸(HNO_3)

ρ 为 1.39 g/cm^3～1.41 g/cm^3,质量分数 65%～68%。

4.5 硫酸(H_2SO_4)

ρ 为 1.84 g/cm^3,质量分数 95%～98%。

4.6 氨水(NH_3H_2O)

ρ 为 0.90 g/cm^3～0.91 g/cm^3,质量分数 25%～28%。

4.7 乙醇(C_2H_5OH)

体积分数为 95%。

4.8 氢氧化钾(KOH)

固体,密封保存。

4.9 盐酸(1+1)

1 份体积的浓盐酸与 1 份体积的水相混合。

4.10 硫酸(1+1)

1 份体积的浓硫酸慢慢注入 1 份体积的水中并不断搅拌混合均匀。

4.11 氨水(1+1)

1份体积的浓氨水与1份体积的水相混合。

4.12 碳酸铵溶液(100 g/L)

将10 g碳酸铵[$(NH_4)_2CO_3$]溶解于100 mL水中。用时现配。

4.13 氯化钡溶液(100 g/L)

将100 g氯化钡($BaCl_2 \cdot 2H_2O$)溶于水中,加水稀释至1 L。

4.14 硝酸银溶液(5 g/L)

将0.5 g硝酸银($AgNO_3$)溶于水中,加入1 mL硝酸,加水稀释至100 mL,贮存于棕色瓶中。

4.15 丙酮(CH_3COCH_3)

溶液,密封保存 ρ=0.79 g/cm³。

4.16 盐酸(1.0 mol/L)

量取8.30 mL盐酸稀释至100 mL,混匀。

4.17 盐酸(0.04 mol/L)

量取0.30 mL盐酸稀释至100 mL,混匀。

4.18 二苯碳酰二肼溶液

称取0.125 g二苯碳酰二肼[$(C_6H_5NHNH)_2CO$],用25 mL丙酮(4.15)溶解,转移至50 mL容量瓶中,用水稀释至标线,摇匀。在一周内使用。

4.19 氯化锶溶液(锶50 g/L)

将152.2 g氯化锶($SrCl_2 \cdot 6H_2O$)溶解于水中,加水稀释至1 L,必要时过滤后使用。

4.20 工作曲线的绘制

4.20.1 氧化钾、氧化钠标准溶液的配制

称取1.582 9 g已于105 ℃~110 ℃烘过2 h的氯化钾(KCl,基准试剂或光谱纯)及1.885 9 g已于105 ℃~110 ℃烘过2 h的氯化钠(NaCl,基准试剂或光谱纯),精确至0.000 1 g,置于烧杯中,加水溶解后,移入1 000 mL容量瓶中,用水稀释至标线,摇匀。贮存于塑料瓶中。此标准溶液每毫升含1 mg氧化钾及1 mg氧化钠。

吸取50.00 mL上述标准溶液放入1 000 mL容量瓶中,用水稀释至标线,摇匀。贮存于塑料瓶中。此标准溶液每毫升含0.05 mg氧化钾和0.05 mg氧化钠。

4.20.2 用于火焰光度法的工作曲线的绘制

吸取每毫升含1 mg氧化钾及1 mg氧化钠的标准溶液0.00 mL;2.50 mL;5.00 mL;10.00 mL;15.00 mL;20.00 mL分别放入500 mL容量瓶中,用水稀释至标线,摇匀。贮存于塑料瓶中。将火焰光度计(5.14)调节至最佳工作状态,按仪器使用规程进行测定。用测得的检流计读数作为相对应的氧化

钾和氧化钠含量的函数,绘制工作曲线。

4.20.3 用于原子吸收光谱法的工作曲线的绘制

吸取每毫升含 0.05 mg 氧化钾及 0.05 mg 氧化钠的标准溶液 0.00 mL;2.50 mL;5.00 mL;10.00 mL;15.00 mL;20.00 mL;25.00 mL 分别放入 500 mL 容量瓶中,加入 30 mL 盐酸及 10 mL 氯化锶溶液(4.19),用水稀释至标线,摇匀,贮存于塑料瓶中。将原子吸收光谱仪(5.15)调节至最佳工作状态,在空气-乙炔火焰中,分别用钾元素空心阴极灯于波长 766.5 nm 处和钠元素空心阴极灯于波长 589.0 nm 处,以水校零测定溶液的吸光度。用测得的吸光度作为相对应的氧化钾和氧化钠含量的函数,绘制工作曲线。

4.21 铬酸盐标准溶液

称取 0.141 4 g 已在 135 ℃~145 ℃烘过 2 h 的基准重铬酸钾($K_2Cr_2O_7$)溶于水,转移至 1 000 mL 容量瓶中,用水稀释至标线,摇匀。此溶液六价铬的浓度为 50 mg/L。

吸取 50.00 mL 上述标准溶液于 500 mL 容量瓶中,用水稀释至标线,摇匀。此溶液六价铬浓度为 5 mg/L。此标准溶液有效期为一个月。

4.22 甲基红指示剂溶液(2 g/L)

将 0.2 g 甲基红溶于 100 mL 乙醇(4.7)中。

4.23 标准砂

满足 GB/T 17671 要求的中国 ISO 标准砂。

5 仪器与设备

5.1 天平

精确至 0.000 1 g。

5.2 天平

精确至 1 g。

5.3 铂、银、瓷坩埚

带盖,容量 15 mL~30 mL。

5.4 铂皿

容量 50 mL~100 mL。

5.5 瓷蒸发皿

容量 150 mL~200 mL。

5.6 高温炉

隔焰加热炉,在炉膛外围进行电阻加热。应使用温度控制器,准确控制炉温。

5.7 镍坩埚

50 mL。

5.8 水泥胶砂搅拌机

符合 JC/T 681 的规定。

5.9 滤纸

定量滤纸。

5.10 分光光度计

可在 400 nm～700 nm 范围内测定溶液的吸光度，带有 10 mm、20 mm 比色皿。

5.11 玻璃器皿

容量瓶，移液管、滴定管、称量瓶。

5.12 pH 计

精度为±0.05 pH。

5.13 过滤装置

过滤装置由一个布氏漏斗(直径大于 150 mm)，安装在一个 2 L 的抽滤瓶上，瓶底装满砂子，瓶内有一个放于砂床上盛接滤液的小烧杯，抽滤瓶与真空泵相连，见图 1。

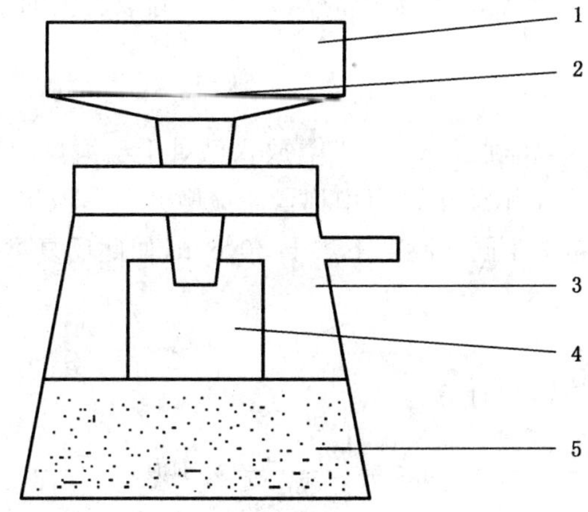

说明：
1——布氏漏斗；
2——滤纸；
3——抽滤瓶；
4——盛接滤液的小烧杯；
5——砂子。

图 1 过滤装置示意图

5.14 火焰光度计

可稳定地测定钾在波长 768 nm 处和钠在波长 589 nm 处的谱线强度。

5.15 原子吸收光谱仪

带有镁、钾、钠、铁、锰元素空心阴极灯。

6 试样的制备

6.1 含水量测定试样的制备

试样必须具有代表性和均匀性。按 GB/T 2007.1 的规定进行取样，经破碎混匀后缩分至 100 g 将试样分为两份，一份用于检验，另一份为备份试样，密封保存。

6.2 水溶性六价铬测定试样的制备

送往实验室的样品应具有代表性和均匀性。用缩分器或用四分法缩分至约 1 000 g 待测定样，放入一个密封、洁净、干燥的容器中，充分混匀。

6.3 化学分析试样的制备

供化学分析用试样，经研磨后，用磁铁吸去筛余物中金属铁，使其全部通过孔径为 80 μm 方孔筛，充分混匀，装入试样瓶中，在 105 ℃～110 ℃的温度下烘干 2 h 以上，取出密封保存于干燥器中。

7 含水量的测定

7.1 方法提要

在 105 ℃～110 ℃的温度条件下，将样品中的水分烘干，称取失去的水分质量。

7.2 分析步骤

称取约 10 g(6.1)试样(m_0)，精确至 0.000 1 g，放入已烘干至恒量的带有磨口塞的称量瓶中(m_1)，于 105 ℃～110 ℃的烘干箱内烘 1 h(烘干过程中称量瓶应敞开盖)，取出，盖上磨口塞，放入干燥器中冷至室温，称量(m_2)。再放入烘箱中于同样温度下烘干 30 min，如此反复烘干、冷却、称量，直至恒量。

7.3 结果的计算与表示

含水量的质量分数 w_{H_2O}按式(1)计算：

$$w_{H_2O}=\frac{m_1-m_2}{m_0}\times 100 \qquad \cdots\cdots(1)$$

式中：

w_{H_2O}——含水量的质量分数，%；

m_0 ——烘干前试料质量，单位为克(g)；

m_1 ——烘干前试料与称量瓶的质量，单位为克(g)；

m_2 ——烘干后试料与称量瓶的质量，单位为克(g)。

8 烧失量的测定—灼烧差减法

8.1 方法提要

试样中所含含水量、碳酸盐及其他易挥发性物质，经高温灼烧分解逸出，灼烧所失去的质量即为烧失量。对由硫化物的氧化引起的烧失量的误差进行校正。

8.2 分析步骤

称取2份(6.3)试样,精确至0.000 1 g,一份用来直接测定其中的三氧化硫含量,一份置于已灼烧恒量的瓷坩埚中,将盖斜置于坩埚上,放在高温炉(5.6)内。从低温开始逐渐升高温度,在(950±25)℃下灼烧20 min,取出坩埚置于干燥器中,冷却至室温,称量。然后测定灼烧后的试料中的三氧化硫含量。根据灼烧前后三氧化硫含量的变化,矿渣在灼烧过程中由于硫化物氧化引起烧失量的误差可按式(3)进行校正。

8.3 结果的计算与表示

8.3.1 实测烧失量质量分数的计算

烧失量的质量分数 w_{LOI} 按式(2)计算:

$$w_{LOI}=\frac{m_4-m_5}{m_3}\times 100 \qquad (2)$$

式中:

w_{LOI}——烧失量的质量分数,%;

m_3 ——试料的质量,单位为克(g);

m_4 ——灼烧前试料与瓷坩埚的质量,单位为克(g);

m_5 ——灼烧后试料与瓷坩埚的质量,单位为克(g)。

8.3.2 校正后烧失量质量分数的计算

校正后烧失量的质量分数 w'_{LOI} 按式(3)计算:

$$w'_{LOI}=w_{LOI}+0.8\times(w_{后}-w_{前}) \qquad (3)$$

式中:

w'_{LOI}——校正后烧失量的质量分数,%;

w_{LOI}——校正前烧失量的质量分数,%;

$w_{前}$ ——灼烧前试料中三氧化硫的质量分数,%;

$w_{后}$ ——灼烧后试料中三氧化硫的质量分数,%;

0.8 ——S^{-2} 氧化为 SO_4^{2-} 时增加的氧与 SO_3 的摩尔质量比。

9 氧化钾和氧化钠的测定——火焰光度法(基准法)

9.1 方法提要

经氢氟酸—硫酸蒸发处理除去硅,用热水浸取残渣,以氨水和碳酸铵分离铁、铝、钙、镁。滤液中的钾、钠用火焰光度计进行测定。

9.2 分析步骤

称取约0.2 g(6.3)试样(m_6),精确至0.000 1 g,置于铂皿中,加少量水润湿,加入7 mL~10 mL氢氟酸和15~20滴硫酸(1+1),放入通风橱内电炉上缓慢加热,蒸发至干,近干时摇动铂皿以防溅失,至白色浓烟完全逸尽后,取下冷却至室温。加入适量热水,压碎残渣使其溶解,加2滴甲基红指示剂(4.22),用氨水(1+1)中和至黄色,再加入15 mL碳酸铵溶液(4.12),搅拌,然后放入通风橱内电炉上低温加热20 min~30 min。用快速滤纸过滤,以热水洗涤,滤液及洗液转移到250 mL容量瓶中,冷却至室温。用盐酸(1+1)中和至溶液呈微红色,用水稀释至标线,摇匀。将火焰光度计调节至最佳工作状态,按仪器使用规程进行测定。在工作曲线(4.20.2)上分别查出氧化钾和氧化钠的含量(m_7)和(m_8)。

9.3 结果的计算与表示

氧化钾和氧化钠的质量分数 w_{K_2O} 和 w_{Na_2O} 分别按式(4)和式(5)计算:

$$w_{K_2O}=\frac{m_7}{m_6\times 1\,000}\times 100\times 2.5=\frac{m_7\times 0.25}{m_6} \quad\cdots\cdots(4)$$

$$w_{Na_2O}=\frac{m_8}{m_6\times 1\,000}\times 100\times 2.5=\frac{m_8\times 0.25}{m_6} \quad\cdots\cdots(5)$$

式中:

w_{K_2O} ——氧化钾的质量分数,%;

w_{Na_2O} ——氧化钠的质量分数,%;

m_6 ——试料的质量,单位为克(g);

m_7 ——100 mL 测定溶液中氧化钾的含量,单位为毫克(mg);

m_8 ——100 mL 测定溶液中氧化钠的含量,单位为毫克(mg)。

10 氧化钾和氧化钠的测定——原子吸收光谱法(代用法)

10.1 方法提要

用氢氟酸—高氯酸分解试样,以锶盐消除硅、铝、钛等的干扰,在空气-乙炔火焰中,分别于波长 766.5 nm 处和波长 589.0 nm 处测定氧化钾和氧化钠的吸光度。

10.2 氢氟酸-高氯酸分解试样

称取约 0.1 g(6.3)试样(m_8),精确至 0.000 1 g,置于铂坩埚(或铂皿)中,加入 0.5 mL~1mL 水润湿,加入 5 mL~7 mL 氢氟酸和 0.5 mL 高氯酸,放入通风橱内低温电热板上加热,近干时摇动铂坩埚以防溅失。待白色浓烟完全驱尽后,取下冷却。加入 20 mL 盐酸(1+1),温热至溶液澄清,冷却后,移入 250 mL 容量瓶中,加入 5 mL 氯化锶溶液(4.19),用水稀释至标线,摇匀。此溶液供原子吸收光谱法测定氧化镁、三氧化二铁、氧化钾和氧化钠、一氧化锰用。

10.3 分析步骤

从上述溶液中吸取一定量的试样溶液放入容量瓶中(试样溶液的分取量及容量瓶的容积视氧化钾和氧化钠的含量而定),加入盐酸(1+1)及氯化锶溶液(4.19),使测定溶液中盐酸的体积分数为 6%,锶的浓度为 1 mg/mL。用水稀释至标线,摇匀。用原子吸收光谱仪(5.15),在空气-乙炔火焰中,分别用钾元素空心阴极灯于波长 766.5 nm 处和钠元素空心阴极灯于波长 589.0 nm 处,在仪器条件下测定溶液的吸光度,在工作曲线(4.20.3)上查出氧化钾的浓度(c_1)和氧化钠的浓度(c_2)。

10.4 结果的计算与表示

氧化钾和氧化钠的质量分数 w_{K_2O} 和 w_{Na_2O} 分别按式(6)和式(7)计算:

$$w_{K_2O}=\frac{c_1\times V_1\times n}{m_9\times 1\,000}\times 100=\frac{c_1\times V_1\times n\times 0.1}{m_9} \quad\cdots\cdots(6)$$

$$w_{Na_2O}=\frac{c_2\times V_1\times n}{m_9\times 1\,000}\times 100=\frac{c_2\times V_1\times n\times 0.1}{m_9} \quad\cdots\cdots(7)$$

式中:

w_{K_2O} ——氧化钾的质量分数,%;

w_{Na_2O} ——氧化钠的质量分数,%;
c_1 ——测定溶液中氧化钾的浓度,单位为毫克每毫升(mg/mL);
c_2 ——测定溶液中氧化钠的浓度,单位为毫克每毫升(mg/mL);
V_1 ——测定溶液的体积,单位为毫升(mL);
m_9 ——试料的质量,单位为克(g);
n ——全部试样溶液与所分取试样溶液的体积比。

11 全硫的测定

11.1 方法提要

用碱熔融试样,然后用酸分解,将试样中不同形态的硫全部转变成可溶性硫酸盐,用氯化钡溶液将可溶性硫酸盐沉淀,经过滤灼烧后,以硫酸钡形式称量,测定结果以三氧化硫计。

11.2 分析步骤

称取约0.2 g(6.3)试样(m_{10}),精确至0.000 1 g,置于镍坩埚(5.7)中。加入4 g氢氧化钾(4.8),盖上坩埚盖(留有较大缝隙),放在小电炉上(500 ℃~600 ℃)熔融30 min,期间摇动1~2次,取下坩埚,冷却。用热水将熔融物浸出于300 mL烧杯中,并以数滴盐酸(1+1)和热水洗净坩埚及盖。加入20 mL盐酸(1+1),将溶液加热煮沸,使熔融物完全分解。用快速滤纸过滤,以热水洗涤7~8次,滤液收集于400 mL烧杯中。向溶液中加入1~2滴甲基红指示剂溶液(4.22),滴加氨水(1+1)至溶液变黄,再滴加盐酸(1+1)至溶液呈红色。然后加入10 mL盐酸(1+1),并将溶液体积调整至约250 mL。将溶液加热至沸,在搅拌下滴加15 mL氯化钡溶液(4.13),继续煮沸数分钟。然后移至温热处静置4 h以上,或静置12 h~24 h。

用慢速定量滤纸过滤,并以温水洗涤至氯根反应消失为止用硝酸银溶液(4.14)检验。将沉淀及滤纸一并移入已灼烧恒量的瓷坩埚中(m_{11}),灰化后在800 ℃~950 ℃的高温炉内灼烧30 min。取出坩埚,置于干燥器中冷至室温,称量(m_{12})。如此反复灼烧,直至恒量。

11.3 结果的计算与表示

全硫量(以三氧化硫计)的质量分数$w_{SO_3全}$按式(8)计算:

$$w_{SO_3全}=\frac{(m_{12}-m_{11})\times 0.343}{m_{10}}\times 100 \qquad (8)$$

式中:

$w_{SO_3全}$——全硫量(以三氧化硫表示)的质量分数,%;
m_{10} ——试料的质量,单位为克(g);
m_{11} ——恒重的瓷坩埚的质量,单位为克(g);
m_{12} ——灼烧后沉淀与瓷坩埚的质量,单位为克(g);
0.343——硫酸钡对三氧化硫的换算系数。

12 三氧化硫的测定

12.1 方法提要

用酸分解,将试样中可溶性硫酸盐溶解,用氯化钡溶液将可溶性硫酸盐沉淀,经过滤灼烧后,以硫酸钡形式称量,测定结果以三氧化硫计。

12.2 分析步骤

称取约 0.5 g(6.3)试样(m_{13}),精确至 0.000 1 g,放于 150 mL 烧杯中,加少量水润湿,加入 10 mL 盐酸(1+1),将溶液加热煮沸 3 min～5 min,使熔融物完全分解。用快速滤纸过滤,以热水洗涤 7～8 次,滤液及洗液收集于 400 mL 烧杯中。将溶液体积调整至约 250 mL。将溶液加热至沸,在搅拌下滴加 15 mL 氯化钡溶液(4.13),继续煮沸数分钟。然后移至温热处静置 4 h 时以上,或静置 12 h～24 h。

用慢速定量滤纸过滤,并以温水洗涤至氯根反应消失为止用硝酸银溶液(4.14)检验。将沉淀及滤纸一并移入已灼烧恒量的瓷坩埚中(m_{14}),灰化后在 800 ℃～950 ℃的高温炉内灼烧 30 min。取出坩埚,置于干燥器中冷至室温,称量(m_{15})。如此反复灼烧,直至恒量。

12.3 结果的计算与表示

三氧化硫(硫酸盐硫)的质量分数 w_{SO_3} 按式(9)计算:

$$w_{SO_3} = \frac{(m_{15} - m_{14}) \times 0.343}{m_{13}} \times 100 \qquad \cdots\cdots (9)$$

式中:

w_{SO_3} ——三氧化硫(硫酸盐硫)的质量分数,%;
m_{13} ——试料的质量,单位为克(g);
m_{14} ——恒重的瓷坩埚的质量,单位为克(g);
m_{15} ——灼烧后沉淀与瓷坩埚的质量,单位为克(g);
0.343——硫酸钡对三氧化硫的换算系数。

13 水溶性六价铬的测定

13.1 方法提要

将矿渣试样、标准砂和水搅拌成胶砂,过滤。滤液中加入二苯碳酰二肼,调整酸度、显色,在 540 nm 处测定溶液的吸光度,在工作曲线上查得溶液中六价铬浓度。

13.2 试验步骤

13.2.1 胶砂的制备

13.2.1.1 胶砂的组成

灰砂比为 1∶3,水灰比为 0.50。

每一组矿渣胶砂含有(450±2)g 矿渣粉(6.2),(1 350±5)g 中国 ISO 标准砂和(225±1)mL 水(V_1)。

13.2.1.2 胶砂的搅拌

使用精确至 1 g 的天平(5.2)称取矿渣粉试样(6.2)和水,当水以体积计加入时,精确至 1 mL。按水泥胶砂搅拌机(5.8)的自动控制程序进行机械搅拌。(自动程序为:低速 30 s,在第二个 30 s 开始的同时加入标准砂,高速 30 s。停 90 s。在停止的前 30 s 内,用一个橡胶或塑料棒将粘附于叶片和锅壁上的胶砂刮到锅中间。继续高速 60 s。)

注:通常这种搅拌操作采用自动装置进行,也允许对操作和时间采用人工控制。

13.2.2 过滤

每次使用时,确保过滤装置(5.13)所用的抽滤瓶、布氏漏斗、滤纸和小烧杯是干燥的。安装好布氏漏斗，放好中速滤纸(5.9)，不要事先润湿滤纸。打开真空泵，将胶砂倒入过滤装置的布氏漏斗上，抽气得到至少 15 mL 滤液。

如果滤液混浊，可再过滤一遍或采用离心分离机分离过滤。如果滤液仍有部分混浊，测定时用该滤液作为参比溶液，但不加入二苯碳酰二肼溶液(4.18)。

13.3 工作曲线的绘制

移取 1.00 mL、2.00 mL、5.00 mL、10.00 mL 和 15.00 mL 的 5 mg/L 铬酸盐标准溶液(4.21)分别放入 50 mL 容量瓶中，分别加入 5.00 mL 二苯碳酰二肼溶液(4.18)、5 mL 盐酸(4.16)，用水稀释至标线，摇匀。溶液中六价铬浓度分别含有 0.1 mg/L，0.2 mg/L，0.5 mg/L，1.0 mg/L，1.5 mg/L，放置 15 min～30 min 后，在 540 nm 处测量吸光度，并扣除空白试验(3.3)的吸光度。根据不同六价铬浓度对应的吸光度，绘制工作曲线。

13.4 试样溶液吸光度的测定

在过滤后 8 h 内，吸取 5.00 mL(V_2)滤液(13.2.2)放入 100 mL 烧杯中。加 20 mL 水和 5.00 mL 二苯碳酰二肼溶液(4.18)后摇动。立即在 pH 计(5.12)指示下用盐酸(4.17)调整溶液的 pH 值到 2.1～2.5 之间。将溶液转移至 50 mL(V_3)容量瓶中，用水稀释至标线，摇匀。放置 15 min～30 min 后，在 540 nm 处测量吸光度，并扣除空白试验(3.3)的吸光度。

在工作曲线上查出水溶性六价铬的浓度(c_2)，单位为 mg/L。

13.5 结果的计算与表示

矿渣中水溶性六价铬的含量 $w_{Cr^{6+}}$ 以质量分数(干基)表示，并按式(10)计算：

$$w_{Cr^{6+}} = c_2 \times \frac{V_3}{V_2} \times \frac{V_4}{450} \times 10^{-4} \qquad (10)$$

式中：

$w_{Cr^{6+}}$ ——矿渣中水溶性六价铬的质量分数，%；

c_2 ——由工作曲线得出的水溶性六价铬的浓度，单位为毫克每升(mg/L)；

V_2 ——滤液的体积，单位为毫升(mL)；

V_3 ——容量瓶的体积，单位为毫升(mL)；

V_4 ——胶砂中水的体积，单位为毫升(mL)；

450 ——胶砂中矿渣的质量，单位为克(g)；

V_3/V_2 ——待测滤液的稀释倍数；

$V_4/450$ ——胶砂的水灰比，通常为 0.50。

14 二氧化硅、三氧化二铁、三氧化二铝、氧化钙、氧化镁、一氧化锰、二氧化钛、硫化物、氟离子、氯离子的测定

按 GB/T 176 进行。

15 重复性限和再现性限

本标准所列重复性限和再现性限为绝对偏差，以质量分数(%)表示。

在重复性条件下，采用本标准所列方法分析同一试样时，两次分析结果之差应在所列的重复性限(表 1)内。如超出重复性限，应在短时间内进行第三次测定，测定结果与前两次或任一次分析结果之差值符合重复性限的规定时，则取其平均值，否则，应查找原因，重新按上述规定进行分析。

在再现性条件下，采用本标准所列方法对同一试样各自进行分析时，所得分析结果的平均值之差应符合表1要求。

表1 化学分析方法测定结果的重复性限和再现性限

成　分	测定方法	含量范围/%	重复性限/%	再现性限/%
烧失量	灼烧差减法		0.15	0.25
三氧化硫	硫酸钡重量法		0.15	0.20
氧化钾	火焰光度法		0.10	0.15
氧化钠	火焰光度法		0.10	0.10
全硫	硫酸钡重量法		0.15	0.20
含水量	烘干差减法		0.15	0.25
水溶性六价铬	分光光度计法		0.005 0	0.008 0
二氧化钛	二安替比林甲烷分光光度法		0.05	0.10
硫化物	碘量法		0.10	0.15
氟离子	离子选择电极法		0.05	0.10
氯离子(基准法)	硫氰酸铵容量法	≤0.10%	0.003	0.005
		>0.10%	0.010	0.015
二氧化硅(基准法)	氯化铵重量法		0.15	0.20
三氧化二铁(基准法)	EDTA直接滴定法		0.15	0.20
三氧化二铝(基准法)	EDTA直接滴定法		0.20	0.30
氧化钙(基准法)	EDTA滴定法		0.25	0.40
氧化镁(基准法)	原子吸收光谱法		0.15	0.25
一氧化锰(基准法)	高碘酸钾氧化分光光度法		0.05	0.10
二氧化硅(代用法)	氟硅酸钾容量法		0.20	0.30
三氧化二铁(代用法)	邻菲罗啉分光光度法		0.15	0.20
三氧化二铁(代用法)	原子吸收光谱法		0.15	0.20
三氧化二铝(代用法)	硫酸铜返滴定法		0.20	0.30
氧化钙(代用法)	氢氧化钠熔样-EDTA滴定法		0.25	0.40
氧化钙(代用法)	高锰酸钾滴定法		0.25	0.40
一氧化锰(代用法)	原子吸收光谱法		0.05	0.10
氧化钾(代用法)	原子吸收光谱法		0.10	0.10
氧化钠(代用法)	原子吸收光谱法		0.10	0.10
氧化镁(代用法)	EDTA滴定差减法	≤2%	0.15	0.25
		>2%	0.20	0.30
氯离子(代用法)	磷酸蒸馏-汞盐滴定法	≤0.10%	0.003	0.005
		>0.10%	0.010	0.015

ICS 91.110
Q 92

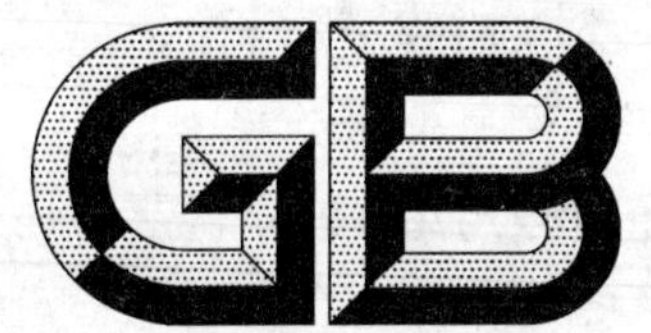

中华人民共和国国家标准

GB/T 27976—2011

水泥工业管磨装备

Tube mill equipment for cement industry

2011-12-30 发布　　2012-10-01 实施

中华人民共和国国家质量监督检验检疫总局
中国国家标准化管理委员会　发布

前言

本标准按照GB/T 1.1—2009给出的规则起草。

本标准由中国建筑材料联合会提出。

本标准由全国建材装备标准化技术委员会(SAC/TC 465)归口。

本标准负责起草单位:中国中材装备集团有限公司、中国建材装备有限公司。

本标准参加起草单位:中国中材国际股份有限公司、上海新建重型机械有限公司、沈阳水泥机械有限公司、江苏海建股份有限公司、朝阳重型机器有限公司、中信重工机械股份有限公司、成都建筑材料工业设计研究院有限公司、徐州中材装备重型机械有限公司、江苏鹏飞集团股份有限公司、唐山中材重型机械有限公司、中材淄博重型机械有限公司、上海建设路桥机械设备有限公司、南昌海达建材轴瓦有限责任公司、唐山盾石机械制造有限责任公司。

本标准主要起草人:李雄波、王玉敏、靖运忠、倪世林、冉东升、杨明友、杨平、卢玉春、杜强、燕志荣、马孝直、王向明、许友娟、黄继全、李传胜、严钧豪、罗敏旭、曹建国。

水泥工业管磨装备

1 范围

本标准规定了水泥工业管磨装备(以下简称管磨装备)的产品分类、型号标记与基本参数、技术要求、试验方法、检验规则、标志、包装、运输和贮存等。

本标准适用于水泥工业管磨装备。

2 规范性引用文件

下列文件对于本文件的应用是必不可少的。凡是注日期的引用文件,仅注日期的版本适用于本文件。凡是不注日期的引用文件,其最新版本(包括所有的修改单)适用于本文件。

GB/T 699—1999 优质碳素结构钢

GB/T 700—2006 碳素结构钢

GB/T 1174—1992 铸造轴承合金

GB/T 1184—1996 形状和位置公差 未注公差值

GB/T 1348—2009 球墨铸铁件

GB/T 1801—2009 产品几何技术规范(GPS) 极限与配合 公差带和配合的选择

GB/T 1804—2000 一般公差 未注公差的线性和角度尺寸的公差

GB/T 2970—2004 厚钢板超声波检验方法

GB 5903—1995 工业闭式齿轮油

GB/T 9439—2010 灰铸铁件

GB/T 9443—2007 铸钢件渗透检测

GB/T 9444—2007 铸钢件磁粉检测

GB/T 10095.1—2008 圆柱齿轮 精度制 第1部分:轮齿同侧齿面偏差的定义和允许值

GB/T 10095.2—2008 圆柱齿轮 精度制 第2部分:径向综合偏差与径向跳动的定义和允许值

GB/T 11345—1989 钢焊缝手工超声波探伤方法和探伤结果分级

GB/T 11352—2009 一般工程用铸造碳钢件

GB/T 13306—1991 标牌

GB/T 16911—2008 水泥生产防尘技术规程

JB/T 5000.14—2007 重型机械通用技术条件 第14部分:铸钢件无损检测

JB/T 5000.15—2007 重型机械通用技术条件 第15部分:锻钢件无损检测

JC/T 401.1—1991 建材机械用高锰钢铸件技术条件

JC/T 401.2—1991 建材机械用碳钢和低合金钢铸件技术条件

JC/T 401.3—1991 建材机械用铸钢件缺陷处理规定

JC/T 401.4—1991 建材机械用铸钢件交货技术条件

JC/T 402—2006 水泥机械涂漆防锈技术条件

JC/T 406—2006 水泥机械包装技术条件

JC/T 532—2007 建材机械钢焊接件通用技术条件

3 分类、型号标记与基本参数

3.1 分类

3.1.1 管磨装备按用途分为原料磨、煤磨和水泥磨。

3.1.2 管磨装备按工作特性分为尾卸磨、中卸磨和风扫磨型式。

3.1.3 管磨装备按支承结构特性分为双主轴承、单滑履和双滑履磨机。

3.1.4 管磨装备按传动形式特性分为中心传动和边缘传动磨机。

3.2 型号标记

3.2.1 型号表示方法(如图1)

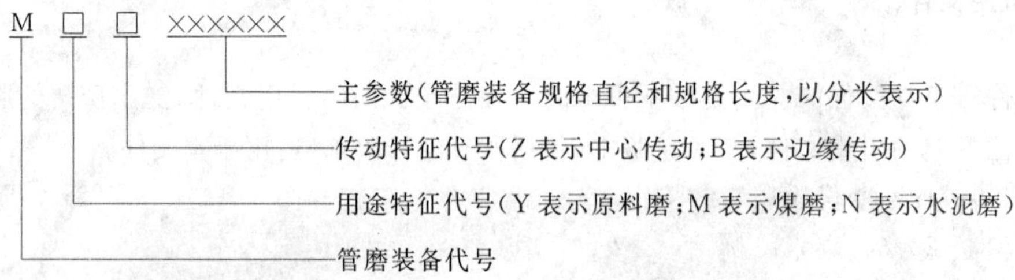

图1 型号表示方法示意图

3.2.2 标记示例

中间卸料生料粉磨,双滑履支承,边缘传动,主参数为:规格直径 ϕ4.6 m、规格长度 10 m、烘干仓长 3.5 m 的原料磨,标记为:水泥工业管磨装备 GB/T 27976—2011 MYB 46100+35。

3.3 基本参数

常用装备基本参数见表1。

表1 常用装备基本参数

序号	分类型号	生产能力/(t/h)			转速/(r/min)	装机功率/kW	装球量/t
		原料	水泥	煤粉			
1	MNB32130	—	45	—	17.76	1 600~1 800	117~123
2	MYB3270	50	—	—	17.7	1 000~1 200	55~60
3	MMB3490	—	—	30	17.47	900~1 000	52~57
4	MYB3475+18	60	—	—	16.9	1 000~1 200	67~73
5	MMB3895	—	—	40	16.3	1 250~1 350	73~79
6	MN38130	—	60	—	16.3	2 500~2 600	170~180
7	MN40130	—	64	—	16	2 800	188~195
8	MNZ42130	—	75	—	15.6	3 150~3 550	205~215
9	MNZ44150	—	100	—	15.3	4 200~4 400	235~245
10	MYZ4675+35	150	—	—	15	2 500~2 800	124~132

表 1（续）

序号	分类型号	生产能力/(t/h)			转速/(r/min)	装机功率/kW	装球量/t
		原料	水泥	煤粉			
11	MYZ46100+35	190	—	—	15	3 550～3 800	185～195
12	MNZ46140	—	125	—	15	4 500～4 650	285～295
13	MYB50105	230	—	—	14.42	3 550～3 800	285～295
14	MYZ50100+25	250	—	—	14.42	4 000～4 200	215～225
15	MNZ50150	—	150	—	14.42	5 600～2 800	350～360
注：可按用户要求进行设计制造。							

4 技术要求

4.1 基本要求

4.1.1 产品应符合本标准的要求，并按规定程序批准的设计图样、技术文件和技术规范制造、安装和使用。本标准和设计图样、技术文件、技术规范未规定的技术要求，应符合国家标准、建材行业或机电行业相关标准中的相关规定。

4.1.2 管磨装备的使用条件应符合如下要求：

a) 管磨装备的主轴承及滑履轴承润滑油压应为 0.1 MPa～0.3 MPa；

b) 管磨装备的主轴承及滑履轴承润滑油应采用 GB 5903—1995 中的 L-CKC 220 或 L-CKC 320 重负荷工业齿轮油，特殊情况下滑履轴承润滑油应采用 L-CKC 460 重负荷工业齿轮油。

4.1.3 管磨装备的规格确定，应符合以下原则：

a) 筒体内径应为 200 mm 的整数倍数；

b) 粉磨仓筒体的公称长度应为 500 mm 的整数倍数。

4.1.4 图样上线性尺寸的未注公差：

a) 切削加工部位应符合 GB/T 1804—2000 表 1 中 m 级的规定；

b) 焊接件非切削加工部位应符合 GB/T 1804—2000 表 1 中 v 级的规定。

4.1.5 铸钢件应符合 JC/T 401.1—1991～JC/T 401.4—1991 中的相关规定。

4.1.6 焊接件应符合 JC/T 532—2007 中的相关规定。

4.2 整机要求

4.2.1 管磨装备的基本参数应符合表 1 或设计图纸和相关技术文件要求。

4.2.2 管磨装备的轴承润滑油温和轴瓦温度应符合 4.7.2 和 4.7.3 有关规定。

4.2.3 管磨装备空负荷运转时自身的噪音(不包括电动机和减速机)应小于或等于 85 dB(A)。

4.2.4 管磨装备运转率应大于或等于 80%。

4.2.5 管磨装备的安全环保性能：

a) 传动装置和旋转部分应设置防护装置；

b) 防尘应符合 GB/T 16911—2008 的有关规定。

4.3 主要零部件及易损件的材料要求

4.3.1 筒体、端盖和传动接管

4.3.1.1 厚度大于20 mm的钢板材料的性能不应低于GB/T 700—2006中Q235B的有关规定；厚度小于20 mm(含20)的钢板材料的性能不应低于GB/T 700—2006中Q235A的有关规定。

4.3.1.2 端盖和传动接管为铸钢件时，材料性能不应低于GB/T 11352—2009中ZG230-450的有关规定。

4.3.2 中空轴和滑环

4.3.2.1 钢板焊接件的材料性能不应低于GB/T 700—2006中Q235B的有关规定。

4.3.2.2 中空轴和滑环为铸钢件时，采用材料性能不应低于GB/T 11352—2009中ZG230-450的有关规定。

4.3.3 主轴承和滑履轴承

4.3.3.1 轴承底座为铸钢件时，采用材料性能不应低于GB/T 11352—2009中ZG230-450的有关规定。

4.3.3.2 轴承底座为铸铁件时，采用材料性能不应低于GB/T 9439—2010中HT200的有关规定。

4.3.3.3 主轴瓦体为灰铸钢件时，采用材料性能不应低于GB/T 11352—2009中ZG230-450的有关规定，托瓦瓦体为铸钢件时，采用材料性能不应低于GB/T 11352—2009中ZG310-570的有关规定。

4.3.3.4 主轴瓦体为灰铸铁件时，采用材料性能不应低于GB/T 9439—2010中HT200的有关规定。

4.3.3.5 轴承合金材料应不低于GB/T 1174—1992中的规定。

4.3.4 大齿轮

4.3.4.1 铸钢件材料性能不应低于GB/T 11352—2009中ZG310-570的有关规定。

4.3.4.2 球墨铸铁件材料性能不应低于GB/T 1348—2009中QT500-7的有关规定。

4.3.5 小齿轮和小齿轮轴

小齿轮和小齿轮轴采用材料性能不应低于GB/T 699—1999中45号钢的有关规定。

4.4 主要零部件的加工质量要求

4.4.1 探伤质量要求

筒体和传动接管焊缝及铸锻件的探伤质量应符合表2的规定。

表2 筒体和传动接管焊缝及铸锻件的探伤质量

<table>
<tr><th rowspan="2">探伤部位</th><th colspan="2">探伤质量</th></tr>
<tr><th>内部</th><th>表面</th></tr>
<tr><td>筒体焊缝</td><td rowspan="5">应符合GB/T 11345—1989中Ⅱ·B级的规定</td><td rowspan="2">符合JC/T 532—2007中Ⅰ级的规定</td></tr>
<tr><td>传动接管全部焊缝</td></tr>
<tr><td>端盖和滑环腹板的拼接焊缝</td><td rowspan="3">应符合GB/T 9443—2007或GB/T 9444—2007中Ⅱ级的规定</td></tr>
<tr><td>滑环圆柱面焊缝</td></tr>
<tr><td>滑环圆柱面与腹板角焊缝</td></tr>
</table>

表 2（续）

<table>
<tr><th colspan="2" rowspan="2">探伤部位</th><th colspan="2">探伤质量</th></tr>
<tr><th>内部</th><th>表面</th></tr>
<tr><td rowspan="3">中空轴</td><td>轴根圆角区外侧面</td><td>应符合 JB/T 5000.14—2007 中Ⅱ级的规定</td><td rowspan="10">应符合 GB/T 9443—2007 或 GB/T 9444—2007 中Ⅱ级的规定</td></tr>
<tr><td>轴颈、轴肩圆角区外侧面</td><td>应符合 JB/T 5000.14—2007 中Ⅲ级的规定</td></tr>
<tr><td>大法兰及其余部位</td><td rowspan="2">应符合 JB/T 5000.14—2007 中Ⅴ级的规定</td></tr>
<tr><td>铸造端盖</td><td>外圆圆角区</td></tr>
<tr><td>铸造端盖</td><td>法兰及法兰圆外 200 mm</td><td rowspan="3">应符合 JB/T 5000.14—2007 中Ⅴ级的规定</td></tr>
<tr><td>铸造滑环</td><td>圆柱面和 T 型部位</td></tr>
<tr><td>大齿轮</td><td>轮缘圆柱面</td></tr>
<tr><td colspan="2">小齿轮</td><td rowspan="2">JB/T 5000.15—2007 中Ⅲ级的规定</td></tr>
<tr><td colspan="2">小齿轮轴</td></tr>
<tr><td colspan="2">轴承合金与主轴瓦体和托瓦瓦体结合</td><td>GB/T 1174—1992 中 D 级的规定</td></tr>
</table>

4.4.2 表面粗糙度要求

中空轴、滑环、主轴瓦和托瓦表面粗糙度应符合表 3 的规定。

表 3 中空轴、滑环、主轴瓦和托瓦表面粗糙度

单位为微米

<table>
<tr><th colspan="2">部　位</th><th>表面粗糙度 Ra</th></tr>
<tr><td rowspan="3">中空轴</td><td>轴根圆角区外侧面</td><td>1.6</td></tr>
<tr><td>轴根圆角区内侧面</td><td>3.2</td></tr>
<tr><td>轴颈、轴肩圆角区</td><td rowspan="2">1.6</td></tr>
<tr><td rowspan="2">滑环</td><td>外圆承载面</td></tr>
<tr><td>腹板根部圆角区</td><td>3.2</td></tr>
<tr><td>主轴瓦和托瓦</td><td>工作面的表面粗糙度</td><td>1.6</td></tr>
</table>

4.4.3 加工公差要求

4.4.3.1 筒体加工公差应符合产品图样的规定。

4.4.3.2 筒体两端法兰的公差应符合下列规定：

a) 两端法兰定位圆的同轴度公差应符合 GB/T 1184—1996 表 B.4 中的 9 级规定；

b) 两端法兰定位圆的直径公差应符合 GB/T 1801—2009 中 F9 级的规定；

c) 法兰端面对其定位圆轴线的端面全跳动公差应符合 GB/T 1184—1996 表 B.4 中的 8 级规定。

4.4.3.3 中空轴的公差应符合下列规定：

a) 轴颈直径公差应符合 GB/T 1801—2009 中 h8 级的规定；

b) 大法兰定位圆直径公差应符合 GB/T 1801—2009 中 f9 级的规定；

c) 大法兰定位圆对轴颈的同轴度公差应符合 GB/T 1184—1996 表 B.4 中的 7 级的规定；

d) 大法兰端面对轴颈轴线的垂直度公差应符合 GB/T 1184—1996 表 B.3 中的 7 级的规定。

4.4.3.4 滑环的公差应符合下列规定：

a) 外圆面直径公差应符合 GB/T 1801—2009 中 h8 级的规定；

b) 法兰定位圆直径公差应符合 GB/T 1801—2009 中 h8 级的规定；

c) 法兰端面对外圆面轴线的垂直度公差应符合 GB/T 1184—1996 表 B.3 中的 7 级的规定。

4.4.3.5 主轴承主轴瓦工作面直径的尺寸偏差应符合表 4 的规定。

表 4 主轴承主轴瓦工作面直径的尺寸偏差

单位为毫米

公称直径	800	900	1 000	1 200	1 400	1 600	1 800	2 000	2 240
偏差	+1.10 +0.80	+1.15 +0.90	+1.20 +1.00	+1.40 +1.20	+1.50 +1.30	+1.60 +1.30	+1.80 +1.40	+2.00 +1.63	+2.24 +1.80

4.4.3.6 齿顶圆对法兰定位圆的同轴度公差应符合 GB/T 1184—1996 表 B.4 中的 7 级的规定；法兰基准端面对齿顶圆的端面全跳动公差应符合 GB/T 1184—1996 表 B.4 中的 7 级的规定。

4.5 加工工艺要求

4.5.1 筒体和传动接管的加工工艺要求应符合下列规定：

a) 钢板厚度大于或等于 30 mm 时，应沿下料周边探伤检验，应符合 GB/T 2970—2004 的规定；

b) 端盖和滑环腹板的钢板不应采用环向拼接对焊的形式；

c) 钢板厚度超过 30 mm 时，筒体焊后宜整体退火消除焊接应力；

d) 所有螺栓孔孔口均应倒角；

e) 人孔及卸料孔应切削加工并倒圆，倒圆半径为钢板厚度的十分之一，且不少于 3 mm。

4.5.2 筒体和传动接管焊缝表面的处理应符合下列规定：

a) 筒体内部焊缝、端盖焊缝及筒体与端盖相接的环向焊缝均应磨平，磨削面高出母材表面(0～0.5)mm；

b) 端盖与筒体相接焊缝、端盖与其补强板的角焊缝表面应磨光；

c) 滑环与筒体焊缝、滑环腹板两侧拼接焊缝两面均应磨平；

d) 滑环与滑环腹板角焊缝表面应进行车削加工。

4.5.3 主轴承主轴瓦在中心夹角 60°范围内、滑履轴承托瓦在全部工作面范围内不应脱落。

4.5.4 大齿轮和小齿轮的加工工艺要求应符合下列要求：

a) 铸钢件大齿轮硬度不应低于 170 HB；球墨铸铁件大齿轮的硬度不应低于 200 HB；

b) 大齿轮的加工精度不应低于 GB/T 10095.1—2008 和 GB/T 10095.2—2008 中 9-8-8 级的规定；

c) 小齿轮的硬度不应低于 210 HB，硬度应超过大齿轮 30 HB 以上；

d) 小齿轮的加工精度不应低于 GB/T 10095.1—2008 和 GB/T 10095.2—2008 中 9-8-8 级的规定。

4.6 装配和安装要求

4.6.1 磨体部分

4.6.1.1 中空轴或滑环与筒体装配后，两端中空轴轴颈的相对径向圆跳动公差为 0.2 mm，两端滑环外圆面的相对径向圆跳动公差为 0.4 mm；一端滑履、另一端中空轴的相对径向跳动公差为 0.3 mm。

4.6.1.2 大齿轮对中空轴轴颈或滑环外圆的径向圆跳动公差为大齿轮齿顶圆直径的 0.25/1 000，端面跳动公差为大齿轮齿顶圆直径的 0.35/1 000。

4.6.1.3　进出料的密封摩擦部位的圆柱面对中空轴轴颈或滑环外圆面的径向跳动公差为0.5 mm。

4.6.1.4　采用螺栓固定的衬板，其相邻间隙为4 mm～10 mm，镶砌衬板四周须砌紧楔牢。

4.6.1.5　相邻隔仓板、篦板之间的间隙不超过篦缝的最大宽度。

4.6.2　主轴承和滑履轴承

4.6.2.1　主轴承主轴瓦与中空轴轴颈的配合接触应符合如下要求：

a)　配合接触的侧面间隙 S 应符合表5的规定，测量部位见图2；

b)　配合接触斑点的分布如图2所示。斑点沿母线全长上等宽、均匀连续分布、间距不应大于5 mm；

c)　当侧面间隙或配合接触斑点的分布不符合要求时，在规定接触带范围内刮研处理，包角应在28°～33°范围内。

表5　主轴承主轴瓦与中空轴轴颈的配合接触的侧面间隙　　单位为毫米

公称直径	800	900	1 000	1 200	1 400	1 600	1 800	2 000	2 240
侧面间隙	0.12～0.19	0.14～0.21	0.16～0.23	0.21～0.28	0.24～0.32	0.25～0.35	0.29～0.41	0.34～0.46	0.39～0.54

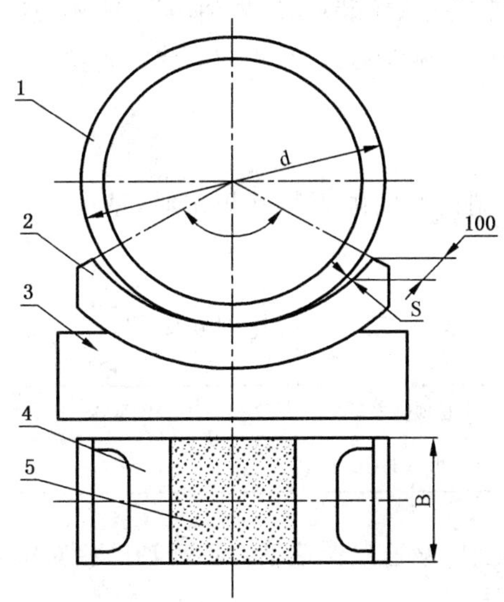

说明：

1——中空轴；

2——主轴瓦；

3——主轴承球面瓦；

4——主轴瓦工作面；

5——配合刮研区；

d——中空轴工作直径 mm；

B——主轴瓦工作宽度 mm；

S——从主轴瓦圆周方向上边缘向主轴瓦与中空轴配合的切向方向深入100 mm时的间隙 mm。

图2　主轴承主轴瓦与中空轴轴径的配合接触斑点分布图

4.6.2.2　滑履轴承托瓦与滑环外圆面的配合接触应符合如下要求：

a)　配合接触斑点的分布要求：斑点沿母线全长上等宽、均匀连续分布，间距不应大于5 mm；

b)　当配合接触斑点的分布不符合要求时，可在规定接触带范围内刮研处理，接触带周向长度不超过托瓦瓦宽。

4.6.2.3 主轴瓦与球面座的配合接触应符合如下要求：

a) 球面接触带的周向配合接触包角不应大于30°，轴向配合接触宽度不超过球面座宽度的三分之一，且不应小于10 mm；

b) 配合接触斑点应均匀连续分布，间距不应大于5 mm；

c) 当配合接触斑点的分布区不符合要求时，可在规定接触带范围内刮研处理，使之最终达到要求。

4.6.2.4 滑履轴承凸球体与凹球体的配合接触应符合如下要求：

a) 球面接触带的配合接触范围的直径不应超过球缺直径的一半，且不应小于球缺直径的1/3；

b) 配合接触斑点应均匀连续分布，间距不应大于5 mm；

c) 当配合接触斑点的分布区不符合要求时，可在规定接触带范围内刮研处理，使之最终达到要求。

4.6.2.5 主轴承主轴瓦与中空轴、滑履轴承托瓦与滑环外圆面、主轴瓦与球面座、滑履轴承凸球体与凹球体的配合接触经检验符合要求后，应在零件上打印匹配标志以便于安装。

4.6.2.6 主轴瓦与轴承座、托瓦与相关零部件组装后，应对冷却水通道及接头和管路做水压试验，不应有渗漏现象。

4.6.2.7 主轴瓦和托瓦高压油管及接头组装后，应做油压试验，不应有渗漏现象。

4.6.2.8 对主轴承座等渗油零件，应做渗油试验，不应有渗漏现象。

4.6.3 传动部分

4.6.3.1 边缘传动磨机的齿轮副齿侧间隙无特殊规定时，基准齿形的齿轮副侧间隙应符合表6的规定。

表6 齿轮副侧间隙

单位为毫米

中心距	>1 250～1 600	>1 600～2 000	>2 000～2 500	>2 500～3 150	>3 150～4 000
齿侧间隙	0.85～1.05	1.06～1.30	1.32～1.55	1.60～1.90	1.92～2.17

4.6.3.2 电动机轴对减速器高速轴、减速器低速轴对传动轴的相对偏移量，不应超过所用联轴器允许补偿量的一半。

4.6.3.3 中心传动磨机主减速器的低速轴与磨机传动接管法兰轴线的同轴度，在没有特殊规定时按不大于ϕ0.4 mm执行。

4.7 运转要求

4.7.1 试运转加负荷的步骤和要求按表7的规定进行。

表7 试运转加负荷的步骤和要求

项　目	要　求				
研磨体装载量/%	0	30	60	90	100
试运转时间/h	8	16	36	72	96
最少连续运行时间/h	4	8	24	24	24
注：对于新型干法水泥生产线的煤磨，可以按照试生产的安排进行负荷试车。					

4.7.2 主轴承的温度应符合下列规定：

a) 润滑油回油温度不应超过 60 ℃；

b) 轴瓦温度不应超过 65 ℃。

4.7.3 滑履轴承的温度应符合下列规定：

a) 润滑油回油温度不应超过 60 ℃；

b) 轴瓦温度不应超过 80 ℃。

4.8 涂漆防锈要求

产品的涂漆防锈应符合 JC/T 402—2006 中的相关规定。

4.9 出厂要求

筒体出厂时应在适当位置应设置支撑装置，防止变形。

4.10 运输要求

分解运输的大齿轮，应采取加固措施，以保持其正确状态，防止变形。

5 试验方法

5.1 基本要求试验

5.1.1 管磨装备的使用环境检查：

a) 管磨装备的主轴承及滑履轴承润滑油压检测，按管磨装备润滑系统的压力表的数值进行核对；

b) 管磨装备的主轴承及滑履轴承润滑油牌号检测，根据 GB 5903—1995 的相关规定进行。管磨装备图样上线性尺寸的未注公差的检测，应按照 GB/T 1804—2000 表 1 相关规定进行。

5.1.2 铸钢件质量检测应按照 JC/T 401.1—1991～JC/T 401.4—1991 中的相关规定进行。

5.1.3 焊接件的质量检测应按照 JC/T 532—2007 中的相关规定进行。

5.2 整机要求检验

整机要求的检验方法应按照 4.2 要求及方法进行。

5.3 主要零部件材料要求检验

主要零部件的材料应符合 4.3 的规定，原材料或毛坯件进厂时应按相关标准进行检验。

5.4 主要零部件加工质量要求的检验方法

5.4.1 探伤质量按以下方法检验：

a) 焊缝应按 GB/T 11345—1989 中Ⅱ·B 级的规定检查；焊缝表面质量应按 JC/T 532—2007 中Ⅰ级的规定检查；

b) 铸钢件超声波探伤应按 JB/T 5000.14—2007 中Ⅱ、Ⅲ、Ⅴ级的规定检查；

c) 铸钢件的表面探伤质量应按 GB/T 9443—2007、GB/T 9444—2007 中Ⅱ级的规定检查；

d) 锻钢件超声波探伤应按 JB/T 5000.15—2007 中Ⅲ级的规定检查；

e) 轴承合金与瓦体结合应按 GB/T 1174—1992 中 D 级的规定检查。

5.4.2 表面粗糙度应采用粗糙度测量仪或粗糙度比较样块进行检查。

5.4.3 加工公差按各企业规定的常规检查方法进行检查。其中，筒体圆周长度的偏差应在筒体段节环焊缝的两侧 100 mm 处检测。

5.5 加工工艺的检查方法

5.5.1 筒体和传动接管的加工工艺要求的试验方法：

a) 钢板厚度大于等于 30 mm 时，沿下料周边 50 mm，按 GB/T 2970—2004 中给出的方法进行超声波检验；

b) 端盖与腹板的焊接形式，应采取目视检查并检查工艺文件；

c) 筒体焊后整体退火要求，应检查工艺文件并核对热处理曲线；

d) 对于 4.5.1 中的 d)项、e)项要求，应采取目视检查。

5.5.2 筒体和传动接管焊缝表面的处理的试验方法：

a) 筒体组件焊缝外观质量应采用专用靠尺检查；

b) 对于 4.5.2 中的 b)项、c)项要求，应采取目视检查；

c) 滑环与滑环腹板角焊缝表面要求，应采用粗糙度检测仪或粗糙度比较样块检查。

5.5.3 主轴承主轴瓦、滑履轴承托瓦与轴承合金贴合度要求，应按 4.4.1 要求采用超声波探伤检查。

5.5.4 大齿轮和小齿轮的加工工艺要求按照下列规定数值检查：

a) 大齿轮硬度的检测部位为齿顶，检验齿数不少于 8 个、间距夹角不超过 45°；

b) 小齿轮硬度的检测部位为齿顶，检验齿数不少于 4 个、间距夹角不超过 90°；

c) 大、小齿轮加工精度按 GB/T 10095.1—2008 和 GB/T 10095.2—2008 检测。

5.6 装配和安装要求的试验方法

5.6.1 磨体部分

5.6.1.1 两中空轴或滑环径向跳动偏差的检测，按图 3a)、图 3c)、图 3d)所示的方式架设百分表，转动筒体按八等分分别检测 4 个百分表的数值，计算出相对径向跳动偏差。在具备条件的情况下，也可采用激光测量。

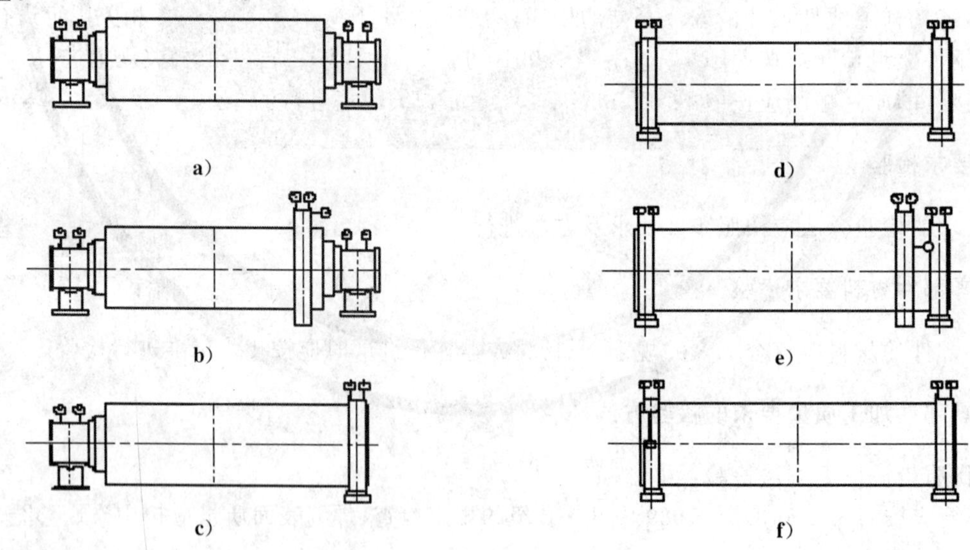

图 3 装配检测图

5.6.1.2 大齿轮径向跳动的检测采用图 3b)、图 3e)所示的方式架设百分表，转动筒体按八等分分别检测 7 个百分表的数值，计算出相对径向、端面跳动偏差。

5.6.1.3 密封部位径向跳动的检测采用图 3f)所示的方式架设百分表，转动筒体按八等分分别检测 5 个百分表的读值，计算出相对径向跳动、端面跳动偏差。

5.6.1.4 螺栓固定的两相邻衬板间的间隙检查，应采用钢板直尺检查。

5.6.1.5 相邻隔仓板、篦板之间的间隙检查，应采用钢板直尺检查。

5.6.1.6 筒体和滑环焊缝检验：

a) 每一条焊缝都应进行超声波探伤检验。检验长度应不小于该条焊缝长度的百分之五十。纵环向焊缝交叉的T形接头焊缝应检验：检验长度纵向为500 mm，环向两侧各为500 mm；

b) 滑环焊缝应全部检验；

c) 焊缝探伤检验不合格时，对该条焊缝应加倍长度检验，若再不合格则应百分之百检验。

5.6.2 主轴承和滑履轴承

5.6.2.1 主轴承主轴瓦与中空轴轴颈的配合接触要求，检查相关要素：

a) 配合接触的侧面间隙 S 应按照图2所示的测量部位和表5的要求检查；

b) 配合接触斑点应按照图2和4.6.2.1的b)、c)项要求进行检查。

5.6.2.2 滑履轴承托瓦与滑环外圆面的配合接触精度、主轴瓦与球面座的配合接触精度、滑履轴承凸球体与凹球体的配合接触精度，应采用目视和塞尺、卷尺(或直尺)等尺寸测量相结合的方式进行检查。

5.6.2.3 对于经检验符合要求的零件，应用目视检查相关钢印标记是否一致。

5.6.2.4 主轴瓦与轴承座、托瓦与相关零部件组装后，应对冷却水通道及接头和管路做水压试验，试验压力不低于0.6 MPa，持续时间不少于20 min。

5.6.2.5 主轴瓦和托瓦高压油管及接头组装后，做油压试验，试验压力不低于32 MPa，持续时间不少于10 min。

5.6.2.6 主轴承座等渗油零件，应采用煤油渗透试验，渗油持续时间不少于30 min。

5.6.3 传动部分

5.6.3.1 边缘传动磨机的齿轮副齿的侧间隙，按表6中的数值，采用压铅丝的方式进行边缘传动磨机的齿轮副齿侧间隙检查。

5.6.3.2 电动机轴对减速器高速轴、减速器低速轴对传动轴的同轴度，采用百分表测量轴头径向、端面跳动的方式进行检查。

5.6.3.3 中心传动磨机主减速器的低速轴与磨机传动接管法兰轴线的同轴度，采用百分表测量轴头径向、端面跳动的方式进行检查。

5.7 运转要求的检验方法

5.7.1 试运转加负荷的步骤和要求，应按表7的规定进行。

5.7.2 主轴承的温度应采用现场测量或采集测温仪表上数据的方式检查。

5.7.3 滑履轴承温度应采用现场测量或采集测温仪表上数据的方式检查。

5.8 涂漆防锈的检验方法

涂漆防锈要求应按照JC/T 402—2006中的相关规定检查。

6 检验规则

6.1 检验分类

检验分为型式检验和出厂检验两类。

6.2 出厂检验

6.2.1 产品零部件应经制造厂检验部门逐件检验，外购件、外协件应符合有关标准的规定，并具有合格证和相关的检验结果。

6.2.2 出厂检验应按4.1～4.3、4.4.1、4.5、7.1～7.2的规定进行检验，检验合格后应签发产品合格证书。

6.2.3 出厂检验质量分类按表8规定。

表8 出厂检验质量分类表

分类	项目	对应标准条文
关键项	滑环圆柱面与腹板角焊缝质量	4.4.1
	铸造滑环铸件质量	4.4.1
	中空轴铸件质量	4.4.1
主要项	滑环外圆面表面粗糙度	4.4.2
	中空轴轴颈表面粗糙度	4.4.2
	钢板下料周边质量	4.5.1 a)
	瓦体与轴承合金的接合质量	4.4.1
	端盖和滑环腹板的拼接焊缝	4.4.1
	筒体焊缝质量	4.4.1
	大齿轮轮缘圆柱面质量	4.4.1
一般项	筒体尺寸公差	4.4.3.1
	两端滑环外圆面的相对径向圆跳动公差	4.6.1.1
	传动接管全部焊缝	4.4.1
	筒体螺栓孔孔口倒角	4.5.1 d)
	焊缝表面质量	4.4.1
	人孔及卸料孔孔口倒角	4.5.1 e)
	冷却水管路水压试验	4.6.2.6
	高压油管管路油压试验	4.6.2.7
	筒体滑环焊缝表面处理	4.5.2 c)
	轴承合金的工作表面的表面粗糙度	4.4.2

6.3 型式检验

6.3.1 有下列情况时应进行型式检验：

a) 新产品试制或首台产品；

b) 结构设计采用材料和制造工艺有较大改变，并且可能影响产品性能时；

c) 长期停产后，重新恢复生产时；

d) 出厂检验结果与前一次型式检验有明显差异时。

6.3.2 型式检验项目应按本标准规定的全部项目进行检验。

6.4 判定规则

6.4.1 出厂检验达不到表8关键项和主要项中任何一项要求或达不到表8一般项中二项要求时，产品判定为不合格品。不合格产品应返回制造部门进行返修处理直至合格，经检验部门复检合格后，方可出厂。

6.4.2 型式检验应在入库产品中抽取一台进行检验，若有不合格，允许调整一次，否则应加倍抽样进行复查。如复查合格，则判该批产品为合格。如仍为不合格时，则判该批产品为不合格品，并应立即停产，检查产品制造加工、装配的全过程。

7 标志、包装、运输和贮存

7.1 标志采用标牌，标牌应固定在产品的醒目部位，其规格型式应符合 GB/T 13306—1991 中的相关规定。标牌应包括以下内容：

a) 制造厂名称；
b) 产品名称和型号；
c) 产品主要技术参数；
d) 产品出厂编号和制造日期；
e) 产品标准号和商标。

7.2 包装应符合 JC/T 406—2006 中的相关规定，并应适应运输的要求。

7.3 包装箱外和裸装件应有文字标记和符号，应包括以下内容：

a) 收货单位及地址；
b) 主要产品名称、型号和规格；
c) 出厂编号和箱号；
d) 外形尺寸、毛重和净重；
e) 制造厂名称。

7.4 随机技术文件应包括以下内容：

a) 产品使用说明书；
b) 产品合格证；
c) 装箱单；
d) 产品安装图。

7.5 在安装使用前，制造厂和用户应将零、部件妥善保管，防止锈蚀、损伤、变形及丢失。

7.6 筒体、大齿圈等重要零件，应单独水平存放，其上不允许放置任何重物。

7.7 贮存产品的场地，应具备防锈、防腐蚀和防损伤的措施和设施。产品的摆放应预防挤压变形和本身重力变形。贮存期长的产品应定期检查维护。

ICS 91.100.10
Q 11

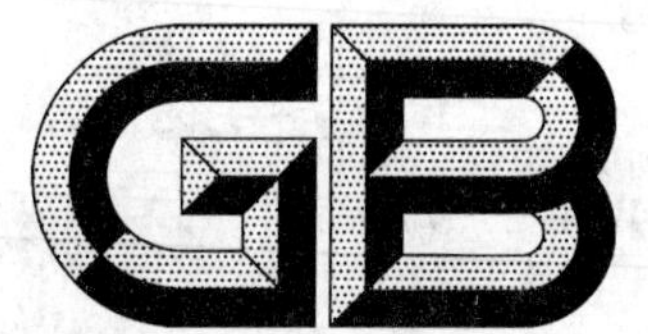

中华人民共和国国家标准

GB/T 27977—2011

水泥生产电能能效测试及计算方法

Test and calculation methods of electricity efficiency of cement production

2011-12-30 发布　　2012-10-01 实施

中华人民共和国国家质量监督检验检疫总局
中国国家标准化管理委员会　发布

前言

本标准按照 GB/T 1.1—2009 给出的规则起草。

本标准由中国建筑材料联合会提出。

本标准由全国水泥标准化技术委员会(SAC/TC 184)归口。

本标准主要起草单位:合肥水泥研究设计院、厦门艾思欧标准砂有限公司。

本标准参加起草单位:中国建筑材料科学研究总院、淮北矿业相山水泥有限责任公司、天津水泥工业设计研究院有限公司、北京凯盛建材工程有限公司、施耐德电气(中国)有限公司。

本标准主要起草人:余学飞、徐宁、汤忠喜、汪澜、夏俊雅、陈永华、段圆圆、谢萌、杨飞、万畅达、章诚、刘晨、王健、童宗荣、刘文清、王祖润、曹宗平。

水泥生产电能能效测试及计算方法

1 范围

本标准规定了水泥、熟料生产过程及其生产过程中各工序和主机设备的电能消耗测试及其电能能效测试的术语和定义，电能能效测试，测试记录，计算方法等。

本标准适用于水泥和熟料生产企业的电能能效测试，也可用于水泥粉磨站。

2 规范性引用文件

下列文件对于本文件的应用是必不可少的。凡是注日期的引用文件，仅所注日期的版本适用于本文件。凡是不注日期的引用文件，其最新版本(包括所有的修改单)适用于本文件。

GB/T 12497 三相异步电动机经济运行

GB/T 16664 企业供配电系统节能监测方法

GB 16780—2007 水泥单位产品能源消耗限额

GB 50443—2007 水泥工厂节能设计规范

3 术语与定义

下列术语和定义适用于本文件。

3.1

电能能效测试 electricity efficiency testing

对进入用能单位的电能消耗量与其所生产的产品的产量进行测定，并对各主要供配电设备和用电设备的运行状况进行考核以确定电能利用效果的过程。

3.2

单位产品综合电耗 comprehensive electricity consumption per unit of product

以一条生产线或者生产线中某段工序的产品的单位产量为基准计算的综合电能消耗。

3.3

原料综合电耗 comprehensive electricity consumption of material processing

在统计期或者测试期内生产每吨原料的综合电力消耗，包括该原料生产各过程的电耗和生产该原料辅助过程的电耗，以 Q_{YL} 表示，单位为千瓦时每吨(kWh/t)。

3.4

生料综合电耗 comprehensive electricity consumption of raw meal production

在统计期或者测试期内生产每吨生料的综合电力消耗，包括生料生产各过程的电耗和生产生料辅助过程的电耗，以 Q_{SL} 表示，单位为千瓦时每吨(kWh/t)。

3.5

燃料综合电耗 comprehensive electricity consumption of fuel processing

在统计期或者测试期内生产每吨燃料的综合电力消耗，包括燃料生产各过程的电耗和生产燃料辅助过程的电耗，以 Q_{RL} 表示，单位为千瓦时每吨(kWh/t)。

3.6

辅助生产用电　electricity consumption of auxiliary production

在统计期或者测试期内，一条水泥或熟料生产线的辅助性生产过程的电力消耗(包括电能在厂内线路和变压器上的损失、厂区照明用电、水泵站用电、空压机站用电、机修车间用电、中控室用电、化验室用电、办公楼用电等)，单位为千瓦时(kWh)。对有共用生产环节(工序)的辅助生产用电应按共用生产环节的处理物料的电能需求量加权分摊到各工序。

4　电能能效测试

4.1　供配电系统运行状态监测

4.1.1　监测点

4.1.1.1　总降压站：总进线、总降压变压器进出线处；

4.1.1.2　各车间变、配电所：各车间变压器进出线处、向各高压电机馈电处；

4.1.1.3　各电力室：向各工序和各独立用电的低压用电设备的电能计量点处。

4.1.2　监测内容

4.1.2.1　日负荷率

测试期日负荷率 K_f 按式(1)计算：

$$K_f = \frac{P_p}{P_{max}} \times 100\% \quad \cdots\cdots (1)$$

式中：

P_p ——日平均负荷，单位为千瓦(kW)；

P_{max}——日最大负荷，单位为千瓦(kW)。

4.1.2.2　变压器负载系数

变压器负载系数 β_b 按式(2)计算：

$$\beta_b = \frac{S}{S_N} \quad \cdots\cdots (2)$$

式中：

S ——测试期或采样期内变压器输出的平均视在功率，可按 GB/T 16664 中相关公式计算，单位为千伏安(kVA)；

S_N——变压器额定容量，单位为千伏安(kVA)。

4.1.2.3　功率因数

按 GB/T 16664 中的相关要求进行。

4.2　主要电动机运行状态测试

4.2.1　电动机输入功率测算

在正常生产的情况下，用计量电能的测试方法测出测量周期内的电能消耗量，电动机输入功率 P_1 按式(3)计算：

$$P_1 = \frac{W}{t} \quad \cdots\cdots (3)$$

式中：

P_1——电动机输入功率，单位为千瓦(kW)；

W——电动机在测试周期内消耗的电能，单位为千瓦时(kWh)；

t——电动机运行时间，单位为小时(h)。

4.2.2 电动机运行时的综合效率和额定综合效率

根据电动机出厂测试资料(额定功率、额定效率、功率因数、空载电流、空载有功损耗)及4.2.1测算出的电动机输入功率 P_1，按GB/T 12497中的相关公式计算运行中电动机的负载率 β_d，然后再计算其综合效率 η_c 和额定综合效率 η_{cN}。

然后根据GB/T 12497判定该电动机是否为经济运行。

4.2.3 功率因数

功率因数按GB/T 16664中的相关要求进行。

4.2.4 主要电动机

列表见表1。

表1 主要电动机列表

安装位置	设备名称
原料处理	石灰石破碎机主电机、石灰石入均化堆场皮带输送机、石灰石入配料库皮带输送机
生料制备	原料入生料磨皮带输送机、生料磨主电机、生料磨系统风机、生料磨选粉机、生料入库提升机
燃料制备	煤磨主电机、煤磨系统排风机、煤磨选粉机
熟料烧成	生料入窑提升机、窑尾高温风机、窑尾废气排风机、窑主传电机、一次风机、冷却机系统鼓风机、熟料破碎机、窑头废气排风机、熟料拉链输送机
水泥粉磨	辊压机主电机、水泥磨主电机、水泥磨系统风机、水泥磨选粉机

4.3 产品综合电耗测试方法

4.3.1 统计测试法

4.3.1.1 统计内容

统计应以生产线及各生产工序电能消耗量的电表记录及其对应时段的产品的产量记录报表为准。对有多条生产线和多种产品的企业，应根据考察目的或对象，确定是否分线、分产品统计。

4.3.1.2 统计期的确定

做为考核企业综合能效水平的单位产品综合电耗测试，统计期应以一年为准。

4.3.1.3 统计范围

4.3.1.3.1 原料综合电耗统计范围

从各原材料进入生产厂区开始，到原料进入各自原料配料库入口(含库顶收尘设备)的整个原料生产过程消耗的电量,不包括用于基建、技改等项目建设消耗的电量。采用废弃物作为替代原料时,处理废弃物消耗的电量不计入综合电耗。

4.3.1.3.2 生料综合电耗统计范围

从原材料进入生产厂区开始,到生料进入生料均化库入口(含库顶收尘设备)的整个生料生产过程消耗的电量,不包括用于基建、技改等项目建设消耗的电量。采用废弃物作为替代原料时,处理废弃物消耗的电量不计入综合电耗。

4.3.1.3.3 燃料综合电耗统计范围

从燃料进入生产厂区开始,到燃料进入煤粉仓入口(含仓顶收尘设备)的整个燃料生产过程消耗的电量,不包括用于基建、技改等项目建设消耗的电量。采用废弃物作为替代燃料时,处理废弃物消耗的电量不计入综合电耗。

4.3.1.3.4 熟料综合电耗和水泥综合电耗统计范围

统计范围见 GB 16780。

4.3.2 现场实测法

4.3.2.1 测试内容

测定生产线及各生产工序电能消耗量及其对应的产品的产量。

4.3.2.2 测点的确定

由于水泥生产线的工艺设计和电气设计的多样性,测试前应根据企业供配电接线和供配电设备、电能计量仪表配置、产量计量装置的设置的实际情况,确定测试采样点的位置:

a) 电能测点可根据考察对象、目的及企业电能计量表计的配置情况,按高压电动机、低压用电设备分别确定。高压电动机宜选在其启动控制柜处,低压用电设备宜选在低压配电室向各生产工序馈电的电能计量仪表处,并与统计内容的电能计量仪表位置对应;

b) 产量的测定点应与电能测定的工序对应。

4.3.2.3 测试的边界

参照 4.3.1.3。

4.3.2.4 测量时间和采样记录周期的确定

同一工序内的所有测点应同时开始测量、记录。根据日班时制的不同,可按不同工序分别确定。对于下列 a)、d)两项所列各环节,亦可采用统计数据:

a) 原料预处理(原料破碎、原料预均化)、原煤预均化、辅助燃料处理、熟料发运、石膏破碎、混合材预处理、水泥包装和发运累计测量时间 24 h。可按生产班次分时段测量,每个连续测量时段不小于 6 h,测量期间停机次数不应多于 2 次,停机时间不计入 24 h 累计测量时间中。记录时间间隔为 30 min;

b) 生料磨系统、水泥磨系统、煤磨系统

累计测量时间 24 h,可连续测量或按生产班次分时段测量,每个连续测量时段不小于 8 h。记录时间间隔为 30 min;

c) 熟料烧成

连续测量 24 h,中间不应间断。记录时间间隔为 30 min;

d) 辅助生产用电

连续测量 24 h。记录时间间隔为 30 min。

4.3.2.5 对测试仪器的要求

4.3.2.5.1 测试仪器的精度

电能计量和产量计量仪器的测量精度应符合 GB 50443—2007 中第 8 章的相关要求,并应在校准有效期内。

4.3.2.5.2 测试仪器应具有的基本功能

电能计量仪器应具有按设定测试时间和设定测试周期自动启动、停止测试的功能;同时,在测试期内应能按设定的采样周期定时自动测试、记录和打印。

5 测试记录

5.1 测试记录的基本要求

此处所指测试记录为电能现场实测法所用测试记录,它应包含测定时间、部门、检测记录及 4.1、4.2 和 4.3 中述及的有关测算所需基本信息。采用热敏打印机输出的测试仪器时,应将打印记录按 4.1、4.2 和 4.3 所列基本参数重新登录,测试人、登录人应分别在打印记录和登录记录上签字。

5.2 测试记录的基本格式

5.2.1 供配电系统监测记录

参照附录 A 中 A.1。

5.2.2 电动机运行状况记录

参照附录 A 中 A.2。

5.2.3 能效测试记录

参照附录 A 中的 A.3。

5.3 测算记录的基本格式

5.3.1 变压器运行状态测算表

参照附录 A 中的 A.4。

5.3.2 电动机运行状态测算表

参照附录 A 中的 A.5。

5.3.3 日负荷率测算表

参照附录 A 中的 A.6。

6 计算方法

6.1 原料综合电耗

按式(4)计算。

$$Q_{YL}=\frac{q_{yl}+q_{ylfz}}{P_{YL}} \quad \cdots\cdots(4)$$

式中：

Q_{YL}——原料综合电耗，单位为千瓦时每吨(kWh/t)；

q_{yl} ——统计期或测试期内某一种原材料的原料处理过程耗电量，单位为千瓦时(kWh)；

q_{ylfz}——统计期或测试期内原料处理工序应分摊的辅助用电量，单位为千瓦时(kWh)；

P_{YL}——统计期或测试期内该品种原料的原料处理工序对应产量，单位为吨(t)。

6.2 生料综合电耗

按式(5)计算。

$$Q_{SL}=\frac{q_{sl}+\sum_{i=1}^{n}Q_{YL_i}p_{yl_i}+q_{slfz}}{P_{SL}} \quad \cdots\cdots(5)$$

式中：

Q_{SL}——生料综合电耗，单位为千瓦时每吨(kWh/t)；

q_{sl} ——统计期或测试期内生料粉磨系统耗电量，单位为千瓦时(kWh)；

p_{yl}——统计期或测试期内对应的某一种原料消耗量，以入磨计量为准，单位为吨(t)；

n ——生料配料的原材料种类个数；

q_{slfz}——统计期或测试期内生料制备工序应分摊的辅助用电，单位为千瓦时(kWh)；

P_{SL}——统计期或测试期内生料制备工序对应产量，以出磨产量为准，单位为吨(t)。

注：若现场无法计量可按生料磨喂料量推算并考虑工艺过程损耗，$P_{SL}=\sum_{i=1}^{n}p_{yl_i}[100-(f-f')-0.1]$。其中，$f$ 为原料入磨前的含水率，f'为出磨生料的含水率，0.1 为工艺过程物料损耗百分比。

6.3 燃料综合电耗

按式(6)计算。

$$Q_{RL}=\frac{q_{rl}+q_{rlfz}}{P_{RL}} \quad \cdots\cdots(6)$$

式中：

Q_{RL}——燃料综合电耗，单位为千瓦时每吨(kWh/t)；

q_{rl} ——统计期或测试期内燃料制备过程耗电量，单位为千瓦时(kWh)；

q_{rlfz} ——统计期或测试期内燃料制备工序应分摊的辅助用电，单位为千瓦时(kWh)；

P_{RL}——统计期或测试期内燃料制备工序对应产量，单位为吨(t)。

6.4 熟料综合电耗

按式(7)计算。

$$Q_{CL}=\frac{q_{sc}+Q_{SL}p_{sl}+Q_{RL}p_{rl}+q_{clfz}}{P_{CL}} \quad \cdots\cdots(7)$$

式中：

Q_{CL}——熟料综合电耗，单位为千瓦时每吨(kWh/t)；

q_{sc}——统计期或测试期内熟料烧成系统耗电量，单位为千瓦时(kWh)；

p_{sl}——统计期或测试期内生料消耗量，单位为吨(t)；

p_{rl}——统计期或测试期内燃料消耗量，单位为吨(t)；

q_{clfz}——统计期或测试期内熟料烧成系统应分摊的辅助用电量，单位为千瓦时(kWh)；

P_{CL}——统计期或测试期内熟料总产量，单位为吨(t)。

6.5 水泥综合电耗

计算公式见 GB 16780—2007 中的 5.3.4，式中的辅助用电量应为水泥粉磨和包装发运工序应分摊的辅助用电量。

附 录 A
（资料性附录）
供配电系统运行状况测试记录表

A.1 变压器运行状况测试记录

部门：＿＿＿＿＿＿＿＿ 年 月 日

变压器编号											变压器型号							
记录时间	高压侧									低压测								
	电压/kV			电流/A			有功电量/kWh	无功电量/kvarh	功率因数	电压/V			电流/A			有功电量/kWh	无功电量/kvarh	功率因数
	L_1相	L_2相	L_3相	L_1相	L_2相	L_3相				L_1相	L_2相	L_3相	L_1相	L_2相	L_3相			
时 分																		
时 分																		
时 分																		
时 分																		
时 分																		
时 分																		
时 分																		
时 分																		
时 分																		
时 分																		
时 分																		
时 分																		
备注																		

测试 记录

A.2 电动机运行状况测试记录

部门：________________　　　　　　　　　　　　　　　　　　　　年　　月　　日

电动机型号									设备名称						
记录时间	电压/V				电流/A				输入有功功率/kW	输入无功功率/kvar	输出功率/kW	功率因数	效率/%	综合效率/%	负载率/%
	L_1 相	L_2 相	L_3 相	平均	L_1 相	L_2 相	L_3 相	平均							
时　分															
时　分															
时　分															
时　分															
时　分															
时　分															
时　分															
时　分															
时　分															
时　分															
时　分															
时　分															
时　分															
时　分															
时　分															
时　分															
时　分															
时　分															
备注															

测试　　　　　　　　　　　　　　　　　　　　记录

A.3　能效测试记录

部门：________　　　　　　　　年　　月　　日

测试项目	高压设备						低压设备					
	（测点名称）		（测点名称）		（测点名称）		（测点名称）		（测点名称）		（测点名称）	
							（输入/输出）		（输入/输出）		（输入/输出）	
记录时间	有功电量/kWh	功率因数	有功电量/kWh	功率因数	有功电量/kWh	功率因数	有功电量/kWh	功率因数	有功电量/kWh	功率因数	有功电量/kWh	功率因数
时　分												
时　分												
时　分												
时　分												
时　分												
时　分												
时　分												
时　分												
时　分												
时　分												
时　分												
时　分												
时　分												
时　分												
时　分												
备注	带括号的项表示应填入实际内容，进入系统的电能为输入，由系统输出的电能为输出。输出电能时记录值前加负号。											

测试：　　　　　　　　记录：

A.4　供电系统运行状态测算表

部门：________　变压器编号：________　变压器型号：________

额定容量/kVA	额定电压/kV	空载损耗/kW	负载损耗/kW	空载电流/%	短路损耗/%
日最小负载系数		日最大负载系数		日平均负载系数	
日最小功率因数		日最大功率因数		日平均功率因数	
测试采样周期(h)		综合功率经济负载系数		经济运行区	
备注					

制表：　　　　　　　　审核：

A.5 电动机运行状态测算表

部门：________________ 设备名称：________________ 电机型号：________________

额定值					实测值						运行状态
电压/V	额定功率/kW	额定效率/%	额定综合效率/%	功率因数	电压/V	有功功率/kW	无功功率/kvar	效率/%	综合效率/%	功率因数	

制表： 审核：

A.6 日负荷率测算表

部门：________________ 年 月 日

测试点		测试周期/h	日平均负荷/kW	日最大负荷/kW	日负荷率/%
连续生产部门					
二班制生产部门					
一班制生产部门					
备注					

制表 审核

ICS 91.100.10
Q 11

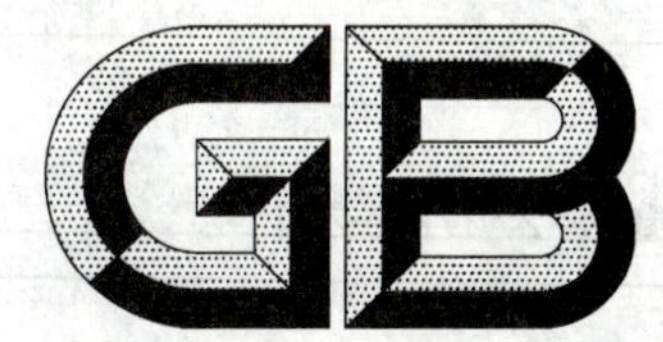

中华人民共和国国家标准

GB/T 27978—2011

水泥生产原料中废渣用量的测定方法

Determination of the waste content in the raw mix of cement

2011-12-30 发布　　2012-10-01 实施

中华人民共和国国家质量监督检验检疫总局
中国国家标准化管理委员会　发布

前言

本标准按照 GB/T 1.1—2009 给出的规则起草。

本标准由中国建筑材料联合会提出。

本标准由全国水泥标准化技术委员会(SAC/TC 184)归口。

本标准负责起草单位:中国建筑材料科学研究总院、中国建筑材料检验认证中心有限公司、贵州省建筑材料行业产品质量监督检验站。

本标准参加起草单位:深圳市华唯计量技术开发有限公司、拉法基瑞安水泥有限公司。

本标准主要起草人:王瑞海、夏莉娜、秦世景、朱晓玲、闫伟志、王冠杰。

水泥生产原料中废渣用量的测定方法

1 范围

本标准规定了用化学分析法和现场实测法测定水泥生产原料中废渣用量的测定方法。在有争议时，以化学分析法为准。

本标准适用于水泥生产原料中废渣用量的测定。

2 规范性引用文件

下列文件对于本文件的应用是必不可少的。凡是注日期的引用文件，仅注日期的版本适用于本文件。凡是不注日期的引用文件，其最新版本（包括所有的修改单）适用于本文件。

GB/T 176 水泥化学分析方法

GB/T 212 煤的工业分析方法

GB/T 5484 石膏化学分析方法

GB/T 5762 建材用石灰石化学分析方法

GB/T 12573 水泥取样方法

GB/T 12960 水泥组分的定量测定

JC/T 850 水泥用铁质原料化学分析方法

JC/T 874 水泥用硅质原料化学分析方法

JC/T 911 建材用萤石化学分析方法

发改环资[2004]73号 资源综合利用目录（2003年修订）

3 术语和定义

下列术语和定义适用于本文件。

3.1

废渣 waste

指煤矸石、粉煤灰、锅炉炉渣、化工废渣、采矿和选矿废渣（包括废石、尾矿、碎屑、粉末、粉尘、污泥）、冶炼废渣、制糖滤泥、江河（渠）道淤泥及建筑垃圾等废渣及列入《资源综合利用目录（2003年修订）》的其他废渣。

注：化工废渣包括硫铁矿渣、硫铁矿煅烧渣、硫酸渣、硫石膏、磷石膏、磷矿煅烧渣、含氰废渣、电石渣、磷肥渣、硫磺渣、碱渣、含钡废渣、铬渣、盐泥、总溶剂渣、黄磷渣、柠檬酸渣、制糖废渣、脱硫石膏、氟石膏、废石膏模。

注：冶炼废渣包括转炉渣、电炉渣、铁合金炉渣、氧化铝赤泥、有色金属灰渣，不包括高炉水渣。

3.2

确认的分析方法 confirmable analysis methods

通过标准样品/标准物质或对比试验，证明了其准确度和精密度符合要求的分析方法，如X射线荧光分析。

3.3

特征化学成分 characteristic chemical component

某组分中所含有的一种化学成分，该化学成分在其他组分中不含有或其含量可忽略不计。

3.4

特征组分 characteristic constituent

含有特征化学成分(3.3)的组分。

3.5

废渣用量 waste contents

指在水泥生产过程中直接投入的废渣总量，包括水泥生料配制和水泥粉磨过程中废渣投入量总和。

按水泥计，废渣用量是指在水泥生产过程中直接投入的废渣总量与水泥产品总量之比，以质量分数(%)表示。

3.6

生料换算因数 raw material conversion coefficient

为求得生料的量，把熟料的量乘以该数值因数。

4 试验的基本要求

4.1 试验次数

每项测定次数为两次，用两次测定结果的平均值表示测定结果。

除另有说明外，现场实测法以一次现场测定的结果为准。

4.2 结果的处理

废渣用量测定结果以质量分数计，数值以%表示至小数点后一位。

5 化学分析法

5.1 方法提要

化学分析法是通过测定组成生料、水泥的各组分中化学成分的质量分数以及生料、水泥中化学成分的质量分数，根据其化学成分质量分数的相关性，计算出各组分的含量。当掺入特征组分时，可采用测定特征化学成分的方法测定特征组分的含量。水泥粉磨过程中各组分含量的测定可按 GB/T 12960 进行。

5.2 仪器与设备

按 GB/T 176、GB/T 212、GB/T 5484、GB/T 5762、JC/T 850、JC/T 874、JC/T 911 或确认的分析方法中规定的仪器设备。

5.3 试样的制备

5.3.1 样品的代表性和均匀性

样品应是具有代表性的均匀性样品。取样过程中应注意生料、水泥样品和组成生料、水泥的各组分样品的取样时间一致，保证其相关性。

5.3.2 取样

5.3.2.1 水泥的取样

水泥的取样按 GB/T 12573 进行。

5.3.2.2 原燃材料和废渣的取样

在各库底或磨头喂料机处按一定的时间间隔取样(一般每 10 min～20 min 取样 1 次),每次抽取样品不少于 2 kg,取样次数不少于 5 次,或在原料堆场按一定的距离划成取样点,将取样点表层物料剥去,取约 1 kg 样品,取样点不应少于 10 个,将取得的样品破碎、混匀后缩分至约 1 kg。

5.3.2.3 生料的取样

在出磨口或提升机口等处按一定的时间间隔取样(一般每小时取样 1 次),每次抽取样品不少于 0.2 kg,将不少于 4 次的瞬时间样混匀后缩分至约 0.5 kg。

5.3.3 制样

5.3.3.1 水泥试样的制样

将水泥样品缩分至约 100 g,混匀后装入试样瓶中,密封保存。

5.3.3.2 生料、原材料和废渣试样的制样

分别将样品粉磨、缩分至约 100 g,并将筛余物研磨至全部通过 80 μm 方孔筛,混匀后装入试样瓶中。

5.3.3.3 煤试样的制样

将煤样品粉磨、缩分至约 100 g,并将筛余物研磨至全部通过 0.2 mm 方孔筛,混匀后装入试样瓶中。

5.3.4 试样的烘干

除了水泥、熟料、石膏和煤试样外,生料、原材料和废渣试样需在 105 ℃～110 ℃烘干 2 h,放在干燥器中冷却至室温,以备分析用。

5.4 生料、水泥中各组分含量的测定

5.4.1 根据化学成分质量分数的相关性测定各组分的含量

5.4.1.1 化学成分的测定

按 GB/T 176、GB/T 212、GB/T 5484、GB/T 5762、JC/T 850、JC/T 874、JC/T 911 或确认的分析方法测定组成生料、水泥的各种组分中化学成分的质量分数以及生料、水泥中化学成分的质量分数。立窑生产工艺,按 GB/T 212 测定煤中灰分的质量分数。

5.4.1.2 立窑生产工艺,煤中各化学成分质量分数的计算

煤灰中各化学成分的质量分数换算成煤中各化学成分的质量分数按式(1)计算:

$$C_{煤} = C_{煤灰} \cdot A_{ad} \qquad (1)$$

式中:

$C_{煤}$ ——煤中化学成分的质量分数,%;

$C_{煤灰}$——煤灰中化学成分的质量分数,%;

A_{ad} ——空气干燥基煤中灰分的质量分数,%。

煤中烧失量的质量分数按式(2)计算：

$$L_{煤}=100-A_{ad} \quad \cdots\cdots(2)$$

式中：

$L_{煤}$——煤中烧失量的质量分数，%；

A_{ad}——空气干燥基煤中灰分的质量分数，%。

5.4.1.3 生料、水泥中各组分含量的计算

生料、水泥中各组分的含量按式(3)计算：

$$X=A^{-1}\times B \quad \cdots\cdots(3)$$

式中：

X ——生料、水泥中各组分含量组成的列阵；

A^{-1}——组成生料、水泥的各组分中化学成分组成的矩阵 A 的逆阵；

B ——生料、水泥中化学成分组成的列阵。

X、A、B 分别为下列矩阵：

$$A=\begin{bmatrix} C_{1,1} & C_{1,2} & \cdots & C_{1,j} & \cdots & C_{1,n} \\ C_{2,1} & C_{2,2} & \cdots & C_{2,j} & \cdots & C_{2,n} \\ \cdots & \cdots & \cdots & \cdots & \cdots & \cdots \\ C_{i,1} & C_{i,2} & \cdots & C_{i,j} & \cdots & C_{i,n} \\ \cdots & \cdots & \cdots & \cdots & \cdots & \cdots \\ C_{n-1,1} & C_{n-1,2} & \cdots & C_{n-1,j} & \cdots & C_{n-1,n} \\ 1 & 1 & \cdots & 1 & \cdots & 1 \end{bmatrix}$$

$$X=\begin{bmatrix} X_1 \\ X_2 \\ \cdot \\ X_j \\ \cdot \\ X_{n-1} \\ X_n \end{bmatrix}\times 10^{-2} \qquad B=\begin{bmatrix} C_1 \\ C_2 \\ \cdot \\ C_i \\ \cdot \\ C_{n-1} \\ 1 \end{bmatrix}$$

n ——生料、水泥中掺加的组分数目；

X_j ——矩阵 X 中，生料、水泥中组分 j 的含量($j=1,2,\cdots\cdots n$)，%；

$C_{i,j}$——矩阵 A 中，生料、水泥中组分 j 的化学成分 i 的质量分数，%；

C_i ——矩阵 B 中，生料、水泥中化学成分 i 的质量分数($i=1,2,\cdots\cdots n-1$)，%；且有 $C_1\geqslant C_2\geqslant\cdots\cdots\geqslant C_i\geqslant\cdots\cdots\geqslant C_{n-1}$。

5.4.2 特征组分含量的测定

5.4.2.1 特征化学成分的测定

按 GB/T 176 或确认的分析方法测定氟离子、三氧化硫、五氧化二磷等特征化学成分的质量分数。

5.4.2.2 特征组分含量的计算

特征组分的含量按式(4)计算：

$$X_j=\frac{C_j}{C}\times 100 \quad \cdots\cdots(4)$$

式中：

X_j——生料、水泥中特征组分的含量，%；

C_j——生料、水泥中特征化学成分的质量分数，%；

C——特征组分中特征化学成分的质量分数，%。

5.4.3 水泥粉磨过程中掺入的组分含量的测定

按 GB/T 12960 测定水泥粉磨过程中掺入的组分含量，采用混合材料试样对组分含量计算结果进行校正的方法或采用配制参比样品进行校正的方法。

5.5 水泥生产原料中废渣用量的计算

5.5.1 生料换算因数的计算

生料换算因数按式(5)计算：

$$K=\frac{100}{100-w_{\mathrm{LOI}}} \quad \cdots\cdots (5)$$

式中：

K——生料换算因数；

w_{LOI}——生料中烧失量的质量分数，%。

5.5.2 生料中废渣含量换算成水泥中废渣含量的计算

生料中废渣的含量换算成水泥中废渣的含量按式(6)计算：

$$X_{\mathrm{R}}=K\times X_{\mathrm{S}}\times X_{\mathrm{F}}\times 10^{-2} \quad \cdots\cdots (6)$$

式中：

X_{R}——按水泥计，生料中废渣的含量，%；

X_{S}——水泥中熟料的含量，%；

X_{F}——生料中废渣的含量，%；

K——生料换算因数。

5.5.3 水泥粉磨过程中掺入的废渣含量的计算

水泥粉磨过程中掺入的废渣含量 X_{P} 是指组成水泥的各种废渣的含量之和，%。

5.5.4 水泥生产原料中废渣用量的计算

按水泥计，水泥生产原料中废渣的用量按式(7)计算：

$$w_{\text{总量}}=X_{\mathrm{R}}+X_{\mathrm{P}} \quad \cdots\cdots (7)$$

式中：

$w_{\text{总量}}$——按水泥计，水泥生产原料中废渣的用量，%；

X_{R}——按水泥计，生料中废渣的含量，%；

X_{P}——水泥粉磨过程中掺入的废渣的含量，%。

6 现场实测法

6.1 方法概要

现场实测法是在生产现场，通过测定在单位时间内组成生料、水泥的各组分的投入量，从而计算出各组分的用量。

6.2 仪器与设备

6.2.1 天平

分度值不小于 0.5 g。

6.2.2 台秤

测量范围 10 g～5 000 g,分度值不小于 10 g,用于称量小于 5 kg 的物料。

6.2.3 台秤

测量范围 5 kg～100 kg,分度值不小于 0.1 kg,用于称量不小于 5 kg 的物料。

6.2.4 秒表

精度 0.1 s。

6.2.5 干燥箱

可控制温度 55 ℃～60 ℃、105 ℃～110 ℃,温度计精确至 1 ℃。

6.3 各组分含量的测定

6.3.1 湿基质量的测定

在库底、磨头或配料处按相同的时间间隔,用台秤对组成生料、水泥的各组分分别称量,称量时间间隔为 10 min～20 min,每次称量时间为 5 s～120 s(具体称量时间根据工艺情况确定)。每种组分的测定次数不少于 2 次,取两次称量结果的算术平均值作为该组分的湿基质量,记为 $m_{i湿基}$。也可以用台秤对配料秤进行校验后,用配料微机的实际控制参数或流量作为各组分的湿基质量。

6.3.2 水分的测定

6.3.2.1 取样和制样

将 6.3.1 测定湿基质量时取得的各种物料破碎至 12 mm 以下、混匀后,缩分至约 1 kg,用塑料包装袋或其他能防止水分蒸发的容器盛装。

6.3.2.2 测定步骤

称取约 100 g 试样(m_1),精确至 0.1 g,放入已烘干至恒量的托盘,于 105 ℃～110 ℃的烘箱中烘干 2 h,取出,放入干燥器中冷却至室温,称量。反复烘干、冷却、称量,直至恒量(m_2)。

注:测定石膏的水分,于 55 ℃～60 ℃的烘箱中烘干。

6.3.2.3 水分质量分数的计算

湿物料中水分的质量分数按式(8)计算:

$$w_i = \frac{m_1 - m_2}{m_1} \times 100 \qquad \cdots\cdots(8)$$

式中:

w_i——湿物料中水分的质量分数,%;

m_1——烘干前试样的质量,单位为克(g);

m_2——烘干后试样的质量,单位为克(g)。

6.3.3 干基质量的计算

组成生料、水泥各组分的干基质量按式(9)计算：

$$m_{i\,干基}=\frac{100-w_i}{100}\times m_{i\,湿基} \qquad \cdots\cdots(9)$$

式中：

$m_{i\,干基}$——组成生料、水泥的组分 i 的干基质量($i=1,2,3,\cdots\cdots,n$)，单位为千克(kg)；

$m_{i\,湿基}$——组成生料、水泥的组分 i 的湿基质量($i=1,2,3,\cdots\cdots,n$)，单位为千克(kg)；

w_i ——组成生料、水泥的组分 i 中水分的质量分数($i=1,2,3,\cdots\cdots,n$)，%。

6.3.4 各组分含量的计算

生料、水泥中各组分的含量按式(10)计算：

$$X_i=\frac{m_{i\,干基}}{\sum_{i=1}^{n}m_{i\,干基}}\times 100 \qquad \cdots\cdots(10)$$

式中：

X_i ——生料、水泥中组分 i 的含量($i=1,2,3,\cdots\cdots,n$)，%；

$m_{i\,干基}$——组成生料、水泥的组分 i 的干基质量($i=1,2,3,\cdots\cdots,n$)，单位为千克(kg)。

6.4 水泥生产原料中废渣用量的计算

6.4.1 生料中废渣含量换算成水泥中废渣含量的计算

生料中废渣含量换算成水泥中废渣含量的计算按5.5.2进行。

6.4.2 水泥粉磨过程中掺入的废渣含量的计算

水泥粉磨过程中掺入的废渣含量的计算按5.5.3进行。

6.4.3 水泥生产原料中废渣用量的计算

水泥生产原料中废渣用量的计算按5.5.4进行。

7 化学分析法测定结果的重复性限和再现性限

本标准所列重复性限和再现性限为绝对偏差，以质量分数(%)表示。

在重复性条件下，采用本标准所列化学分析法测定同一试样时，两次测定结果之差应在所规定的重复性限内。如超出重复性限，应在短时间内进行第三次测定，测定结果与前两次或任一次测定结果之差符合重复性限的规定时，则取其平均值，否则，应查找原因，重新按上述规定进行测定。

在再现性条件下，采用本标准所列化学分析法对同一试样各自进行测定时，所得测定结果的平均值之差应在所规定的再现性限内。

化学分析法测定结果的重复性限为1.0%，再现性限为2.0%。

ICS 81.060.30
Q 32

中华人民共和国国家标准

GB/T 27979—2011

氧化铝耐磨陶瓷复合衬板

Alumina ceramic wear-resistant composite lining board

2011-12-30 发布 2012-10-01 实施

中华人民共和国国家质量监督检验检疫总局
中国国家标准化管理委员会 发布

前　言

本标准按 GB/T 1.1—2009《标准化工作导则　第1部分：标准的结构和编写》给出的规则起草。

本标准由中国建筑材料联合会提出。

本标准由全国工业陶瓷标准化技术委员会(SAC/TC 194)归口。

本标准起草单位：湖南精城特种陶瓷有限公司、河北鲲鹏耐磨工程技术有限公司、福建省智胜矿业有限公司、北京中电联众电力技术有限公司、北京天力来科技发展有限公司。

本标准主要起草人：杨昌桂、陈小敏。

本标准为首次制定。

氧化铝耐磨陶瓷复合衬板

1 范围

本标准规定了氧化铝耐磨陶瓷复合衬板(以下简称"衬板")的定义、技术要求、检测方法、检验规则及标志、包装、运输和贮存。

本标准适用于由氧化铝含量不低于92%的陶瓷组成的耐磨陶瓷复合衬板。

2 规范性引用文件

下列文件对于本文件的应用是必不可少的。凡是注日期的引用文件,仅注日期的版本适用于本文件。凡是不注日期的引用文件,其最新版本(包括所有的修改单)适用于本文件。

GB/T 230.1 金属材料 洛氏硬度试验 第1部分:试验方法(A、B、C、D、E、F、G、H、K、N、T标尺)

GB/T 528 硫化橡胶或热塑性橡胶 拉伸应力应变性能的测定

GB/T 531.1 硫化橡胶或热塑性橡胶 压入硬度试验方法 第1部分:邵氏硬度计法(邵尔硬度)

GB/T 532 硫化橡胶或热塑性橡胶 与织物粘合强度的测定

GB/T 2413 压电陶瓷材料体积密度测量方法

GB/T 8489 精细陶瓷压缩强度试验方法

GB/T 16534 精细陶瓷室温硬度试验方法

3 定义

下列定义适用于本文件。

3.1

氧化铝耐磨陶瓷复合衬板 alumina ceramic wear-resistant composite lining board

由氧化铝耐磨陶瓷片与橡胶、黏合剂等复合而成,结构如图1所示。

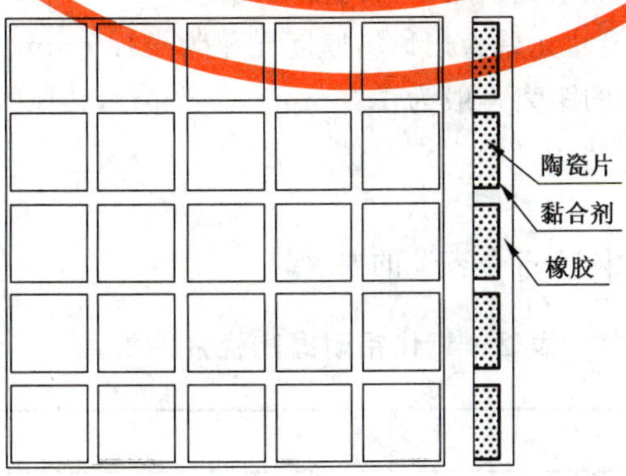

图1 氧化铝耐磨陶瓷复合衬板示意图

3.2

磨损体积 volume wear

氧化铝耐磨陶瓷衬板在喷砂装置中,以规定的条件对特定规格的衬板进行喷射(见附录A),使试样表面产生磨损,研磨10 min后,试样体积去除量称为磨损体积,以V_b表示。

3.3

黏合强度 adhesive strength

氧化铝耐磨陶瓷片与橡胶之间的界面结合强度称之为黏合强度,以A表示。

4 技术要求

4.1 外观

衬板的外观应符合表1的要求。

表1 衬板的外观要求

项目		质量要求	
		瓷片尺寸不大于25 mm	瓷片尺寸大于25 mm
陶瓷层	裂纹	不允许	宽度不大于0.25 mm,长不大于10 mm,不超过1条/片瓷
	缺角/棱	深度1 mm~2 mm,不超过1处/片瓷	深度1 mm~2 mm,不超过2处/片瓷
	偏瓷	瓷位置偏移不大于1.5 mm,不超过6片/块板	
	瓷片分布及色泽	衬板中氧化铝耐磨陶瓷片应分布均匀、平整,表面无明显杂质,同一批的产品色泽应基本一致	
橡胶层	每块衬板的橡胶面不允许有直径大于2.5 mm的明疤或气泡存在,直径大于2.0 mm小于2.5 mm的明疤或气泡不得超过2处。不应有橡胶缺损,边缘露瓷的现象; 对衬板进行弯曲试验时,不应有任一衬板侧面露瓷及瓷胶剥离现象		

4.2 尺寸要求

4.2.1 衬板尺寸规格按各自企业情况或用户特殊要求而定。

4.2.2 同一批次的产品,边长尺寸允差为±1%,厚度允差为±1.5 mm。

4.2.3 衬板中瓷片与瓷片之间的距离一般为1.2 mm~1.8 mm,其他间距按用户特殊要求而定。

4.3 材料要求

4.3.1 氧化铝耐磨陶瓷片的性能应符合表2的要求。

表2 氧化铝耐磨陶瓷片的性能

项　目	单　位	指　标
磨损体积	cm^3	≤0.06
体积密度	g/cm^3	≥3.5
洛氏硬度	HRA	≥82

表 2（续）

项　　目	单　　位	指　　标
维氏硬度 HV	GPa	≥8
抗压强度	MPa	≥850
注：建议在现场检验时采用洛氏硬度，型式检验采用维氏硬度。		

4.3.2　衬板中橡胶性能应符合表 3 要求。

表 3　衬板中橡胶性能要求

项　　目	单　　位	指　　标
拉伸强度	MPa	≥12
扯断伸长率	%	≥250
邵氏硬度	HA	55～65
扯断永久变形	%	≤24

4.3.3　橡胶与氧化铝耐磨陶瓷片的黏合强度不小于 4.0 MPa。

注：为达到产品的最佳效果，建议使用附录 C 所列黏合剂。

5　检测方法

5.1　外观检测

5.1.1　衬板陶瓷层外观检测

表面的外观、色泽凭目测检查及用精度不低于 0.02 mm 的游标卡尺检测。

5.1.2　衬板橡胶层外观检查

表面用精度不低于 0.02 mm 的游标卡尺检测。

5.1.3　弯曲试验

两手握衬板对边或对角，放在长 700 mm、高 450 mm、弯曲半径 75 mm 的模体上，使之与模体紧密接触，弯曲半径 150 mm～200 mm，反复 10 次后观察。

5.2　尺寸检测

衬板边长采用直尺测量，氧化铝耐磨陶瓷片的间距及衬板的厚度采用精度不低于 0.02 mm 的游标卡尺测量。

5.3　材料检测

5.3.1　衬板中氧化铝耐磨陶瓷片的性能检测

5.3.1.1　磨损体积：根据测试的要求，制备随炉样品，按附录 A 规定的方法进行检测。

5.3.1.2　体积密度：按 GB/T 2413 规定的方法进行检测。

5.3.1.3 洛氏硬度:按 GB/T 230.1 规定的方法进行检测。

5.3.1.4 维氏硬度:按 GB/T 16534 规定的方法进行检测。

5.3.1.5 抗压强度:按 GB/T 8489 规定的方法进行检测。

5.3.2 衬板中橡胶性能检测

5.3.2.1 拉伸强度:按 GB/T 528 规定的方法进行检测。

5.3.2.2 扯断伸长率:按 GB/T 528 规定的方法进行检测。

5.3.2.3 邵氏硬度:按 GB/T 531.1 规定的方法进行检测。

5.3.2.4 扯断永久变形:按 GB/T 528 规定的方法进行检测。

5.3.3 橡胶与陶瓷的黏合强度

按 GB/T 532 规定的方法取样进行检测(见附录 B)。

6 检测规则

6.1 检验分类

6.1.1 出厂检验

出厂检验项目包括外观、尺寸、磨损体积、体积密度、洛氏硬度和橡胶与陶瓷的黏合强度检测。

6.1.2 型式检验

6.1.2.1 有下列情况之一时,应进行型式检验:

a) 新产品定型鉴定;
b) 正式投产后,原材料、工艺有较大改变,可能影响产品性能时;
c) 正常生产时,每年进行一次;
d) 停产六个月以上,恢复生产时;
e) 出厂检验结果与上次型式检验结果有较大差异时。

6.1.2.2 型式检验的项目为本标准第 5 章规定的全部项目。

6.2 抽样

6.2.1 组批

以同品种、同色号的衬板 500 m^2 为一批,小于 500 m^2 按一批计算或由供需方商定。从每批中随机抽取 2 m^2(衬板的数量不少于 30 块)。

6.2.2 抽样

随机抽取的 30 块衬板先进行外观和尺寸检测。

从上述检验合格的产品中随机抽取 9 块,其中 3 块用作进行氧化铝耐磨陶瓷片性能检测;其中 3 块用作进行橡胶各项性能检测;其中 3 块用作进行橡胶与陶瓷的黏合强度检测。

6.3 判定规则

6.3.1 外观:若不合格品数小于等于 3 块,则判定该批产品的这一指标合格。如果第一次检验不合格品数超过 3 块,应该加倍检验,若检验合格,则判定该批产品的这一指标合格,若检验不合格,则判定该批产品不合格。

6.3.2 尺寸:若不合格品数小于等于3块,则判定该批产品的这一指标合格。如果第一次检验不合格品数超过3块,应该加倍检验,若检验合格,则判定该批产品的这一指标合格,若检验不合格,则判定该批产品不合格。

6.3.3 本标准第5章中规定的其他指标如有一项不合格,则判该批不合格。

7 标志、包装、运输与贮存

7.1 标志

包装上应有产品名称、类别、企业名称、地址、生产日期、规格、数量、防腐蚀、禁摔扔和执行标准等标志。

7.2 包装

衬板采用木箱或纸箱包装,内附合格证和产品说明书。

7.3 运输和贮存

产品运输、贮存应防腐蚀、防爆晒、禁摔扔。

附 录 A
(规范性附录)
氧化铝耐磨陶瓷磨损体积测试

A.1 方法原理

本方法通过喷砂装置,以规定的条件对特定规格的氧化铝陶瓷片进行喷射磨损,使试样表面产生磨损,用称重法测定试样的质量损失,再根据试样的质量损失除以体积密度计算出试样的磨损体积。

A.2 试验设备

喷砂机、空压机、电子天平(精度 0.01 mg)

A.3 试验条件

A.3.1 喷射压力:0.1 MPa。
A.3.2 喷嘴直径:5.8 mm~6.0 mm。
A.3.3 过砂管直径:8 mm~9 mm。
A.3.4 喷射角度:45°。
A.3.5 喷射距离:30 mm。
A.3.6 喷射时间:10 min。
A.3.7 粉体:60 目~80 目的石英砂,二氧化硅含量不小于 95%。
A.3.8 试样规格:边长 40 mm~50 mm 的正方形,厚度不小于 5 mm。
A.3.9 试样夹具:夹具应能固定试样,并可水平及垂直移动。

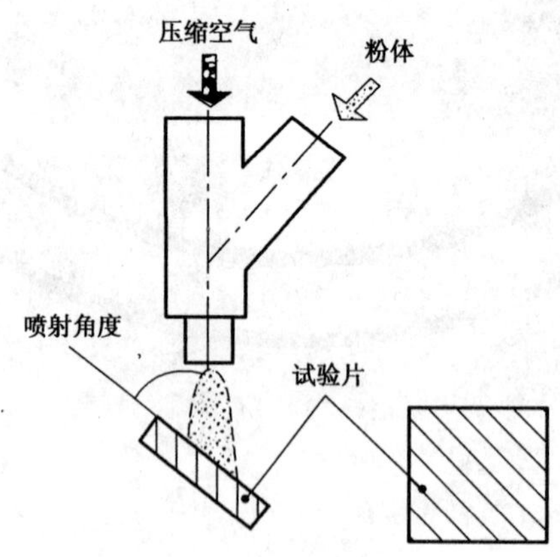

图 A.1 磨耗试验装置简图

A.4 试样制备

将随炉制备试样先用乙醇清洗 2 遍,再用蒸馏水冲洗。清洗后在 100±5 ℃下进行 2 h 烘干,放入干燥器内冷却至室温。

A.5 试验方法

A.5.1 按 A.4 处理后的试样，用电子天平称重 m_1；

A.5.2 将称好的试样放到夹具上，按照试验条件进行测试；

A.5.3 取出试样用清水冲洗并烘干，称重 m_2；

A.5.4 试样的质量损失 $m=m_1-m_2$

A.6 结果计算

$$V_b=\frac{m}{\rho}$$

式中：

V_b ——磨损体积，单位为立方厘米(cm^3)；

m ——试样的质量损失，单位为克(g)；

ρ ——试样材料的密度，单位为克每立方厘米(g/cm^3)。

A.7 数据处理

按此方法测试 5 个样品，取磨损体积的平均值。

附 录 B
（规范性附录）
橡胶与陶瓷的黏合强度测试

B.1 原理方法

本方法通过拉力试验机在衬板氧化铝陶瓷片与橡胶界面间产生拉力，使之发生脱离断裂，读取拉伸剪切拉力除以受力面积，计算出黏合强度。

B.2 试验设备

拉力试验机、台虎钳。

B.3 取样

在需试验的耐磨陶复合瓷衬板上，从距衬板边至少有一个陶瓷宽度处，截取宽度为一片瓷宽，长度不少于5片瓷的试验条5条（量好瓷片宽度并做好记录，建议陶瓷片单片规格17 mm～20 mm之间）。

B.4 试验方法

B.4.1 在试验条上，从橡胶与陶瓷的界面处，去掉两端的两个陶瓷片，保留橡胶，橡胶的厚度至少在3 mm以上，如图示B.1。

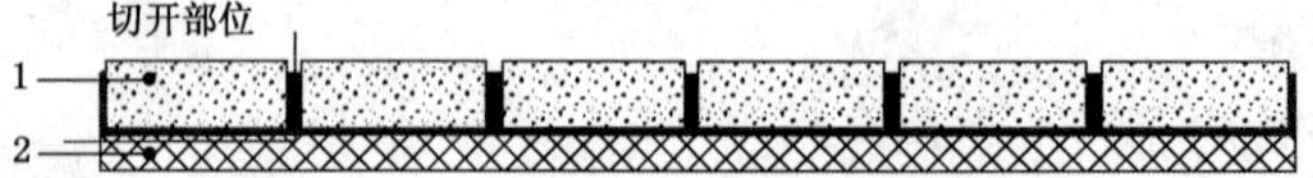

说明：1——陶瓷层；2——橡胶层。

图 B.1

B.4.2 在去除两端瓷片的试验条上，从中间两片瓷空隙处，紧贴中间陶瓷片的一边，在试验条的两侧，画一条垂直线；在中间的陶瓷片上于试样两侧再画一条与该直线相距3 mm的平行线。

B.4.3 沿着平行线，在橡胶一面，用刀片垂直切至陶瓷底部；在陶瓷的一面，紧贴瓷片垂直切至橡胶和陶瓷的界面处。如图示B.2。

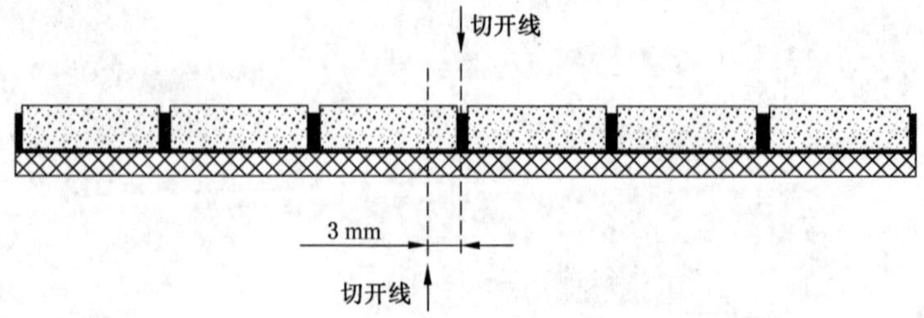

图 B.2

B.4.4 试样在标准温度下至少停放 16 h 后，将试样两端夹在拉力试验机夹持器上，在速度为 100 mm/min±10 mm/min 条件下，按 GB/T 532 标准进行试验，使陶瓷与橡胶完全脱离断裂，读取拉力机显示的最大拉伸剪切拉力。

B.5 结果计算

$$A=\frac{F}{S}$$

式中：

A ——黏合强度，单位为兆帕(MPa)；

F ——拉伸剪切拉力，单位为牛(N)；

S ——受力面积，单位为平方厘米(cm^2)。

注：受力面积＝瓷片宽度(cm)×两条切割线间距(0.3 cm)。

B.6 数据处理

实验结果取 5 个数值的中值。

附 录 C
（资料性附录）
衬板用黏合剂的性能

C.1 耐磨陶瓷片与金属用黏合剂(NMC-CJZ)性能符合表C.1。

表C.1 NMC-CJZ黏合剂性能指标

项目名称	固化物耐酸碱性能 pH	耐温/ ℃	300 ℃高温剪切强度(金属-耐磨陶瓷片拉剪)/ MPa
性能指标	3～12	≤300	≥2.5

C.2 耐磨陶瓷片、橡胶以及金属用黏合剂(NMC-CXJZ)性能指标符合表C.2。

表C.2 NMC-CXJZ黏合剂性能指标

项目名称	固含量/ %	黏度/ Pa.s	橡胶与金属剥离强度(固化48 h)/ (N/2.5 cm)	耐温/ ℃
性能指标	≥18	≥2.5	≥120	≤100

ICS 11.220
B 41

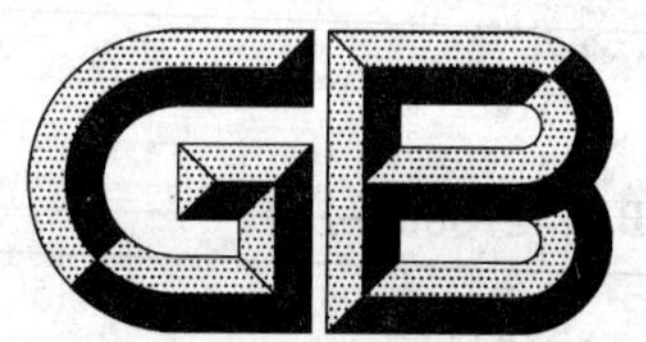

中华人民共和国国家标准

GB/T 27980—2011

马病毒性动脉炎诊断技术

Diagnostic techniques for equine viral arteritis

2011-12-30 发布 2012-06-01 实施

中华人民共和国国家质量监督检验检疫总局
中国国家标准化管理委员会 发布

前言

本标准按照 GB/T 1.1—2009 给出的规则起草。

本标准由中华人民共和国农业部提出。

本标准由全国动物防疫标准化技术委员会(SAC/TC 181)归口。

本标准起草单位:农业部热带亚热带动物病毒学重点开放实验室。

本标准主要起草人:张念祖、杨仕标、宋建领、杜健、王金萍、朱建波、李华春。

马病毒性动脉炎诊断技术

1 范围

本标准规定了马病毒性动脉炎诊断技术。

本标准适用于马病毒性动脉炎的诊断和检疫。其中病毒分离、琼脂糖凝胶免疫扩散试验、反转录聚合酶链式反应试验适用于马病毒性动脉炎的病原诊断,中和试验和酶联免疫吸附试验适用于马病毒性动脉炎的抗体检测。

2 临床诊断

2.1 流行病学

马病毒性动脉炎是由马动脉炎病毒所引起的一种马的散发性呼吸系统和繁殖系统的接触性传染病,该病只感染马属动物,主要是通过生殖系统和呼吸系统而感染传播。公马带毒后无明显临床症状,却是危险的传染源。长期带毒的种公马可通过自然交配或人工授精的方式把病毒传给母马。流产马的胎盘、胎液、胎儿亦可传播本病。患病马在急性期通过呼吸道分泌物将病毒传给同群马或与其相接触的马。通过用具、饲料和饲养人员的接触也能将病毒传给易感马。该病呈世界性分布,血清学试验证实,我国也存在该病。

2.2 临床症状

患马可表现为临诊症状和亚临诊症状,大多数自然感染的马表现为亚临诊症状。试验感染潜伏期为 1 d～6 d,野外感染普遍为 3 d～4 d。本病的典型症状是发热,一般感染后 3 d～14 d 体温升高达 41 ℃,并可持续 5 d～9 d。表现厌食、精神沉郁、四肢严重水肿,步伐僵直,眼、鼻分泌物增加,后期为脓性粘液,发生鼻炎和结膜炎。面部、颈部、臀部形成皮肤疹块。公马的阴囊和包皮水肿,马驹和虚弱的马可引起死亡。怀孕母马流产,其流产率可达 90%以上。流产发生在感染后的 10 d～30 d,通常出现在临诊发病期或恢复早期。胎儿常在流产前就死亡,流产胎儿水肿,呼吸道粘膜和脾被膜上有出血点。母马痊愈后很少带毒,而大多数公马恢复后则成为病毒的长期携带者。这些症状并不是在同一马群中同时出现。马驹、老龄雌马和营养状况差的马,临床症状较重,孕马比空怀母马明显。除极少数患马发生死亡外,一般为轻度临床症状。

2.3 病理变化

死亡病例最主要的剖检变化是全身较小动脉管内肌层细胞的坏死,内膜上皮的病变导致特征性的出血和水肿以及血栓形成和梗死。常见大叶性肺炎和胸膜渗出物,发生全身性动脉炎的结果,所有浆膜和粘膜以及肺和中膈等都有点状出血。肾上腺上也有出血,在心、脾、肺、肾、怀孕母马的子宫、眼结膜、眼睑、膝关节或跗关节以下的皮下组织以及阴囊和睾丸内,均能发现出血及水肿变化。恢复期病马的慢性损害包括广泛性全身性动脉炎和严重的肾小球性肾炎。实验感染后观察到的损伤可分成 3 个型,即发展(渐进)型、终末(端)型及慢性活动型。从感染后 4 d～6 d 观察发展(渐进)型损伤,发现胸腹水过多,淋巴结充血肿大,结肠到盲肠脉管水肿,大肠粘膜下淋巴结肿大,还可见粘膜上皮温和坏死。终末(端)型损伤被认为是发展(渐进)型损伤的延伸,表现为皮下水肿,胸腔大量积液,全身所有淋巴结肿胀到不同程度的出血,盲肠和结肠有梗死。粘膜下严重水肿和出血,有时可见肾上腺皮质出血。病毒接种后第 12 天，可见慢性损伤，包括温和性淋巴结肿胀及胸腔内积液过多。实验感染后观察到的损伤的严重性很少与自然感染的损伤一样。

2.4 诊断

依据上述流行病学特点、临床症状和病理剖检变化特征等可作出初步诊断，确诊后应该通过实验室病原学和血清学诊断。

3 病毒分离

3.1 器材和设备

单道微量加样器(0.5 μL～10 μL、5 μL～10 μL、40 μL～200 μL、200 μL～1 000 μL)及滴头。－80 ℃ 冰箱，二氧化碳培养箱。组织研磨器、超声波振荡器、低速离心机、倒置显微镜。

3.2 试剂与材料

血(采自血管)；细胞：兔肾细胞(RK-13)；细胞培养液(见附录 A)。

3.3 病毒分离

3.3.1 样品的采集

急性病例采取脱纤全血或沉淀白细胞层，鼻分泌物、结膜拭子或流产胎儿的体液及脾脏，被检种马的精液；尸体剖检时采取肺、脾和淋巴结，将病料置于含 1 000 IU/mL 青霉素和 1 000 μg/mL 链霉素的 0.01 mol/L pH7.2 磷酸盐缓冲液(PBS 缓冲液)里。这些病料应立即用冰冷却，若不立即接种，应将病料迅速冻存于－80 ℃冰箱。精液的采集：使用一次射精时精子数量最多的部分精液。

3.3.2 样品的处理

组织样品用含 1 000 IU/mL 青霉素和 1 000 μg/mL 链霉素的细胞培养液按 1∶10 的比例，置于研磨器中剪碎并研磨。将已研磨好的待检病料，4 ℃ 1 000 r/min 离心 5 min，取上清液；分泌物和排泄物样品的处理，将棉拭子充分捻动、拧干后弃去拭子，4 ℃ 1 000 r/min 离心 5 min，取上清液；精液冻融3 次或超声波裂解处理(100 μA、1 min～2 min)，用细胞培养液作 1∶10 的稀释，4 ℃ 1 000 r/min 离心 5 min，取上清液。

将处理好的样品上清液用 0.22 μm 滤器过滤除菌，待用。

3.3.3 接种细胞

将样品悬液接种于 RK-13 细胞，每份样品接种 5 瓶，每瓶(生长面积 25 cm^2)接 1 mL，37 ℃吸附 1 h，再加 5 mL 维持液。将接种细胞置于 37 ℃、5%二氧化碳条件下培养 12 d，每 2 d～3 d 换维持液一次。

3.3.4 观察与传代

接种后用倒置显微镜逐日观察细胞是否出现细胞病变(CPE)，出现者收获，无 CPE 者再盲传 3 代，仍无细胞病变者弃之。

3.3.5 病毒增殖、分装与保存

RK-13 细胞上出现 CPE 的病毒悬液用 1 mL 无菌小管分装，作为原始毒置于－80 ℃冰箱或液氮罐

中保存。

将原始毒接种 RK-13 细胞，37 ℃、5％二氧化碳条件下培养并逐日观察细胞病变，70％以上细胞出现病变时收集细胞病毒液，按 1 mL 每小管进行无菌分装，置－80 ℃冰箱保存备用。

病毒鉴定按本标准琼脂糖凝胶免疫扩散试验（AGID）和反转录聚合酶链式反应（RT-PCR）方法进行。

4 琼脂糖凝胶免疫扩散试验（AGID）

4.1 材料和器械

4.1.1 器械：直径 6 cm 平皿、外径 4 mm 打孔器、加样器。

4.1.2 阳性血清、标准马病毒性动脉炎高免血清。

4.1.3 阴性血清：无马病毒性动脉炎抗体和细胞毒性的健马血清。

4.1.4 标准抗原：纯化浓缩的马病毒性动脉炎病毒。

4.1.5 待检抗原：抗原应无污染，取少量样品加最少量的无菌生理盐水磨碎后作为待检抗原；病毒分离物浓缩（用聚乙二醇 8 000 做 100 倍浓缩）后亦可作为待检抗原。

4.2 试验方法

4.2.1 琼脂平皿的制作（所用试剂均为常规分析纯试剂）：见附录 B。

4.2.2 打孔：用直径 4 mm 金属打孔器在已凝固的琼脂糖凝胶平皿上打孔，孔距为 3 mm，打孔后用针挑出切下的孔内琼脂块。

4.2.3 加样：用微量加样器或毛细吸管，吸取抗原或血清加于孔内，中央孔滴加标准阳性血清，周围的第 1 孔、第 3 孔、第 5 孔滴加对照阳性抗原，第 4 孔滴加阴性抗原，第 2 孔、第 6 孔滴加样品（待检抗原），加样量以加满不溢出为度。加样后静置 10 min，放入湿盒内 37 ℃进行反应。24 h 后观察并记录结果。

4.3 结果判定

结果判定时将琼脂平皿置暗背景或侧强光照射下观察，若对照阳性抗原与标准阳性血清孔之间出现一条清晰、明显的白色沉淀线，而对照阴性抗原与标准阳性血清孔之间无沉淀线则认为试验可以成立，如果沉淀线没有或不明显则本试验不能成立，应该重做。结果判定标准如下：

a) 阳性：待检抗原孔与阳性血清孔之间出现明显清晰白色沉淀线，并与标准阳性孔的沉淀线相融合。

b) 阴性：待检抗原孔与阳性血清孔之间无沉淀线，标准阳性孔抗原的沉淀线直伸被检样品的孔边，判为阴性。

4.4 限制性说明

本方法仅用于马病毒性动脉炎（EVA）病原的普查，可能会出现非特异性反应。建议对 AGID 阳性样品进行进一步的病原或者核酸诊断。

5 反转录聚合酶链式反应（RT-PCR）

5.1 仪器和设备

PCR（聚合酶链式反应）扩增仪、台式低温离心机、电泳仪、电泳槽、冰箱、紫外灯、紫外凝胶成像仪、单道微量加样器(0.5 μL～10 μL、5 μL～10 μL、40 μL～200 μL、200 μL～1 000 μL)及滴头,PCR 仪和离心管。

5.2 试剂与材料

5.2.1 材料:细胞病毒液或病料组织、外周血液或鼻分泌物。

5.2.2 试剂:柱离心式小量病毒 RNA&DNA 抽提试剂盒,核糖核酸聚合酶链式反应试剂盒(逆转录 RNA PCR Kit),上样缓冲液(1%SDS,50%甘油和 0.05%溴酚蓝)、溴化乙锭(EB)储存液(10 μg/mL)、琼脂糖,DNA 分子质量标准,异丙醇等均为常规分析纯试剂,电泳缓冲液(配制方法见附录 C)。

5.2.3 引物:在马病毒性动脉炎病毒 ORF1b 的 9 282 bp～9 466 bp 片段设计引物

CI:5-CCTGAGACACTGAGTCGCGT-3

DI:5-CCTGATGCCACATGGAATCA-3

扩增目的片段为 184 bp。

5.3 操作程序

5.3.1 样品的采集和处理

样品的采集和处理参见 3.3.1 和 3.3.2。

5.3.2 病毒 RNA 的提取

按照相关病毒 RNA 提取试剂盒操作即可。

5.3.3 RT-PCR 扩增

将下列各成分按要求量加入 PCR 反应管中:RNase Free dH_2O(24 μL);10×One Step RNA PCR Buffer(5 μL);25 mmol/L 的 $MgCl_2$(10 μL);10 mmol/L 的 dNTP Mixture(5 μL);RNase Inhibitor 1 μL; AMV Rtase XL1 μL;AMV-Optimized Taq 1 μL;上游引物 CI(20 μmol/L)1 μL;下游引物 DI (20 μmol/L) 1 μL;模板 RNA1 μL;同时设定阳性和阴性对照。

将加有样品和对照 RNA 的 PCR 反应管放入 PCR 仪中,按下列程序和条件进行扩增:50 ℃ 30 min,94 ℃ 2 min,然后按照(95 ℃ 15 s,42 ℃ 15 s,68 ℃ 45 s)反应 35 个循环,最后再 68 ℃ 7 min。反应产物可直接电泳检测,亦可于 4 ℃或－20 ℃保存待检测。

5.4 电泳

取 PCR 扩增产物 8 μL 与 2 μL 6 倍上样缓冲液混合,点样于 2%琼脂糖凝胶孔中,5 V/cm 电压进行电泳,30 min 后,于紫外凝胶成像仪或紫外分析仪上观察结果。

5.5 结果判定

在对照成立的前提下,即阳性对照出现相应大小扩增带(184 bp)、阴性对照无此带出现的情况下判定结果。样品若出现和阳性对照分子质量相同的特异性扩增带,即判定为阳性,否则为阴性。

6 酶联免疫吸附试验(ELISA)

6.1 器械和设备

96 孔高吸附力酶标板(平底,简称 96 孔酶标板),单道微量加样器(0.5 μL～10 μL、5 μL～10 μL、

40 μL～200 μL、200 μL～1 000 μL)及滴头,多道微量加样器(5 μL～50 μL、50 μL～100 μL)及滴头,8 道微量连续加样器(50 μL、100 μL、150 μL、200 μL)及滴头。稀释试剂用灭菌瓶。4 ℃、－20 ℃冰箱,普通恒温培养箱。酶标读板仪、微型振荡器及磁力搅拌器。

6.2 试剂与材料

6.2.1 包被液:0.1 mol/L 碳酸盐缓冲液(pH9.6),4 ℃保存。

6.2.2 酶标记羊抗马二抗(抗马 IgG 辣根过氧化物酶结合物):4 ℃保存。

6.2.3 OPD(邻苯二胺)储存液;0.05%吐温-20 磷酸盐缓冲液(PBST);优质脱脂奶粉;30%过氧化氢;2 mol/L 硫酸(所用试剂均为常规分析纯试剂,配制方法见附录 D)。

6.3 操作程序

6.3.1 将包被抗原(－20 ℃冰箱保存)用碳酸盐缓冲液按合适浓度稀释,每孔 100 μL 加入 96 孔酶标板,置密闭湿盒中,4 ℃过夜。

6.3.2 甩干包被液,用 0.02 mol/L pH7.2 的 PBST 洗各孔,甩净。

6.3.3 重复洗 3 次。

6.3.4 封阻,5%脱脂奶粉的 0.02 mol/L pH7.2 PBST(PBST-SM),每孔 50 μL,37 ℃振荡温育 60 min。

6.3.5 被检血清:将每份被检血清用含 1%脱脂奶粉的 0.02 mol/L pH7.2 PBST(PBST-SM)按 1∶5 稀释,每份样品加一排,每孔 50 μL,分别用阳性血清和健康马血清作阳性和阴性对照,最后一排作空白对照。

6.3.6 37 ℃振荡温育 60 min。

6.3.7 加酶标二抗:辣根过氧化物酶标二抗用 PBST-SM 按 1∶1 000 稀释,每孔加 50 μL。

6.3.8 37 ℃振荡温育 60 min。

6.3.9 用 1 倍 PBST 洗板 3 次,甩干。

6.3.10 加底物 OPD:使用时按每毫升使用液加 8 μL 30%过氧化氢混匀而用,每孔加 50 μL。

6.3.11 避光反应 15 min,用 2 mol/L 的硫酸终止反应。

6.3.12 在酶标读板仪上读取 490 nm 波长的吸光度值($OD_{490\ nm}$),当阳性($OD_{490\ nm}$≥0.60)和阴性($OD_{490\ nm}$≤0.10)对照成立的前提下,样品孔光吸收值为阴性对照孔两倍或两倍以上时判为阳性,否则判为阴性。

6.4 限制性说明

本方法仅用于马病毒性动脉炎(EVA)抗体的普查,可能会出现非特异性反应。建议对阳性样品进行病毒中和试验验证,以排除非特异性的阳性样品。

7 病毒中和试验(国际贸易指定试验)

7.1 器材和设备

96 孔组织培养板(平底,简称 96 孔板),单道微量加样器(0.5 μL～10 μL、5 μL～10 μL、40 μL～200 μL、200 μL～1 000 μL)及滴头,多道微量加样器(5 μL～50 μL、50 μL～100 μL)及滴头。4 ℃、－80 ℃冰箱,二氧化碳培养箱。

7.2 试剂与材料

7.2.1 病毒。

7.2.2 阳性血清：标准马病毒性动脉炎高免血清。

7.2.3 阴性血清：无马病毒性动脉炎抗体和细胞毒性的健马血清。

7.2.4 细胞：兔肾细胞(RK-13)，使用浓度 3.0×10^5 个/mL。

7.2.5 细胞生长液：MEM＋10％犊牛血清＋青霉素、链霉素(终浓度为 100 IU 或 100 μg/mL，4 ℃保存)。

7.2.6 细胞维持液：MEM＋2％犊牛血清＋青霉素、链霉素(终浓度为 100 IU 或 100 μg/mL，4 ℃保存)。

7.2.7 待检血清：应无污染，4 ℃保存不超过 30 d，试验前 56 ℃灭活 30 min。

7.3 试验准备

7.3.1 病毒繁殖：应用静止培养法，在大瓶 RK-13 细胞形成单层后，移弃细胞培养液，接种马动脉炎病毒于单层细胞，置 37 ℃、5％ CO_2 培养箱中孵育 1 h，加新鲜细胞维持液，重置 37 ℃、5％ CO_2 培养箱中培养；逐日观察，待 CPE 达到 75％以上时收毒，在－80 ℃和 4 ℃间反复冻融 3 次，无菌离心(2 000 r/min)20 min，取上清分装于 1 mL 小管，4 ℃保存备用。

7.3.2 毒价滴定：用含 10％胎牛血清、10％新鲜豚鼠补体和抗生素(1 000 IU/mL 青霉素和 1 000 μg/mL 链霉素)的稀释液将马动脉炎病毒作 10^{-1} 至 10^{-6} 稀释，然后接种 96 孔微量板，每个稀释度接种 8 孔，每孔 25 μL，每孔再补加 25 μL 细胞生长液。每孔加入 RK-13 细胞悬液(使用浓度 3.0×10^5 个/mL)50 μL。同时设置 8 孔细胞对照，即用 50 μL 细胞生长液＋50 μL RK-13 细胞悬液。

于 37 ℃、5％ CO_2 条件下培养细胞观察 7 d，在细胞对照成立的前提下，记录结果，按细胞半数感染量方法计算病毒的每 25 μL 中所含半数组织细胞感染量($TCID_{50}$)。

7.3.3 待检血清、阳性血清和阴性血清经 56 ℃ 30 min 灭活后，自 1∶2 倍比稀释至 1∶32。

7.3.4 病毒工作液的配制：将待检病毒用细胞生长液稀释为每 25 μL 含 100 个～1 000 个 $TCID_{50}$，作为病毒工作液。

7.4 中和试验程序

7.4.1 病毒和血清等体积混合后置 37 ℃孵育 1 h 或 4 ℃过夜。

7.4.2 接种 96 孔微量板，每组接种 8 孔，每孔 50 μL 病毒和血清混合液，立即补加 50 μL RK-13 细胞悬液(使用浓度 3.0×10^5 个/mL)。

7.4.3 置于 37 ℃、5％ CO_2 条件下培养细胞观察 7 d。

7.4.4 对照步骤如下所示：

a) 病毒对照：取病毒工作液，用细胞生长液作 10^{-1}、10^{-2}、10^{-3}、10^{-4} 四个稀释度，每个稀释度 8 孔，每孔 25 μL，加 50 μL 细胞悬液，补生长液 25 μL 达到总量 100 μL。
b) 细胞对照：设 8 孔，每孔加 50 μL 细胞悬液，补生长液 50 μL 达到总量 100 μL。
c) 阴性对照：设 8 孔，每孔加入 1∶2 或 1∶10 稀释的阴性血清和病毒混合液 50 μL，立即补加 50 μL RK-13 细胞悬液(使用浓度 3.0×10^5 个/mL)，置于 37 ℃、5％ CO_2 条件下同样培养细胞观察 7 d。

7.5 结果判定

7.5.1 判定条件

7.5.1.1 细胞对照组应不出现细胞病变(CPE)。

7.5.1.2 病毒对照,应保证在1 000个$TCID_{50}$的病毒液10^{-1}和10^{-2}稀释度的各个孔均出现CPE,10^{-3}有1个～3个孔出现CPE,10^{-4}8孔全无CPE。

7.5.1.3 阴性血清对照应全部出现CPE。

7.5.2 判定标准

在以上对照成立的情况下,哪组阳性血清抗体滴度大于等于1∶4,即判为阳性。

8 说明

在以上的检测方法中,当检测结果不一致时,病毒中和试验为最终的判定方法。

附 录 A
（规范性附录）
细胞培养液的制备

A.1 MEM 营养液的配制

MEM 干粉	9.6 g
去离子水	1 000 mL

充分溶解后经 0.22 μm 孔径微孔滤膜滤过除菌。

细胞培养生长液是在滤过除菌营养液的基础上，按 10%加入灭活犊牛血清和 1 000 IU/mL 青霉素和链霉素，然后用 7.5% $NaHCO_3$ 溶液调整 pH 至 7.2 左右。

细胞培养维持液是在滤过除菌营养液的基础上，按 2%加入灭活犊牛血清和 1 000 IU/mL 青霉素和链霉素，然后用 7.5% $NaHCO_3$ 溶液调整 pH 至 7.2 左右。

A.2 胰酶消化液配制

NaCl	8 g
KCl	0.4 g
KH_2PO_4	0.4 g
$Na_2HPO_4 \cdot 12H_2O$	0.08 g
$NaHCO_3$	0.35 g
Na_2EDTA	0.2 g
Trypsin	2.5 g

用去离子水定容至 1 000 mL，静置 4 h，用 0.22 μm 孔径微孔滤膜滤过除菌。分装－20 ℃保存。

附　录　B
（规范性附录）
琼脂平板制备

琼脂糖　　1.0 g

生理盐水　　100 mL

调整 pH7.4～7.6，高压消毒 20 min，融化的琼脂待冷至 45 ℃～50 ℃时，以无菌状态倒入直径 6 cm 平皿中，每平皿约 7 mL，厚度约为 4 mm，待凝固后置 4 ℃保存备用。

附 录 C
（规范性附录）
PCR 试验用试剂溶液

C.1 50×TAE 电泳缓冲液

Tris	242 g
$Na_2EDTA \cdot 2H_2O$	37.2 g
乙酸	57.1 mL
去离子水	1 000 mL

C.2 1×TAE

50×TAE	20 mL
去离子水	1 000 mL

C.3 琼脂糖凝胶

琼脂糖粉末	1.5 g
1×TAE 电泳缓冲液	100 mL

微波炉中溶解后，冷却至 60 ℃左右，加入 EB 贮液使其最终浓度为 0.5 μg/mL，并充分混匀。

附　录　D
（规范性附录）
酶联免疫吸附试验用试剂溶液

D.1　10 倍 PBST

氯化钠(NaCl)	80 g
氯化钾(KCl)	2 g
磷酸氢二钠(Na_2HPO_4)	22.9 g
磷酸二氢钾(KH_2PO_4)	2 g
吐温-20	5 mL
加蒸馏水至	1 000 mL

磁力搅拌器搅拌充分溶解，室温放置备用。

D.2　PBST 使用液

10 倍 PBST	100 mL
蒸馏水	900 mL

D.3　PBST-SM

PBST 使用液（灭菌）	100 mL
脱脂奶粉	1 g

D.4　0.05 mol/L 碳酸盐缓冲液（pH9.6 包被用）

碳酸钠(Na_2CO_3)	1.59 g
碳酸氢钠($NaHCO_3$)	2.93 g
硫柳汞	0.10 g
加蒸馏水至	1 000 mL

高压灭菌后 4℃保存备用。

D.5　OPD 储存液

OPD（邻苯二胺）一片（30 mg/片）溶解于 75 mL 去离子水中，完全溶解后，分装成 5 mL/瓶，－20 ℃避光保存。

D.6　2 mol/L 硫酸

双蒸水	160 mL
浓硫酸	20 mL

ICS 11.220
B 41

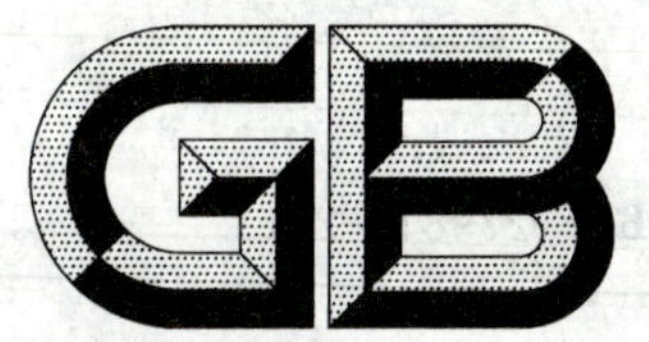

中华人民共和国国家标准

GB/T 27981—2011

牛传染性鼻气管炎病毒实时荧光PCR检测方法

Real-time PCR method for the detection of infectious bovine rhinotracheitis virus

2011-12-30 发布　　　　2012-06-01 实施

中华人民共和国国家质量监督检验检疫总局
中国国家标准化管理委员会　发布

前言

本标准按照 GB/T 1.1—2009 给出的规则起草。

本标准参考了 OIE 发布的《陆生动物诊断试验和疫苗手册》(2008 版)关于牛传染性鼻气管炎/牛传染性化脓性外阴阴道炎(Chapter 2.4.13)的内容。

本标准由全国动物防疫标准化技术委员会(SAC/TC 181)归口。

本标准起草单位:中华人民共和国广东出入境检验检疫局、中华人民共和国江苏出入境检验检疫局。

本标准主要起草人:陈茹、刘中勇、林志雄、罗琼、曾碧健、许如苏、姜焱、吴晓薇。

牛传染性鼻气管炎病毒实时荧光 PCR 检测方法

1 范围

本标准规定了牛传染性鼻气管炎病毒(牛疱疹病毒Ⅰ型,BoHV-1)实时荧光 PCR 检测方法的技术要求。

本标准适用于快速检测牛血样、拭子、精液、动物组织(粘膜、肝、脾、肾、淋巴结、胎盘组织等)和细胞培养物等样品中 BoHV-1 病毒感染。

2 规范性引用文件

下列文件对于本文件的应用是必不可少的。凡是注日期的引用文件,仅注日期的版本适用于本文件。凡是不注日期的引用文件,其最新版本(包括所有的修改单)适用于本文件。

GB/T 6682 分析实验室用水规格和试验方法

世界动物卫生组织(OIE)《陆生动物诊断试验和疫苗标准手册》(2008 版) 关于检测牛冷冻精液中 BoHV-1 病毒的实时荧光 PCR 方法

3 缩略语

下列缩略语适用于本文件。

BoHV-1:bovine herpesvirus type 1,牛疱疹病毒Ⅰ型。

Ct 值:荧光信号量达到设定的阈值时所经历的循环数。

DNA:deoxyribonucleic acid,脱氧核糖核酸。

DTT:DL-dithiothreitol,二硫苏糖醇。

EDTA:ethylene diaminetetraacetic acid,乙二胺四乙酸。

IBR:bovine infectious rhinotracheitis,牛传染性鼻气管炎。

PBS:phosphate buffer solution,磷酸盐缓冲生理盐水。

PCR:polymerase chain reaction,聚合酶链式反应。

SDS:sodium dodecyl sulfate,十二烷基磺酸钠。

UDG 酶:uracil DNA glycosylase,尿嘧啶 DNA 糖基化酶。

4 设备和器材

4.1 荧光 PCR 仪。

4.2 台式冷冻离心机。

4.3 可调微量移液器:规格 10 μL、100 μL、200 μL、1 mL。

4.4 带滤芯微量吸头:规格 10 μL、100 μL、200 μL、1 mL。

4.5 PCR 光学反应管。

4.6 微量离心管。

4.7 涡旋混匀器。

4.8 恒温培养箱。

4.9 冰箱:规格 2 ℃～8 ℃,－20 ℃,－80 ℃。

4.10 恒温水浴箱。

5 试剂

除另有规定,本方法试验用水应按照 GB/T 6682 中规定的二级水,所用化学试剂均为分析纯。

5.1 引物与探针

引物与探针配制采用无 DNA 酶、无 RNA 酶水将每条引物与探针配制成 100 μmol/L 储存液,置 −20 ℃或更低温度冻存;使用时取适量配制成 10 μmol/L 工作液,避免多次冻融。

引物与探针序列:

gB 基因上游引物 gB-F:5'TGT GGA CCT AAA CCT CAC GGT 3'

gB 基因下游引物 gB-R:5'GTA GTC GAG CAG ACC CGT GTC 3'

gB 基因探针:5'[FAM]-AGG ACC GCG AGT TCT TGC CGC [BHQ-1] 3'

探针 5'端标记的报告荧光基团及 3'端标记的淬灭基团可根据荧光 PCR 仪设备等具体情况另行选定。

5.2 蛋白酶 K 溶液:配制方法见附录 A。

5.3 柠檬酸钠缓冲液:配制方法见附录 A。

5.4 0.5 mol/L EDTA:配制方法见附录 A。

5.5 0.01 mol/L pH7.2 PBS:配制方法见附录 A。

5.6 10% chelex 100:配制方法见附录 A。

5.7 1 mol/L DTT:配制方法见附录 A。

5.8 2×定量 PCR-UDG 酶预混液:含 60 U/mL 热启动 Taq 酶,40 mmol/L Tris-HCl (pH8.4),100 mmol/L KCl,6 mmol/L $MgCl_2$,400 μmol/L dGTP,400 μmol/L dATP,400 μmol/L dCTP,800 μmol/L dUTP,40 U/mL UDG。可采用经验证可靠的商品化预混液。

5.9 核酸抽提试剂盒。

5.10 无 DNA 酶、无 RNA 酶水。

5.11 无水乙醇。

5.12 70%乙醇:用新开启的无水乙醇和无 DNA 酶、无 RNA 酶水配制,−20 ℃预冷。

5.13 三氯甲烷。

5.14 异丙醇。

6 样品采集与处理

6.1 样品采集及前处理

6.1.1 采样工具

采样工具需经(121±2)℃/0.1 MPa 高压 15 min 并烘干,或经 160 ℃干烤 2 h 灭菌。

6.1.2 血清、全血

用无菌注射器或采血专用真空管针无菌自牛静脉采血,无菌分离血清,直接用于核酸提取。

用无菌注射器或采血专用真空管针无菌自牛静脉采血,将血液直接滴入抗凝剂中,并立即连续摇动,充分混合。抗凝剂采用柠檬酸钠缓冲液,或 0.5 mol/L EDTA。每 6 mL 血液加 1 mL 抗凝剂。直接用于核酸提取。

6.1.3 拭子

用无菌棉拭子采集鼻道、生殖器官和眼分泌物,采集时,将拭子反复刮擦呼吸道或生殖器官粘膜,蘸取分泌物后，立即将棉拭子浸入1 mL～2 mL灭菌0.01 mol/L pH7.2的PBS中，4 ℃储存，尽快送达实验室。取样进行检验时，充分振动、挤干拭子，浸泡液采用4 000 r/min离心1 min，取上清备用。

6.1.4 精液

将冷冻精液样品或新鲜精液样品分装到1.5 mL微量离心管中，充分解冻后，振荡混匀，采用12 000 r/min离心30 s，取上清按6.2.1或6.2.3进行核酸提取；或取原液按6.2.2或6.2.3提取核酸。每一批次冷冻精液取3支冻精管，分别进行核酸提取和后续检测。

6.1.5 组织样品

剖检时无菌采集动物呼吸道粘膜、扁桃腺、肺部和支气管淋巴结，对流产胎儿，采集刚死亡胎儿肝、肺、肾、脾和胎盘组织。检测时，用无菌剪、镊取适量样品，按1∶5的比例加入灭菌0.01 mol/L pH7.2的PBS(例:1 g组织样品加5 mL溶液)，在研钵中剪碎，充分研磨，取研磨物分装到离心管中，冻融2次～3次，4 000 r/min离心5 min，取上清备用。

6.1.6 细胞培养物

细胞培养物冻融2次～3次，分装到1.5 mL微量离心管中，4 000 r/min离心1 min，取上清备用。

6.2 样品核酸抽提

6.2.1 有机溶剂抽提法

适用于上述各种样品。取200 μL经前处理的样品或对照，加200 μL 0.01 mol/L pH7.2 PBS缓冲液，加SDS、蛋白酶K至终浓度分别为1%和0.5 mg/mL，混匀器上振荡混匀，56 ℃温育30 min，置沸水浴孵育8 min；加等体积三氯甲烷，振荡混匀，12 000 r/min，离心10 min，取上清；可重复三氯甲烷处理步骤一次；加等体积异丙醇(－20 ℃预冷)，振荡混匀；4 ℃，13 000 r/min离心10 min，弃上清；加等体积70%乙醇，振荡混匀，4 ℃，13 000 r/min离心10 min；小心吸弃上清，吸头不要碰到有沉淀一面，倒置于吸水纸上，尽量沾干液体(不同样品需在吸水纸不同地方沾干)，在洁净工作台室温干燥5 min；加入50 μL无DNA酶、无RNA酶水，轻轻混匀，溶解管壁上的核酸，室温放置10 min，直接用于检测，或贮－20 ℃备用。长期贮存，应置－80 ℃或更低温度。

6.2.2 Chelex 100提取法

采纳世界动物卫生组织(OIE)《陆生动物诊断试验和疫苗标准手册》(2008版)操作程序，适用于精液样品。

在微量离心管中，加入10% chelex 100溶液100 μL，蛋白酶K(10 mg/mL)11.5 μL，1 mol/L DTT 7.5 μL，90 μL无DNA酶、无RNA酶水，10 μL精液样品，充分混匀；置56 ℃温育30 min，充分振荡混匀10 s；置沸水浴孵育8 min，充分振荡混匀10 s；用12 000 r/min离心3 min，取上清直接用于检测，或贮－20 ℃备用。长期贮存，应置－80 ℃或更低温度。

6.2.3 试剂盒抽提法

可采用经验证等效的商品化核酸抽提试剂盒方法。

7 实时荧光PCR检测

7.1 对照设立

7.1.1 样品设置要求：从样品处理开始，应设置阳性对照、阴性对照。

7.1.2 阳性对照：取已知阳性的同类样品作为阳性对照。也可将适量BoHV-1病毒或含阳性模板的质粒 DNA 添加到已知阴性样品中作为阳性对照样品。

7.1.3 阴性对照:取已知阴性的同类样品作为阴性对照。

7.1.4 空白对照:在扩增反应阶段设置。以无 DNA 酶、无 RNA 酶水作为模板设置空白对照。

7.2 实时荧光 PCR 检测

7.2.1 加样

反应体系采用 25 μL 反应体积,其中,含 2×定量 PCR-UDG 预混液 12.5 μL,上、下游引物各 200 nmol/L,探针 100 nmol/L,模板 5 μL(100 pg～1 μg),补加适量无 DNA 酶、无 RNA 酶水使反应总体积达 25 μL。加完样后,盖紧管盖,混匀,低速瞬时离心,使反应液集中管底。

7.2.2 扩增反应

反应参数设置:

——50 ℃ 2 min;

——95 ℃ 2 min;

——95 ℃ 15 s,60 ℃ 45 s,45 个循环,荧光收集设置在每次循环的退火延伸时进行。

荧光素或检测通道设置:采用 FAM 通道或将报告荧光(report dye)设定为 FAM,采用其他报告荧光应按仪器说明对应设定通道;淬灭荧光(quench dye)设定为 None,校准荧光(reference dye)设定为 None。可根据不同品牌仪器说明等效设置参数。

7.2.3 结果判定

7.2.3.1 结果分析条件设定

综合分析仪器给出的各项结果,基线(baseline)以仪器给出的默认值作为参考,阈值(threshold)设定原则以阈值线刚好超过正常阴性对照样品扩增曲线的最高点为准,具体还需根据仪器噪声情况进行调整,选择反应所设定的荧光基团对应的通道进行分析。

7.2.3.2 质控

阴性对照和空白对照应无 Ct 值,阳性对照的 Ct 值应≤30 且出现典型的扩增曲线。

如对照不满足以上条件,此次实验视为无效。

7.2.3.3 荧光 PCR 反应结果判定

在质控有效的条件下进行结果判定。

阴性反应结果判定,检测结果呈现无 Ct 值的反应判为阴性反应。

阳性反应结果判定,检测结果呈现 Ct 值≤35 且扩增曲线有明显的对数增长期,判为阳性反应。

对于 35<Ct 值<45 的样品,应进行重复试验。如果重复试验的 Ct 值<45,且曲线有明显的对数增长期,判为阳性反应。否则判为阴性反应。

必要时,对初次检测呈阳性反应的样品进行重复检测。

8 注意事项

检测过程防止交叉污染应注意的事项见附录 B。

附 录 A
（规范性附录）
溶液的配制

A.1 0.01 mol/L pH7.2 PBS

A液（0.2 mol/L 磷酸二氢钠溶液）：称取磷酸二氢钠（$NaH_2PO_4 \cdot H_2O$）27.6 g，溶于蒸馏水中，定容至1 L。

B液（0.2 mol/L 磷酸氢二钠溶液）：称取磷酸氢二钠（$Na_2HPO_4 \cdot 7H_2O$）53.6 g（或 $Na_2HPO_4 \cdot 12H_2O$，71.6 g；或 $Na_2HPO_4 \cdot 2H_2O$，35.6 g）加蒸馏水溶解，定容至1 L。

0.2 mol/L A液	14 mL
0.2 mol/L B液	36 mL
氯化钠	8.5 g

将上述体积A液与B液混合，溶解氯化钠，并用蒸馏水定容至1 L，即为0.01 mol/L pH7.2 PBS缓冲液。

A.2 柠檬酸钠缓冲液

柠檬酸（$C_6H_8O_7 \cdot H_2O$）	5.3 g
柠檬酸钠（$Na_3C_6H_5O_7 \cdot H_2O$）	15 g
葡萄糖（$C_6H_{12}O_6 \cdot H_2O$）	16.2 g

称取上述试剂，溶解于蒸馏水，定容至1 L，混匀。采用(121±2)℃/0.1 MPa高压灭菌15 min后贮存于4 ℃。

A.3 0.5 mol/L EDTA（pH 8.0）

称取186.1 g EDTA，加入800 mL蒸馏水中，磁力搅拌器上剧烈搅拌，用氢氧化钠（NaOH）调pH至8.0，定容至1 L，分装后采用(121±2)℃/0.1 MPa高压灭菌15 min，贮室温。

A.4 10% chelex 100

称取10 g chelex 100树脂，加入适量灭菌双蒸水中，定容至100 mL。吸取时边搅拌边用灭菌吸头移取。

A.5 1 mol/L DTT

称取3.09 g DTT，加20 mL 0.01 mol/L 乙酸钠（pH 5.2）溶解，过滤除菌，分装成小份后，−20 ℃保存。

A.6 蛋白酶K溶液（10 mg/mL）

称取100 mg蛋白酶K加入9.5 mL水中，轻轻摇动，直至蛋白酶K完全溶解。不要涡旋混合。加水定容到10 mL。

附 录 B
（规范性附录）
检测过程防止交叉污染的措施

B.1 采样及样品处理过程，应防止不同样品之间通过器具、手套等的交叉污染。采样及样品处理工具应经过高压灭菌或高温烘烤处理，一套工具仅限一个样品使用。存放样品的容器应清洗、高压灭菌或高温烘烤处理，或使用一次性灭菌容器。

B.2 实验过程，应穿工作服和戴一次性手套，勤换手套，工作服应经常清洗。

B.3 使用带滤芯吸嘴。吸嘴、离心管、PCR 管等应经过高压灭菌处理，一次性使用，不得回收清洗后重复使用。

B.4 样品处理与 PCR 加样应在不同的区域进行，不同区域配备独立的加样工具和用具。该区域可以是独立的空间间隔、有紫外消毒设施的独立的设备如核酸提取工作站、PCR 加样工作站、可密闭进行紫外消毒的超净工作台、生物安全柜等。若在敞开的空间进行核酸提取或 PCR 加样，该空间应安装紫外灯或配备具有等同降解核酸功能的设备如移动紫外灯、带紫外消毒功能的空气消毒净化器等。上述区域在每次使用后应及时清洁处理，并在使用前后照射紫外 30 min 以上。每个区域应有专门的废弃物容器，该容器应能耐受煮沸、10%次氯酸钠溶液消毒处理。每次实验结束，应在紫外消毒前，及时清理废弃物及消毒容器，并将该废弃物容器放回工作区进行紫外消毒。

B.5 PCR 反应液等试剂应按检测需求分装贮存，避免同一管试剂多次开启使用。

B.6 装有核酸模板、样品或试剂的离心管在打开之前，应短暂离心，避免离心管用力崩开，所有操作尽量避免产生气溶胶。

B.7 上机运行前，应检查并盖紧各 PCR 管，以防荧光物质或模板泄漏而污染机器。

B.8 应遵循基因检测实验室其他技术要求。

ICS 11.220
B 41

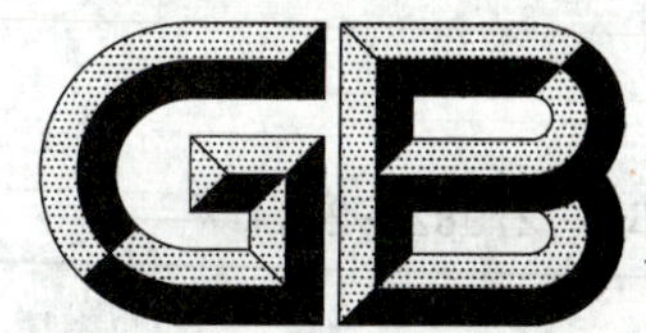

中华人民共和国国家标准

GB/T 27982—2011

小反刍兽疫诊断技术

Diagnostic techniques for peste des petits ruminants

2011-12-30 发布　　2012-06-01 实施

中华人民共和国国家质量监督检验检疫总局
中国国家标准化管理委员会　发布

前　言

本标准按照 GB/T 1.1—2009 给出的规则起草。

本标准由中华人民共和国农业部提出。

本标准由全国动物防疫标准化技术委员会(SAC/TC 181)归口。

本标准起草单位:农业部热带亚热带动物病毒学重点实验室、中国动物卫生与流行病学中心、中国检验检疫科学研究院。

本标准主要起草人:包静月、吴晓东、王志亮、李林、刘春菊、王清华、赵文姬、邹艳丽、郑东霞、徐天刚、李金明、姚李四、张乐、林祥梅、吴绍强、韩雪清。

小反刍兽疫诊断技术

1 范围

本标准规定了小反刍兽疫的临床诊断和实验室诊断的技术要求。

本标准适用于小反刍兽疫的诊断。

2 规范性引用文件

下列文件对于本文件的应用是必不可少的。凡是注日期的引用文件，仅注日期的版本适用于本文件。凡是不注日期的引用文件，其最新版本(包括所有的修改单)适用于本文件。

GB/T 6682 分析实验室用水规格和试验方法

GB 19489—2008 实验室 生物安全通用要求

3 术语和定义

下列术语和定义适用于本文件。

3.1

荧光定量反转录-聚合酶链式反应 real time quantitative reverse transcription polimerase chain reaction

荧光定量 RT-PCR 反应

在 RT-PCR 反应体系中加入荧光基团，利用荧光信号积累实时监测整个 RT-PCR 进程，最后通过标准曲线对未知模板进行定量分析的方法。

3.2

荧光域值 threshold

荧光定量 RT-PCR 反应的前 15 个循环的荧光信号作为荧光本底信号，荧光域值的缺省设置是 3 个～15 个循环的荧光信号的标准偏差的 10 倍。

3.3

Ct 值 Ct value

每个反应管内的荧光信号到达设定的荧光域值时所经历的循环数。

4 生物安全措施

进行小反刍兽疫实验室检测时，如病毒分离、血清处理等，按照 GB 19489—2008。

5 临床诊断

5.1 临床症状

5.1.1 突然发热，第 2 天～第 3 天体温达 40 ℃～42 ℃高峰。发热持续 3 d 左右，病羊死亡多集中在发热后期。

5.1.2 眼、鼻大量排出分泌物，最初水样的眼、鼻分泌物日益增多，变成脓性然后结干，动物发出恶臭。由于鼻孔被凸起的结干的鳞屑覆盖，动物打喷嚏和咳嗽。呼吸急促，呼吸困难，排痰性咳嗽和眼睛的卡他性分泌物。

5.1.3 口腔粘膜充血，口腔上皮和鼻腔粘膜出现大量部分粘连的极微小的略灰色坏死点，坏死组织脱落后形成界线分明的浅糜烂斑。上皮破损偏好部位为嘴唇、齿龈、牙板、舌头以及母羊阴户的阴唇表面。口腔破损可能伴有大量流涎。

5.1.4 发热 2 d～3 d 后病畜开始腹泻，伴随严重脱水、消瘦、虚脱。怀孕母羊可发生流产。

5.1.5 特急性病例在发热开始的 4 d～6 d 内死亡。亚临床型病例症状较轻，病畜在生病 10 d～14 d 以后康复。

5.2 病理变化

5.2.1 嘴唇充血，口腔破损程度不等，较轻的只有一处溃疡，严重的出现广泛的溃疡性及坏死性口腔炎，涉及牙板、硬腭、颊粘膜和乳突和舌头喙部背面。粘膜病变可延伸至咽部，偶尔在网胃和瘤胃交界处。

5.2.2 上呼吸道粘膜可能严重充血，伴有鼻孔和气管的溃疡。支气管肺炎，肺尖肺炎。

5.2.3 皱胃粘膜出现严重的充血和溃烂。偶尔，整个肠道出现弥散性的充血，但是，多数情况仅局限于十二指肠、回肠、盲肠和结肠上部分。常见回盲肠瓣膜出血。大肠纵向折叠顶部偶尔出现严重的出血形成斑马样条纹。

5.2.4 肠淋巴组织坏死、萎陷。肠系膜淋巴组织轻微肿大、水肿，脾可能肿胀。上呼吸道粘膜可能严重充血，伴有鼻孔和气管的溃疡。支气管肺炎，肺尖肺炎。肺部淋巴结肿胀并水肿。

5.2.5 结膜出现脓性结膜炎。肾和膀胱可见充血。母羊可见阴户和阴道糜烂。

5.2.6 组织学上可见肺部组织出现多核巨细胞以及细胞内嗜酸性包含体。

5.3 结果判定

山羊或绵羊出现上述临床症状和病理变化，羊群发病率、病死率较高，传播迅速，可判定为疑似小反刍兽疫。

6 实验室诊断

6.1 样品采集与运输

6.1.1 样品的采集

6.1.1.1 每个发病羊群最少选择 5 只病畜采集样品。

6.1.1.2 选择处于发热期(体温 40 ℃～41 ℃)、排出水样眼分泌物、出现口腔溃疡、无腹泻症状的活畜采集样品。采集结膜棉拭子 2 个、鼻粘膜棉拭子 2 个、颊部粘膜棉拭子 1 个，分别放在 300 μL 灭菌的 0.01 mol/L pH7.4 磷酸盐缓冲液(PBS)中。无菌采集血液 10 mL，用常规方法分离血清。

6.1.1.3 选择刚被扑杀或者死亡时间不超过 24 h 的病畜采集组织样品。无菌采集肠系膜和支气管淋巴结各 3 个～4 个，脾、胸腺、肠粘膜和肺等组织各约 25 g～50 g，分别置于 50 mL 离心管中。

6.1.1.4 肉制品取 25 g～50 g，置于 50 mL 离心管中。

6.1.2 样品的运输与储存

6.1.2.1 样品采集后，置冰上冷藏送至实验室检测。

6.1.2.2 血清储存应置于－20 ℃冰箱。

6.1.2.3 棉拭子、病料组织和肉制品储存应置于−70 ℃冰箱。

6.2 器械与设备

5%二氧化碳培养箱，DNA 热循环仪，低温高速离心机，电泳仪和电泳槽，凝胶成像系统或者紫外检测仪，实时荧光定量 PCR 仪，96 孔高吸附性酶标板，洗瓶或者洗板机，恒温箱，酶标仪。

6.3 病毒分离与鉴定

6.3.1 试验材料

非洲绿猴肾(Vero)细胞，pH 7.4 磷酸盐缓冲液(PBS)(见 A.1)，细胞培养液(见 A.3)，细胞培养瓶。

6.3.2 样品处理

棉拭子充分捻动、挤干后弃去拭子，加入青霉素至终浓度 200 IU/mL，加入链霉素至终浓度 200 μg/mL。37 ℃作用 1 h。3 000 *g* 离心 10 min，取上清液 300 μL 作为接种材料。

用灭菌的剪刀、镊子取大约 0.5 g 组织样品或肉制品，置于研钵中，剪碎，充分研磨，加入 5 mL 灭菌的 0.01 mol/L pH7.4 磷酸盐缓冲液(含青霉素 200 IU/mL，链霉素 200 μg/mL)，制成 1∶10 悬液。37 ℃ 作用 1 h。3 000 *g* 离心 10 min，取上清液 5 mL 作为接种材料。

不能立即接种者，应将上清放−70 ℃保存。

6.3.3 样品接种

取样品上清液接种已长成单层的 Vero 细胞，37 ℃恒温箱中吸附 2 h，加入细胞培养液，置 5%二氧化碳培养箱 37 ℃培养。

6.3.4 观察结果

接种后 5 d 内，细胞应出现细胞病变效应，表现为细胞融合，形成多核体。如接种 5 d～6 d 后不出现细胞病变，应将细胞培养物盲传三代。

6.3.5 病毒的鉴定

将出现细胞病变的细胞培养物，按“6.4 RT-PCR 方法”和“6.5 荧光定量 RT-PCR 反应”做进一步鉴定。

6.3.6 结果判定

样品出现细胞病变，而且 RT-PCR 方法或实时荧光 RT-PCR 方法鉴定结果阳性，则判为小反刍兽疫病毒分离阳性，表述为检出小反刍兽疫病毒。

否则，表述为未检出小反刍兽疫病毒。

6.4 RT-PCR 方法

6.4.1 试剂与材料

除另有规定外，试剂为分析纯或生化试剂。实验用水符合 GB/T 6682 的要求。

TRIzol 试剂，三氯甲烷，异丙醇，无水乙醇，DEPC 处理过的水(见附录 B)，反转录酶/Taq DNA 聚合酶混合液，2×一步法 RT-PCR 反应缓冲液，1.5%的琼脂糖凝胶(见附录 B)，0.5×TBE 缓冲液(见附录 B)，溴化乙锭。

可以采用引物 NP3/NP4 用于小反刍兽疫病毒核酸的检测，引物的靶基因、位置、序列和扩增产物的大小见表 1。

表 1 用于小反刍兽疫病毒 RT-PCR 检测的引物

引物	目的	靶基因	序列(5′－3′)	产物
NP3	正向引物	N 基因	TCTCGGAAATCGCCTCACAGACTG	351 bp
NP4	反向引物	N 基因	CCTCCTCCTGGTCCTCCAGAATCT	

6.4.2 样品处理

将棉拭子充分捻动、挤干后弃去拭子，取 100 μL 样品液至一新的离心管中，加入 1 mL TRIzol 试剂，振荡混匀，进行 RNA 提取。

取大约 100 mg 组织样品，剪碎后，加入 1 mL TRIzol 试剂充分匀浆后转移至 1.5 mL 离心管中，进行 RNA 提取。

6.4.3 RNA 提取

经 TRIzol 处理的样品液 12 000 r/min，4 ℃离心 10 min，取上清，静置 5 min。加 200 μL 三氯甲烷，振荡混匀，15 s，静置 2 min～3 min。12 000 r/min，4 ℃离心 15 min，取 400 μL 上层水相到新的离心管中，加 400 μL 的异丙醇，混匀，静置 10 min。12 000 r/min，4 ℃离心 10 min，去上清。加入 75%乙醇 1 mL，混匀，12 000 r/min，4 ℃离心 5 min，去上清。再加入 75%乙醇 1 mL，混匀，12 000 r/min，4 ℃离心 5 min，去上清。干燥 RNA 沉淀后加入 100 μL DEPC 处理过的水溶解。立即进行 RT-PCR 反应或－70 ℃保存。

6.4.4 RT-PCR 反应

反应体系为 25 μL，依次加入以下成分：12.5 μL 2×一步法 RT-PCR 反应缓冲液，1 μL 正向引物 NP3 (10 μmol/L)，1 μL 反向引物 NP4 (10 μmol/L)，1 μL 反转录酶/Taq DNA 聚合酶混合液，4.5 μL DEPC 处理过的水，5 μL RNA 模板。

每次进行 RT-PCR 反应时均设标准阳性、阴性及空白对照。标准阳性用阳性对照 RNA 作为模板，标准阴性用 Vero 细胞 RNA 作为模板，空白对照用 DEPC 处理过的水作为模板。

RT-PCR 反应条件为：50 ℃反转录 30 min；94 ℃，2 min 进行 Taq 酶的激活；94 ℃，30 s，55 ℃，30 s，72 ℃，30 s，共 35 次循环；72 ℃延伸 7 min。

6.4.5 PCR 产物的电泳

取 PCR 产物 5 μL 在 1.5%琼脂糖凝胶中进行电泳，凝胶成像系统中观察结果。

6.4.6 质控标准

小反刍兽疫病毒 RT-PCR 标准阳性对照有大小为 351 bp 的特异性阳性扩增条带，标准阴性对照和空白对照无任何扩增条带，说明质控合格。

6.4.7 结果判定

样品有大小为 351 bp 的特异性阳性扩增条带判为 RT-PCR 结果阳性，表述为检出小反刍兽疫病毒核酸。

样品无特异性的阳性扩增条带判为 RT-PCR 结果阴性,表述为未检出小反刍兽疫病毒。

6.5 荧光定量 RT-PCR 反应

6.5.1 试验材料

TRIzol 试剂,三氯甲烷,异丙醇,无水乙醇,DEPC 处理过的水(见附录 B)、2×一步法荧光 RT-PCR 反应缓冲液,Taq DNA 聚合酶,反转录酶,参比荧光 ROX Ⅱ。

引物和探针:引物和探针针对小反刍兽疫病毒 N 基因保守序列区段设计,引物和探针的位置和序列见表 2。

表 2 用于小反刍兽疫病毒实时荧光定量 RT-PCR 检测的引物和探针

引物	目的	位置	序列(5′－3′)
PPRN8a	正向引物	1213-1233	CACAGCAGAGGAAGCCAAACT
PPRN9b	反向引物	1327-1307	TGTTTTGTGCTGGAGGAAGGA
PPRN10P	探针	1237-1258	FAM-5′-CTCGGAAATCGCCTCGCAGGCT-3′-TAMRA

6.5.2 RNA 提取

同 6.4.3。

6.5.3 荧光定量 RT-PCR 反应

反应体系为 25 μL,依次加入以下成分:12.5 μL 2×1 step buffer,1 μL 正向引物 PPRN8a (10 μmol/L),1 μL 反向引物 PPRN9b (10 μmol/L),0.5 μL 探针 PPRN10p (10 μmol/L),0.5 μL Taq DNA 聚合酶,0.5 μL 反转录酶,0.5 μL 参比荧光 ROX II, 3.5 μL DEPC 处理过的水,5 μL RNA 模板。每次进行荧光定量 RT-PCR 时均设标准阳性、阴性及空白对照。标准阳性用阳性对照 RNA 作为模板,标准阴性用 Vero 细胞 RNA 作为模板,空白对照用 DEPC 处理过的水作为模板。

荧光定量 RT-PCR 反应条件为:42 ℃反转录 30 min;95 ℃, 10 min 进行 Taq 酶的激活;95 ℃, 15 s,60 ℃, 1 min,共 50 次循环;每个循环在 60 ℃, 1 min 时收集荧光信号。

6.5.4 质控标准

读取每个样品的 Ct 值。

标准阳性对照样品有特异性扩增曲线而且 Ct 值≤30,标准阴性对照和空白对照无特异性扩增曲线,说明质控合格。

6.5.5 结果判定

样品有特异性扩增曲线而且 Ct 值≤40 判为实时荧光 RT-PCR 扩增阳性,表述为检出小反刍兽疫病毒核酸。

样品 Ct 值>40 或者无特异性扩增曲线判为实时荧光 RT-PCR 扩增阴性,表述为未检出小反刍兽疫病毒核酸。

6.6 竞争 ELISA 方法

6.6.1 试验材料

包被用抗原:PPRV 疫苗株重组 N 蛋白。对照血清:强阳性血清、弱阳性血清、阴性血清。单克隆抗体:小反刍兽疫病毒N蛋白的单克隆抗体。酶结合物:辣根过氧化物酶标记的山羊抗小鼠血清。封闭缓冲液、洗涤缓冲液、底物溶液及终止液,配制方法见附录C。

6.6.2 抗原包被

PPRV重组N蛋白用包被缓冲液1∶3 500倍稀释后,每孔50 μL包被96孔酶标板,37 ℃置湿盒吸附1 h,用洗涤缓冲液洗板4次。

6.6.3 血清加样步骤

每孔加入45 μL封闭缓冲液。每份待检血清做2孔,每孔加入5 μL待检血清。设强阳性血清对照孔(C++)4个,每孔加入5 μL强阳性血清,设弱阳性血清对照孔(C+)4个,每孔加入5 μL弱阳性血清,设阴性血清对照孔(C−)2个,每孔加入5 μL阴性血清,设单抗对照孔(Cm)4个,每孔加入5 μL封闭缓冲液,设酶结合物对照孔(Cc)2个,每孔加入55 μL封闭缓冲液。

6.6.4 单克隆抗体的加入

除酶结合物对照孔外,每孔加入50 μL工作浓度的单抗,37 ℃置湿盒作用1 h,用洗涤缓冲液洗板4次。

6.6.5 酶结合物的加入

每孔加入50 μL工作浓度的酶结合物,37 ℃置湿盒作用1 h,洗涤缓冲液洗板4次。

6.6.6 显色与终止

每孔加入50 μL底物溶液,37 ℃避光反应10 min,每孔加入50 μL终止液。

6.6.7 读值

酶标仪预热15 min,读取每孔492 nm波长的吸光度值(OD值)。

6.6.8 计算抑制率

按照式(1)计算每孔(包括对照孔)的抑制率,并计算每份样品的平均抑制率。

$$PI = 100 - (OD_T \div OD_C) \times 100 \qquad (1)$$

式中:

PI ——抑制率;

OD_T——试验孔或对照孔OD值;

OD_C——单抗对照孔OD平均值。

6.6.9 质控标准

结果在质控标准(见表3)范围内,则试验成立。

表3 小反刍兽疫竞争ELISA检测方法质控标准

项　　目	最大值	最小值
Cm孔的OD值	1.500	0.500
Cc孔抑制率	+105	+95
Cm孔抑制率	+20	−19

表 3（续）

项　　目	最大值	最小值
C＋＋ 孔抑制率	90	81
C＋ 孔抑制率	80	51
C－ 孔抑制率	30	5

6.6.10 结果判定

平均抑制率（PI）＞80，判为强阳性，50＜平均抑制率（PI）≤80，判为弱阳性，表述为小反刍兽疫血清学阳性。平均抑制率（PI）≤50，判为阴性，表述为小反刍兽疫抗体血清学阴性。

7 综合判定

凡具有 6.3.6、6.4.7、6.5.5、6.6.10 中任何一项阳性者，均判为小反刍兽疫阳性。

附 录 A
（规范性附录）
病毒分离鉴定溶液的配制

A.1 pH7.4 磷酸盐缓冲液(PBS)

NaCl	8.00 g
KCl	0.20 g
$Na_2HPO_4 \cdot 2H_2O$	1.44 g
KH_2PO_4	0.24 g

用 HCl 调节溶液的 pH 值至 7.4，加去离子水至 1 000 mL，在 1.034×10^5 Pa 高压下蒸汽灭菌 20 min。保存于室温。PBS 一经使用，于 4 ℃保存不超过 3 周。

A.2 高糖型 DMEM 培养液

高糖型 DMEM	13.37 g
碳酸氢钠($NaHCO_3$)	3.7 g
超纯水	1 000 mL

充分溶解后，0.22 μm 微孔滤膜过滤除菌。4 ℃保存。

A.3 细胞培养液

高糖型 DMEM 培养液	950 mL
胎牛血清	50 mL

加入青霉素至终浓度 200 IU/mL，链霉素至终浓度 200 μg/mL，两性霉素 B 至终浓度 2.5 μg/mL 充分混匀。4 ℃保存。

附 录 B
（规范性附录）
反转录-聚合酶链反应溶液的配制

B.1 DEPC 处理过的水

DEPC	1 mL
去离子水	1 000 mL

充分混匀，将瓶盖拧松后置于 37 ℃放置过夜，高压灭菌。

B.2 5×TBE 缓冲液

Tris 碱	54 g
硼酸	27.5 g
0.5 mol/L EDTA	20 mL

加去离子水调整体积至 1 000 mL。

B.3 0.5×TBE 缓冲液

取 100 mL 5×TBE 缓冲液，加去离子水调整体积至 1 000 mL。

B.4 1.5%的琼脂糖凝胶

琼脂糖	0.75 g
0.5×TBE 缓冲液	50 mL
溴化乙锭溶液(10 mg/mL)	2.5 μL

称取 0.75 g 琼脂糖，置于 200 mL 锥形瓶中，加入 50 mL 0.5×TBE 缓冲液，加热溶解，冷却至 50 ℃～60 ℃时加入 2.5 μL 溴化乙锭溶液，倒入胶槽内自然凝固。

附　录　C
（规范性附录）
竞争酶联免疫吸附试验溶液的配制

C.1　包被缓冲液——0.05 mol/L pH9.6 碳酸盐/重碳酸盐缓冲液

Na_2CO_3	0.318 g
$NaHCO_3$	0.588 g
去离子水	200 mL

用 0.22 μm 膜过滤除菌，室温保存备用。

C.2　洗涤缓冲液——pH7.4 PBST（0.05%吐温-20）

吐温-20	0.5 mL
pH7.4 PBS	1 000 mL

C.3　封闭缓冲液（含 3%BSA 的 pH7.4 PBS）

BSA	30 g
pH7.4 PBS	1 000 mL

封闭液要临用前配制。

C.4 底物溶液

C.4.1　A 液

Na_2HPO_4	3.682 g
柠檬酸	1.021 g
过氧化氢尿素	0.06 g
去离子水	100 mL

临用前配制，避光 4 ℃～8 ℃保存。

C.4.2　B 液

柠檬酸	1.05 g
EDTA	14.6 mg
TMB（3,3'-二氨基联苯胺）	25.0 mg
去离子水	100 mL

用 0.45 μm 滤膜过滤，临用前配制，避光 4 ℃保存。

C.4.3　用法

使用时，将 A 液、B 液按 1∶1 的比例混合。

C.5 终止液——3 mol/L H_2SO_4

浓硫酸	16.5 mL
去离子水	87.5 mL

将浓硫酸缓缓加到蒸馏水中，混匀。

ICS 65.120
B 46

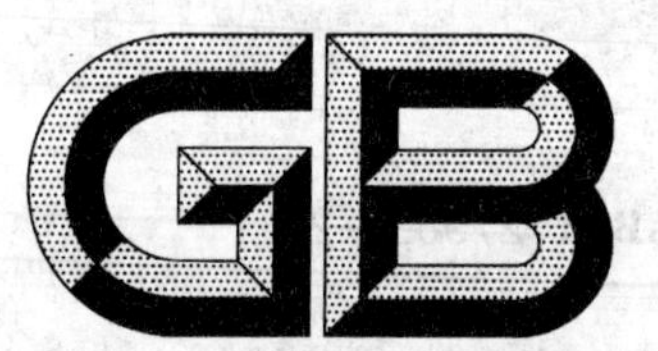

中华人民共和国国家标准

GB/T 27983—2011

饲料添加剂　富马酸亚铁

Feed additive—Ferrous fumarate

2011-12-30 发布　　2012-06-01 实施

中华人民共和国国家质量监督检验检疫总局
中国国家标准化管理委员会　发布

前言

本标准按照 GB/T 1.1—2009 给出的规则起草。

本标准由全国饲料工业标准化技术委员会(SAC/TC 76)提出并归口。

本标准主要起草单位:南宁市泽威尔饲料有限责任公司、成都蜀星饲料有限公司、国家饲料质量监督检验中心(武汉)、广西饲料检测所。

本标准主要起草人:周建群、武纯青、杨海鹏、谢梅冬、欧阳利、王韶辉、杨林、唐建、罗玉芳。

饲料添加剂　富马酸亚铁

1　范围

本标准规定了饲料添加剂富马酸亚铁的要求、试验方法、检验规则及标签、包装、运输、贮存及保质期等。

本标准适用于富马酸和硫酸亚铁按1∶1摩尔比络合而成的富马酸亚铁产品。

富马酸亚铁分子式：$C_4H_2FeO_4$

化学名称：(E)-2-丁烯二酸亚铁盐

相对分子质量：169.93(按2007年国际相对原子质量计)

2　规范性引用文件

下列文件对于本文件的应用是必不可少的。凡是注日期的引用文件，仅注日期的版本适用于本文件。凡是不注日期的引用文件，其最新版本(包括所有的修改单)适用于本文件。

GB/T 601　化学试剂　标准滴定溶液的制备

GB/T 602　化学试剂　杂质测定用标准溶液的制备

GB/T 603　化学试剂　试验方法中所用制剂及制品的制备

GB/T 5917.1　饲料粉碎粒度测定　两层筛筛分法

GB/T 6435　饲料中水分和其他挥发性物质含量的测定

GB/T 6682　分析实验室用水规格和试验方法

GB 10648　饲料标签

GB/T 13079—2006　饲料中总砷的测定

GB/T 13080—2004　饲料中铅的测定　原子吸收光谱法

GB/T 13082—1991　饲料中镉的测定方法

GB/T 13088—2006　饲料中铬的测定

GB/T 14699.1　饲料　采样

GB/T 18823　饲料检测结果判定的允许误差

JJF 1070　定量包装商品净含量计量检验规则

定量包装商品计量监督管理办法　国家质量监督检验检疫总局令(2005年)第75号

3　要求

3.1　感官

富马酸亚铁产品为橙红色或红棕色粉末，微溶于水，有富马酸亚铁的特殊气味。

3.2　技术指标

富马酸亚铁产品技术指标应符合表1要求。

表 1

项　　目	指　　标
富马酸亚铁含量(以 $C_4H_2FeO_4$ 干基计)/%	≥93.0
亚铁含量(以 Fe^{2+} 干基计)/%	≥30.6
富马酸含量(以 $C_4H_4O_4$ 干基计)/%	≥64.0
三价铁含量(以 Fe^{3+} 计)/%	≤2.0
粉碎粒度(通过 0.25 mm 筛上物)/%	≤2.0
水分/%	≤1.5
总砷(以 As 计)/(mg/kg)	≤5
铅(Pb)/(mg/kg)	≤10
镉(Cd)/(mg/kg)	≤10
总铬(Cr)/(mg/kg)	≤200
硫酸盐(以 SO_4^{2-} 计)/%	≤0.4

4　试验方法

4.1　试剂和材料的要求

本标准所用试剂和水,在没有注明其他要求时,均指分析纯的试剂和 GB/T 6682 中规定的三级水;所述溶液若未指明溶剂,均系水溶液;所有滴定分析用标准溶液按 GB/T 601 配制和标定;所有杂质测定用标准溶液按 GB/T 602 配制;所有试验方法中所用制剂及制品按 GB/T 603 配制。

4.2　感官检验

采用目测及嗅觉检验。

4.3　鉴别

4.3.1　试剂及溶液

4.3.1.1　间苯二酚。

4.3.1.2　硫酸。

4.3.1.3　氢氧化钠溶液:100 g/L。

4.3.1.4　盐酸溶液:1+8。

4.3.1.5　盐酸溶液:1+100。

4.3.1.6　碳酸钠溶液:200 g/L。

4.3.1.7　高锰酸钾溶液:0.1 mol/L。

4.3.1.8　邻二氮菲乙醇溶液:1%。

4.3.2　富马酸中二羧酸的鉴别

取本品 50 mg,置瓷蒸发皿中,加间苯二酚(4.3.1.1)100 mg,混匀,加硫酸(4.3.1.2)3 滴～5 滴,缓缓加热直至成暗红色半固体状,放冷,加 25 mL 水溶解,过滤,取滤液 1 mL,加 10 mL 水,摇匀,溶液显橙红色,在紫外灯光下观察有绿色荧光;再加氢氧化钠溶液(4.3.1.3)数滴使成碱性,溶液即显红色并有荧光。

4.3.3 富马酸中烯键的鉴别

取本品约 2 g,加 100 mL 盐酸溶液(4.3.1.4),加热使溶解,冷却,过滤,收集滤液;沉淀以盐酸溶液(4.3.1.5)洗涤 3 次,每次 5 mL,再用水洗至溶液无黄色,再将沉淀在 105 ℃干燥后,称取 0.1 g,加碳酸钠溶液(4.3.1.6)2 mL,溶解后,加高锰酸钾溶液(4.3.1.7)数滴,即显褐色。

4.3.4 富马酸亚铁中 Fe^{2+} 的鉴别

取鉴别 4.3.3 项下的滤液 5 mL,加 1%邻二氮菲乙醇溶液(4.3.1.8)数滴,即显深红色。

4.4 富马酸亚铁中富马酸含量测定

4.4.1 原理

根据富马酸亚铁中的富马酸含有不饱和键,富马酸在稀磷酸溶液中、紫外波长为 206 nm 处有最大吸光值,在同一条件下与标准样品进行对照试验,从而测出富马酸的含量。

4.4.2 溶液和设备

4.4.2.1 磷酸溶液:取 5.5 mL 磷酸,加水定容到 1 000 mL。

4.4.2.2 硫酸溶液:1+5。

4.4.2.3 富马酸标准品:≥99.5%。

4.4.2.4 富马酸标准储备液:称 0.252 5 g(精确至 0.000 2 g)富马酸标准品于 250 mL 锥形瓶中,加入 20 mL 水、5 mL 硫酸溶液(4.4.2.2),溶解,再加入 100 mL 磷酸溶液(4.4.2.1),并微加热溶解,摇匀,放置冷却后,移入 500 mL 容量瓶中,用磷酸溶液(4.4.2.1)定容并充分摇匀,富马酸浓度为 500 μg/L。

4.4.2.5 富马酸标准工作液:准确移取富马酸标准储备液(4.4.2.4)10 mL 于 250 mL 容量瓶中,用磷酸溶液(4.4.2.1)定容并摇匀。富马酸浓度为 20 μg/mL。

4.4.2.6 紫外分光光度仪。

4.4.3 分析步骤

4.4.3.1 标准曲线的绘制

分别移取 0.0 mL、20.0 mL、30.0 mL、40.0 mL、50.0 mL、60.0 mL 富马酸标准工作液(4.4.2.5)于 100 mL 的容量瓶中,用磷酸溶液(4.4.2.1)定容并摇匀,配制系列富马酸标准溶液,即浓度为 0.0 μg/mL、4.0 μg/mL、6.0 μg/mL、8.0 μg/mL、10.0 μg/mL、12.0 μg/mL。在波长为 206 nm 处分别测定它们的吸光值,以浓度为横坐标,吸光度为纵坐标,绘制标准曲线。

4.4.3.2 样品的测定

称 0.25 g~0.3 g(精确至 0.000 2 g)试样于 250 mL 锥形瓶中,加入 20 mL 水、5 mL 硫酸溶液(4.4.2.2),溶解,再加入 100 mL 磷酸溶液(4.4.2.1),并微加热溶解,摇匀,放置冷却后,用磷酸溶液(4.4.2.1)定容至 500 mL 容量瓶中,移取 2.0 mL 样品溶液于 100 mL 的容量瓶中,用磷酸溶液(4.4.2.1)定容并摇匀,并在波长为 206 nm 处测定其吸光值,与标准曲线对照即可算出样品中富马酸的含量。

4.4.4 结果计算

试样中富马酸含量 X_1 以质量分数(%)表示,按式(1)计算:

$$X_1 = \frac{c_1 \times 10^{-6}}{m_1 \times 2/500 \times 1/100 \times (1 - X_5)} \times 100 \quad \cdots\cdots (1)$$

式中：

c_1 ——根据标准曲线得出的试样溶液中富马酸的浓度，单位为微克每毫升(μg/mL)；

m_1 ——称取试样的质量，单位为克(g)；

2/500、1/100——试样溶液的稀释倍数；

X_5 ——试样水分含量，%。

取两次平行测定结果的算术平均值为测定结果。

4.4.5 允许差

试样中富马酸含量两次平行测定结果之差值应不大于1.0%。

4.5 富马酸亚铁中亚铁含量的测定及富马酸亚铁含量计算的确定

4.5.1 原理

富马酸亚铁用硫酸溶液溶解，以邻二氮菲为指示剂与二价铁作用生成红色络合物，用硫酸铈标准溶液滴定，计算出亚铁含量以及富马酸亚铁含量。

4.5.2 试剂和溶液

4.5.2.1 硫酸溶液：1+5。

4.5.2.2 邻二氮菲指示液：2%乙醇溶液。

4.5.2.3 硫酸铈标准滴定溶液，$c[Ce(SO_4)_2 \cdot 4H_2O]=0.1$ mol/L。

4.5.3 分析步骤

称取试样约0.3 g(精确至0.000 2 g)，置于250 mL锥形瓶中，加15 mL硫酸溶液(4.5.2.1)，加热溶解后放冷，加50 mL新沸过的冷水，加邻二氮菲指示液(4.5.2.2)1 mL，立即用硫酸铈标准滴定溶液(4.5.2.3)滴定，至橙红色消失，呈现浅黄色即为终点，同时进行空白试验。

4.5.4 结果计算

试样中亚铁含量 X_2 以质量分数(%)表示，按式(2)计算：

$$X_2 = \frac{(V_1 - V_2) \times c_2 \times 0.055\,85}{m_2(1 - X_5)} \times 100 \quad \cdots\cdots (2)$$

试样中富马酸亚铁含量 X_3 以质量分数(%)表示，按式(3)计算：

$$X_3 = \frac{(V_1 - V_2) \times c_2 \times 0.169\,9}{m_2(1 - X_5)} \times 100 \quad \cdots\cdots (3)$$

式中：

V_1 ——滴定试验溶液所消耗硫酸铈标准溶液的体积，单位为毫升(mL)；

V_2 ——滴定空白溶液消耗硫酸铈标准溶液的体积，单位为毫升(mL)；

c_2 ——硫酸铈标准溶液的实际浓度，单位为摩尔每升(mol/L)；

0.055 85 ——与1.00 mL硫酸铈标准溶液 $c[Ce(SO_4)_2 \cdot 4H_2O]=1.000$ mol/L 相当的以克表示的亚铁的质量；

m_2 ——试样的质量，单位为克(g)；

X_5 ——试样水分含量，%；

0.169 9 ——与1.00 mL硫酸铈标准溶液 $c[Ce(SO_4)_2 \cdot 4H_2O]=1.000$ mol/L 相当的以克表示的富马酸亚铁的质量。

保留三位有效数字，取两次平行测定结果的算术平均值为测定结果。

4.5.5 允许差

试样中亚铁含量两次平行测定结果之差值，应不大于0.3%。

试样中富马酸亚铁含量两次平行测定结果之差值，应不大于1.0%。

4.6 三价铁含量的测定

4.6.1 原理

在酸性条件下，三价铁与碘化钾作用，析出的碘用硫代硫酸钠标准溶液滴定。

4.6.2 试剂和溶液

4.6.2.1 盐酸溶液：1+1。

4.6.2.2 碘化钾。

4.6.2.3 淀粉指示液，5 g/L。

4.6.2.4 硫代硫酸钠标准滴定溶液：$c(Na_2S_2O_3)=0.01$ mol/L。

4.6.3 分析步骤

称取试样约2 g(精确至0.000 2 g)，置于250 mL碘量瓶中，加25 mL水，10 mL盐酸溶液(4.6.2.1)，加热使溶解，迅速冷却至室温，加3 g碘化钾(4.6.2.2)，密塞，摇匀，在暗处放置5 min，加75 mL水，立即用硫代硫酸钠标准滴定溶液(4.6.2.4)滴定，至溶液呈淡黄色时，加2 mL淀粉指示液(4.6.2.3)，继续滴定至蓝色消失即为终点，并将滴定的结果用空白试验校正。

4.6.4 结果计算

三价铁含量 X_4 以质量分数(%)表示，按式(4)计算：

$$X_4=\frac{(V_3-V_4)\times c_3\times 0.055\ 85}{m_3}\times 100 \qquad \cdots\cdots(4)$$

式中：

V_3 ——滴定试样时消耗的硫代硫酸钠标准溶液体积，单位为毫升(mL)；

V_4 ——空白试验时耗用硫代硫酸钠标准滴定溶液体积，单位为毫升(mL)；

c_3 ——硫代硫酸钠标准滴定溶液实际浓度，单位为摩尔每升(mol/L)；

0.055 85 ——与1.00 mL硫代硫酸钠标准滴定溶液[$c(Na_2S_2O_3)=1.000$ mol/L]相当的以克表示的三价铁的质量；

m_3 ——称取试样的质量，单位为克(g)。

保留三位有效数字，取两次平行测定结果的算术平均值为测定结果。

4.6.5 允许差

两次平行测定结果之差值，应不大于0.1%。

4.7 水分的测定

按GB/T 6435的规定进行，水分含量以 X_5 质量分数(%)表示。

4.8 粉碎粒度的测定

按GB/T 5917.1的规定进行。

4.9 总砷含量的测定

前处理按 GB/T 13079—2006 中 5.4.1.2 的规定进行，测定按 GB/T 13079—2006 第 5 章的规定进行。

4.10 铅含量的测定

前处理按 GB/T 13080—2004 中 7.1.2.1 的规定进行，测定按 GB/T 13080—2004 中 7.2、7.3 的规定进行。

4.11 镉含量的测定

按 GB/T 13082—1991 的 6.1 中湿法消化的规定进行，测定按 GB/T 13082—1991 中 6.2、6.3 的规定进行。

4.12 硫酸盐的测定

4.12.1 原理

在酸性条件下，用氯化钡将硫酸根离子沉淀为硫酸钡，沉淀经过滤、洗涤和灼烧后，以硫酸钡形式称重，计算得到以硫酸根计的硫酸盐含量。

4.12.2 试剂和溶液

4.12.2.1 盐酸。

4.12.2.2 氯化钡溶液：称取 10 g 氯化钡溶于 100 mL 水中。

4.12.2.3 硝酸银溶液：称取 1.75 g 硝酸银溶于 100 mL 水中，于棕色试剂瓶中保存。

4.12.3 分析步骤

称取约 1 g 试样(准确至 0.01 g)于 250 mL 烧杯中，加入 100 mL 水，在沸水浴中加热，滴加 2 mL 盐酸，继续加热至完全溶解后，过滤。滤液加热至沸，取下缓慢滴加 10 mL 氯化钡(4.12.2.2)溶液，在沸水浴中保温 2 h，取出加盖，放置过夜。如果有富马酸亚铁结晶生成，在沸水浴上温热使之溶解，然后用定量滤纸过滤，残渣用热水洗涤至用硝酸银溶液(4.12.2.3)检验滤液无白色沉淀生成。将残渣及滤纸转移到已恒重的坩埚中，在调温电炉上小火炭化，将坩埚和内容物在 800 ℃下灼烧至恒重(两次称量的质量之差小于 0.001 g)。

4.12.4 结果计算

硫酸根含量 X_6 以质量分数(%)表示，按式(5)计算：

$$X_6 = \frac{m_4 \times 0.412}{m_5} \times 100 \qquad (5)$$

式中：

m_4 ——沉淀的质量，单位为克(g)；

0.412——硫酸钡与硫酸根的转换系数；

m_5 ——称取试样的质量，单位为克(g)。

保留两位有效数字，取两次平行测定结果的算术平均值为测定结果。

4.12.5 允许差

两次平行测定结果之相对偏差，应不大于 15%。

4.13 铬含量的测定

按 GB/T 13088—2006 的规定进行。

4.14 净含量的检验

按 JJF 1070 的规定进行。

5 检验规则

5.1 组批

以同班、同原料、同配方连续生产的产品为一批。

5.2 采样

按 GB/T 14699.1 的规定进行采样，试样应不少于 500 g。经混合缩分后装于两个干燥清洁避光容器中，并贴上标签，注明生产厂名称、产品名称、批量、取样日期，一份检验，一份留样备查。

5.3 出厂检验

每批产品应进行出厂检验，出厂检验项目包括感官、水分、亚铁、富马酸亚铁、三价铁含量。

5.4 判定方法

以本标准的有关试验方法和要求为依据，对抽取样品按出厂检验项目进行检验。检验结果如有一项指标不符合本标准要求时，应重新自两倍的包装单元中取样进行复检，复检结果如仍有任何一项不符合标准要求，则判定该批产品为不合格产品，不能出厂。

5.5 型式检验

5.5.1 型式检验时间

型式检验每半年检验一次，有下列情况之一时，亦须进行型式检验：

——更换主要设备或主要工艺；

——长期停产再恢复生产时；

——出厂检验结果与上次型式检验有较大差异时；

——国家质量监督机构进行抽查时。

5.5.2 型式检验项目

型式检验项目为第 3 章的全部要求。

5.5.3 判定规则

以本标准的有关试验方法和要求为依据，对抽取样品按型式检验项目进行检验。检验结果如有一项指标不符合本标准要求时，应重新自两倍的包装单元中取样进行复检，复检结果如仍有任何一项不符合本标准要求，则判型式检验不合格。项目合格判定按 GB/T 18823 的规定进行。

6 标签、包装、运输、贮存和保质期

6.1 标签

标签应符合 GB 10648 的要求。包装袋上应有牢固清晰的标志，内容包括：产品名称、生产厂名称、厂址、富马酸亚铁及亚铁含量、净含量、批号、本标准编号。

6.2 包装

采用 3 层复合编织袋，内加纸袋、塑料袋或纸桶内加 2 层塑料袋包装。净含量应符合《定量包装商品计量监督管理办法》。

6.3 运输

产品在运输过程中应防潮、防高温、防止包装破损，严禁与有毒有害物质混运。

6.4 贮存

产品应贮存在通风、干燥、无污染、无有害物质的地方。

6.5 保质期

产品在规定的贮存条件下，从生产之日起保质期为 18 个月。

ICS 65.120
B 46

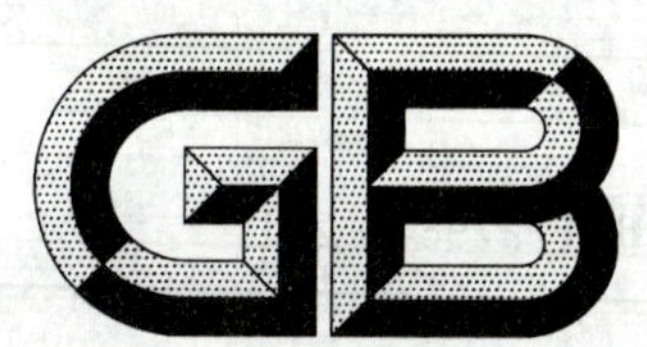

中华人民共和国国家标准

GB/T 27984—2011

饲料添加剂　丁酸钠

Feed additive—Sodium butyrate

2011-12-30 发布　　2012-06-01 实施

中华人民共和国国家质量监督检验检疫总局
中国国家标准化管理委员会　发布

前言

本标准按照 GB/T 1.1—2009 给出的规则起草。

本标准由全国饲料工业标准化技术委员会(SAC/TC 76)提出并归口。

本标准起草单位:新奥(厦门)农牧发展有限公司。

本标准主要起草人:章亮、蔡振鸿、黄佳佳、邱金妹、赵冉、赖州文。

饲料添加剂　丁酸钠

1　范围

本标准规定了饲料添加剂丁酸钠的要求、试验方法、检验规则、标签、包装、运输、贮存和保质期。

本标准适用于以丁酸和氢氧化钠(或碳酸钠)为原料，经中和、精制、干燥制得的饲料添加剂丁酸钠。

化学名称：丁酸钠

分子式：$C_4H_7NaO_2$

结构式：

NaO—C(=O)—CH_2—CH_2—CH_3

相对分子质量：110.09(按2007年国际相对原子质量)

2　规范性引用文件

下列文件对于本文件的应用是必不可少的。凡是注日期的引用文件，仅注日期的版本适用于本文件。凡是不注日期的引用文件，其最新版本(包括所有的修改单)适用于本文件。

GB/T 601　化学试剂　标准滴定溶液的制备

GB/T 603　化学试剂　试验方法中所用制剂及制品的制备

GB/T 5917.1—2008　饲料粉碎粒度测定　两层筛筛分法

GB/T 6682　分析实验室用水规格和试验方法

GB 10648　饲料标签

GB/T 14699.1　饲料　采样

中华人民共和国药典　2010年版二部

3　要求

3.1　外观和性状

白色粉末，易吸潮，易溶于水，具有特殊的奶酪酸败样气味。

3.2　技术指标

技术指标应符合表1要求。

表 1 技术指标

项目		指标
丁酸钠含量(以干基计)/%		98.0~101.0
溶液澄清度		≤3 号浊度标准液
pH 值(1.0 g/50 mL 水溶液)		9.0±1.0
干燥失重/%		≤2.0
粒度	通过孔径为 900 μm 的试验筛/%	100
	通过孔径为 250 μm 的试验筛/%	≥85
重金属(以 Pb 计)/%		≤0.001
砷/%		≤0.000 2

4 试验方法

本分析中所使用的试剂除特别注明外,均为分析纯,水应符合 GB/T 6682 中规定的三级水。色谱分析中所用水应符合 GB/T 6682 中规定的一级水。

试验方法中所用标准滴定溶液、制剂及制品,在没有注明其他要求时,均按 GB/T 601、GB/T 603 规定制备。

4.1 鉴别试验

4.1.1 试剂和溶液

4.1.1.1 氢氧化钾溶液:15%。

4.1.1.2 碳酸钾溶液:15%。

4.1.1.3 焦锑酸钾溶液:取焦锑酸钾 2 g,在 85 mL 热水中溶解,迅速冷却,加入氢氧化钾溶液(4.1.1.1)10 mL;放置 24 h,过滤。加水稀释至 100 mL,摇匀。

4.1.1.4 乙酸乙酯。

4.1.1.5 磷酸溶液:取 10 mL 磷酸(质量分数 85%),加水至 100 mL。

4.1.1.6 丁酸标准溶液:准确称取丁酸标准品(色谱纯)约 1 g(精确到 0.000 1 g),置于 100 mL 容量瓶中,用乙酸乙酯(4.1.1.4)稀释至刻度,此溶液每毫升约含 10 mg 丁酸。

4.1.2 仪器

4.1.2.1 气相色谱仪:配有 FID 检测器。

4.1.2.2 分析天平:感量为 0.000 1 g。

4.1.3 鉴别步骤

4.1.3.1 丁酸的鉴别:气相色谱法

4.1.3.1.1 试样提取

称取经 105 ℃干燥 4 h 的丁酸钠试样约 1.15 g(精确到 0.000 1 g),置于 100 mL 容量瓶中,加入 10 mL 磷酸溶液(4.1.1.5),摇匀。加入乙酸乙酯(4.1.1.4)至刻度,振荡提取 1 min。取乙酸乙酯相为测定用样品。

4.1.3.1.2 色谱条件

4.1.3.1.2.1 色谱柱

毛细管柱，聚乙二醇 Carbowax 20M，长 25 m，内径 0.25 mm，液膜厚 0.25 μm。

4.1.3.1.2.2 气体流速

氮气：1.0 mL/min～2.0 mL/min，补充气 40 mL/min；
氢气：40 mL/min；
空气：400 mL/min。

4.1.3.1.2.3 温度

气化室：170 ℃；
检测器：200 ℃；
柱温：130 ℃。

4.1.3.1.2.4 进样量

1 μL。

4.1.3.1.3 测定

待仪器稳定后，分别取丁酸标准溶液 1 μL 及样液 1 μL，按色谱条件(4.1.3.1.2)进样分析，记录色谱图。试样中丁酸的色谱峰保留时间与标准丁酸色谱峰的保留时间应一致，同时由其峰面积计算的浓度应在理论计算值的±10%之内。

4.1.3.2 钠的鉴别

4.1.3.2.1 取铂丝，用盐酸浸润后，蘸取样品，在无色火焰中燃烧，火焰即显鲜黄色。

4.1.3.2.2 取试样约 200 mg，置 10 mL 试管中，加水 2 mL 溶解，加碳酸钾溶液(4.1.1.2)2 mL，加热至沸，应不得有沉淀生成；加焦锑酸钾溶液(4.1.1.3)4 mL，加热至沸；置冰水中冷却，必要时，用玻棒摩擦试管内壁，应有致密的沉淀生成。

4.2 丁酸钠含量的测定

4.2.1 方法提要

采用非水溶液滴定法，以冰乙酸为溶剂，以结晶紫为指示剂，用高氯酸标准滴定溶液滴定，根据消耗高氯酸标准滴定溶液的体积计算丁酸钠含量。

4.2.2 试剂和溶液

4.2.2.1 冰乙酸。

4.2.2.2 乙酸酐。

4.2.2.3 结晶紫指示液：5 g/L 冰乙酸溶液。

4.2.2.4 高氯酸标准滴定溶液：$c(HClO_4)$=0.1 mol/L。

4.2.3 测定方法

称取试样 200 mg，精确至 0.2 mg，置于干燥的锥形瓶中，加 50 mL 冰乙酸(4.2.2.1)和 2 mL 乙酸酐(4.2.2.2),使全部溶解。滴加1滴结晶紫指示液(4.2.2.3),用高氯酸标准滴定溶液(4.2.2.4)滴定至溶液呈绿色为终点,并将滴定的结果用空白试验校正。

4.2.4 结果的计算

丁酸钠含量 w_1[以干基计,以质量分数(%)表示],按式(1)计算:

$$w_1=\frac{[(V_1-V_2)/1\,000]c\times M}{m_1\times(1-w_2)}\times 100\% \quad\cdots\cdots(1)$$

式中:

V_1——试样消耗高氯酸标准滴定溶液体积,单位为毫升(mL);

V_2——空白试验消耗高氯酸标准滴定溶液体积,单位为毫升(mL);

c ——高氯酸标准滴定溶液浓度的准确数值,单位为摩尔每升(mol/L);

M ——丁酸钠的摩尔质量(M=110.09),单位为克每摩尔(g/mol);

m_1——试样质量的数值,单位为克(g);

w_2——试样干燥失重的质量分数,%。

计算结果表示到小数点后一位。

取两次平行测定结果的算术平均值为测定结果,两次平行测定结果的绝对差值不大于0.2%。

4.3 溶液澄清度

称取试样1g(精确至0.01g),加入10mL水中,使溶解,溶液应澄清;如显浑浊,与3号浊度标准液(《中华人民共和国药典》2010年版二部附录Ⅸ B)比较,不得更浓。

4.4 pH值

4.4.1 仪器

酸度计:测量范围pH 0~14,精度为0.02 pH单位。

4.4.2 测定方法

称取1.00g试样(精确至0.01g),置于50mL容量瓶中,加水溶解,稀释至刻度。按《中华人民共和国药典》2010年版二部附录Ⅵ H"pH值测定法"测定。结果表示到小数点后1位。取两次平行测定结果的算术平均值为测定结果,两次平行测定结果的绝对差值不大于0.1。

4.5 干燥失重

4.5.1 测定方法

称取试样约1g(精确至0.2mg),置于预先在105℃干燥箱中干燥至质量恒定的称量瓶中,使试样厚度均匀。打开称量瓶瓶盖,置于105℃干燥箱中干燥4h,取出,盖好称样皿盖,置于干燥器中冷却30min,称量。

4.5.2 结果的计算

干燥失重 w_2[以质量分数(%)表示],按式(2)计算:

$$w_2=\frac{m_2-m_3}{m_4}\times 100\% \quad\cdots\cdots(2)$$

式中:

m_2——干燥前试样和称量瓶总质量,单位为克(g);

m_3——干燥后试样和称量瓶总质量，单位为克(g)；

m_4——试样质量，单位为克(g)。

计算结果表示到小数点后一位。

取两次平行测定结果的算术平均值为测定结果，两次平行测定结果的绝对差值不大于0.2%。

4.6 粒度

按 GB/T 5917.1—2008 执行。

4.7 重金属(以 Pb 计)

按《中华人民共和国药典》2010 年版二部附录Ⅷ H"重金属检查法"第一法测定。

4.8 砷

按《中华人民共和国药典》2010 年版二部附录Ⅷ J"砷盐检查法"第一法(古蔡氏法)测定。

5 检验规则

5.1 批次组成

以同一配料、同一班次生产的产品为一批次。

5.2 采样

按 GB/T 14699.1 执行。

5.3 出厂检验

每一批产品出厂应进行出厂检验，经检验合格并出具检验合格证明方能出厂。出厂检验项目为外观和性状、丁酸钠含量(以干基计)、pH 值(1.0 g/50 mL 水溶液)、干燥失重、重金属(以 Pb 计)。

5.4 型式检验

5.4.1 型式检验至少每年一次，型式检验项目为第 3 章的全部项目。有下列情况之一时，也应进行型式检验：

a) 新产品投产时；

b) 原材料、配方、工艺、设备有较大改变，可能影响产品性能时；

c) 停产半年以上或主设备大修后恢复生产时；

d) 出厂检验结果与上次型式检验结果有较大差异时；

e) 质量监督部门提出进行型式检验的要求时。

5.4.2 判定规则

如检验结果有一项指标不符合本标准要求时，应重新自两倍量的包装单元中抽样进行复检，复检结果如仍有任何一项不符合本标准要求，则判定该批产品为不合格品。

6 标签、包装、运输、贮存和保质期

6.1 标签

应符合 GB 10648 的规定。

6.2 包装

产品内包装采用聚乙烯薄膜袋，外包装采用瓦楞纸箱、塑编复合袋或纸桶包装。

6.3 运输

运输工具应清洁干燥，运输途中应防止日晒、雨淋。严禁与有毒有害物品混装混运。

6.4 贮存

产品应贮存在阴凉、通风、干燥，并有防水、防霉、防鼠、防虫害等措施的库房内，不得与有毒有害物品混贮。

6.5 保质期

包装完好的产品在符合上述规定的贮运条件下，保质期自生产之日起为24个月。

ICS 65.120
B 46

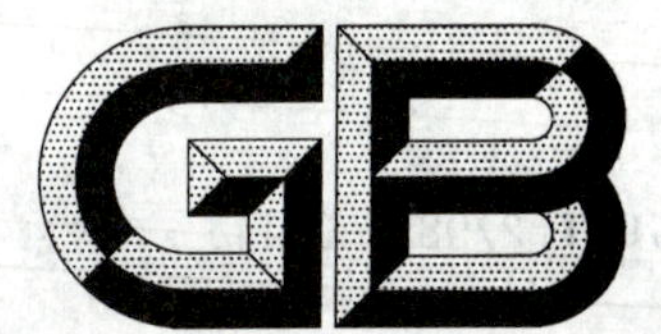

中华人民共和国国家标准

GB/T 27985—2011

饲料中单宁的测定　分光光度法

Determination of tannin in feeds—Spectrophotometry

2011-12-30 发布　　2012-06-01 实施

中华人民共和国国家质量监督检验检疫总局
中国国家标准化管理委员会　发布

前言

本标准按照 GB/T 1.1—2009 给出的规则起草。

本标准由全国饲料工业标准化技术委员会(SAC/TC 76)提出并归口。

本标准起草单位:上海市兽药饲料检测所。

本标准主要起草人:商军、潘娟、黄士新、王蓓、曹莹、华贤辉、陆淳、蒋音。

饲料中单宁的测定　分光光度法

1　范围

本标准规定了饲料中单宁的分光光度测定方法。

本标准适用于配合饲料、单一饲料中单宁含量的测定。

本方法的检出限为 17.5 mg/kg,线性范围为 0.50 mg/L～6.00 mg/L。

2　规范性引用文件

下列文件对于本文件的应用是必不可少的。凡是注日期的引用文件,仅注日期的版本适用于本文件。凡是不注日期的引用文件,其最新版本(包括所有的修改单)适用于本文件。

GB/T 6682　分析实验室用水规格和试验方法

GB/T 14699.1　饲料　采样

GB/T 20195　动物饲料　试样的制备

3　原理

用丙酮溶液提取饲料中单宁类化合物,经过滤后,取滤液加钨酸钠-磷钼酸混合溶液和碳酸钠溶液,显色后,以试剂为空白对照,用分光光度计于 760 nm 波长处测定吸光度值,用单宁酸作标准曲线测定饲料中单宁含量。

4　试剂和溶液

除非另有说明,本标准中所用试剂均为分析纯,水符合 GB/T 6682 三级用水规定。

4.1　钨酸钠($Na_2O_4W \cdot 2H_2O$)。

4.2　磷钼酸($H_3Mo_{12}O_{40}P \cdot XH_2O$)。

4.3　钨酸钠-磷钼酸混合溶液:称取 100.0 g 钨酸钠(4.1)、20.0 g 磷钼酸(4.2),溶于约 750 mL 水中,移入 1 000 mL 回流瓶中,加入 50 mL 磷酸,充分混匀,接上冷凝管,在沸水浴上加热回流 2 h,冷却,转入 1 000 mL 容量瓶中,用水定容至刻度,摇匀,过滤,置棕色瓶中保存。室温下可保存 14 d。

4.4　无水碳酸钠(Na_2CO_3)。

4.5　碳酸钠溶液(75 g/L):称取 37.5 g 无水碳酸钠(4.4)溶于 250 mL 温水中,混匀,冷却,稀释至 500 mL,过滤到储液瓶中备用。室温下可保存 7 d。

4.6　丙酮(C_3H_6O)。

4.7　丙酮溶液(1+1,体积比):分取等体积的水和丙酮(4.6),等体积混合,摇匀,即得。

4.8　单宁酸标准品($C_{76}H_{52}O_{46}$):含量≥95.0%。

4.9　单宁酸标准储备液:称取单宁酸标准品(4.8)适量(精确到 0.000 1 g),加适量水溶解,用水定容至 100 mL,摇匀,制成单宁酸质量浓度约为 1 mg/mL 的标准储备液。在冰箱中 4 ℃可保存 5 d。

4.10　单宁酸标准使用液:精密量取单宁酸标准储备液(4.9)10.00 mL,置 200 mL 容量瓶中,用水定容至 200 mL,摇匀。此溶液单宁酸质量浓度为 50 mg/L,用时现配。

5 仪器和设备

5.1 紫外可见分光光度计：带 10 mm 比色皿，可在 760 nm 处测定。

5.2 电子天平：感量为 0.1 mg。

5.3 粉碎机。

5.4 振荡仪。

5.5 单标线吸管：1 mL，10 mL，50 mL，A 级。

5.6 刻度吸管：5 mL。

5.7 容量瓶：50 mL，100 mL，200 mL，A 级。

5.8 具塞三角瓶：250 mL。

5.9 中速定量滤纸。

6 试样制备

按 GB/T 14699.1 采样，按 GB/T 20195 制备试样，磨碎，通过 0.45 mm 孔筛，混匀，装入密闭容器中，避光低温保存备用。

7 分析步骤

7.1 试液的制备

称取试样 1 g～2 g（精确至 0.000 1 g），置于 250 mL 具塞三角瓶（5.8）中，精密加入丙酮溶液（4.7）50.00 mL，加塞密封，置振荡仪（5.4）上振摇 40 min，静置，用中速定量滤纸（5.9）过滤，弃去初滤液，续滤液供测定用。

7.2 测定

7.2.1 标准曲线的绘制

精密量取单宁酸标准使用液（4.10）0.00 mL、0.50 mL、1.00 mL、2.00 mL、3.00 mL、4.00 mL、5.00 mL 和 6.00 mL，分别置盛有约 30 mL 水的 50 mL 容量瓶中，摇匀；加钨酸钠-磷钼酸混合溶液（4.3）2.5 mL，加碳酸钠溶液（4.5）5.0 mL，摇匀；分别用水定容至 50 mL，摇匀。单宁酸标准溶液浓度分别为 0.00 mg/L、0.50 mg/L、1.00 mg/L、2.00 mg/L、3.00 mg/L、4.00 mg/L、5.00 mg/L 和 6.00 mg/L，放置 30 min 显色后，以标准曲线 0.00 mg/L 为空白，在 760 nm 波长处测定标准溶液的吸光度，以单宁酸浓度为横坐标，吸光度值为纵坐标，绘制标准曲线。

7.2.2 试样的测定

精密量取试液（7.1）1.00 mL，置盛有约 30 mL 水的 50 mL 容量瓶中，摇匀；加钨酸钠-磷钼酸混合溶液（4.3）2.5 mL，加碳酸钠溶液（4.5）5.0 mL，摇匀；用水定容至 50 mL，摇匀。放置 30 min 显色后，以标准曲线 0.00 mg/L 为空白，在 760 nm 波长处测定试样溶液的吸光度，根据标准曲线求出试液（7.1）中单宁酸的浓度。如果吸光度值超过 6.00 mg/L 单宁酸的吸光度时，将试液（7.1）稀释后重新测定。

8 计算和结果的表述

8.1 计算公式

试样中单宁(以单宁酸计)的含量 X,以质量分数表示,单位为毫克每千克(mg/kg),按式(1)计算。

$$X=\frac{c\times V\times D\times 1\,000}{m\times 1\,000} \qquad \cdots\cdots(1)$$

式中:

c ——试样测定液中单宁酸的浓度,单位为毫克每升(mg/L);

V——试样定容体积,单位毫升(mL);

D——试样稀释倍数;

m——试样质量,单位为克(g)。

8.2 结果表示

测定结果用平行测定的算术平均值表示,保留到小数点后一位。

9 重复性

同一分析者对同一试样同时两次平行测定所得结果的绝对差值不得超过算术平均值的 10%。

ICS 65.020.30
B 43

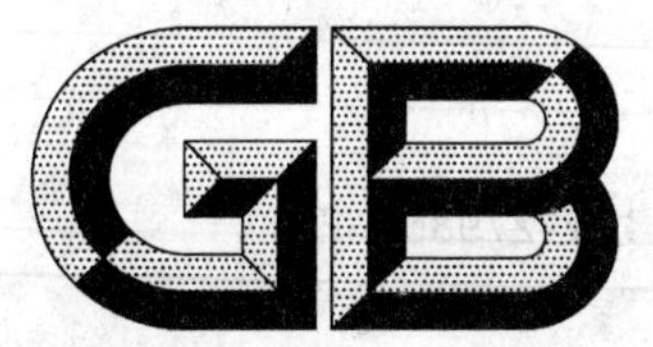

中华人民共和国国家标准

GB/T 27986—2011

摩拉水牛种牛

Murrah buffalo breeding stock

2011-12-30 发布　　　　2012-06-01 实施

中华人民共和国国家质量监督检验检疫总局
中国国家标准化管理委员会　发布

前言

本标准按照 GB/T 1.1—2009 给出的规则起草。

本标准由中华人民共和国农业部提出。

本标准由全国畜牧业标准化技术委员会(SAC/TC 274)归口。

本标准起草单位:广西壮族自治区水牛研究所。

本标准主要起草人:黄锋、黄加祥、郑威、陈明棠、熊小荣、诸葛莹、方文远、李忠权、赵朝步、潘玉红、罗华、杨炳壮。

摩拉水牛种牛

1 范围

本标准规定了摩拉水牛种牛的品种特征、产奶性能、繁殖性能的基本要求。

本标准适用于摩拉水牛种牛的品种鉴别和育种。

2 规范性引用文件

下列文件对于本文件的应用是必不可少的。凡是注日期的引用文件，仅注日期的版本适用于本文件。凡是不注日期的引用文件，其最新版本(包括所有的修改单)适用于本文件。

GB 4143 牛冷冻精液

3 术语和定义

下列术语和定义适用于本文件。

3.1

体高 body height

水牛个体肩胛十字部最高点至地平面的垂直高度，用杖尺测量。

3.2

体重 body weight

水牛个体空腹时的重量，用磅秤称量。

3.3

体斜长 body length

水牛肩胛骨前缘至坐骨结节后缘的距离，用杖尺测量。

3.4

胸围 chest girth

水牛肩胛骨后角(肘突后缘)处量取的胸部周径，用卷尺测量。

3.5

305 d 产奶量 305-day milk yield

从产犊日到第305个泌乳日的总产奶量。泌乳天数不足305 d时，按实际产奶天数和产奶量计算；泌乳天数超过305 d时，只取305 d的实际产奶量。

3.6

乳固体 milk solid

乳中除去水分后的所有物质。

3.7

乳脂率 fat percentage

乳中所含脂肪的百分率。

3.8

乳蛋白率 protein percentage

乳中所含蛋白质的百分率。

4 品种特征

摩拉水牛种牛是由印度引入的摩拉水牛经长期驯化、选育，适合我国南方地区饲养的大型乳用水牛，全身皮肤和被毛黝黑色，部分水牛尾帚为白色，具有适应性强、耐热、耐粗饲、抗病力强、泌乳性能好、乳汁浓香等特点。

5 体型外貌

5.1 外貌特征

5.1.1 母牛

成年母牛头清秀狭长，眼大有神，前额宽阔略突，鼻镜宽广，鼻梁平直；角卷曲；体型清秀，前躯轻狭、后躯重，腰角显露，尻部宽广、微斜，尾长；胸深、宽，胸垂突出，肋骨开张，鬐甲突起，无肩峰，腹大而不下垂；四肢端正结实，肢势良好，飞节明显，系部有力，蹄圆坚实；乳房呈圆盆状，附着良好，乳静脉显露；乳头较长、大小适中，分布匀称。母牛照片参见图 A.1、图 A.2、图 A.3。

5.1.2 公牛

成年公牛头粗重，宽而雄伟，头颈结合良好；角短、卷曲，角基粗大；前躯发达，体躯长、宽、深；肋骨长而开张；胸深、宽，腹部紧凑，大小适中；尻部宽广稍斜；四肢结实，蹄圆大、坚实；雄性特征明显。公牛照片参见图 A.4、图 A.5、图 A.6。

5.2 体尺与体重

5.2.1 犊牛

犊牛出生重不低于 30 kg。

5.2.2 母牛

24 月龄体重不低于 300 kg，体高不低于 115 cm，体斜长不低于 125 cm，胸围不低于 155 cm。

36 月龄体重不低于 400 kg，体高不低于 125 cm，体斜长不低于 135 cm，胸围不低于 175 cm。

5.2.3 公牛

24 月龄体重不低于 350 kg，体高不低于 120 cm。

36 月龄体重不低于 500 kg，体高不低于 130 cm。

6 产奶性能

在正常饲养管理条件下，头胎母牛 305 d 产奶量不低于 1 600 kg，经产母牛 305 d 产奶量不低于 1 800 kg。乳固体不低于 15.0%，乳脂率不低于 5.0%，乳蛋白率不低于 4.0%。

7 繁殖性能

7.1 公牛

公牛 30 月龄可采精，原精液品质符合 GB 4143 的规定。

7.2 母牛

母牛发情周期为 18 d～25 d,初配年龄为 24 月龄～30 月龄、体重在 300 kg 以上,妊娠期 305 d～315 d,头胎产犊年龄为 34 月龄～40 月龄。

7.3 利用年限

在正常饲养管理条件、健康状况良好的情况下,公牛利用年限 7 岁以上,母牛产奶 5 个泌乳期以上。

附　录　A
（资料性附录）
摩拉水牛种牛照片

图 A.1　母牛头部

图 A.2　母牛侧部

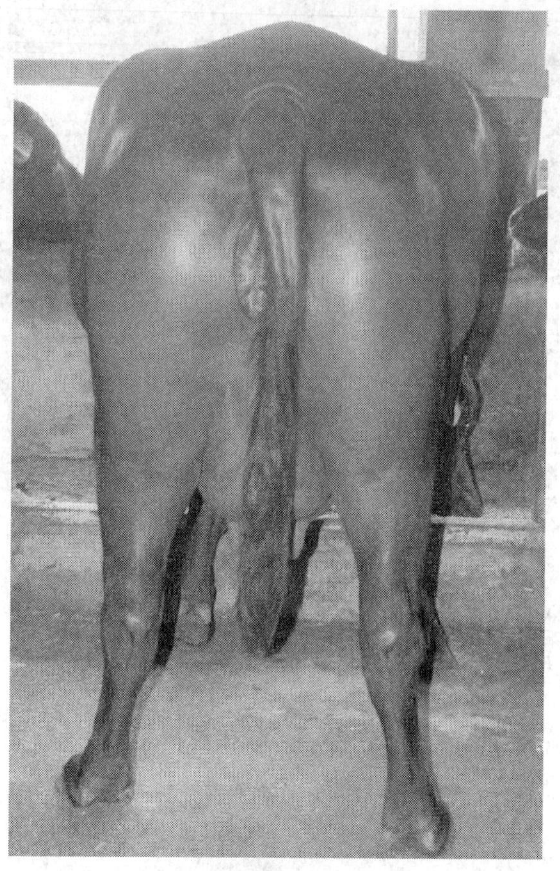

图 A.3　母牛后部

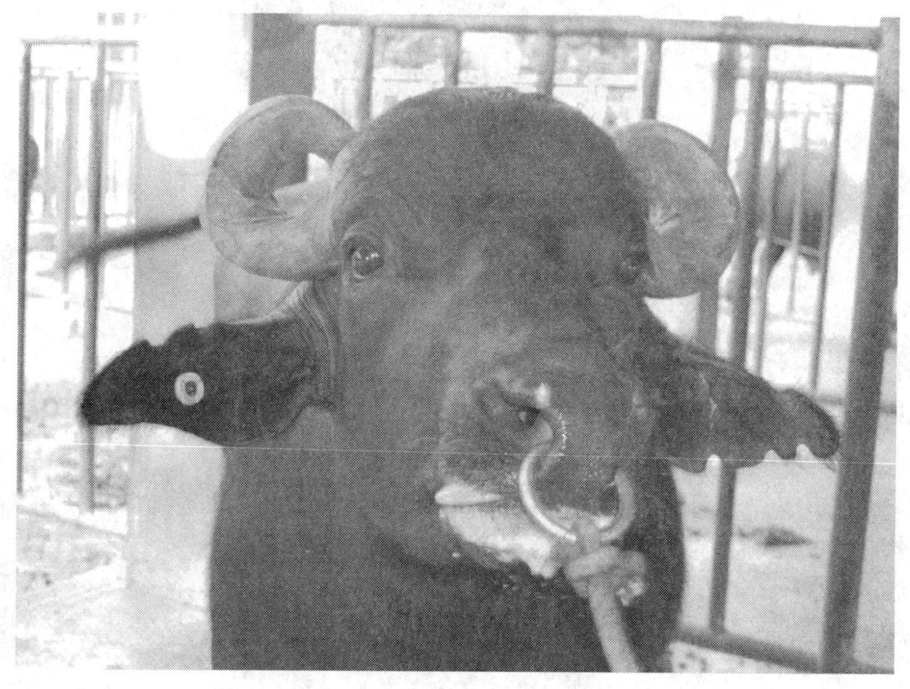

图 A.4　公牛头部

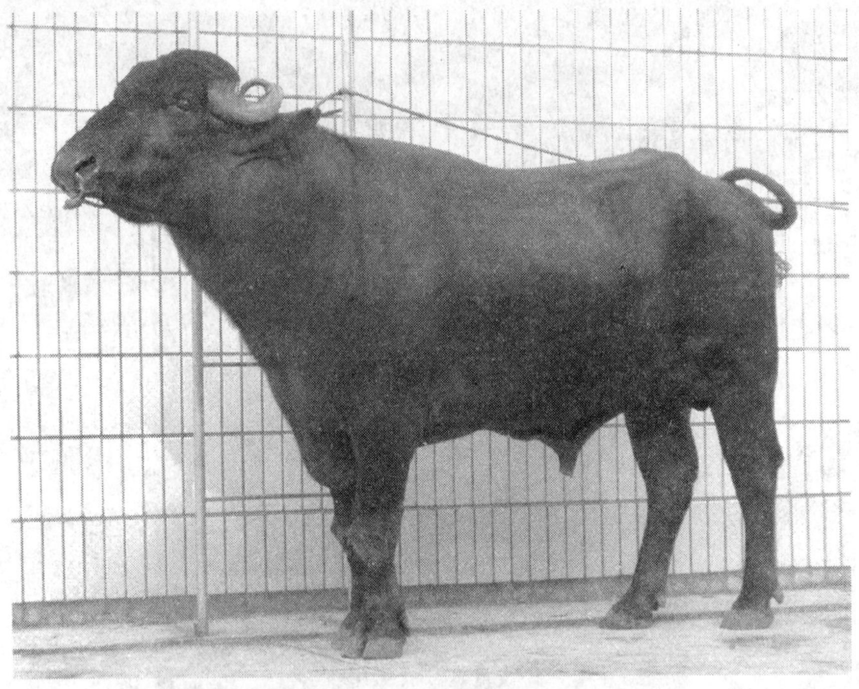

图 A.5 公牛侧部

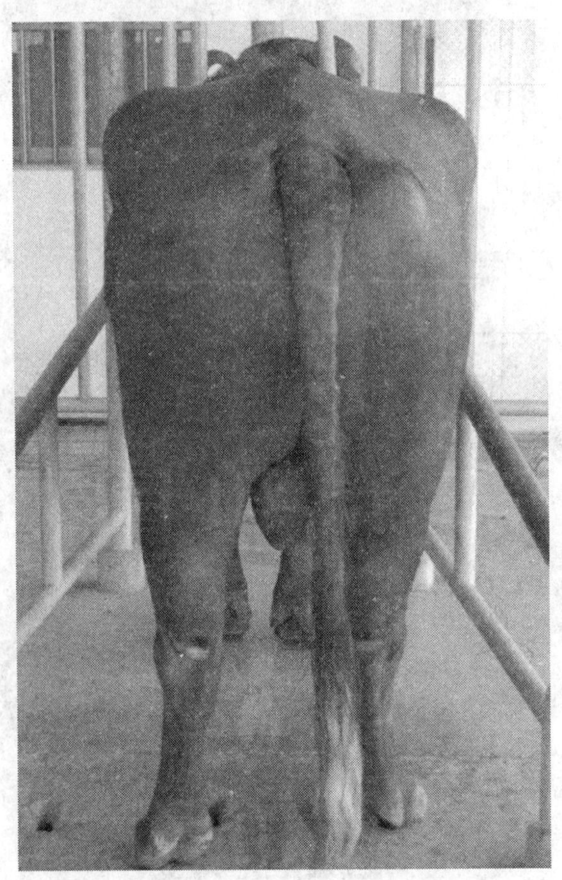

图 A.6 公牛后部

ICS 65.020.30
B 43

中华人民共和国国家标准

GB/T 27987—2011

尼里-拉菲水牛种牛

Nili-Ravi buffalo breeding stock

2011-12-30 发布　　2012-06-01 实施

中华人民共和国国家质量监督检验检疫总局
中国国家标准化管理委员会　发布

前　言

本标准按照 GB/T 1.1—2009 给出的规则起草。

本标准由中华人民共和国农业部提出。

本标准由全国畜牧业标准化技术委员会(SAC/TC 274)归口。

本标准起草单位:广西壮族自治区水牛研究所、广西壮族自治区质量技术监督局、广西大学。

本标准主要起草人:杨炳壮、黄锋、张永丽、郑威、陈明棠、熊小荣、李忠权、梁辛、邹隆树、杨膺白、罗松、赵朝步、罗华、潘玉红。

尼里-拉菲水牛种牛

1 范围

本标准规定了尼里-拉菲水牛种牛的品种特征、产奶性能、繁殖性能的基本要求。

本标准适用于尼里-拉菲水牛种牛的品种鉴别和育种。

2 规范性引用文件

下列文件对于本文件的应用是必不可少的。凡是注日期的引用文件,仅注日期的版本适用于本文件。凡是不注日期的引用文件,其最新版本(包括所有的修改单)适用于本文件。

GB 4143 牛冷冻精液

3 术语和定义

下列术语和定义适用于本文件。

3.1

体高 body height

水牛个体肩胛十字部最高点至地平面的垂直高度,用杖尺测量。

3.2

体重 body weight

水牛个体空腹时的重量,用磅秤称量。

3.3

体斜长 body length

水牛肩胛骨前缘至坐骨结节后缘的距离,用杖尺测量。

3.4

胸围 chest girth

水牛肩胛骨后角(肘突后缘)处量取的胸部周径,用卷尺测量。

3.5

305 d 产奶量 305-day milk yield

从产犊日到第 305 个泌乳日的总产奶量。泌乳天数不足 305 d 时,按实际产奶天数和产奶量计算;泌乳天数超过 305 d 时,只取 305 d 的实际产奶量。

3.6

乳固体 milk solid

乳中除去水分后的所有物质。

3.7

乳脂率 fat percentage

乳中所含脂肪的百分率。

3.8

乳蛋白率 protein percentage

乳中所含蛋白质的百分率。

4 品种特征

尼里-拉菲水牛种牛是由巴基斯坦引入的尼里-拉菲水牛经长期驯化、选育，适合于我国南方地区饲养的大型乳用水牛，具有适应性强、耐热、耐粗饲、抗病力强、泌乳性能好、乳汁浓香等特点。全身皮肤和被毛通常为黝黑色，部分水牛为玉石眼(虹膜缺乏色素)，额部、面部有白斑，四肢下部或前或后及尾帚为白色，有的乳房和胸部有肉色斑块。

5 体型外貌

5.1 外貌特征

5.1.1 母牛

成年母牛头清秀狭长，眼大有神，前额宽阔略突，鼻镜宽广，鼻梁平直；角卷曲；体型清秀，前躯轻狭、后躯重，腰角显露，尻部宽广、微斜，臀宽长稍显倾斜，尾细长过飞节；胸深、宽，胸垂突出，肋骨开张，鬐甲突起，无肩峰，腹大而不下垂；四肢较短，端正结实，肢势良好，飞节明显，系部有力，蹄圆坚实；乳房发达，附着良好，乳静脉显露，乳头粗长，分布匀称。母牛照片参见图 A.1、图 A.2、图 A.3。

5.1.2 公牛

成年公牛头短，宽而雄伟，头颈结合良好；角短、卷曲，角基粗大；前躯发达，体躯长、宽、深；肋骨长而开张；胸深、宽，腹部紧凑，大小适中；尻部宽广稍斜；四肢结实，蹄圆大、坚实；雄性特征明显。公牛照片参见图 A.4、图 A.5、图 A.6。

5.2 体尺与体重

5.2.1 犊牛

犊牛出生重不低于 30 kg。

5.2.2 母牛

24 月龄体重不低于 300 kg，体高不低于 115 cm，体斜长不低于 125 cm，胸围不低于 155 cm。

36 月龄体重不低于 400 kg，体高不低于 125 cm，体斜长不低于 135 cm，胸围不低于 175 cm。

5.2.3 公牛

24 月龄体重不低于 350 kg，体高不低于 120 cm。

36 月龄体重不低于 500 kg，体高不低于 130 cm。

6 产奶性能

在正常饲养管理条件下，头胎母牛 305 d 产奶量不低于 1 600 kg，经产母牛 305 d 产奶量不低于 1 800 kg。乳固体不低于 15.0%，乳脂率不低于 5.0%，乳蛋白率不低于 4.0%。

7 繁殖性能

7.1 公牛

公牛 30 月龄可采精，原精液品质符合 GB 4143 的规定。

7.2 母牛

母牛发情周期为18 d～25 d,初配年龄为24月龄～30月龄、体重在300 kg以上,妊娠期305 d～315 d,头胎产犊年龄为34月龄～40月龄。

7.3 利用年限

在正常饲养管理条件、健康状况良好的情况下,公牛利用年限7岁以上,母牛产奶5个泌乳期以上。

附　录　A
（资料性附录）
尼里-拉菲水牛种牛照片

图 A.1　母牛头部

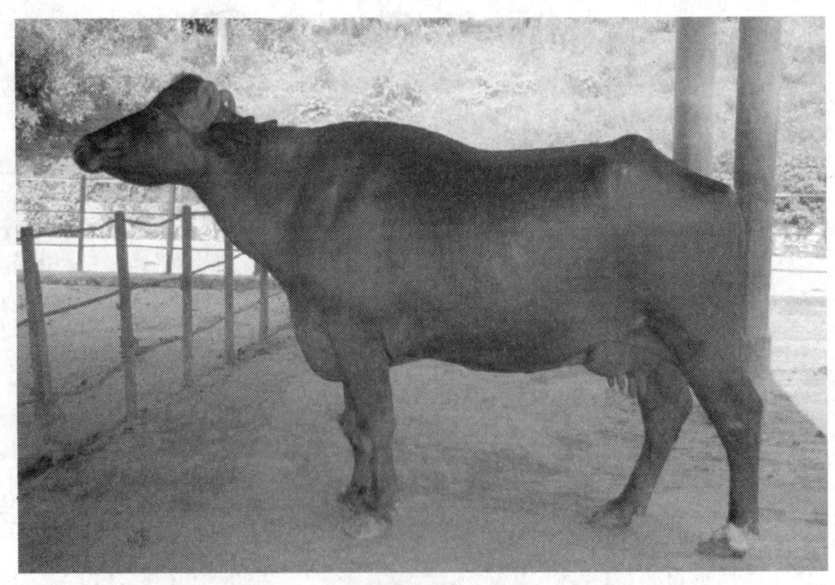

图 A.2　母牛侧部

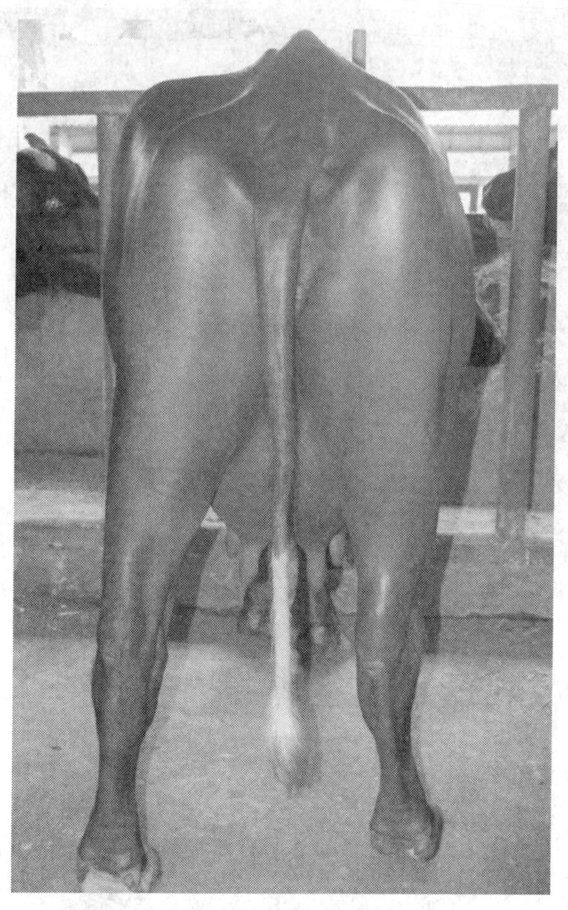

图 A.3　母牛后部

图 A.4　公牛头部

图 A.5　公牛侧部

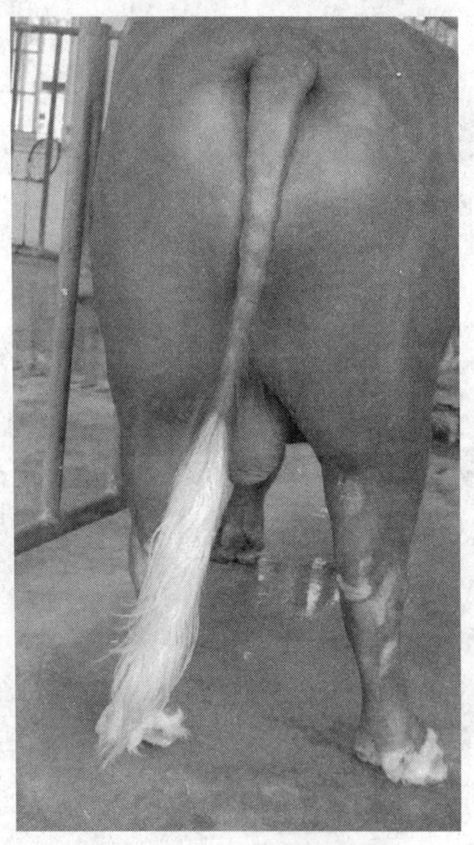

图 A.6　公牛后部

ICS 67.020
X 20

中华人民共和国国家标准

GB/T 27988—2011

咸鱼加工技术规范

Code of practice for salted fish

2011-12-30 发布　　2012-06-01 实施

中华人民共和国国家质量监督检验检疫总局
中国国家标准化管理委员会 发布

前言

本标准依据 GB/T 1.1—2009 给出的规则起草。

本标准由中华人民共和国农业部提出。

本标准由全国水产标准化技术委员会水产品加工分技术委员会(SAC/TC 156/SC 3)归口。

本标准起草单位:中国水产科学研究院南海水产研究所。

本标准主要起草人:杨贤庆、郝淑贤、李来好、刁石强、石红、吴燕燕、岑剑伟。

咸鱼加工技术规范

1 范围

本标准规定了咸鱼加工企业基本要求、加工操作技术要点及文件和记录要求。

本标准适用于湿腌法、干腌法加工咸鱼的生产过程。

2 规范性引用文件

下列文件对于本文件的应用是必不可少的。凡是注日期的引用文件，仅注日期的版本适用于本文件。凡是不注日期的引用文件，其最新版本(包括所有的修改单)适用于本文件。

GB 2733 鲜、冻动物性水产品卫生标准

GB 2760 食品添加剂使用卫生标准

GB 5749 生活饮用水卫生标准

GB/T 18108 鲜海水鱼

GB/T 18109 冻海水鱼

GB/T 27304 食品安全管理体系 水产品加工企业要求

3 加工企业基本要求

3.1 人员、环境、车间及设施、生产设备应符合 GB/T 27304 的规定。

3.2 加工用水及制冰用水应符合 GB 5749 的规定。

3.3 食品添加剂的使用应符合 GB 2760 的规定。

3.4 所用消毒剂应符合国家相关法规及标准的规定。

3.5 所用辅料应符合国家相关产品标准规定。

4 加工操作技术要点

4.1 原辅料要求与接收

4.1.1 原料鱼质量应符合 GB 2733、GB/T 18108 和 GB/T 18109 中的相关规定。

4.1.2 每一批次原辅料均需经质检人员进行抽检，检验合格方可收购。

4.2 前处理

4.2.1 鲜鱼

鲜鱼可直接经清洗后备用。

4.2.2 冻鱼

4.2.2.1 冷冻鱼应解冻后才能进行下一工序，解冻方式可采用室温自然解冻或流水解冻。自然解冻时室温不宜高于 18 ℃，流水解冻水温不宜高于 21 ℃。

4.2.2.2 冻鱼解冻时体表温度不宜高于7 ℃。

4.2.2.3 解冻过程应避免鱼的表面干燥。

4.3 分类

剔除杂物和受污染、损伤及理化指标不合格的原料，同时将原料鱼按规格大小进行分类。同批腌制的原料鱼个体大小和重量应均匀，以保证成品质量。

4.4 去鳞、去鳃、去内脏、去骨、打花刀

4.4.1 对于需去鳞、去鳃的原料，应在剖割前将鳞、鳃去除干净，然后立即冲洗干净。

4.4.2 需去内脏的鱼类应从鱼腹中线处剖切一刀，清除所有内脏和内黑膜，并用大量流动水冲洗，剖鱼过程中避免割破鱼肠和肝脏以免其中物质外流污染鱼肉。

4.4.3 需去骨的鱼类应当从头顶部沿背脊骨直接切至肛门后三节，并要保证腹部鱼腩完整。

4.4.4 个体较大的鱼类宜在鱼体肉厚的地方打花刀，打花刀的间隔应均匀。

4.5 腌制

4.5.1 干腌法

4.5.1.1 过程控制

4.5.1.1.1 腌制应在洁净容器中进行，腌制容器应有排水口。

4.5.1.1.2 将鱼放进腌制容器前，先在容器底部撒一层薄盐。

4.5.1.1.3 鱼应小心摆放，鱼与鱼之间的缝隙尽量小，但应能保证腌制过程中液体的排出。

4.5.1.1.4 按层盐层鱼摆放，最后用盐封盖，所有鱼体宜完全被盐覆盖。

4.5.1.1.5 腌制1 d～2 d卤水渗出后，应在鱼堆的表层铺上网架，并在上面加压。

4.5.1.1.6 加压重量一般为鱼重的15%～20%，加压物品使用前应清洗干净。

4.5.1.1.7 根据腌鱼的加工种类和鱼体的大小要定期重新翻转摆放，并将上层的鱼倒置到下层重新摆放。

4.5.1.1.8 腌制过程应补充新盐以保证有足够的盐使腌制过程得以完成。

4.5.1.1.9 腌制过程应定期检查和记录温度、颜色、气味、鱼体肉质。

4.5.1.1.10 腌制结束后应去除鱼体附着的盐及其他辅料。

4.5.1.2 盐的使用

4.5.1.2.1 轻度腌制时盐和鱼的比例一般为1∶8。

4.5.1.2.2 重度腌制时盐和鱼的比例一般为1∶1或1∶3。

4.5.1.2.3 加工用盐不得重复使用。

4.5.1.3 腌制温度

4.5.1.3.1 腌制车间温度宜控制在10 ℃以下。

4.5.1.3.2 腌制过程中，鱼体温度不应低于0 ℃。

4.5.1.4 腌制时间

根据原料品种、大小、厚度、质量、腌制温度、鱼体组织所吸收的盐量及不同加工产品的要求而定，一般在3 d～30 d。

4.5.2 湿腌法

4.5.2.1 过程控制

4.5.2.1.1 腌鱼池或容器应有良好的排水装置。
4.5.2.1.2 腌制前应清洗干净腌鱼池或容器，经消毒处理后再用清水冲洗干净。
4.5.2.1.3 在腌鱼池或容器底部均匀地撒一层盐，然后按层鱼层盐的方式摆放鱼。
4.5.2.1.4 至九成满时加盖封面盐，然后注入预先配制好的盐水，将鱼体完全浸没。
4.5.2.1.5 在腌制的整个过程中，盐水应完全浸没鱼体，盐水面上应铺一层网架并加压。
4.5.2.1.6 定期检查和记录盐水浓度、温度、颜色、气味、鱼体肉质以及有无气泡产生等情况。
4.5.2.1.7 腌制结束时，捞起沥水，再用洁净盐水将鱼体表面的污渍冲洗干净。
4.5.2.1.8 沥干水后将鱼逐条排放在干燥网架上。

4.5.2.2 腌制盐水

4.5.2.2.1 每批原料应使用新配的饱和盐水，盐水和鱼比例至少为1∶1。
4.5.2.2.2 使用非饱和盐水时，盐水和鱼比例宜增加，且盐水浓度应高于12.0 °Bé。
4.5.2.2.3 腌制过程中应定期检查盐水浓度，当盐水浓度下降时，应加入固体盐使盐水浓度保持在所需水平。

4.5.2.3 腌制温度

4.5.2.3.1 盐制前应将盐水降温至10 ℃以下，腌制车间温度宜控制在10 ℃以下。
4.5.2.3.2 如果盐水浓度没有达到饱和状态，宜将温度控制在0 ℃～4 ℃。

4.5.2.4 腌制时间

根据原料品种、大小、厚度、质量、腌制温度、鱼体组织所吸收的盐量及不同加工产品的要求而定，一般需24 h至数周时间。

4.6 干制

4.6.1 需干制的咸鱼可采用自然或人工干燥。
4.6.2 人工干燥温度宜控制在35 ℃以下。
4.6.3 采用自然干燥时禁止在晒场喷洒化学防虫剂，晒场应干净、卫生、灰尘少、环境好，且有防蝇、防蚊设施，自然干燥过程中应定期将鱼翻晒。
4.6.4 干燥过程应由检验人员定期检查咸鱼的颜色，测定水分含量确定咸鱼干燥程度。

4.7 称量

4.7.1 使用的衡器应经过计量鉴定，衡器的最大称重值不应超过被称样品质量的5倍。
4.7.2 衡器在使用前、使用中要经常定期校验。

4.8 包装

4.8.1 包装所用材料应洁净、无毒、无异味、坚固，符合国家食品包装材料相应的标准要求。
4.8.2 产品包装应有合格证，包装过程中产品应不受到二次污染。

4.9 金属探测

包装后的产品应经金属探测器进行金属探测。

4.10 贮藏

4.10.1 产品宜存放在温度为 6 ℃以下的冷库中,并定期监测和记录温度。

4.10.2 不同批次、规格的产品应分别堆垛,排列整齐,各品种、批次、规格应挂标识牌。

4.10.3 堆叠作业时,应将成品置于垫架上,堆放高度以纸箱受压不变形为宜。垛与垛之间应有 1 m 以上的通道,有利于空气循环及库温的均匀。

4.10.4 在进出货时,应做到先进先出。

5 文件和记录

按 GB/T 27304 中的规定执行。

ICS 29.160.20
K 21

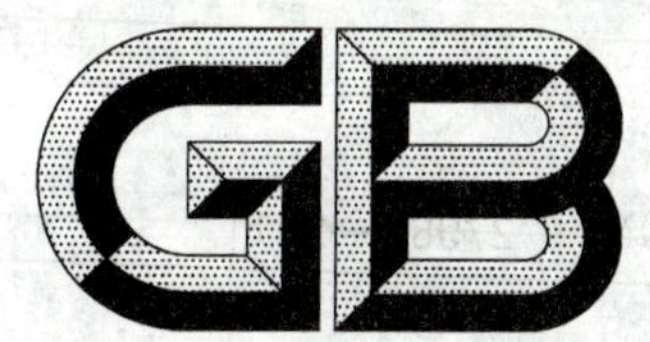

中华人民共和国国家标准

GB/T 27989—2011

小型水轮发电机基本技术条件

Fundamental technical requirements for small hydraulic generators

2011-12-30 发布　　2012-06-01 实施

中华人民共和国国家质量监督检验检疫总局
中国国家标准化管理委员会　发布

前　言

本标准按照 GB/T 1.1—2009 给出的规则起草。

本标准由中华人民共和国水利部提出。

本标准由水利部综合事业局归口。

本标准起草单位:水利部产品质量标准研究所、杭州江河机电装备工程有限公司。

本标准主要起草人:陈立卫、周争鸣、刘长陆、俞剑锋、朱春英。

小型水轮发电机基本技术条件

1 范围

本标准规定了小型水轮发电机产品的技术要求，供货范围，试验、验收，标志、包装、运输和保管，安装、试运行及保证期，备品备件，专用工具，技术资料的基本要求。

本标准适用于3相、50 Hz、125 kVA及以上、12 500 kVA以下的立式或卧式(灯泡贯流式除外)凸极同步发电机(以下简称水轮发电机)。频率为60 Hz的水轮发电机也可参照执行。

2 规范性引用文件

下列文件对于本文件的应用是必不可少的。凡是注日期的引用文件，仅注日期的版本适用于本文件。凡是不注日期的引用文件，其最新版本(包括所有的修改单)适用于本文件。

GB/T 156　标准电压
GB/T 191　包装储运图示标志
GB 755　旋转电机　定额和性能
GB/T 1029　三相同步电机试验方法
GB/T 2900.25　电工术语　旋转电机
GB/T 5321　量热法测定电机的损耗和效率
GB/T 7894—2001　水轮发电机基本技术条件
GB/T 8564　水轮发电机组安装技术规范
GB/T 10069.1　旋转电机噪声测定方法及限值　第1部分:旋转电机噪声测定方法
GB/T 10585　中小型同步电机励磁系统基本技术要求
GB 11120　L-TSA汽轮机油
GB/T 13384　机电产品包装通用技术条件
DL/T 507　水轮发电机组启动试验规程
DL/T 622　立式水轮发电机弹性金属塑料推力轴瓦技术条件
JB/T 6204　高压交流电机定子线圈及绕组绝缘耐电压试验规范
JB/T 7023　水轮发电机镜板锻件技术条件
JB/T 8439　使用于高海拔地区的高压交流电机防电晕技术要求
JB/T 8660　水电机组包装、运输和保管规范
JB/T 10098　交流电机定子成型线圈耐冲击电压水平
JB/T 10180　水轮发电机推力轴承弹性金属塑料瓦技术条件
JB/T 56183　中小型水轮发电机产品质量分等
SDJ 278—1990　水利水电工程防火规范设计

3 术语和定义

GB 755和GB/T 2900.25界定的术语和定义适用于本文件。

4 使用环境条件

除非另有规定,水轮发电机应能在下列使用环境条件下连续额定运行:

a) 海拔高程不超过 1 000 m(以黄海高程为准);

b) 冷却空气温度不超过 40 ℃;

c) 空气冷却器、油冷却器的进水温度不高于 28 ℃,不低于 5 ℃;

d) 厂房内相对湿度不超过 85%;

e) 安装在厂房内。

当水轮发电机的使用环境条件与上述各条件有差异时,应在专用的技术协议或合同中说明。

5 技术要求

5.1 概述

本章对水轮发电机的具体技术条款作出规定,凡未规定的事项,均应符合 GB 755 和 GB/T 7894—2001 中有关规定。如有特殊要求,用户和制造厂可在专用的技术协议中规定。

5.2 额定参数

5.2.1 在下列情况下,水轮发电机应能输出额定容量:

a) 在额定转速和额定功率因数时,电压与其额定值的偏差不超过±5%;

b) 在额定电压和额定功率因数时,频率与其额定值的偏差不超过±1%;

c) 在额定功率因数时,当电压与频率同时发生偏差(两者偏差分别不超过±5%和±1%),若两者偏差均为正偏差时,两者偏差之和不超过 6%;若两者偏差均为负偏差,或为正偏差与负偏差,两者偏差的绝对值之和不超过 5%。

当电压与频率偏差超过上述规定值时应能连续运行,此时输出容量以励磁电流不超过额定值、定子电流不超过额定值的 105%为限。

5.2.2 水轮发电机的额定功率因数一般不低于 0.8(滞后)。

5.2.3 水轮发电机的额定电压应根据不同的额定容量、转速、水轮发电机电压设备选择等因素综合技术经济比较后选定,并符合 GB/T 156 的规定。

可选用下列电压等级(V):400,3 150,6 300,10 500。

5.2.4 水轮发电机的额定转速优先在下列转速(r/min)中选择:

1 500,1 000,750,600,500,428.6,375,300,250,214.3,200,187.5,150,142.9,136.4,125,115.4,107.1,100,93.8,88.2,83.3,75。

5.2.5 水轮发电机在额定容量、额定电压、额定转速及额定功率因数运行时的额定效率保证值应在专用技术协议或合同中规定。

5.3 温度、温升

5.3.1 空气冷却的水轮发电机在规定的使用环境条件下,应能在额定工况时长期连续运行,此时定子绕组、转子绕组和定子铁心等的温升限值应不超过表 1 的规定。

表 1 绕组、定子铁心等部件允许温升值

项号	水轮发电机部件	测量方法	不同耐热绝缘等级材料的最高允许温升(K)	
			B级	F级
1	定子绕组	电阻法或埋入检温计法	80	100
2	定子铁心	埋入检温计法	80	100
3	转子绕组	电阻法	85	105
4	不与绕组接触的其他部件	这些部件的温升应不损坏该部件本身或任何与其相邻部件的绝缘		
5	集电环	温度计法	80	90

5.3.2 非基准运行条件和定额时温升限值应作以下修正：

a) 空气冷却的水轮发电机，当使用地点在海拔 1 000 m 以上至 4 000 m，且最高环境空气温度不超过 40 ℃时，其温度限值不必修正。当海拔超过 4 000 m 时，应在专用技术协议或合同中规定；

b) 当水轮发电机冷却空气温度与 40 ℃有差异时，表 1 中规定的温升限值应作如下修正（限于用埋设检温计法测量）：

1) 冷却空气温度低于 40 ℃时，则允许温升限值可比表 1 中规定值高，提高的度数为冷却空气低于 40 ℃的差值。但在任何情况下其温升限值的提高不应超过 10 K；

2) 冷却空气温度超过 40 ℃但不到 60 ℃时，则允许温升限值应比表 1 中规定值低，降低度数为冷却空气超过 40 ℃的差值；

3) 冷却空气温度超过 60 ℃时，允许温升的限值应在专用技术协议或合同中规定。

5.3.3 水轮发电机在额定运行工况下，其轴承的最高温度采用埋置检温计法测量不应超过下列数值：

a) 推力轴承巴氏合金瓦：75 ℃；

b) 推力轴承塑料瓦体：55 ℃；

c) 导轴承巴氏合金瓦：75 ℃；

d) 座式滑动轴承巴氏合金瓦：80 ℃；

e) 滚动轴承：95 ℃（温度计法）。

5.4 绝缘性能

5.4.1 水轮发电机定子绕组对机壳或绕组间用兆欧表测得的绝缘电阻值在换算至 100 ℃时，不应低于按式(1)计算的数值：

$$R=\frac{U_N}{1\,000+0.01S_N} \quad \cdots\cdots(1)$$

式中：

R ——绝缘电阻，单位为兆欧(MΩ)；

U_N——水轮发电机的额定电压，单位为伏(V)；

S_N ——水轮发电机的额定容量，单位为千伏安(kVA)。

对于干燥清洁的水轮发电机，在室温 t(℃)时的定子绕组绝缘电阻值 R_t(MΩ)可按式(2)进行修正：

$$R_t=R\times1.6^{\frac{100-t}{10}} \quad \cdots\cdots(2)$$

5.4.2 转子单个磁极挂装前及挂装后在室温＋10 ℃～＋30 ℃用 1 000 V 兆欧表测量时，其绝缘电阻应不小于 5 MΩ。挂装后转子整体绕组的绝缘性能电阻值应不低于 0.5 MΩ。

5.4.3 有绝缘要求的水轮发电机推力轴承、导轴承及埋置检温计均应对地绝缘，其绝缘电阻值在

+10 ℃～+30 ℃测量时应为下列数值：

a) 在推力轴承、导轴承装入温度计注入润滑油前，用 1 000 V 兆欧表测得的绝缘电阻应不小于 1.0 MΩ，注入润滑油后，用 500 V 兆欧表测得的绝缘电阻应不小于 0.5 MΩ；

b) 用 250 V 兆欧表测得埋入式温度计和其他自动化元件的绝缘电阻值应不小于 1.0 MΩ。

5.4.4 实际冷态下，定子绕组直流电阻最大与最小两相间的差值，在校正了由于引线长度不同引起的误差后，应不超过最小值的 2%。

5.4.5 定子线棒（线圈）常态介质损失角正切（$\tan\delta$）及其增量（$\Delta\tan\delta$）的限值应符合表 2 的规定。

表 2 常态介质损失角正切及其增量限值

试验电压	$0.2U_N$	$0.2U_N \sim 0.6U_N$
介质损失角正切值及其增量	$\tan\delta$	$\Delta\tan\delta = \tan\delta_{0.6U_N} - \tan\delta_{0.2U_N}$
指标值/%	≤3	≤1
注 1：U_N 为水轮发电机额定电压（V）。 注 2：每台水轮发电机按 3% 抽检，如不合格则加倍抽检。		

5.4.6 定子绕组的极化系数 R_{10}/R_1（R_{10} 和 R_1 为在 10 min 和 1 min 温度为 40 ℃以下分别测得的绝缘电阻值）不应小于 2.0。

5.4.7 定子线圈绝缘的工频击穿电压应不小于 5.5 倍额定线电压，可在专用技术协议或合同中规定，并通过抽样试验进行验证。

5.4.8 额定电压为 6 300 V 及以上的水轮发电机，当使用地点在海拔高度为 4 000 m 及以下时，其定子单个线圈应在 1.5 倍额定线电压下不起晕，整机应在 1.0 倍额定线电压下不起晕，端部应无明显的金黄色亮点和蓝色连续晕带。当使用地点海拔高度超过 1 000 m 时，试验地点电晕起始电压试验值应按 JB/T 8439 进行修正。

5.4.9 额定电压为 6 300 V 及以上的水轮发电机，在进行交流耐电压试验前，定子绕组应进行三倍额定电压的直流耐电压试验和泄漏电流测定。试验电压应分级稳定增加，每级增加 0.5 倍额定电压，每级电压持续 1 min。泄漏电流应不随时间而增大，各相泄漏电流的差值不宜大于最小值的 50%。

5.4.10 水轮发电机应能承受表 3 中所规定的 50 Hz 交流（波形为实际正弦波形）耐电压试验，历时 1 min，绝缘不被击穿。

表 3 绕组交流耐电压试验标准

水轮发电机部件	出厂试验电压（有效值）
定子装配完成后的定子绕组	2 倍额定线电压+1 000 V
转子装配完成后的转子绕组	10 倍额定励磁电压，最低为 1 500 V
注 1：成品定子线圈和定子线圈安装过程中各阶段的耐压试验按 JB/T 6204 规定。 注 2：表中所列出厂电压适用于在制造厂内进行总装配或完成定子、转子分装配的发电机，其工地交接试验电压为出厂电压的 0.8 倍。 注 3：对在工地完成定子、转子分装配的水轮发电机，如定子、转子已按表中通过交流耐电压试验，则在总装配后按表中试验电压的 0.8 倍进行交接试验。 注 4：对经过大修的水轮发电机，在清洗和烘干后，应承受 1.5 倍额定电压的试验电压进行试验。	

5.4.11 定子绕组耐冲击电压试验应按 JB/T 10098 执行。

5.5 电气特性

5.5.1 允许用提高功率因数的方法把水轮发电机的有功功率提高到额定容量;若水轮发电机设置最大容量,此时的功率因数、参数值、允许温升及相关的产品性能参数应在专用技术协议或合同中规定。

5.5.2 水轮发电机如有进相和滞相运行要求可在专用技术协议或合同中规定。

5.5.3 水轮发电机定子绕组接成正常工作接法时,在空载额定电压和额定转速时,线电压波形的全谐波畸变因数(THD)为:

a) 额定容量为 300 kVA 及以下者不超过 10%;

b) 额定容量为 300 kVA 以上者不超过 5%。

5.5.4 水轮发电机的电气参数如瞬态电抗、超瞬态电抗、短路比及时间常数应满足电力系统运行的要求,并应在专用技术协议或合同中规定。

5.5.5 水轮发电机的加权平均效率是水轮发电机在额定电压、额定转速及规定的功率因数和不同容量工况下对应的加权效率值。加权平均效率应在专用技术协议或合同中规定。

水轮发电机的加权平均效率按式(3)计算得出,其中加权系数(系水轮发电机在不同容量下运行所占的百分数)由用户提供。

$$\eta = A \cdot \eta_1 + B \cdot \eta_2 + C \cdot \eta_3 + \cdots \cdots \qquad (3)$$

式中:

η ——加权平均效率;

A、B、C、… ——在不同容量下水电站机组运行的加权系数($A+B+C+\cdots\cdots=1$);

η_1、η_2、η_3、… ——在额定电压、额定转速及规定的功率因数时对应于机组在不同容量下的水轮发电机效率值。

5.5.6 发电机的损耗和效率应采用量热法测定,应符合 GB/T 5321 的规定。其损耗包括以下损耗:

a) 定子绕组的铜损耗;

b) 转子绕组的铜损耗;

c) 铁心损耗;

d) 风损耗和摩擦损耗;

e) 导轴承损耗;

f) 推力轴承损耗(仅计及分摊给水轮发电机部分的损耗值);

g) 杂散损耗;

h) 励磁系统设备损耗。

5.5.7 水轮发电机在不对称电力系统中运行时,如任一相电流不超过额定值,且其负序分量与额定电流之比不超过 12%时应能长期运行。

5.5.8 水轮发电机在事故条件下允许短时过电流,但不得发生有害变形及接头开焊等情况。定子绕组过电流倍数与相应的允许持续时间按表 4 确定,但达到表 4 中持续时间的过电流次数平均每年不应超过 2 次。

表 4 定子绕组允许过电流倍数与时间关系

定子过电流倍数 (定子电流/定子额定电流)	允许持续时间 min
1.10	60
1.15	15
1.20	6

表 4（续）

定子过电流倍数 （定子电流/定子额定电流）	允许持续时间 min
1.25	5
1.30	4
1.40	3
1.50	2
注：对具有过负荷运行要求的水轮发电机，其定子绕组允许过电流倍数及持续时间应在专用技术协议或合同中规定。	

5.5.9　水轮发电机的转子绕组应能承受 2 倍额定励磁电流，持续时间为不少于 50 s。

5.5.10　水轮发电机在故障情况下短时不对称运行时，应能承受的负序电流分量 I_2 与额定电流 I_N 之比的平方与允许不对称运行时间 t(s)之积 $(I_2/I_N)^2 \times t$ 不超过 40 s。

5.5.11　水轮发电机应能适应频繁开、停机的运行要求，允许年启动次数一般不超过 1 000 次，具体次数应在专用技术协议或合同中规定。

5.5.12　水轮发电机采用准同期方式与电力系统并列。

5.6　机械特性

5.6.1　水轮发电机的旋转方向，从非驱动端看为顺时针方向。旋转方向如有特殊要求，应在专用技术协议或合同中规定。

5.6.2　水轮发电机转动部分的 GD^2 值，应满足水电站调节保证计算、电力系统稳定性及水轮发电机制造经济合理性的要求。GD^2 值应在专用技术协议或合同中规定。

5.6.3　水轮发电机和与其直接或间接相连的辅机，应能在飞逸转速下运转 5 min 而不产生有害变形或损坏。

5.6.4　水轮发电机各部分结构强度应能承受在额定转速及空载电压等于 105％额定电压下历时 3 s 的三相突然短路试验而不产生有害变形。同时还应能承受在额定容量、额定功率因数和 105％额定电压及稳定励磁条件下运行时，历时 20 s 的短路故障而无有害变形和损坏。

5.6.5　水轮发电机的结构强度应能承受转子半数磁极短路产生的不平衡磁拉力的作用，而不产生有害变形和损坏。

5.6.6　水轮发电机的结构强度应能承受使用地点地震烈度的要求。地震的设计加速度值见表 5。

表 5　不同地震烈度下的设计加速度值

设计加速度	地震烈度 度		
	Ⅶ	Ⅷ	Ⅸ
水平方向	0.2g	0.25g	0.4g
垂直方向	0.1g	0.125g	0.2g
注：g 为使用地点的重力加速度。			

5.6.7　水轮发电机的定子和转子组装完毕后，定子内圆和转子外圆半径的最大值或最小值分别与其平均半径之差不应大于设计气隙值的±4％。定子和转子间的气隙，其最大值和最小值与平均值之差不应

超过平均值的±8%。

5.6.8 水轮发电机的振动(双幅)允许值,应不大于表6的规定值。

表6 水轮发电机振动(双幅)允许值

项目	振动(双幅)允许值 mm				
	n≤100 r/min	100 r/min< n≤250 r/min	250 r/min< n≤375 r/min	375 r/min< n≤750 r/min	750 r/min<n
推力轴承支架的垂直振动	0.08	0.07	0.05	0.04	0.03
导轴支架的水平振动	0.11	0.09	0.07	0.05	0.04
定子铁心部位机座水平振动	0.04	0.03	0.02	0.02	0.02
定子铁心振动(100 Hz)	0.03	0.03	0.03	0.03	0.03
卧式机组各部分轴承垂直振动	0.11	0.09	0.07	0.05	0.04
注:振动值系指机组在除过速运行以外的各种稳定运行工况下的振动(双幅)值。					

5.6.9 水轮发电机定子铁心在对称负载工况下,100 Hz的振动(双幅)允许值应不大于30 μm。

5.6.10 水轮发电机的噪声水平,应为下列值(噪声测定方法应按GB/T 10069.1执行):

a) 对于额定转速为250 r/min及以下的立式水轮发电机,在水轮发电机盖板外缘上方垂直距离1 m处不超过80 dB(A);

b) 对额定转速为250 r/min以上的立式水轮发电机,在水轮发电机盖板外缘上方垂直距离1 m处的不超85 dB(A);

c) 对于卧式水轮发电机,在水轮发电机非驱动端距离机组1 m处不超85 dB(A)。

5.6.11 水轮发电机与水轮机组装完毕后,机组转动部件的第一阶临界转速应不小于飞逸转速的120%。

5.6.12 在调速系统正常工作时,水轮发电机在甩负荷后可不经任何检查并入系统。

5.6.13 推力轴承支架应能承受水轮发电机组所有转动部件的重量和水轮机最大水推力叠加后的动载荷,并应能与导轴承机架一起安全地承受由于水轮机转轮引起的水力不平衡力,以及由于水轮发电机绕组短路、半数磁极短路等引起的不平衡磁拉力,且不发生有害变形。

5.6.14 水轮发电机推力轴承支架在最大推力负荷作用下的垂直挠度不宜大于1.5 mm。

5.7 结构要求

5.7.1 总体结构

5.7.1.1 水轮发电机的结构型式和总体布置应在专用技术协议或合同中规定。

5.7.1.2 水轮发电机的结构应便于检修,立式水轮发电机在结构允许的条件下应设计成其下机架及水轮机的可拆卸部件在安装和检修时能通过定子铁心内径。

5.7.1.3 水轮发电机的集电环、导轴承和推力轴承的结构应设计成在不影响转子和相关部件情况下便于拆卸、调整和更换。

5.7.1.4 水轮发电机的机座、机架基础的设计应满足安装调整方便以及承受定子绕组突然短路扭矩、转子半数磁极短路不平衡力、不平衡水推力及振动力作用下，不发生异常变形和位移。

5.7.1.5 水轮发电机的机座、机架及其他结构部件的固有频率应予以核算，以避免与水轮机的转频、水力脉动频率及其倍频，或与不对称运行时转子和定子铁心的振动频率、电网频率及其倍频、建筑物的频率产生任何可能的共振。

5.7.1.6 应根据检修维护集电环、电刷、轴承、制动器和测速装置的需要，考虑必需的平台、支撑、人孔、梯子、栏杆等。应设置可观察电刷磨损情况的观察孔。在所有转动部件和带电部件周围应设置适当的防护。

5.7.1.7 水轮发电机机坑内应视情况分别设置电热、除湿系统和照明系统，具体配置应在专用技术协议或合同中规定。

5.7.1.8 水轮发电机出线端相序排列应为：面对水轮发电机出线端从左至右排列顺序为U、V、W。如采用其他相序排列，应在专用技术协议或合同中规定。

5.7.1.9 水轮发电机的定子绕组主引出线、中性点引出线的数目、方向和布置以及中性点的接地方式应在专用技术协议或合同中规定。

5.7.1.10 水轮发电机的结构部件表面应清理干净，并涂以保护层或采取防护措施。表面颜色按用户提供色卡确定。

5.7.1.11 为防止杂散电流通过，水轮发电机的轴承及其他导电部件，如定子、机架、支撑件、密封件和检测器等应根据需要设置绝缘。水轮发电机的定子机座、机架、油冷却器、空气冷却器、机坑内的所有金属管路及要求接地的其他部件应可靠接地。

5.7.2 主要部件

5.7.2.1 定子

水轮发电机定子应满足下列要求：

a) 根据运输条件和具体要求，水轮发电机的定子机座可采用整体或分瓣结构。整体结构定子机座的定子应在工厂内组装、叠片和嵌线，整体运输至电站现场。分瓣结构定子机座的定子应在电站现场组圆、叠片和嵌线。制造厂应提供吊装方法及起吊专用工具。
b) 定子铁心应由高导磁率、低损耗、无时效、机械性能优良的优质冷轧薄硅钢冲片叠压而成。
c) 定子线圈的绝缘可采用加热模压固化工艺成型或真空压力浸渍。

5.7.2.2 转子

水轮发电机转子应满足下列要求：

a) 水轮发电机的轴系可采用一根轴或多段轴的组合结构，其转子支架可采用整体锻造、整体铸造、铸焊组合或钢板焊接结构。轴系结构设计应便于现场轴线找正和调整。
b) 磁轭可采用整体、厚板叠片式或薄板叠片式结构。对薄板叠片式磁轭结构，磁轭钢板可经高精度的冲模或激光切割加工而成。
c) 磁极结构的设计应能承受运行时的振动、热变形、飞逸时的离心力及电气短路等所产生的作用力。
d) 转子绕组可由铜排经银铜焊焊接而成，或由无氧退火铜排采用扁绕工艺制成。其连接接头应设计成便于拆卸和检修。
e) 转子应设置完整的阻尼绕组(或具有阻尼作用的结构)，如无阻尼绕组应在专用技术协议或合同中规定。

f) 转子组装后应满足整体吊装的要求。制造厂应提供吊装方法及相关吊具。

5.7.2.3 轴承

水轮发电机轴承应满足下列要求：

a) 水轮发电机的推力轴承，可采用润滑油在油槽内冷却的自循环系统，也可采用外部冷却循环系统；导轴承宜采用润滑油在油槽内冷却的自循环系统。
b) 推力轴承瓦可采用轴承合金(巴氏合金)瓦或弹性金属塑料瓦。弹性金属塑料瓦技术要求应符合 JB/T 10180 和 DL/T 622 的规定。
c) 采用轴承合金(巴氏合金)的推力轴承和导轴承，在油槽油温不低于 10 ℃时，应允许水轮发电机组启动；采用弹性金属塑料瓦的推力轴承和导轴承，在油槽油温不低于 5 ℃时，应允许水轮发电机组启动，并允许水轮发电机在停机后立即启动和在事故情况下不制动停机。
d) 水轮发电机可采用可更换的镜板，或镜板与推力头锻成一体的推力头镜板，或镜板与推力头和主轴锻成一体的组合结构。镜板满足 JB/T 7023 和 JB/T 56183 的规定。
e) 当油冷却器冷却水中断时，轴承允许运行时间应在专用技术协议或合同中规定。
f) 推力轴承和导轴承的油槽应采取防甩油和密封措施，严防润滑油甩出和油雾逸出。
g) 用于所有轴承的透平油，其物理特性和化学特性应符合 GB 11120 的规定。

5.7.2.4 机架

水轮发电机机架应满足下列要求：

a) 机架的结构设计应保证轴系在导轴承处有足够的刚度，并应能满足在各种事故工况下(如半数磁极短路、水轮发电机出口短路等)机组稳定的要求；
b) 负荷机架应能承受水轮发电机组所有转动部分的重量和水轮机最大水推力叠加后的动荷载，并应能与导轴承支架一起安全地承受由于水轮机转轮引起的不平衡力，以及由于水轮发电机绕组短路、半数磁极短路等引起的不平衡磁拉力，且不发生有害变形。

5.8 通风冷却系统

5.8.1 水轮发电机可采用下列通风冷却系统：

a) 开启式自通风冷却系统；
b) 管道通风冷却系统；
c) 密封循环通风冷却系统。

具体的通风冷却系统方式，可在专用技术协议或合同中规定。

5.8.2 空气冷却器和油冷却器的冷却水压力可按 0.2 MPa～0.3 MPa 进行设计，水压降应不超过 0.1 MPa。冷却器的试验压力为工作压力的 1.5 倍，历时 60 min 无渗漏。

5.8.3 空气冷却器和油冷却器应采用紫铜管、铜镍合金的无缝管或其他能防锈蚀的管材。

5.8.4 冷却器应能防止沉淀物的堆积，并便于检修和清洗。油冷却器在拆卸和复位时，不需要拆卸推力轴承。

5.9 制动系统

5.9.1 额定容量为 250 kVA 以上采用滑动轴承的水轮发电机(具有制动喷嘴的冲击式水轮发电机组除外)应设置有制动装置；额定容量为 1 000 kVA 以上的水轮发电机优先采用压缩空气操作的机械制动装置。

5.9.2 采用压缩空气操作机械制动装置的立式水轮发电机，其机械制动装置靠压力供油应能顶起机组转动部件并可靠地锁定。

5.9.3 水轮发电机采用压缩空气操作的机械制动时，其空气压力一般为0.5 MPa～0.8 MPa。制动系统应能在专用技术协议或合同中规定的时间内，使机组的转动部分从20%～30%额定转速（当推力轴承采用巴氏合金瓦时）和10%～20%额定转速（当推力轴承采用弹性金属塑料瓦时）连续制动停机。

5.9.4 制动器应安全可靠，动作灵活，无吸持卡阻状况。

5.10 灭火系统

水轮发电机灭火系统的设置应符合SDJ 278—1990的规定或在专用技术协议或合同中规定。

5.11 检测系统

5.11.1 为测量定子绕组和定子铁心的温度，额定容量大于1 000 kVA的水轮发电机应在定子槽内至少埋设6个电阻温度计；额定容量1 000 kVA及以下的水轮发电机可不必埋设温度计。

5.11.2 为测量推力轴承及导轴承的温度，应在轴承瓦内至少放置1个温度计和1个温度信号计，具体数量应在专用技术协议或合同中规定。

5.11.3 水轮发电机的检测装置及相关的自动化元件，其规格、型式和性能要求应在专用技术协议或合同中规定。

5.12 励磁系统

水轮发电机励磁系统的供货和技术性能要求应在专用技术协议或合同中规定，并符合GB/T 10585的规定。

6 供货范围

水轮发电机供货范围包括下列内容：

a) 发电机本体及其附属设备；

b) 备品备件（参见附录A）；

c) 专用工具（参见附录B）；

d) 技术资料（参见附录C）。

注：励磁系统成套装置的供货应在专用技术协议或合同中规定。

7 试验、验收

7.1 每台（件）产品应经检验合格后才能出厂，并应附有产品质量检查合格证。

7.2 产品试验项目能在制造厂内进行的，均应在制造厂内完成。对不能在制造厂内进行总装配的水轮发电机，应以国家标准和有关规程规范及制造厂的技术文件为依据，在工地安装完毕后，在制造厂技术人员指导、检查和监督下进行交接试验和启动试运行试验。

7.3 水轮发电机厂内主要检查项目应包括：

a) 转子单个线圈电阻和绝缘电阻测定及定子、转子单个线圈耐电压试验；

b) 定子多匝叠绕线圈匝间耐电压试验；

c) 定子单个线圈冷热状态的介质损失角正切试验及常态增量测定，起晕电压的测定（额定电压6 300 V以下者不试验）；

d) 对工件尺寸、装配尺寸进行校验，对部件进行必要的预组装；

e) 水轮发电机和水轮机轴的预组装并检查轴线偏差；

f) 冷却器和制动器的耐压试验。

注：对在制造厂内完成定子、转子分装配的水轮发电机，厂内检查项目还应包括本标准7.4所列的a)～h)项。

7.4 水轮发电机现场主要交接试验项目应包括：

a) 定子铁心的铁损试验；
b) 绕组对机壳及绕组相互之间绝缘电阻的测定；
c) 测温元件绝缘电阻的测定；
d) 绕组在实际冷态下直流电阻的确定；
e) 定子绕组对机壳直流耐电压试验；
f) 绕组对机壳及绕组相互间工频耐电压试验；
g) 定子绕组整体起晕电压试验(额定电压 6 300 V 以下者不试验)；
h) 转子每个磁极交流阻抗的测定；
i) 轴承绝缘电阻的测定(无绝缘者不测)；
j) 油-气-水系统试验(压力和功能试验)。

7.5 水轮发电机启动试运行的主要试验项目应包括：

a) 轴承温度的测定；
b) 振动测定；
c) 动平衡校准(有必要时)；
d) 过速试验；
e) 相序测定；
f) 短时过电流和升高电压试验；
g) 空载特性的测定；
h) 三相稳态短路特性的测定；
i) 额定励磁电流和电压变化率的测定；
j) 电压波形正弦性畸变率和电压谐波因数的测定；
k) 甩负荷试验。

7.6 水轮发电机性能试验的主要试验项目应包括：

a) 噪声水平测定；
b) 绕组电抗和时间常数的测定(仅对额定容量 500 kVA 以上的水轮发电机进行，测量方法应按 GB/T 1029 执行)；
c) 效率和损耗的测定(水轮发电机的推力轴承损耗，只计入由水轮发电机转动部件引起的那部分损耗)；
d) 温升试验；
e) 过励调相及欠励进相运行试验(可按用户要求进行)；
f) 三相突然短路试验(可按用户要求进行)；
g) 飞逸转速试验(可按用户要求进行)。

注：由用户选择一台机组在设备保证期内的适当时机进行。

8 标志、包装、运输和保管

8.1 每台水轮发电机应有一个永久性固定的铭牌，在水轮发电机的铭牌上应标明：

a) 产品名称；
b) 制造厂名；
c) 制造厂出厂编号；
d) 产品型号；
e) 额定容量(kVA)；
f) 额定电压(V)；

g) 额定电流(A);
h) 额定频率(Hz);
i) 相数;
j) 定子绕组接线;
k) 额定功率因数(cosϕ);
l) 额定励磁电压(V);
m) 额定励磁电流(A);
n) 额定转速(r/min);
o) 飞逸转速(r/min);
p) 绝缘等级;
q) 出厂年月。

8.2 水轮发电机及其所有合同供货范围内的附件,其包装、运输、保管和储运应满足 GB/T 13384、JB/T 8660 和 GB/T 191 的要求。

8.3 制造厂每次发运的货物名称、数量、箱数、编号、发运时间、地点、车次等应在发运的同时通知收货单位。

8.4 设备运到工地后,应由制造厂代表、用户代表及监理人员共同参加开箱检查,如发现所到设备损坏、错发、缺件等问题,应由制造厂尽快采取补救措施。

8.5 水轮发电机及其所有合同供货范围内的附件运到工地后,均应储存在有掩蔽的库房内,并将以下零部件储存在温度不低于 5 ℃的干燥保温库房内:

a) 定子线圈和下线后的定子;
b) 转子线圈和磁极装配;
c) 定子和转子冲片;
d) 推力轴承和导轴承;
e) 转轴;
f) 集电环;
g) 空气冷却器、油冷却器;
h) 高压油顶起装置;
i) 励磁装置(如果由水轮发电机制造厂供货);
j) 精密仪表、各种盘柜、互感器、电气绝缘部件等。

特殊材料(润滑油、绝缘漆等)应按制造厂保管说明存放。

9 安装

小型水轮发电机的安装应符合 GB/T 8564 的要求和制造厂提供的产品安装、使用、维护说明书的规定。

10 试运行及保证期

10.1 水轮发电机及其附属设备在工地安装、试验完毕后正式投入商业运行之前,应进行试运行和交接试验。试运行和交接试验按 GB/T 8564、DL/T 507 等有关规定执行。

10.2 每台水轮发电机应进行试运行试验,以验证机组进行正常连续商业运行的能力,试运行持续时间为 72 h。验收合格后由用户签署验收证书。

10.3 水轮发电机及其附属设备保证期限为投入商业运行后 1 a,但从最后一批交货之日起不超过 2 a。保证期内如因制造质量不良而损坏或不能正常工作,制造厂应无偿为用户修理或更换。

附　录　A
（资料性附录）
备品备件

A.1　额定容量为 2 000 kVA 以下的水轮发电机，可不提供备品备件。如需提供备品备件，其种类和数量可由用户和制造厂协商后在专用技术协议或合同中规定。

A.2　额定容量为 2 000 kVA 及以上者，制造厂应随水轮发电机提供表 A.1 开列的最小数量的备品备件。如需变更备品备件的种类和数量，用户和制造厂协商后可在专用技术协议或合同中规定。

表 A.1　水轮发电机主要备品备件

序号	名　称	单位	数　量		
			1 台机～2 台机	3 台机～4 台机	5 台机～6 台机
1	定子条形线棒(上层)	台份	1/15	2/15	3/15
2	定子条形线棒(下层)	台份	1/30	2/30	3/30
3	定子多匝叠绕线圈	台份	1/15	2/15	3/15
4	推力轴承瓦	台份	1	1	1
5	上导轴承瓦	台份	1	1	1
6	下导轴承瓦	台份	1	1	1
7	套筒轴承瓦(卧式轴承)	台份	1	1	1
	制动块、密封圈、弹簧	台份	1	1	2
8	磁轭键	对	1	2	3
9	磁极键	台份	1/8	1/8	1/8
10	集电环电刷	台份	每台机各 1		
11	集电环电刷盒及弹簧	台份	1/4	2/4	3/4
12	轴承用绝缘板、绝缘套筒	台份	1	1	1
13	磁极线圈(各类型)	个	1	1	1
14	阻尼环接头	台份	1/10	2/10	3/10
15	定子槽楔	—	按上层线棒备用量的 1/3 数量		
16	绝缘包扎材料	—	按一节距定子线圈所需数量		
17	电阻温度计	个	每台机各类型各 2		
18	电接点电阻温度计	个	每台机各类型各 1		
19	磁轭压紧螺杆	套	每台机配各类螺杆 1/10～1/20		

注 1：“台份”系指每台机所需的份数(或数量)。

注 2：对定子多匝叠绕线圈(项 3)最少分别不少于 1 个、2 个和 3 个节距定子线圈的数量。

附 录 B
（资料性附录）
专 用 工 具

制造厂宜随同水轮发电机提供表B.1开列的最小数量的专用工具，如需变更专用工具的种类和数量，用户和制造厂协商后可应在专用技术协议或合同中规定。

表 B.1 水轮发电机主要专用工具

序号	项 目	单 位	数 量
1	定子吊装工具	套	1
2	转子吊装工具	套	1
3	磁极紧固及拆卸专用工具	套	1
4	推力轴承、导轴承组装及拆卸工具	套	1

附 录 C
（资料性附录）
技术资料

水轮发电机制造厂应向用户提交必要的图纸、资料。图纸、资料提交的种类、份数和日期，可在专用技术协议或合同中规定。

ICS 07.080
A 40

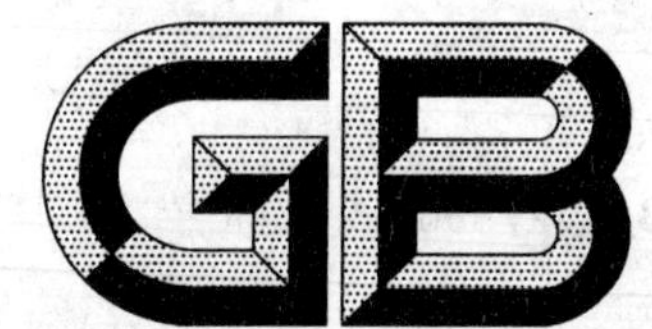

中华人民共和国国家标准

GB/T 27990—2011

生物芯片基本术语

Fundamental terms for biochips

2011-12-30 发布　　2012-06-01 实施

中华人民共和国国家质量监督检验检疫总局
中国国家标准化管理委员会　发布

前 言

本标准按照 GB/T 1.1—2009 给出的规则起草。

本标准由全国生物芯片标准化技术委员会(SAC/TC 421)提出并归口。

本标准起草单位:生物芯片北京国家工程研究中心、北京市医疗器械检验所、北京出入境检验检疫局技术中心、博奥生物有限公司。

本标准主要起草人:赵智贤、贺学英、张朝晖、高华方、王国青、邢婉丽。

生物芯片基本术语

1 范围

本标准规定了生物芯片基本术语和定义。

本标准适用于生物芯片研究、开发、生产和使用的各方。

2 术语和定义

2.1 基本术语

2.1.1

生物芯片 biochip

能够并行处理和分析样品中生物或化学信息的微型器件。

2.1.2

基片 substrate

微阵列芯片中用于固定生物分子的基质，其表面具有平整性和可修饰性的特点。可以是玻璃、尼龙膜、硅片、塑料以及陶瓷等。

2.1.3

靶标 target

待检测对象，包括化学小分子、生物大分子、细胞和微生物。

2.1.4

点重复 spot replicates

每种探针在芯片上每个阵列中的重复次数。

2.1.5

探针 probe

能够与靶标特异性结合的分子，多数情况下探针固定在基片上。

2.1.5.1

质控探针 quality control probe

用来监控芯片表面化学修饰、样品制备和反应过程等环节的质量的探针。该探针只与反应体系中外加的带有可检测的标记物的靶标发生特异性结合，故可用于监控探针和基片的结合质量及探针和靶标结合质量等整个反应过程的质量。

2.1.5.1.1

阳性质控探针 positive control probe

设置在微阵列芯片上的质控探针，无论被检测样品的结果如何，均能产生可以被识别的信号。

2.1.5.1.2

阴性质控探针 negative control probe

设置在微阵列芯片上的质控探针，无论被检测样品的结果如何，均不会产生可被识别的信号。

2.2 分类定义

2.2.1

微阵列芯片 microarray

以阵列方式设定在基片上能够并行处理和分析样品中生物或化学信息的微型器件。

注：点阵排布点径在 500 μm 以内，相邻两点中心间距最小距离以不产生信号交叉为准。

2.2.1.1

核酸微阵列芯片 nucleic acid microarray

在基片表面以微阵列形式将核酸分子固定作为探针的微型器件。

2.2.1.1.1

DNA 微阵列芯片 DNA microarray

在基片表面以微阵列形式将 DNA 分子和(或)类 DNA 分子固定作为探针的微型器件。

2.2.1.1.2

cDNA 微阵列芯片 cDNA microarray

在基片表面以微阵列形式将能与靶标 DNA 序列互补配对的扩增产物固定作为探针的微型器件。

2.2.1.1.3

寡核苷酸微阵列芯片 oligonucleotide microarray

在基片表面以微阵列形式将寡核苷酸固定作为探针的微型器件。

2.2.1.1.4

基因表达谱微阵列芯片 gene expression microarray

用于检测生物样品中 RNA 表达变化的 DNA 微阵列芯片。

2.2.1.2

蛋白质微阵列芯片 protein microarray

在基片表面以微阵列形式将蛋白质或多肽固定作为探针的微型器件。

2.2.1.3

寡糖微阵列芯片 oligosaccharide microarray

在基片表面以微阵列形式将寡糖分子固定作为探针的生物芯片。

2.2.1.4

细胞微阵列芯片 cell microarray

在基片表面以微阵列形式将细胞固定作为探针的微型器件。

2.2.1.5

组织微阵列芯片 tissue microarray

在基片表面以微阵列形式将微小组织切片样本固定后所构成的微型器件。

2.2.2

微流控芯片 microfluidic chip

利用微加工技术在硅、石英、玻璃或高分子材料等基质上加工出各种微细结构，如管道、反应池、微泵、微阀等功能单元，进行样品的处理和分析的微系统。

2.2.2.1

毛细管电泳芯片 capillary electrophoresis chip

微流控芯片的一种，在毛细管电泳的基本原理和技术基础上，利用微加工技术在石英、玻璃或高分子材料等基质上加工出微细管道、电极等功能单元，以实现样品分离与检测的微型器件。

2.2.2.2

色谱芯片 chromatography chip

微流控芯片的一种，在色谱的基本原理和技术基础上，利用微加工技术在硅、玻璃或高分子材料等基质上加工出微细管道和其他功能单元，以实现样品分离与检测的微型器件。

参 考 文 献

[1] YY/T 0692—2008 生物芯片基本术语
[2] 陈忠斌.生物芯片技术.北京:化学工业出版社,2005.
[3] 邢婉丽,程京.生物芯片技术.北京:清华大学出版社,2004.
[4] 马立人,蒋中华.生物芯片.北京:化学工业出版社,2001.
[5] Xing W, Cheng J. The frontiers of biochip technology. New York: Kluwer Academic Publishers, 2005.
[6] Xing W, Cheng J. Biochips—Technology and applications. Heidelberg: Springer-Verlag, 2003.
[7] Cheng J, Kricka L J. Biochip technology. Pennsylvania: Harwood Academic Publishers, 2001.

ICS 07.060
N 93

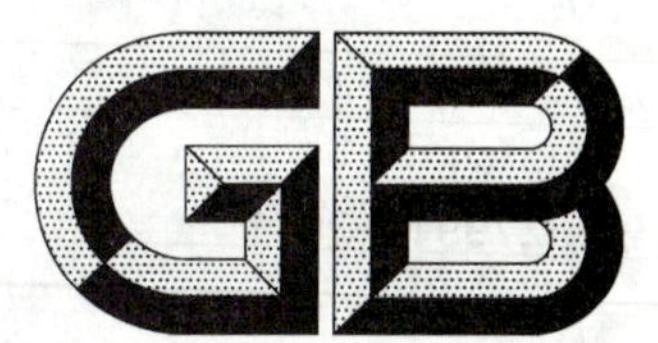

中华人民共和国国家标准

GB/T 27991—2011

河流泥沙测验及颗粒分析仪器基本技术条件

Fundamental technical requirements for sediment measurement and particle size analysis instrument in open channel

2011-12-30 发布　　2012-06-01 实施

中华人民共和国国家质量监督检验检疫总局
中国国家标准化管理委员会　发布

前　言

本标准按照 GB/T 1.1—2009 给出的规则起草。

本标准由中华人民共和国水利部提出。

本标准由全国水文标准化技术委员会水文仪器分技术委员会(SAC/TC 119/SC 1)归口。

本标准起草单位:水利部水文仪器及岩土工程仪器质量监督检验测试中心、南京水利水文自动化研究所、黄河水利委员会水文局。

本标准主要起草人:李刚、牛占、陆旭、刘文、韩捷、赵造申。

河流泥沙测验及颗粒分析仪器基本技术条件

1 范围

本标准规定了河流泥沙测验及颗粒分析仪器(以下简称仪器)的术语和定义、分类、技术要求、试验方法、检验规则及标志、包装、运输、贮存等要求。

本标准适用于江河、湖泊、水库、渠道等泥沙测验及颗粒分析的仪器。

2 规范性引用文件

下列文件对于本文件的应用是必不可少的。凡是注日期的引用文件,仅注日期的版本适用于本文件。凡是不注日期的引用文件,其最新版本(包括所有的修改单)适用于本文件。

GB/T 6005 试验筛 金属丝编织网、穿孔板和电成型薄板 筛孔的基本尺寸

GB/T 9359—2001 水文仪器基本环境试验条件及方法

GB/T 18185—2000 水文仪器可靠性技术要求

GB/T 18522.6 水文仪器通则 第6部分:检验规则及标志、包装、运输、贮存、使用说明书

GB/T 19677 水文仪器术语及符号

GB/T 50095 水文基本术语和符号标准

SL 07—20006 悬移质泥沙采样器

3 术语和定义

GB/T 19677 和 GB/T 50095 界定的术语和定义适用于本文件。

4 要求

4.1 技术参数

4.1.1 泥沙采样器

4.1.1.1 悬移质泥沙采样器

悬移质泥沙采样器的技术参数按 SL 07—2006 中第5章的规定执行。

4.1.1.2 推移质泥沙采样器

按结构原理不同,推移质泥沙采样器一般可分为压差式采样器和框式(网式)采样器。按适用于推移质粒径的不同,可以分为沙质和卵石推移质采样器两类。压差式采样器适用于沙质推移质采样。框式(网式)采样器适用于卵石推移质采样。推移质泥沙采样器主要技术参数见表1。

表 1 推移质采样器主要技术参数

仪器名称	口门宽 cm	有效取样质量 kg	适用粒径范围 mm
压差式采样器	10、20	5、20、50	0.1～2.0、2～10、2～100
框式(网式)采样器	30、50	50、100、200	2～100、2～200、2～300

4.1.1.3 床沙采样器

床沙采样器主要有圆柱采样器、管式拖斗采样器、袋式拖斗采样器、挖斗式采样器、插入型采样器和自重型采样器等，按使用方式和采样位置可分为：

a) 按使用方式不同划分，主要技术参数见表 2：
   1) 人工涉水操作的手持式采样器；
   2) 可以人工涉水或在测船上使用的轻型远距离操纵采样器；
   3) 需要在较大测船上使用较重型设备远距离机械操纵的采样器。
b) 按采样器采样的位置不同划分，主要技术参数见表 2：
   1) 床面采样器，用于河床表面采样；
   2) 芯式采样器，用于河床下一定深度采样；
   3) 表层采样器，用于河床表层(覆盖层)采样；
   4) 泥浆采样器，用于河底泥浆采样。

表 2 人工操作和轻型远距离操纵床沙采样器主要技术参数

结构和采样原理	仪器名称	适用床质	采样深度 m	样品质量 kg
床面采样器	圆柱采样器	沙质河床	0.1	1～3
	管式拖斗采样器	沙质河床	0.05	3
	袋式拖斗采样器	沙质河床	0.05	3
	挖斗式采样器	沙质、砾石、卵石河床	0.05	1～5
芯式采样器	插入型采样器	沙质、砾石、卵石河床	<0.5	2～5
	自重型采样器			
注：远距离机械操纵的采样器适用于各种河床，采样深度和样品质量范围较广。				

4.1.2 悬移质含沙量测量仪

悬移质含沙量测量仪主要技术参数见表 3。

表 3 悬移质含沙量测量仪主要技术参数

仪器名称	测沙范围 kg/m³	测点流速 m/s	水深 m
同位素测沙仪	2.1～1 000.0	≤5	≤20
光电测沙仪(激光测沙仪)	≤5	<2	≤15

表 3（续）

仪器名称	测沙范围 kg/m³	测点流速 m/s	水深 m
振动（管）式测沙仪	1.0～1 000.0	>0.75,≤4	>0.3
超声波测沙仪	0.5～1 000.0	≤3	≤10

4.1.3 粒度分析仪

粒度分析仪主要技术参数见表 4。

表 4 粒度分析仪主要技术参数

<table>
<tr><th colspan="2" rowspan="2">仪器名称</th><th rowspan="2">测得粒径类型</th><th rowspan="2">粒径范围
mm</th><th colspan="2">沙量或浓度范围</th><th rowspan="2">规格条件</th></tr>
<tr><th>沙量
g</th><th>质量分数
%</th></tr>
<tr><td rowspan="4">量测法</td><td>量具</td><td>三轴平均粒径</td><td>>32.0</td><td>—</td><td>—</td><td>0.1 mm 卡尺</td></tr>
<tr><td rowspan="3">分析筛</td><td rowspan="3">筛分粒径</td><td>2.0～32.0</td><td>—</td><td>—</td><td>圆孔粗筛</td></tr>
<tr><td rowspan="2">0.062～2.0</td><td>1～20</td><td>—</td><td>编织筛，框径 90/120 mm</td></tr>
<tr><td>3.0～50</td><td>—</td><td>编织筛，框径 120/200 mm</td></tr>
<tr><td rowspan="6">沉降法</td><td rowspan="2">沉降粒径计</td><td rowspan="2">清水沉降粒径</td><td>0.062～2.0</td><td>0.05～5.0</td><td>—</td><td>管内径 40 mm，管长 1 300 mm</td></tr>
<tr><td>0.062～1.0</td><td>0.01～2.0</td><td>—</td><td>管内径 25 mm，管长 1 050 mm</td></tr>
<tr><td>吸管</td><td>混匀沉降粒径</td><td>0.002～0.062</td><td>—</td><td>0.05～2.0</td><td>量筒 1 000/600 mL</td></tr>
<tr><td>光电颗分仪</td><td>混匀沉降粒径</td><td>0.002～0.062</td><td>—</td><td>0.05～0.5</td><td>沉降盒沉降距离 300 mm</td></tr>
<tr><td rowspan="2">离心沉降颗分仪</td><td rowspan="2">混匀沉降粒径</td><td>0.002～0.062</td><td>—</td><td>0.005～0.5</td><td>直管式</td></tr>
<tr><td><0.031</td><td>—</td><td>0.5～1.0</td><td>圆盘式</td></tr>
<tr><td colspan="2">激光粒度分析仪</td><td>衍射投影球体直径</td><td>2×10^{-5}～2.0</td><td>—</td><td>—</td><td>—</td></tr>
<tr><td colspan="2">现场测沙过滤器</td><td>—</td><td>0.002～0.250</td><td>—</td><td>—</td><td>—</td></tr>
<tr><td colspan="2">超声粒度分析仪</td><td>—</td><td>2×10^{-5}～2.0</td><td>—</td><td>—</td><td>—</td></tr>
</table>

4.2 环境条件

4.2.1 工作环境温度

工作环境温度应满足下列要求：

a) 水下仪器为 0 ℃～40 ℃；

b) 水上仪器为－10 ℃～50 ℃；

c) 实验室仪器为 5 ℃～35 ℃。

4.2.2 工作环境相对湿度

工作环境相对湿度应满足下列要求：

a) 室外仪器不大于95%(40 ℃);

b) 室内仪器不大于90%(40 ℃)。

4.2.3 工作电源

工作电源应满足下列要求:

a) 交流220 V允许变幅±20%,频率50 Hz±1 Hz;

b) 直流可为3 V、6 V、12 V、24 V,推荐12 V,电压允许变幅-15%~20%。

4.3 通用结构要求

4.3.1 仪器的结构宜简单紧凑、牢固可靠,便于安装、调试、运输、操作及维修。

4.3.2 仪器水下不可受水部分应有良好的密封性,外形不破坏流态,有保持稳定及导向的性能,与测杆、铅鱼等悬吊机构的连接装置应牢固可靠且易于装卸,信号导线有可靠的连接。

4.3.3 分水下水上两部分的仪器,应有可靠的信号传输机构。

4.3.4 仪器应采用防腐蚀、耐磨损、高强度及不易变形的材料制作,必要时还要进行表面涂镀处理。

4.3.5 仪器应备有易损件。

4.4 可靠性要求

仪器工作特征应满足以下一种可靠性指标的要求:

a) 平均无故障工作时间:MTBF≥16 000 h;

b) 可靠度按GB/T 18185—2000中6.2.2.1b)表13的规定。

4.5 性能要求

4.5.1 悬移质采样器

悬移质泥沙采样器的性能按SL 07—2006中第5章的规定。

4.5.2 推移质采样器

4.5.2.1 口门应能伏贴河床,使用时口门前的河床不应产生明显的淘刷或淤积。

4.5.2.2 进口流速应与天然流速接近,其口门平均进口流速系数宜在0.95~1.15之间。

4.5.2.3 卵石推移质采样器的平均采样效率应不低于40%;沙质推移质采样器的平均采样效率应不低于60%。

4.5.2.4 采样效率系数应稳定,样品应有代表性,进入器内的泥沙应不会被水流淘出。

4.5.3 床沙采样器

4.5.3.1 床沙采样器应能采集河床床面以下相应产品规定深度的样品,具体采样深度见表2。

4.5.3.2 在采样过程中,进入器内的样品不应被水流冲走或漏失。

4.5.4 悬移质含沙量测量仪

4.5.4.1 仪器输出要求

仪器应能输出物理特征(光、电、放射强度等信号)数值和含沙量数值。

瞬时式仪器宜设置瞬时输出和设置时段均值输出。

4.5.4.2 含沙量推算模型基本要求

仪器特征读数推算含沙量的模型(工作曲线或广义偏差拟合方程)应稳定,对水温、泥沙颗粒组成等有关影响应能自行校正。

其校测后获得的新模型推算的含沙量与原模型系统偏离大于2%时，应采用新模型推算含沙量。

4.5.4.3 测量误差

测量误差应满足下列要求：

a) 在建立率定工作模型时，其含沙量随机误差（相对误差统计标准差）应不大于5%，系统偏差（相对误差均值）应不大于1%；

b) 在野外应用验证时，其含沙量随机误差（相对误差统计标准差）应不大于10%，系统偏差（相对误差均值）应不大于3%。

4.5.4.4 连续工作稳定性

仪器连续工作性能应保持稳定，其8 h清水工作时的测量误差应不超过5%。

4.5.5 颗分仪器

4.5.5.1 分析筛

4.5.5.1.1 圆孔粗筛，依孔径Φ32.0 mm、Φ16.0 mm、Φ8.0 mm、Φ4.0 mm筛组装成套，筛框直径为400 mm、200 mm；方孔编织筛，依孔径2.00 mm、1.00 mm、0.50 mm、0.25 mm、0.125 mm、0.062 mm筛和底盘组装成套，筛框直径为Φ200 mm、Φ120 mm。

4.5.5.1.2 筛框应不变形、无缝隙、表面平整。

4.5.5.1.3 分析筛筛孔应平直方正，经线与纬线应相互垂直，无扭曲、无断丝。筛网装在筛框上应均匀张紧、不得松弛。筛孔尺寸、丝径尺寸及其偏差的控制应符合GB/T 6005—2008的规定。

4.5.5.1.4 振筛机应有定时器控制，运行15 min其计时误差不超过5 s。

4.5.5.2 粒径计

4.5.5.2.1 粒径计管下端80 mm～100 mm处应开始逐渐收缩，至管底口内径Φ8 mm，管内壁光滑，管身顺直，中部弯曲矢距小于2 mm。粒径计管的沉降始线、盛水水面线，最大粒径终止线等标记应准确测量，标划清晰。

4.5.5.2.2 对管长1 300 mm，内径Φ40 mm，沉降距离1 250 mm，最大粒径观读沉距1 000 mm的粒径计管，由管的下口向上量至1 250 mm处应为沉降始线，始线以上5 mm处为盛水水面线，始线以下1 000 mm处（即管的下口向上至250 mm处）为最大粒径终止线。

4.5.5.2.3 对管长1 050 mm，内径Φ25 mm，沉降距离1 000 mm，最大粒径观读沉距800 mm的粒径计管，由管的下口向上量至1 000 mm处应为沉降始线，始线以上5 mm处为盛水水面线，始线以下800 mm处（即管的下口向上至200 mm处）为最大粒径终止线。

4.5.5.3 吸管

吸样容积为20 mL或25 mL的玻璃质大肚型直管，底部封闭，进水口开在近底四周的侧壁上，孔眼4个，孔径为Φ1.0 mm～Φ1.5 mm。吸管吸样深度刻线校正值与吸管标称容积的误差应小于0.1 mL，当误差超过0.1 mL时，吸样容积应加“改正值”或修正容积刻线。

吸管装置有手持式和机械式两种，前者管后接软管和橡皮吸球，后者管后接软管和注射器等。

4.5.5.4 光电颗分仪

4.5.5.4.1 沉降盒沉降距离应大于100 mm（或沉降时间不小于10 s）。

4.5.5.4.2 泥沙颗粒级配检测:用消光法与吸管法比测,以吸管法为准,比测点小于某粒径沙量百分数相差应不大于4%,系统偏差应不大于2%。

4.5.5.5 离心沉降颗分仪

4.5.5.5.1 仪器应包括光路、离心机、记录三部分,有清水沉降的圆盘式和浑匀沉降的直管式两种。圆盘式转速有1 000 r/min、1 500 r/min、2 000 r/min、3 000 r/min、4 000 r/min、6 000 r/min六档,根据不同的试样进行选择;直管式转速有750 r/min、1 500 r/min两档,测试方式有重力沉降和离心沉降,允许根据样品情况选用。

4.5.5.5.2 泥沙颗粒级配检测:用离心沉降法与吸管法比侧,以吸管法为准,比测点小于某粒径沙量百分数相差应不大于4%,系统偏差应不大于3%。

4.5.5.6 激光粒度分析仪

激光粒度分析仪应满足下列要求:

a) 具有高稳定的激光器,精密的光路,便于清洗的样品检测窗;

b) 测量机构可调整光闪烁检测频率;

c) 灵敏可靠一致性良好的光信号感测组件,信号感测(快照)频率应与光闪烁检测频率相同且同步;

d) 光学测量系统与样品分散循环系统应方便对接,后者的运转不干扰前者的测量;

e) 光学测量系统与计算机信号传输良好。

4.6 机械环境适应性

仪器在包装状态下,应能承受GB/T 9359—2001中所规定的振动和自由跌落等试验。

4.7 外观

4.7.1 仪器外表应美观、光洁。

4.7.2 观读的透视窗应清晰、无划痕。

4.7.3 表面的涂镀层应牢固、均匀,不应有脱落、划伤、锈蚀等缺陷。

4.7.4 仪器主要性能指标宜刻注在仪器的适当位置。

5 试验方法

5.1 试验要求

5.1.1 试验环境条件应符合4.2的要求。

5.1.2 测试过程中不得对被检仪器进行调整。

5.2 试验项目及内容

5.2.1 可靠性试验

泥沙仪器的可靠性试验可按GB/T 18185—2000的规定进行。

5.2.2 悬移质泥沙采样器的试验

悬移质泥沙采样器的试验方法按SL 07—2006中第6章的规定进行。

5.2.3 推移质采样器的试验方法

5.2.3.1 进口流速与天然流速比测试验应在不同水力条件下进行，即分别测量口门平均进口流速及口门位置的天然流速，两者之比计算出进口流速系数。

5.2.3.2 应在不同水力条件下，连续测取推移质输沙率，与实际的推移质输沙率输移过程进行比较，计算取样的效率系数。

5.2.4 床沙采样器的试验方法

5.2.4.1 采样深度试验应在有代表性的天然河床或人工模拟河床上进行，即用床沙采样器取样，测定其有效深度。

5.2.4.2 取样代表性试验应在有代表性的天然河流上进行，即选择不少于10个试验点，用床沙采样器取样，样品作颗粒分析，在试用中分析床沙采样器的取样代表性并作出评价。

5.2.5 悬移质含沙量测沙仪的试验方法

5.2.5.1 率定建立工作模型

建造专用水池或水模，配置不同含沙量级、不同泥沙颗粒级配(粗、中、细沙型)及不同水质化学特性、不同水温等水沙仿真条件，实施率定建立工作模型的试验。

试验方法为，在各条件下，合理安排建模率定试验的含沙量级点，分别对应采用被率定仪器的物理特征读数和积时式采样器(或其他可靠准确的方法)取样测量的含沙量建立换算模型。

试验的每一次测试时间宜在60 s～100 s，仪器物理特征读数和含沙量的对应数值采用该60 s～100 s其间的平均值。

5.2.5.2 河流现场应用检验试验

在水流平稳条件下，与积时式采样器进行断面同位置测点的“同步平行”比测。比测应包括不同含沙量级、不同相对水深位置、不同流速等条件。被检验仪器和积时式采样器成果都采用该点位60 s～100 s期间含沙量数值的平均值。

5.2.5.3 误差计算

误差计算宜用式(1)～式(3)：

$$\eta_i=\frac{G_i-B_i}{B_i} \qquad \cdots\cdots(1)$$

$$\sigma=\sqrt{\frac{\sum_{i=1}^{N}\eta_i^2}{N-1}} \qquad \cdots\cdots(2)$$

$$\xi=\frac{1}{N}\sum_{i=1}^{N}\eta_i \qquad \cdots\cdots(3)$$

式中：

η_i ——相对误差系列；

G_i——模型测得的含沙量系列数值；

B_i——积时式采样器测得的含沙量系列数值；

σ ——统计标准差；

ξ ——系统误差。

5.2.5.4 稳定性试验

在室内水箱中，进行清水读数试验，在不断改变水温和测沙仪探头重复装、卸操作程序等条件下，连续观测记录读数。

5.2.6 颗分仪的试验方法

5.2.6.1 分析筛

分析筛的检验方法见 GB/T 6005。

5.2.6.2 光电颗分仪

光电颗分仪的线性测试应取通过 0.062 mm 分析筛的适量沙样注入 1 000 mL 或 500 mL 量筒内，按规定加入反凝剂，并加纯水至满刻度线，搅拌分散均匀。用吸管取不同体积的浑匀样品注入沉沙盒内，加纯水至满刻度线，测记水温，并分别测定其光密度值。然后点绘试样不同浓度与相应光密度值的关系曲线，其中的直线段即为可使用范围。

5.2.6.3 泥沙粒度分析仪器

泥沙粒度分析仪器的试验可用已知粒度级配分布的标准试样实施试验。试验统计误差结果应达到小于某粒径沙量百分数的系统偏差的绝对值在级配的 90%以上部分小于 2，在 90%以下部分小于 4；小于某粒径沙量百分数的随机不确定度应小于 10。

5.2.7 电压拉偏

调整电源输出电压至其额定值，当电源电压在允许变幅范围内进行拉偏时，受试仪器应能正常工作，并满足准确度要求。

5.2.8 外观

目测检查。

5.2.9 工作环境

按照 GB/T 9359—2001 中第 6 章、第 7 章的试验方法进行温度、湿度试验。

5.2.10 机械环境适应性

按照 GB/T 9359—2001 中第 12 章、第 15 章的试验方法进行振动试验、自由跌落试验。

6 检验规则

6.1 出厂检验

6.1.1 批量出厂的产品，应逐台进行出厂检验。

6.1.2 出厂检验由生产单位的质量检验部门负责检验。产品经检验合格并签发合格证后，方允许出厂。

6.1.3 出厂检验项目按具体产品标准要求进行。

6.1.4 出厂检验中凡出现不合格者，应进行返工，直至检验合格。

6.2 型式检验

6.2.1 型式检验条件

产品有下列情况之一时，应进行型式检验：

a) 新产品提交技术(定型)鉴定或产品科技成果(项目)鉴定前；

b) 新产品试生产或老产品转厂生产后；

c) 产品结构、材料、工艺有重大改变，可能影响产品性能时；

d) 正常生产时，定期或积累一定产量后；

e) 产品长期停产(三年以上)后，需要恢复生产时；

f) 出厂检验结果与上一次型式检验有较大差异时；

g) 国家质量监督机构提出进行型式检验要求时；

h) 根据合同规定双方有约定时。

6.2.2 型式检验内容

型式检验由制造厂质量检验部门按本标准第5章规定的全部试验项目(可靠性试验除外)进行全性能检验。可靠性试验为非型式检验项目，可通过专项试验进行，也可以在运行或鉴定移交时进行统计。

6.2.3 型式检验抽样规则

型式检验的样品应从经出厂检验合格的产品中随机抽样，产品抽样至少不少于三台。若样品总数不足三台，则应全部检验。经过型式检验需要更换易损件的产品，在更换后应再经出厂检验合格后方能出厂。

6.2.4 型式检验判定规则

在型式检验中有两台或两台以上不合格时，则判该批产品型式检验不合格。有一台不合格时，则应加倍抽样进行不合格项目复检，其后仍有不合格时，则判该批产品型式检验不合格。若全部检验合格，则除去第一批抽样不合格的产品，该批产品应判为合格。

7 标志、使用说明书

7.1 标志

见GB/T 18522.6的规定。

7.2 使用说明书

见GB/T 18522.6的规定。

8 包装、运输、贮存

8.1 包装

见GB/T 18522.6的规定。

8.2 运输

包装好的产品应能适应各种运输方式。

8.3 贮存

长期贮存状态下的产品，其贮存场所应选择通风、干燥的室内，附近应无酸性、碱性及其他腐蚀性物质存在。包装好的产品应能适应下列环境条件贮存：

a) 贮存环境温度：−40 ℃～60 ℃；

b) 贮存环境相对湿度：≤90%(40 ℃时)。

ICS 07.060
N 93

中华人民共和国国家标准

GB/T 27992.1—2011

水深测量仪器 第1部分：水文测杆

Water depth finding equipment—Part 1：Hydrologic sounding rod

2011-12-30 发布　　2012-06-01 实施

中华人民共和国国家质量监督检验检疫总局
中国国家标准化管理委员会　发布

前　言

GB/T 27992《水深测量仪器》分为四个部分：

——第1部分：水文测杆；

——第2部分：测深锤；

——第3部分：超声波(回声)测深仪；

——第4部分：投入式压力测深仪。

本部分为GB/T 27992的第1部分。

本部分与GB/T 15966—2007《水文仪器基本参数及通用技术条件》、GB/T 13336—2007《水文仪器系列型谱》等标准在技术内容上相互协调一致。

本部分按照GB/T 1.1—2009给出的规则起草。

本部分由中华人民共和国水利部提出。

本部分由全国水文标准化技术委员会水文仪器分技术委员会(SAC/TC 119/SC 1)归口。

本部分由水利部水文仪器及岩土工程仪器质量监督检验测试中心、水利部南京水利水文自动化研究所、宁波北仑华赛液压器材有限公司、黑龙江省水文局负责起草，全国工业产品生产许可证办公室水文仪器及岩土工程仪器审查部参加起草。

本部分主要起草人：薛永辉、陆旭、房灵常、刘晓凤、鲍良钝。

水深测量仪器
第1部分:水文测杆

1 范围

本部分规定了水文测杆的术语和定义、分类、技术要求、检验规则及标志、包装、运输、储存、使用说明书。

本部分适用于明渠及感潮河口直接测量水深的测杆和用于悬吊测速或采样仪器如流速仪、采样器进行测点定位的测杆。

2 规范性引用文件

下列文件中对于本文件的应用是必不可少的。凡是注日期的引用文件,仅注日期的版本适用于本文件。凡是不注日期的引用文件,其最新版本(包括所有的修改单)适用于本文件。

GB/T 13336—2007 水文仪器系列型谱

GB/T 15966—2007 水文仪器基本参数及通用技术条件

GB/T 18522.6 水文仪器通则 第6部分:检验规则及标志、包装、运输、贮存、使用说明书

GB/T 19677—2005 水文仪器术语及符号

SL 108—2006 水文仪器及水利水文自动化系统型号命名方法

3 术语和定义

GB/T 19677—2005 界定的术语和定义适用于本文件。

4 产品分类及型号命名

4.1 产品分类

水文测验用测杆通常可以分为手持式测杆和机械操纵式测杆。

a) 手持式测杆可以分为三种:
   1) 通用式:一般在水深不超过3 m,流速不超过2 m/s时使用。可单独测深,也可辅助测流。其基本构成一般有:杆身部分、定位部分(分带杆尖和不带杆尖的两种)、信号转接插座部分、方向标部分及联接部分等。
   2) 单一测深式:一般在水深不超过6 m,流速不超过2 m/s时使用。其基本构成一般有:杆身部分、定位部分等(分带杆尖和不带杆尖的两种)。
   3) 涉水用测杆:一般适用于涉水测量的浅水河流,其基本构成与通用式或单一测深式基本相同。
b) 机械操纵式测杆:机械操纵式测杆可分为长测杆、半测杆和无偏角缆道用测杆三种型式,一般都在水深不超过6 m、流速不超过2 m/s时使用。其基本构成一般有:杆身部分、接杆部分、联接螺栓等。

c) 其他种类:应符合 GB/T 13336—2007、GB/T 15966—2007 等标准的规定。

4.2 产品型号命名

水文测杆的产品型号命名应符合 SL 108—2006 的规定。

示例:

手持式测杆直径为 16 mm 的测杆,表示为:CGS16。

机械操纵式测杆直径为 50 mm 的测杆,表示为:CGJ50。

5 要求

5.1 一般要求

5.1.1 测杆的直径和长度推荐尺寸见表 1。

表 1 测杆的尺寸系列

类型		手持式测杆	机械操纵式测杆
参数	直径/mm	10、12、16、20、25、27	25、32、40、50、60
	长度/m	0.4、0.5、1.0、1.5、2.0、3.0	3.0、4.0、5.0、6.0、8.0、10

5.1.2 测杆重量应尽可能轻,以利操作。

5.1.3 测杆应具有一定的刚度及强度,以经得起水流的作用而无明显弯曲。

5.1.4 测杆的直线度应符合表 2 规定。

表 2 测杆直线度

类型	手持式测杆(通用式)					单一测深或机械操纵式	
单节杆长/m	0.5	1.0	1.5	2.0	3.0	3.0~6.0	6.0~10.0
直线度/mm	≤2	≤2.5	≤3.0	≤3.0	≤3.0	无明显弯曲	
整体测杆/m	0.5	1.0	1.5	2.0	3.0	3.0~10.0	
直线度/mm	≤2.0	≤2.5	≤3.0	≤3.0	≤3.0	无明显弯曲	

5.1.5 测杆不应因自身结构的阻挡而产生明显的壅水现象。

5.1.6 测杆材料表面应光洁并能耐腐蚀、抗磨损,推荐采用玻璃钢、高强度塑料、铝合金及不锈钢管型材料制成,或采用具有防腐蚀镀层的钢或铜管等材料制成。

5.1.7 测杆应具有防止内部积水的结构措施。

5.1.8 必要时测杆底端一般应可通过附加措施联接固定采样器。

5.1.9 机械环境适应性:在包装状态下,测杆应能承受运输、装卸、搬运过程中可能出现的振动、跌落等意外情况,其基本功能应正常。

5.2 特殊要求

5.2.1 对于手持式测杆,除应满足 5.1 技术要求外,杆身部分还有如下要求:

a) 手持式测杆杆身应有明显、清晰的刻线标度。

b) 刻度划分间隔:

1) 通用式及涉水用测杆:10 mm、20 mm;

2) 单一测深式测杆:10 mm、20 mm、50 mm;

3) 确定测杆的刻度间隔时,应根据现场所测水深等基本参数,在测杆杆身表面由下到上(杆尖至杆柄)按小刻度逐渐向大刻度递进方式进行分段性分布,具体推荐按表3确定。

表3 测杆的刻度间隔

测杆入水区域段/m	0～2.0	2.0～5.0	>5.0
刻度最小间隔分布/mm	10	20	50

c) 刻度标记无论湿水与否均应清晰、醒目,并方便多方位进行观测。其中,一般测杆的刻度标记宜着颜色。

d) 考虑测深读数方便,推荐测杆上每个分划均应刻印数值。

e) 通用及涉水用测杆的刻度公差应符合 IT14 要求。

f) 通用及涉水用测杆(包括机械操纵式测杆的接杆)的直径公差一般不宜超出自由公差带所限定的范围。

g) 通用式测杆分节组装总成后,刻字面应在同一观测面上。

h) 手持式测杆下端一般应有一定面积的底盘和尖硬的杆尖,以保证在各种河床质条件下能正确、稳固地定位。

i) 手持式测杆的定位部分可分为带杆尖的和不带杆尖的两种,对于用于平硬渠底测深的手持式测杆,要求定位部分不带杆尖即底盘独立安装于测杆底端,以避免杆尖带来的读数误差,此时应仍能满足定位要求。

j) 底盘尺寸应与测杆直径大小相适宜,推荐按 50∶1 的面积比匹配。

k) 底盘阻水应小,以利提放,一般采用在底盘上打过水孔的方法来实现。

5.2.2 通用式测杆的其他要求如下:

a) 测杆顶端一般应有信号转接插座装置,以供辅助测流等使用;

b) 测杆上部应装置有可上下滑动的方向标,以利测验人员测流时对仪器进行定向。

6 试验方法

6.1 试验设备

主要试验设备如下:

a) 游标卡尺;

b) 钢直尺;

c) 百分表;

d) 平板;

e) 塞尺;

f) 振动试验台;

g) 跌落试验台。

6.2 试验项目

6.2.1 外观

目测检查。

6.2.2 尺寸

用游标卡尺和钢直尺检验测杆的直径和长度尺寸。

6.2.3 直线度

用平板、塞尺、钢直尺和百分表等检验。

6.2.4 振动试验

必要时，在运输包装状态下，设置振动系统的扫频振动频率为 10 Hz～150 Hz～10 Hz，扫频速度为 1 倍频程/min，加速度为 $2g$，对测杆进行循环 3 个周期/单轴振动试验。试验后，其结构及表面应无损伤。

6.2.5 跌落试验

必要时，在运输包装状态下，设置自由跌落高度为 300 mm，将测杆自由跌落在平滑、坚硬的钢质面上，共进行 3 次跌落试验。试验后其结构及表面应无损伤。

7 检验规则

7.1 出厂检验

7.1.1 测杆出厂前应逐件进行出厂检验。出厂检验项目为 5.1.1、5.1.4、5.2.1a)～g)、5.2.2。

7.1.2 出厂检验中凡有一项不合格者，则可判为不合格。每台仪器经检验合格，签发产品检验合格证后，方可出厂。

7.2 型式试验

7.2.1 有下列情况之一时，应进行型式检验：

——新产品或老产品转厂生产的试制定型鉴定；

——正式生产后，如结构、材料、工艺有较大改变，可能影响产品性能时；

——正式生产时，定期或积累一定产量后，应周期性进行一次检验；

——产品长期(2 年以上)停产后又恢复生产时；

——出厂检验结果与上次型式检验结果有较大差异时；

——国家质量监督机构提出进行型式检验要求时。

7.2.2 型式检验应按本部分规定的全部试验项目进行全性能检验。

7.2.3 型式检验的样品应从经出厂检验合格的产品中随机抽取，一般不少于 3 件，若产品总数不足 3 件，应该全检。

7.2.4 试验结果的评定：在型式检验中有 2 件以上(包括 2 件)不合格时，则判该批产品不合格，有 1 件不合格时，则应加倍抽取该产品进行检验。其后仍有不合格时，则判该批产品为不合格；若全部合格，该批产品应判为合格。

8 标志、使用说明书

8.1 标志

8.1.1 产品标志

在测杆的显著部位应设有标识，并清晰标明以下内容：

——产品名称、型号；
——生产厂家及商标；
——出厂编号及日期；
——主要参数。

8.1.2 包装标志

在产品的包装箱的适当位置，应标有显著、牢固的包装标志，内容包括：
——仪器型号及名称；
——制造厂名；
——制造厂地址；
——仪器数量；
——箱体尺寸(mm)；
——净重或毛重(kg)；
——运输作业安全标志；
——生产许可证编号等。

8.1.3 产品运输标志

产品的包装储运图示和收发货标志，应根据产品的特点并按照 GB/T 18522.6 等有关标准规定选用。

8.2 使用说明书

产品的使用说明书应满足 GB/T 18522.6 的规定。

9 包装、运输、贮存

9.1 包装

9.1.1 产品包装箱应经济、美观、坚实可靠。
9.1.2 产品各组成部分应按照其尺寸、形状的需要分别包装。
9.1.3 包装时，周围环境及包装箱内应清洁、干燥。
9.1.4 随同产品装箱的技术文件应有装箱单、产品合格证、使用说明书等。

9.2 运输

包装好的测杆应能适应各种运输方式。

9.3 贮存

9.3.1 包装好的测杆应能在下述环境条件下贮存：

a) 温度：－30 ℃～60 ℃；

b) 相对湿度：≤85％。

9.3.2 长期贮存状态下，其贮存场所应选择通风、干燥的室内，附近应无酸性、碱性及其他腐蚀性物质存在。

ICS 07.060
N 93

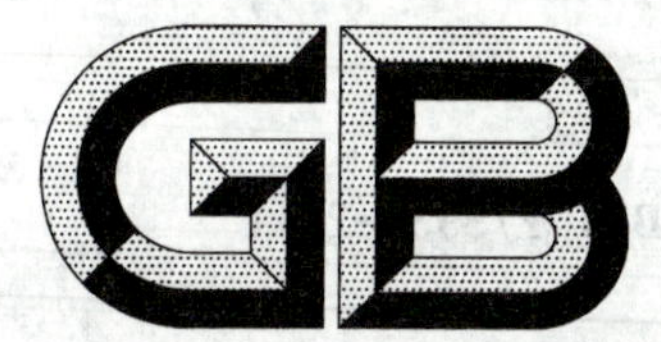

中华人民共和国国家标准

GB/T 27993—2011

水位测量仪器通用技术条件

General technical conditions for stage measuring instruments

2011-12-30 发布　　2012-06-01 实施

中华人民共和国国家质量监督检验检疫总局
中国国家标准化管理委员会　发布

前 言

本标准按照 GB/T 1.1—2009 给出的规则起草。

本标准与 GB/T 11828 已制定部分相互协调一致。

本标准由中华人民共和国水利部提出。

本标准由全国水文标准化技术委员会水文仪器分技术委员会(SAC/TC 119/SC 1)归口。

本标准起草单位:水利部水文仪器及岩土工程仪器质量监督检验测试中心、南京水利水文自动化研究所、宁波北仑华赛液压器材有限公司。

本标准主要起草人:林薇、冯讷敏、张玉成、关铁生。

水位测量仪器通用技术条件

1 范围

本标准规定了水位测量仪器的产品分类、要求、试验方法、检验规则及标志、包装、运输、贮存、使用说明书。

本标准适用于测量江河、湖泊、渠道、水库、地下、水槽等水体水位的各种不同工作原理的水位测量仪器。

本标准不适用于其他场合使用的水位测量仪器、液位计。

2 规范性引用文件

下列文件对于本文件的应用是必不可少的。凡是注日期的引用文件,仅注日期的版本适用于本文件。凡是不注日期的引用文件,其最新版本(包括所有的修改单)适用于本文件。

GB 4208　外壳防护等级(IP 代码)

GB/T 9359—2001　水文仪器基本环境试验条件及方法

GB/T 11828(所有部分)　水位测量仪器

GB/T 18185—2000　水文仪器可靠性技术要求

GB/T 18522.2　水文仪器通则　第2部分:参比工作条件

GB/T 18522.3　水文仪器通则　第3部分:基本性能及其表示方法

GB/T 18522.6　水文仪器通则　第6部分:检验规则及标志、包装、运输、贮存、使用说明书

GB 18523—2001　水文仪器安全要求

GB/T 19677　水文仪器术语及符号

GB/T 19705　水文仪器信号与接口

GB/T 50095　水文基本术语和符号标准

SL 61　水文自动测报系统技术规范

3 术语和定义

GB/T 50095、GB/T 19677 界定的术语和定义适用于本文件。

4 产品的分类

4.1 水位测量仪器按工作原理分为:水尺(含电子水尺)、接触(跟踪)式、浮子式、压力式、声波式、雷达式、激光式和其他形式。

4.2 水位测量仪器按记录方式分为:人工观读记录、模拟记录、打印记录、存储器记录、其他形式。

5 要求

5.1 基本参数

5.1.1 测量范围

水位测量仪器的测量范围分档如下(单位:m):

0～0.4、0～1.0、0～2.0、0～5.0、0～10.0、0～20.0、0～40.0、0～40.0以上。

5.1.2 分辨力

水位测量仪器的分辨力分档如下(单位:cm):
0.01(限测量范围0～0.4 m)、0.1、0.5、1.0。

5.1.3 水位变率

一般应不低于40 cm/min。

5.1.4 模拟记录周期

水位测量仪器的模拟记录周期分档如下:
日记、周记、月记、季记。

5.1.5 存储器记录

存储器记录水位数据的能力,根据不同的记录时段,一般在180 d以上。

5.1.6 记录时段

定时段采样记录的水位测量仪器,可在1 min、5 min、6 min、30 min、60 min及从60 min的整倍数中选取记录时段。

5.2 工作环境条件

5.2.1 室外部分

5.2.1.1 工作环境温度:－10 ℃～50 ℃。
5.2.1.2 工作环境相对湿度:≤95%(40 ℃凝露)。

5.2.2 室内部分

5.2.2.1 工作环境温度:10 ℃～45 ℃或0 ℃～40 ℃。
5.2.2.2 工作环境相对湿度:≤95%(40 ℃时)或≤90%(40 ℃时)。

5.3 主要技术指标

5.3.1 准确度

水位测量仪器按工作原理分类,如表1所示。

表1 不同工作原理的水位测量仪器准确度分类 单位为厘米

工作原理	准确度等级	最大允许误差	适用分辨力
电子水尺	毫米级:1	±0.1	0.1
	2	±0.2	0.1
	3	±0.5	0.1、0.5
	厘米级:1	±1.0	1
接触(跟踪)式	1	±0.1	0.01、0.1
	2	±0.3	0.01、0.1
	3	±1.0	0.1、0.5、1.0
	4	±2.0	0.1、0.5、1.0

表 1（续）

单位为厘米

工作原理	准确度等级	最大允许误差	适用分辨力
浮子式	1	±0.3	0.1
	2	±1.0	0.1、0.5、1.0
	3	±2.0	0.1、0.5、1.0
压力式	1	±1.0	0.1、0.5、1.0
	2	±2.0	0.1、0.5、1.0
	3	±3.0	0.1、0.5、1.0
声波式	1	±3.0	0.1、0.5、1.0
雷达式、激光式	1	±0.3	0.1
	2	±1.0	0.1、0.5、1.0
	3	±2.0	0.1、0.5、1.0

5.3.2 灵敏阈

水位测量仪器可根据其不同的工作原理，不同的准确度等级，规定各自的灵敏阈值。若无特殊要求，一般应不大于 1 cm。

5.3.3 回差

应小于水位测量仪器准确度最大允许误差的 1.0 倍。

5.3.4 重复性

重复性标准差应小于水位测量仪器准确度最大允许误差的 0.5 倍。

5.4 计时装置

5.4.1 计时装置的准确度按其计时的最大允许误差来表示，计时方式分为电子计时和机械计时两种，见表 2。

表 2 计时装置准确度最大允许误差

单位为分钟

计时方式	最大允许误差					
	日记	周记	月记	季记	半年记	年记
电子计时	±0.25	±1	±2	±4	±6	±9
机械计时	±5	±10	—	—	—	—

5.4.2 当采用机械计时时，连续工作时间应符合表 3 的要求。

表 3 连续工作时间

单位为日

记录周期	日记	周记	月记	季记	半年记	年记
连续工作时间	≥1.5	≥8	—	—	—	—

5.5 电性能要求

5.5.1 工作电源

5.5.1.1 水位测量仪器可选用直流和交流两种工作电流，推荐选用直流电源。选用交流电源时，宜配备备用的直流电源，并实现交直流自动切换。

5.5.1.2 直流电源推荐 12 V 可充电蓄电池，电源额定电压允许偏差±15%，电池容量应大于水位测量仪器在规定运行周期内和恶劣条件下所耗电量的 1.5 倍。

5.5.1.3 交流电源为 220 V，允许偏差±20%；频率为 50 Hz。

5.5.2 绝缘电阻

机壳与交流电源线之间的绝缘电阻应不小于 10 MΩ。

5.5.3 信号接口

水位测量仪器输出信号接口应符合 GB/T 19705 的规定。

5.5.4 数据传输

5.5.4.1 传感器与显示记录器间，若采用专用电缆连结，其最大有线远传距离应不小于 100 m。

5.5.4.2 传感器与显示记录器间，若采用超短波通信，应符合 SL 61 的规定。

5.5.4.3 传感器与显示记录器间，若采用公用通信信道、数字移动通信信道或其他通信信道相连，则应符合相应公网标准。

5.6 显示与记录

5.6.1 显示方式

显示分为机械数字显示和电子数字显示。

5.6.2 记录方式

分人工观读记录、模拟图形记录、打印记录与存储器记录。周期记录较长时推荐采用存储器记录。

5.7 整机结构要求

5.7.1 水位测量仪器整机结构应便于安装、调试、运输、使用、维修、更换易损耗件。

5.7.2 工作于水下环境中的传感器，其部件、线缆及接头等密封部位应能承受其规定工作水深相适应的水压力的 1.5 倍，并具有良好的密封性能及抗腐蚀性能。

5.7.3 水位测量仪器应有防潮、防尘、防盐雾、防霉菌等措施。

5.7.4 包装好的水位测量仪器应能承受运输过程中的振动、冲击和跌落。

5.8 外观质量要求

5.8.1 水位测量仪器外表应清洁、无污物。

5.8.2 观读的透视窗应清晰、无划痕。

5.8.3 表面的涂镀层应牢同、均匀，不应有脱落、划伤、锈蚀等缺陷。

5.9 材料要求

5.9.1 零件应优先选用防腐蚀、耐磨损、耐老化材料制作，易腐蚀材料则应作表面涂镀处理。水下长期工作的仪器，除涂覆防锈、防蚀涂料外，根据需要还可涂覆防污涂料。

5.9.2 接触水体的信号传导零部件应用防腐蚀、防氧化、信号传导特性好的材料制作。

5.10 防雷要求

5.10.1 传感器、显示记录器输入与输出端、电源输入端应采取或提出有效的防雷措施。

5.10.2 对无线传输或利用公网有线传输的水位测量仪器，根据不同的情况，应按通信部门的避雷要求设计。

5.11 其他要求

5.11.1 使用交流电工作的水位测量仪器应按 GB 18523—2001 仪器安全等级分类，并符合其要求。

5.11.2 水位测量仪器应具有较强的抗电磁干扰性能。

5.11.3 根据不同的工作原理，水位测量仪器应采取有效的措施，较好地消除水面波浪对测量的影响。

5.11.4 根据 GB 4208 的要求和仪器各部分不同的使用环境，提出相应的 IP 防护等级要求。

5.12 可靠性要求

水位测量仪器的可靠性指标用平均无故障工作时间(MTBF)表示，应符合 GB/T 18185—2000 中的规定。可从以下系列中选取：

8 000 h、10 000 h、16 000 h、25 000 h、40 000 h、63 000 h。

6 试验方法

6.1 试验要求

6.1.1 主要试验设备如下：

a) 水位试验台(或专用水位试验装置)；
b) 环境试验设备；
c) 水密试验设备；
d) 电气测试设备；
e) 标准时钟；
f) 直流稳压电源；
g) 数字万用表；
h) 模拟雷电波发生器；
i) 电动振动系统；
j) 跌落试验台。

6.1.2 水位测量仪器的环境试验条件应符合 GB/T 18522.2 的要求。

6.1.3 除试验开始前允许对仪器作校准外，试验过程中不允许再作调整，但允许试验结果数据系统平移。

6.2 试验项目

试验项目见表 4。

表 4 试验项目

序号	要求条款	试验内容	试验方法
1	5.2.1.1 5.2.2.1	工作环境温度	使用设备：恒温恒湿试验机。 按 GB/T 9359—2001 要求进行
2	5.2.1.2 5.2.2.2	工作环境相对湿度	使用设备：恒温恒湿试验机。 按 GB/T 9359—2001 要求进行
3	5.3.1 5.1.1 5.1.2 5.1.3	准确度 测量范围 分辨力 水位变率	使用设备：水位试验台或专用水位试验装置。 在水位试验台的测量范围内，以 20 cm/min～40 cm/min 的水位变率，使水位升降两个全程，按每米 1～2 个点进行比测
4	5.3.2	灵敏阈	使用设备：水位试验台及高分辨力测试仪表(比被测水位测量仪器高一个数量级)。 在水位试验台的测量范围内，使水位相对升(或降)至某一定值，待水位和水位测量仪器读数稳定后，同方向缓慢改变水位并观察水位测量仪器读数的变化。当出现微小变化时立即停止标准水位的上升(或下降)，前后两个标准水位的差值即为受试水位测量仪器的灵敏阈，应在高、中、低水位条件下各进行一次试验，取三点中最大值
5	5.3.3	回差	使用设备：水位试验台或专用水位试验装置。 在水位试验台的测量范围内，分别使水位相对升和降至同一水位点，水位测量仪器的两次读数之差值即为回差。此试验应在三个不同水位点上进行，取其平均值
6	5.3.4	重复性	使用设备：水位试验台或专用水位试验装置。 在水位试验台的测量范围内，使水位单向升或单向降至同一水位点共六个测次，按 GB/T 18522.3 要求计算重复性标准差
7	5.4	计时装置	使用设备：标准时钟。 对机械计时仪器，在室内使水位测量仪器的计时装置不间断运行，记录时间偏离值和连续工作时间。 对电子计时仪器，置入标准时间，不间断运行时间一般不少于 10 d(日记、周记除外)
8	5.5.1	电压波动	使用设备：直流稳压电源、交流稳压电源。 调整水位测量仪器电源电压，使其在规定的范围内变化
9	5.5.2	绝缘电阻	使用设备：500 V 兆欧表。 测试受试水位测量仪器机壳与交流电源线间的绝缘电阻
10	5.5.3	信号接口	使用设备：水位试验台或专用水位试验装置。 受试水位测量仪器正常工作，检查显示记录器输出
11	5.5.4.2 5.5.4.3	数据传输	使用设备：水位试验台或专用水位试验装置。 以产品规定的超短波通信、公用通信信道、数字移动通信信道或其他通信信道相连，连接传感器与显示记录器，检查其功能
12	5.5.4.1	有线远传距离	使用设备：水位试验台或专用水位试验装置。 以产品规定的远传距离(应大于标准规定的 100 m)连接传感器与显示记录器，检查其功能

表 4（续）

序号	要求条款	试验内容	试 验 方 法
13	5.6 5.1.4 5.1.5 5.1.6	显示与记录 模拟记录周期 存储器记录 记录时段	a) 划线记录:目测检查。 b) 存储器记录:联机检查。 c) 打印记录:联机检查。 根据不同的记录周期,需在室内运行 1～2 个记录周期,长周期记录可压缩至 1 个月。 试验时每天输入 100～200 个水位量
14	5.7.2	水密试验	使用设备:水密试验设备。 把工作于水下的传感器或部件放入该设备中,按 5.7.2 的要求加压,保持 1 h。取出后检查水下受试部分的内部
15	5.7.1 5.7.3 5.8 5.9	结构 外观 材料	目测检查
16	5.7.4	振动试验	使用设备:电动振动系统设备。 试验方法:按 GB/T 9359—2001 中第 12 章要求进行。 试验后,检查受试水位测量仪器外观应无损伤,结构应无破裂、变形、松脱,元器件应无脱落等现象
17	5.7.4	自由跌落试验	使用设备:跌落试验台设备。 试验方法:按 GB/T 9359—2001 中第 15 章要求进行。 试验后包装箱无开裂、变形。开箱后,样品无损伤,均能工作正常
18	5.10 5.11.2	防雷电 电磁干扰	使用设备:电磁干扰器、模拟雷电波发生器。 a) 在带电状态下,用模拟雷电波发生器 1 000 V/10 μs、700 V/10 μs 冲击传感器(不带电路的传感器免做此项)和显示记录器输入、输出端,正负各 5 次,仪器不受损坏。 本试验为破坏性试验,应谨慎进行。当产品有配置避雷装置要求时,试验应在配置避雷装置后进行。 b) 用电磁干扰器(或 620 W 以上冲击钻)在工作状态下的传感器(不带电路的传感器免做此项)和显示记录器旁 25 cm 处开关 10 次,每次持续 1 min,传感器与显示器工作正常
19	5.11.1	安全	按 GB 18523—2001 中 7.3 要求,进行基本安全测试
20	5.11.3	消波	现场试验
21	5.11.4	防护	按 GB 4208 进行 IP 防护等级试验
22	5.12	可靠性	可靠性试验以现场试验为主,推荐采用定时(定数)截尾试验,详见 GB/T 18185—2000 中 7.7 的规定
23	9.3.1	贮存温度	使用设备:恒温恒湿试验机。 按 GB/T 9359—2001 的要求进行试验
24	9.3.2	贮存湿度	使用设备:恒温恒湿试验机。 按 GB/T 9359—2001 的要求进行试验

7 检验规则

7.1 出厂检验

7.1.1 一般由生产单位的质量检验部门进行产品的出厂检验，出厂检验应逐个检验，产品经检验合格并签发合格证后，方允许出厂、销售。

7.1.2 根据不同的工作原理，选择 GB/T 11828 相应部分，按其规定的出厂检验项目进行。若 GB/T 11828 中无对应部分，则一般可按本标准要求中 5.3.1、5.4、5.5.1、5.7.2、5.8 规定进行。

7.1.3 出厂检验中凡出现不合格者，应进行返工，直至检验合格。

7.2 型式检验

7.2.1 型式检验条件

水位测量仪器有下列情况之一时，应进行型式检验：

a) 新产品提交技术(定型)鉴定或产品科技成果(项目)鉴定前；
b) 新产品试生产或老产品转厂生产后；
c) 产品结构、材料、工艺有重大改变，可能影响产品性能时；
d) 正常生产时，定期或积累一定产量后；
e) 产品长期停产(三年以上)后，需要恢复生产时；
f) 出厂检验结果与上一次型式检验有较大差异时；
g) 国家质量监督机构提出进行型式检验要求时；
h) 根据合同规定双方有约定时。

7.2.2 型式检验内容

型式检验由生产单位的质量检验部门按 GB/T 11828 中相应部分的型式检验项目进行，若无相应部分时，也可按本标准规定的全部项目进行。

可靠性试验为非型式检验项目，可通过专项试验进行，也可以在运行或鉴定移交时进行统计。

7.2.3 抽样规则

型式检验的样品应从经出厂检验合格的产品中随机抽样，产品抽样不少于三台，若样品总数不足三台，则应全部检验。

7.2.4 判定规则

在型式检验中有两台或两台以上不合格时，则判该批产品型式检验不合格。有一台不合格时，则应加倍抽样进行不合格项目复检，其后仍有不合格时，则判该批产品型式检验不合格。若全部检验合格，则除去第一批抽样不合格的产品，该批产品应判为合格。

7.2.5 易损件更换

需要更换易损件的仪器，在更换后应再经出厂检验合格后方能出厂。

8 标志、使用说明书

8.1 标志

按 GB/T 18522.6 的规定执行。

8.2 使用说明书

按 GB/T 18522.6 的规定执行。

9 包装、运输、贮存

9.1 包装

按 GB/T 18522.6 的规定执行。

9.2 运输

9.2.1 包装好的水位测量仪器应能适应各种运输方式。

9.2.2 包装好的水位测量仪器应能承受运输中规定程度的振动、冲击和跌落，应防止机械损伤、受潮和日光照射。

9.3 贮存

9.3.1 贮存环境温度：－40 ℃～60 ℃。

9.3.2 贮存环境相对湿度：≤90％(40 ℃时)。

9.3.3 贮存水位测量仪器的附近不应存有酸性、碱性及其他腐蚀性物质。

ICS 07.060
N 93

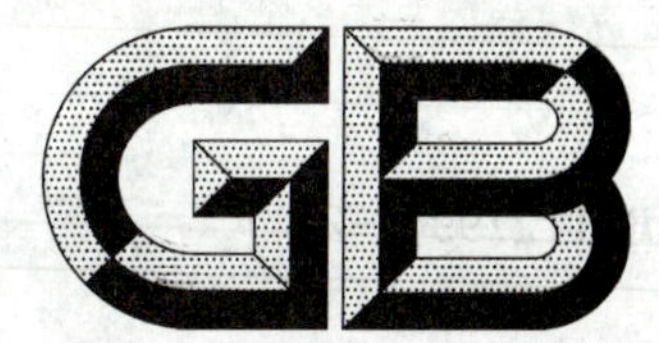

中华人民共和国国家标准

GB/T 27994—2011

水文自动测报系统设备通用技术条件

General technical conditions for equipments of automatic system for hydrological data acquisition and transmission

2011-12-30 发布　　2012-06-01 实施

中华人民共和国国家质量监督检验检疫总局
中国国家标准化管理委员会　发布

前　言

本标准按照 GB/T 1.1—2009 给出的规则起草。

本标准在技术内容和试验方法等方面，与 GB/T 15966—2007《水文仪器基本参数及通用技术条件》、GB/T 20204—2006《水利水文自动化系统设备检验测试通用技术规范》等标准，有一定的衔接关系。

本标准由中华人民共和国水利部提出。

本标准由全国水文标准化技术委员会水文仪器分技术委员会(SAC/TC 119/SC 1)归口。

本标准由水利部水文仪器及岩土工程仪器质量监督检验测试中心、江苏宏瑞通信科技股份有限公司、北京金水燕禹科技有限公司、北京奥特美克科技发展有限公司负责起草，水利部南京水利水文自动化研究所、全国工业产品生产许可证办公室水文仪器及岩土工程仪器审查部参加起草。

本标准主要起草人：周小庆、陆旭、江伟国、陆伟佳、吴秋明、李世勤、吴玉晓、冯讷敏、武钊。

水文自动测报系统设备通用技术条件

1 范围

本标准规定了水文自动测报系统设备的组成、技术要求、试验条件及方法、检验规则、标志、使用说明书以及包装、运输、贮存等。

本标准适用于水文自动测报系统的传感器、遥测数据采集设备、遥测数据中继设备、集合转发站设备、遥测数据接收/处理设备、配套设备等。

2 规范性引用文件

下列文件对于本文件的应用是必不可少的。凡是注日期的引用文件，仅注日期的版本适用于本文件。凡是不注日期的引用文件，其最新版本(包括所有的修改单)适用于本文件。

GB/T 191 包装储运图示标志

GB/T 6388 运输包装收发货标志

GB/T 9359—2001 水文仪器基本环境试验条件及方法

GB/T 9969—2008 工业产品使用说明书 总则

GB/T 15966—2007 水文仪器基本参数及通用技术条件

GB/T 17626.5 电磁兼容 试验和测量技术 浪涌(冲击)抗扰度试验

GB/T 17626.8 电磁兼容 试验和测量技术 工频磁场抗扰度试验

GB/T 18185—2000 水文仪器可靠性技术要求

GB/T 18522.6 水文仪器通则 第6部分:检验规则及标志、包装、运输、贮存、使用说明书

GB/T 19639.1 小型阀控密封式铅酸蓄电池 技术条件

GB/T 19677—2005 水文仪器术语及符号

GB/T 19704 水文仪器显示与记录

GB/T 19705 水文仪器信号与接口

GB/T 20204—2006 水利水文自动化系统设备检验测试通用技术规范

SL 61 水文自动测报系统技术规范

3 术语和定义

GB/T 19677—2005 界定的以及下列术语和定义适用于本文件。

3.1

遥测终端机 remote terminal unit (RTU)

能自动完成水文(水情、水资源)参数的采集、存储、传输和控制的装置，也可称为遥测数传仪、数据采集器。

4 设备组成

本标准规定的水文(水情、水资源)自动测报系统设备(以下简称系统设备)主要包括：

a) 传感器:主要包括雨量计、水位计、闸位计、流量计、蒸发器、气象传感器、水质传感器、墒情传感器等;

b) 遥测数据采集设备(以下简称遥测设备):主要包括各种遥测终端机(RTU)、人工置数装置等;

c) 遥测数据中继设备(以下简称中继设备):主要包括中继机(主要用于超短波信道);

d) 集合转发站设备:主要包括数据处理设备;

e) 遥测数据接收/处理设备(以下简称中心站设备):主要包括通信控制机、中心站计算机等;

f) 配套设备:主要包括通信设备、电源设备、防雷设备及其他配套设备。

5 要求

5.1 工作环境

5.1.1 传感器

应能在以下工作环境中正常工作:

a) 温度:−10 ℃~45 ℃或−20 ℃~55 ℃或−30 ℃~60 ℃;

b) 相对湿度:不大于95%(40 ℃时)或不大于98%(40 ℃时);

c) 大气压:86 kPa~106 kPa或60 kPa~106 kPa。

5.1.2 遥测设备、中继设备

应能在以下工作环境中正常工作:

a) 温度:−10 ℃~45 ℃或−20 ℃~55 ℃或−30 ℃~60 ℃;

b) 相对湿度:不大于95%(40 ℃时)或不大于98%(40 ℃时);

c) 大气压:86 kPa~106 kPa或60 kPa~106 kPa。

5.1.3 集合转发站设备、中心站设备

应能在以下工作环境中正常工作:

a) 温度:0 ℃~40 ℃;

b) 相对湿度:不大于90%(40 ℃时);

c) 大气压:86 kPa~106 kPa或60 kPa~106 kPa。

5.1.4 配套设备

配套设备的工作环境要求应符合其各自产品标准或技术条件的规定,并满足本标准的要求。

5.2 整机及外观

5.2.1 机箱应有IP防护要求,机箱表面应光滑平整,无剥落、斑点和划痕,印字清晰,应有设备产品的中文名称、型号、编号。

5.2.2 机箱上的接插件应连接可靠,必要时应具有一定防护结构,接插件应有防误插设计。机箱上接插件旁应有明确的中文标识。

5.3 基本要求

5.3.1 应具有可靠的机械结构。

5.3.2 系统设备中的各部件应布局合理并具有必要的防护处理,部件安装均应有必要的支撑。

5.3.3 系统设备应能在规定的允许最低或最高供电条件下正常工作,野外设备电源可采用太阳能电池

对免维护蓄电池浮充供电。

5.3.4 系统设备可具有自检、报警等功能。

5.3.5 系统设备信号与接口应符合 GB/T 19705 的有关规定。

5.3.6 系统设备的显示与记录性能应符合 GB/T 19704 的有关规定。

5.4 通用结构要求

5.4.1 应符合国家有关通用电气电路设计标准的规定。

5.4.2 各功能模板应有合理的布线和适当的线间间隔,减小信号线间的杂散电容,降低交叉干扰。

5.4.3 对功能模板较多的系统设备,主板应采取多点接地,或采用多层印刷电路板,尽可能减小由反射引起的信号失真。

5.4.4 信号输入/输出接口应选择相匹配的接插件,从而实现数据或信号的有效传递、交换。

5.4.5 功能模板可采用热插拔结构设计,便于组合、调试、更换维修。

5.4.6 应根据实际需要及可能,所有输入或输出接口的数量及功能可灵活选择、扩充。

5.5 基本性能

5.5.1 传感器

传感器的基本性能应符合各自产品标准和相关的规定。

5.5.2 实时时钟

在规定的运行周期内,系统的最大计时误差应小于 1 s/d。

5.5.3 功耗

遥测设备、中继设备功耗应符合以下要求(默认电压值为 12 V D.C.):

a) 静态值守电流(不含通信装置、计算机等外设):
   1) 遥测设备:自报式终端机不大于 2 mA;兼容式终端机不大于 15 mA(不含超短波调制解调器)。
   2) 中继设备:应不大于 20 mA(不含超短波调制解调器)。

b) 工作电流(不含通信装置、计算机等外设):一般应小于 100 mA。

5.5.4 电压范围

5.5.4.1 交流电源供电时,可采用单相 220 V,电压允许波动变幅为−15%～20%,50 Hz±1 Hz。

5.5.4.2 直流供电时,其电源可分为 3 V、6 V、9 V、12 V、24 V,宜使用 12 V,电压允许波动变幅为−10%～20%。

5.5.5 误码率

根据系统设备通信方式的差异,规定数据传输的信道误码率 P_e 应符合以下要求:

a) 超短波:$P_e \leqslant 1\times10^{-4}$;

b) 短波:$P_e \leqslant 1\times10^{-3}$;

c) 卫星:$P_e \leqslant 1\times10^{-6}$;

d) 公用电话网络(PSTN):$P_e \leqslant 1\times10^{-5}$;

e) 移动通信:$P_e \leqslant 1\times10^{-5}$。

5.5.6 防雷、抗干扰及绝缘

5.5.6.1 系统设备应具有防雷击能力，应能承受 GB/T 17626.5 中等级 3 的试验。

5.5.6.2 系统设备应采取抗电磁干扰设计。

5.5.6.3 系统设备的绝缘电阻应大于 10 MΩ。

5.5.7 机械环境适应性

系统设备应能承受 GB/T 9359—2001 所规定的振动和自由跌落等的试验。

5.5.8 可靠性

系统设备可靠性指标应符合以下要求：

a) 系统数据收集的月平均畅通率应达到 95％以上；

b) 传感器：MTBF≥16 000 h；

c) 遥测设备：MTBF≥16 000 h；

d) 中继设备：MTBF≥10 000 h；

e) 集合转发站设备：MTBF≥16 000 h；

f) 中心站设备：MTBF≥16 000 h。

注：MTBF 为平均无故障工作时间。

5.6 基本功能

5.6.1 传感器

传感器的基本功能应符合 GB/T 15966—2007 和各自产品标准的规定。

5.6.2 遥测设备

主要功能包括：

a) 当被测参数值发生变化(可设定变化范围)或达到设定时间间隔时，应具有自动数据采集、存储、远程传输水文参数或数据的功能；

b) 当中心站设备发送召测指令时，遥测设备应能实时响应并自动完成数据的发送；

c) 每天至少应能发送一次遥测设备状态信息；

d) 可具有人工置数的接口，可具有扩展传感器接口和多个通信接口的功能；

e) 可具有自动检测及自诊断功能，具有高、低压保护，浮充电源状态等的电源管理功能，以及低电压报警等其他异常信息警示等状态的功能；

f) 可具备存储一年以上水文数据的功能，且存储的数据断电后不会丢失；

g) 当被测参数的量值、变化量或变率超过预定值(可以预先设置)时，遥测设备可自动增加向中心站发送数据的频次；

h) 具有现场修改工作参数的功能，必要时可远程修改工作参数及数据下载；

i) 必要时，可具有在线软件升级的功能；

j) 必要时，具有两个通信信道，即主信道与备用信道。

5.6.3 中继设备

主要功能包括：

a) 应能实时接收、转发上、下行的数据信号；

b) 必要时,可在中心站设备控制下实现执行转发或禁止转发,主、备中继设备切换的功能;
c) 必要时,可直接采集水文遥测参数并传输。

5.6.4 集合转发站设备

应具有一定存贮容量的数据接收/处理设备,完成数据的接收、合并和转发。

5.6.5 中心站设备

5.6.5.1 通信控制机

主要功能包括:
a) 应能随时接收、暂存通过信道发送来的实时数据或其他数据,经预处理后再转发送给中心站计算机;
b) 应能自动定时或人工召测远程遥测设备的数据;
c) 应具有对通信设备进行收发控制,并对通信中的信息流程、流向和遥测设备工作方式进行控制的功能。

5.6.5.2 中心站计算机

主要功能包括:
a) 中心站计算机应按照系统能连续稳定运行的要求配置;
b) 中心站计算机应配有串行口、USB口和网络口,能与各类通信设备进行数据交换,完成遥测数据的接收、召测和控制命令的发送;
c) 中心站计算机软件可按SL 61的有关要求进行选用。

5.6.6 配套设备

5.6.6.1 通信设备

主要包括以下设备:
a) 超短波通信设备;
b) 短波通信设备;
c) 公用电话网络(PSTN)调制解调终端;
d) 卫星终端;
e) 移动公网通信终端。

5.6.6.2 网络设备

5.6.6.2.1 网络设备主要包括调制解调器、路由器、交换机或集线器等,其功能及技术指标应符合相关产品标准或技术条件的要求。
5.6.6.2.2 当水文自动测报系统和外界联网进行数据传输时,应符合系统安全防护的要求。

5.6.6.3 电源设备

5.6.6.3.1 遥测设备、中继设备及集合转发站设备的电源宜采用太阳能电池浮充蓄电池的方式,也可采用内置电池供电方式和交流/直流电源浮充蓄电池方式。
5.6.6.3.2 中心站设备电源通常采用交流电源,应配置后备电源。
5.6.6.3.3 蓄电池的规格宜采用:直流12 V,允许变幅−10%~20%。遥测设备、中继设备蓄电池和太阳能电池的容量配置应考虑设备功耗与连续工作时间的需要。

5.6.6.3.4 太阳能充电控制器应具有防止过充电的保护措施。

5.6.6.3.5 蓄电池应符合 GB/T 19639.1 的要求。

6 试验条件及方法

6.1 试验条件

6.1.1 主要试验设备

6.1.1.1 传感器的主要试验设备

传感器的主要试验设备参照各自产品标准的相关规定。

6.1.1.2 遥测设备、中继设备、集合转发站设备及中心站设备的主要试验设备

主要包括以下试验设备：

a) 雨量传感器及雨量滴定试验装置；
b) 水位传感器或闸位传感器等；
c) 高、低温湿热试验箱；
d) 通信设备及天馈线、信号线、电源线等；
e) 调制解调器及调压器；
f) 万用表；
g) 直流稳压器及交、直流可调电源；
h) 绝缘电阻表；
i) 标准时钟装置；
j) 雷击浪涌(冲击)抗扰度试验设备；
k) 电磁抗扰度试验设备；
l) 电动振动系统；
m) 跌落试验台。

6.1.2 试验要求

6.1.2.1 应采用经定期检定或校准合格的计量器具、仪表及测试装置或设备。

6.1.2.2 除试验开始前允许对受检设备进行常规的检查调试外，试验过程中一般不允许再进行人工调整。

6.1.2.3 系统设备的试验应按 GB/T 9359—2001 和 GB/T 20204—2006 的规定进行。

6.2 试验方法

6.2.1 工作环境

系统设备的温度、湿度试验方法按 GB/T 9359—2001 的规定执行。

6.2.2 整机及外观

以目测及手检的方式对系统设备的整机及外观进行检查。

6.2.3 实时时钟

用标准时钟装置进行检测，检测时间至少为 15 天以上。

6.2.4 设备功耗

在静态值守状态下，将数字万用表串接在受检设备电源的输入端，测量其静态电流。然后使受检设备处于工作状态下，测量其工作电流。

6.2.5 电源拉偏

用蓄电池人工放、充电至额定电压的90%、120%，连接受检设备进行数据采集、接收并转发20次以上。

6.2.6 绝缘电阻

用500 V绝缘电阻表对非工作状态下的设备进行试验，测量设备的电源输入端和外壳接地端间的绝缘电阻。

6.2.7 抗电磁干扰

用电磁抗扰度试验设备，按GB/T 17626.8的规定，对工作状态下的受检设备进行电磁抗扰度试验。

6.2.8 抗雷击浪涌(冲击)

用雷击浪涌(冲击)抗扰度试验设备，按GB/T 17626.5的规定，对工作状态下的受检设备进行雷击浪涌(冲击)抗扰度试验。

6.2.9 机械环境适应性

6.2.9.1 振动试验

在运输包装状态下，设置振动系统扫频频率为10 Hz～150 Hz～10 Hz，扫频速度为1倍频程/min，加速度为2g，进行循环3个周期/单轴振动试验。

6.2.9.2 自由跌落试验

在运输包装状态下，设置自由跌落机的跌落高度为300 mm，将系统设备自由跌落在平滑、坚硬的混凝土面或钢质面上，共进行3次跌落试验。

6.2.9.3 冲击试验(选做)

在运输包装状态下，设置冲击试验台的加速度为30g，脉冲持续时间为6 ms，对系统设备每个面3次六个面共进行18次的冲击试验。

6.2.9.4 碰撞(选做)

在运输包装状态下，设置碰撞试验台的峰值加速度为25g，脉冲持续时间为6 ms，速度变化量为0.95 m/s，对系统设备进行6 000次的碰撞试验。

6.2.10 可靠性

必要时，系统设备的可靠性试验方法可根据GB/T 18185—2000的要求进行。

6.2.11 基本功能

6.2.11.1 传感器

传感器的基本功能应按照各自标准或技术条件规定的方法进行。

6.2.11.2 遥测设备

遥测设备基本功能应按照以下方法进行：

a) 随机自报：通过雨量、水位试验装置使传感器产生信号量的输出，遥测设备按不同信号速率采集水文参数 100 次发送到中心站设备，检查接收到的数据显示及打印结果；
b) 定时自报：各遥测设备按次序分别定时向中心站设备发送水文参数数据（或其他数据），中心站接收、打印。定时自报试验时间为 48 h，定时自报的时间间隔可按实际情况设定，检查定时自报的次数及时间；
c) 召测应答：中心站设备随机发出 10 次召测查询命令，应答式遥测设备应能随时响应，实时采集水文参数并自动发送到中心站设备，检查召测次数和接收打印的数据及其格式；
d) 自检自诊断：遥测设备应具备工作状态自检和自诊断功能，自检内容至少包括电源电压的低压报警等异常警示状态；
e) 人工置数：通过遥测设备（或配以人工置数装置）发送 10 次以上水文参数至中心站设备，检查其显示、打印的结果；
f) 主备份切换：当遥测设备具有切换功能要求时，中心站设备一旦发出切换指令，遥测设备应能立即响应进行主、备份设备的自动切换，反复检测 10 次；人为关掉工作的主设备，遥测设备应能自动切换到备份机工作，反复检测 10 次。

6.2.11.3 中继设备

中继设备基本功能应按照以下方法进行：

a) 随机接收、转发数据：用遥测设备发送水文参数 100 次，中继设备接收并实时转发，由中心站计算机接收，检查接收到的数据显示及打印结果；
b) 站址判别：将遥测设备的站址号设置于中继设备地址上、下限以外，遥测设备发数时，中继设备应能自动识别后并不予转发；
c) 超时强迫掉电：当延时时间到时，中继设备电台应能自动关机，此时遥测设备电台停止发射，反复检测 10 次；
d) 纠错、检错编码重发：采用纠错编码时，根据纠、检错码的能力，人为发送相应的错码，中继设备接收后，应能对数据进行纠错和检错，反复检测 10 次；
e) 主备份切换：当中继设备具有切换功能要求时，中心站设备一旦发出切换指令，中继设备应能立即响应进行主、备份设备的自动切换，反复检测 10 次；人为关掉工作的主设备，中继设备应能自动切换到备份机工作，反复检测 10 次；
f) 遥测发数：根据所带传感器，中继设备直接向中心站设备发送水文参数 100 次，检查接收到的数据显示及打印结果。

6.2.11.4 中心站设备

中心站设备基本功能应按照以下方法进行：

a) 数据接收：通过遥测设备至少发送水文参数 100 次，由中心站计算机接收、处理，检查数据显示和打印结果；

b） 数据召测：随机或定时发出20次查询命令，中心站计算机应能正确接收遥测设备响应后发回的水文参数数据，在中心站计算机上检查查询次数和接收打印的结果；

c） 双机通信：系统按规定要求连接，遥测设备与中心站设备双机通信20次。

6.2.12 配套设备

配套设备的试验项目及方法，可根据其各自的产品标准或技术条件要求进行。

7 检验规则

7.1 出厂检验

7.1.1 系统设备在装配调试完成后，应由生产单位的质检部门逐台进行出厂检验。检验项目是根据各自产品标准中的出厂检验或技术条件中的检验规则进行。

7.1.2 每台产品经检验合格并附有合格证后，方可出厂。

7.2 型式检验

7.2.1 产品在下列情况下，应进行型式检验：

a） 新产品或老产品转厂生产的试制定型鉴定；

b） 定型产品在结构、工艺或使用的材料作较大改变，可能影响产品性能时；

c） 产品长期(两年以上)停产后，恢复生产时；

d） 出厂检验结果与上次型式检验有较大差异时；

e） 正常生产时，定期或累计一定产量后，应周期性进行一次检查；

f） 国家质量监督机构提出进行型式检验的要求时。

7.2.2 产品的型式检验，应由产品制造厂的质量检验部门或国家授权的产品质量检验机构检验。检验项目应根据各自产品标准中的型式检验或技术条件中的型式检验规则进行。

7.2.3 型式检验所抽检的产品，应从出厂检验后的合格品中随机抽取三台进行。若样品总数不足三台，则应全部检验。

7.2.4 在型式检验中，有两台产品不合格时，则判该批产品不合格；有一台产品不合格时，应加倍抽检；其后仍有不合格品时，则判该批产品不合格。对于该批不合格品，应分析原因并采取措施，返修后仍应按型式检验的要求重新抽检。

8 标志、使用说明书

8.1 标志

8.1.1 产品标志

在产品的显著位置应设有产品的铭牌，并清晰标明以下内容：

a） 产品名称、型号；

b） 生产厂家及商标；

c） 出厂日期及编号；

d） 主要参数指标。

8.1.2 包装标志

在产品包装箱的适当位置，应标有显著、牢固的包装标志，内容包括：

a) 仪器型号及名称；

b) 产品厂名及厂址；

c) 仪器数量；

d) 箱体尺寸(mm)；

e) 净重或毛重(kg)；

f) 运输作业安全标志；

g) 生产许可证编号等；

h) 标准编号。

8.1.3 产品运输标志

产品的包装储运图示和收发货标志，应根据产品的特点按照 GB/T 191 和 GB/T 6388 等有关标准规定选用。

8.2 使用说明书

产品的使用说明书应满足 GB/T 9969—2008 的规定。

9 包装、运输、贮存

9.1 包装

9.1.1 包装条件

产品的附件、配件应齐全，易损件要有足够的备件。

9.1.2 包装要求

9.1.2.1 包装箱应牢固可靠，不致因包装不善而引起产品损坏、结构松动、散失等。

9.1.2.2 包装箱应有措施保证产品在运输或携带使用途中不发生窜动、碰撞、摩擦。

9.1.2.3 包装箱应用防震、防潮、防尘等防护措施，应执行 GB/T 18522.6 中的有关规定。

9.1.3 随机文件

包装箱内随机文件应包括下列各项：

a) 产品合格证；

b) 产品说明书；

c) 装箱单；

d) 随机附件清单；

e) 安装图、电路接线图；

f) 其他有关的技术资料。

9.2 运输

产品在包装条件下，允许用任何交通工具运输。但在运输过程中，应避免碰撞及机械损伤，并符合运输部门的有关规定。

9.3 贮存

产品的基本贮存环境要求：

a) 可贮存在环境温度为－40 ℃～60 ℃、相对湿度小于90％的室内；

b) 贮存场地周围不得有腐蚀性物质或有机溶剂。

ICS 11.040.70
Y 89

中华人民共和国国家标准

GB 27995.1—2011

半成品眼镜片毛坯 第1部分:单光和多焦点眼镜片毛坯规范

**Semi-finished spectacle lens blanks—Part 1:
Specifications for single-vision and multifocal lens blanks**

(ISO 10322-1:2006,
Ophthalmic optics—Semi-finished spectacle lens blanks—Part 1:
Specifications for single-vision and multifocal lens blanks,MOD)

2011-12-30 发布 2012-12-01 实施

中华人民共和国国家质量监督检验检疫总局
中国国家标准化管理委员会 发布

前 言

本部分的第5、7章为强制性的，其余为推荐性的。

GB 27995《半成品眼镜片毛坯》分为2个部分：

——第1部分：单光和多焦点眼镜片毛坯规范；

——第2部分：渐变焦眼镜片毛坯规范。

本部分为GB 27995的第1部分。

本部分按照GB/T 1.1—2009给出的规则起草。

本部分修改采用ISO 10322-1：2006《半成品眼镜片毛坯　第1部分：单光和多焦点眼镜片毛坯规范》。

本部分除编辑性修改外，与ISO 10322-1：2006的主要技术差异为：

——引用GB 17341《焦度计》代替ISO 8598焦度计和ISO 7944参考波长。GB 17341规定使用的波长为λ_e=546.07 nm，ISO 8598规定使用的波长为λ_e=546.07 nm或λ_d=587.56 nm；

——将ISO 13666中的“半成品镜片毛坯”、“面焦度”和“面散光度”术语直接增加在本部分的术语中；

——将ISO 10322-1附录A中的“评价”和“测试方法”两部分分别列入本部分5.4和6.5中。

请注意本文件的某些内容可能涉及专利。本文件的发布机构不承担识别这些专利的责任。

本部分由中国轻工业联合会提出。

本部分由全国光学和光子学标准化技术委员会眼镜光学分技术委员会(SAC/TC 103/SC 3)归口。

本部分起草单位：东华大学、国家眼镜玻璃搪瓷制品质量监督检验中心、镇江万新光学眼镜有限公司、比真光学(上海)有限公司、凯米光学(嘉兴)有限公司、卡尔蔡司光学(中国)有限公司。

本部分主要起草人：张尼尼、唐玲玲、欧阳晓勇、吴国庆、赵厚云、曹晖。

半成品眼镜片毛坯
第1部分：单光和多焦点眼镜片毛坯规范

1 范围

GB 27995 的本部分规定了单光和多焦点眼镜片毛坯的光学和几何性能的要求。

本部分适用于单光和多焦点眼镜片毛坯。

注：渐变焦眼镜片毛坯的要求将在 GB 27995.2 中给出。

2 规范性引用文件

下列文件对于本文件的应用是必不可少的。凡是注日期的引用文件，仅注日期的版本适用于本文件。凡是不注日期的引用文件，其最新版本(包括所有修改单)适用于本文件。

GB 17341 光学和光学仪器 焦度计

ISO 13666 Ophthalmic optics—Spectacle lenses—Vocabulary

3 术语和定义

ISO 13666 界定的以及下列术语和定义适用于本文件。

3.1

焦点在轴上焦度计 FOA 焦度计 focal-point-on-axis focimeter

当被测镜片测量点处的棱镜度不为零时，测量光束的焦点仍在焦度计的光轴上。见图1。

注：本例包括所有的手动式焦度计及部分自动式焦度计。

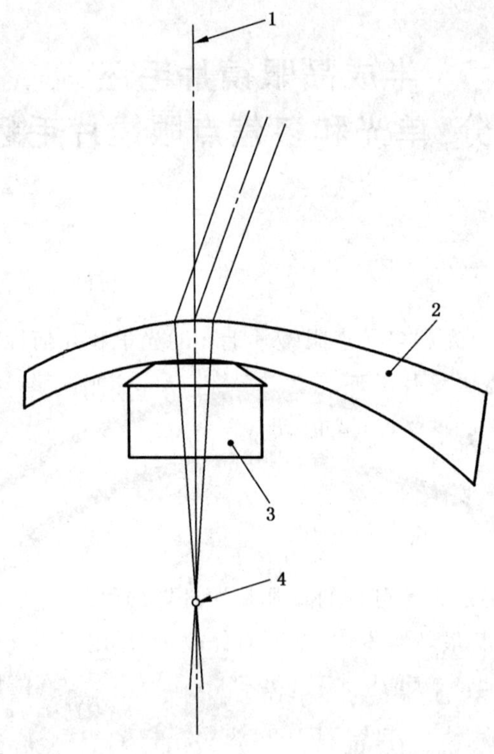

说明：

1——焦度计的光轴；

2——镜片；

3——焦度计镜片支座；

4——在光轴上的焦点。

图 1 FOA 焦度计

3.2

平行光共轴焦度计 IOA 焦度计 infinite-on-axis focimeter

当被测镜片测量点处的棱镜度不为零时，准直光束与焦度计光轴一致，但光束的聚焦点在焦度计光轴之外。见图 2。

注：部分自动式焦度计采用本原理。

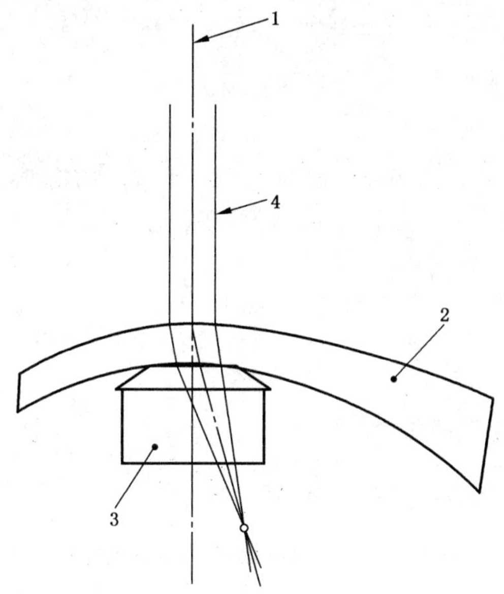

说明：

1——焦度计的光轴；

2——镜片；

3——焦度计镜片支座；

4——与光轴一致的平行入射光束。

图2　IOA焦度计

3.3

半成品镜片毛坯　semifinished lens blank

仅有一个表面完成光学加工的镜片毛坯。

[ISO 13666 8.4.2]

3.4

面焦度　surface power

表面(或部分表面)改变空气中的入射光束聚散度的能力。

注：对于多焦点和渐变焦镜片，半成品镜片的面焦度与远用设计基准点处的面焦度相对应。

[ISO 13666 9.4]

3.5

面散光度　surface astigmatic power

在已加工表面上，主子午面的不同面焦度之差。

注：面散光度是由所测得的半径计算得到。

[ISO 13666 9.6]

4　分类

半成品眼镜片毛坯按如下分类：

a)　单光半成品眼镜片毛坯；

b)　多焦点半成品眼镜片毛坯；

c)　渐变焦半成品眼镜片毛坯。

5 要求

5.1 通则

本部分给出的各项参数允差适用于在室温为23 ℃±5 ℃下的检测结果。

眼镜片毛坯的光学参数应根据生产商给出的值，在设计基准点上进行测量；对于非球面眼镜片毛坯，设计基准点的位置应由生产商规定。

未标明设计基准点位置，则视该点位于镜片的几何中心。

5.2 已完成表面的光学要求

5.2.1 单光和多焦点眼镜片毛坯面焦度

球面的面焦度以6.1规定的方法进行测量，其允差应符合表1规定。

表1 标称球面的面焦度允差

单位为屈光度(D)

绝对值最大的主子午面上的面焦度值	面焦度允差[a]	球面上面散光度允差 $\mid F_1-F_2 \mid$
≥0.00和≤2.00	±0.09	0.04
>2.00和≤10.00	±0.06	0.04
>10.00和≤15.00	±0.09	0.04
>15.00和≤20.00	±0.12	0.06
>20.00	±0.25	0.06

注：F_1 和 F_2 为主子午面上的面焦度值。

[a] 是指 $(F_1+F_2)/2$ 与标称面焦度之差。

5.2.2 球镜面焦度均匀性

均匀性按6.2的方法测试，在以设计基准点为中心的40 mm范围内各点与设计基准点之间的偏差应不大于0.06 D。

5.2.3 柱镜面焦度

柱镜面焦度以6.1规定的方法进行测量，其允差应符合表2规定。

表2 柱镜面焦度允差

单位为屈光度(D)

柱镜面焦度	允　差
>0.25和≤4.00	±0.06
>4.00和≤6.00	±0.09
>6.00	±0.12

5.2.4 附加顶焦度

附加顶焦度以6.3规定的方法进行测量，其允差应符合表3规定。

表 3　附加顶焦度允差

单位为屈光度(D)

附加顶焦度	允　差
≤4.00	±0.12
>4.00	±0.18

5.3　几何尺寸

5.3.1　直径分类

直径分为下列几类：

a)　标称直径(d_n)：由生产商标明的直径，mm；

b)　有效直径(d_e)：眼镜片毛坯的实际直径，mm；

c)　使用直径(d_u)：光学使用区的直径，mm。

5.3.2　直径允差

对应于标称直径的偏差应符合下列要求：

a)　有效直径，d_e：

$$d_n - 1\ \text{mm} \leqslant d_e \leqslant d_n + 2\ \text{mm}$$

b)　使用直径，d_u：

$$\text{当 } d_n \leqslant 65\ \text{mm 时}, d_u \geqslant d_n - 1\ \text{mm}$$

$$\text{当 } d_n > 65\ \text{mm 时}, d_u \geqslant d_n - 2\ \text{mm}$$

使用直径允差不适用于具有过渡曲面的镜片，例如缩径镜片等。

5.3.3　厚度

5.3.3.1　中心厚度

中心厚度在几何中心(除非生产商另有规定)进行测量，应不小于生产商规定的最小值，也不超过此最小值的 3 mm。

示例：当生产商规定的中心厚度最小值为 4 mm，则中心厚度为 4 mm～7 mm 是符合要求的。

5.3.3.2　边缘厚度

边缘厚度在生产商规定的点上测量，应不小于生产商规定的最小值，也不超过此最小值的 3 mm。

示例：当生产商规定的边缘厚度最小值为 2 mm，则边缘厚度为 2 mm～5 mm 是符合要求的。

5.3.4　子镜片尺寸和位置

5.3.4.1　尺寸

当使用 6.4 规定方法之一进行测定时，子镜片的各项尺寸(宽度、深度和过渡区深度)应不偏离标称值±0.5 mm。

如果作为一副配对镜片销售，子镜片的尺寸(宽度、深度和过渡区深度)相互偏差应不大于 0.7 mm。

5.3.4.2　位置

子镜片位置应按 6.4 的方法从设计基准点开始测量，水平位置(内融子镜片)应是设计基准点到子镜片的垂直平分线的距离。垂直位置(垂直子镜片位移)应是设计基准点到子镜片上沿线(或过子镜片曲线最高点的切线)的距离,以毫米为单位。

水平和垂直位置都不应偏离标称值±1.0 mm。

子镜片的尺寸和位置允差只适用于当子镜片的边界能清晰辨别时。

5.4 材料和表面质量

5.4.1 已完成的表面

在以镜片的设计基准点为中心,直径为30 mm的鉴别区域内,其表面和内部都不应出现可能有害视觉的各类疵病。对于子镜片,当其直径小于30 mm,鉴别区域为全部子镜片区域;当其直径大于30 mm,鉴别区域为以近用设计基准点为中心,直径为30 mm的区域。在鉴别区域之外,可允许孤立、微小的内在或表面缺陷。

5.4.2 未完成的表面

未完成的表面质量应进行充分标识、检查和测量。

6 试验方法

可选择采用与本条款所述等效的测量方法。

6.1 设计基准点上的面焦度值的测量

测量设计基准点上的面焦度值,可用一个能测量环面的带有千分表的装置,该装置用参考测试镜片进行校准。

6.2 球镜上面焦度值均匀性测量方法

在以设计基准点为中心的40 mm范围内,用牛顿环测试或经校准的矢高量表对面焦度均匀性进行测量。

6.3 附加顶焦度值的测量

6.3.1 通则

附加焦度应用符合GB 17341要求的焦度计进行测量。

除非生产商另有声明,应选择含有子镜片的表面进行测量。

有两种附加顶焦度的测量方法:前表面和后表面测量方法。

注:用不同的焦度计,如不同设计的焦度计(FOA或IOA),在眼镜片毛坯棱镜度不为零处所测得结果会有所差异,这是由于在测量中当眼镜片毛坯放置在焦度计支座上的位置或倾斜程度以及聚焦调整偏差所产生的焦度计的非线性的影响。

6.3.2 附加顶焦度的前表面测量方法

建立远用顶焦度测量点D(见图3),此点是近用顶焦度测量点N关于设计基准点B的中心对称点。如果N点的位置未被指定,应选择子镜片的最高中心点往下5 mm为N点。

把眼镜片毛坯的前表面放在焦度计支座上。聚焦N点,测量近用顶焦度值。

保持眼镜片毛坯的前表面对着焦度计支座。聚焦 D 点，测量远用顶焦度值。

近用顶焦度与远用顶焦度的差值为附加顶焦度值。近用和远用焦度也可用聚焦式焦度计标觇上垂直线聚焦最清晰或采用等效球镜法测量。

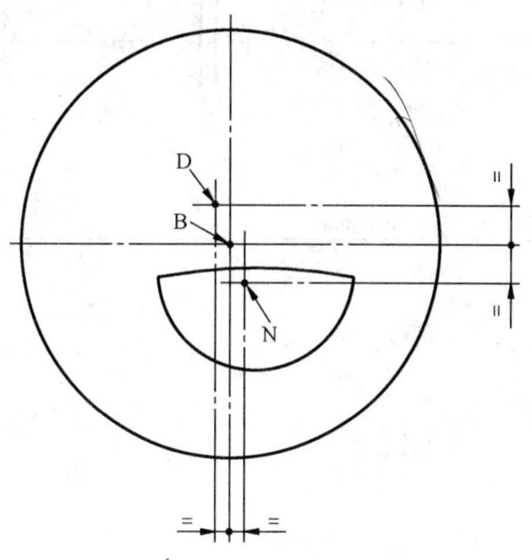

说明：

B——远用设计基准点；

D——远用顶焦度测量点；

N——近用顶焦度测量点。

图 3　附加顶焦度的测量

6.3.3　附加顶焦度后表面测量方法

建立远用顶焦度测量点 D(见图 3)，此点是近用顶焦度测量点 N 关于设计基准点 B 的中心对称点。如果 N 点的位置未被指定，应选择子镜片的最高中心点往下 5 mm 为 N 点。

把眼镜片毛坯的后表面放在焦度计支座上。聚焦 N 点，测量近用顶焦度值。

保持眼镜片毛坯的后表面对着焦度计支座。聚焦 D 点，测量远用顶焦度值。

近用顶焦度与远用顶焦度的差值为附加顶焦度值。使用聚焦式焦度计时，应使标觇上垂直线聚焦最清晰或采用等效球镜法，测量近用顶焦度和远用顶焦度。

6.4　子镜片尺寸和位置的测量方法

子镜片的尺寸在子镜片中心的切平面上进行测量，位置可用投影仪平面观察测量或用带有标尺的光学比较器或精确的毫米测量器具进行测量。

6.5　材料和表面质量测试方法

不借助光学放大装置，在明视场，暗背景中进行检验。图 4 所示为推荐的检验系统。检验室周围光照度约为 200 lx。检验灯的光通量至少为 400 lm，例如可用 15 W 的荧光灯管或无灯罩的 40 W 透明白炽灯。

注：本观察方法具有一定的主观性，需相当的实践经验。

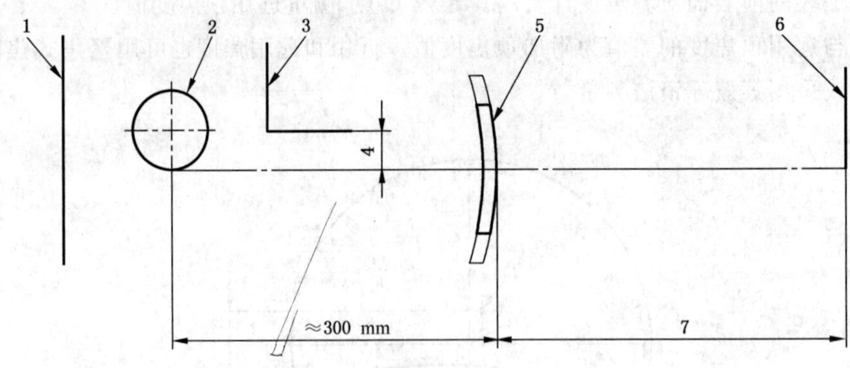

说明：

1——黑色无反光背景（150 mm×360 mm）；

2——灯源≥400 lm；

3——遮光板；

4——可调节不透光屏板；

5——可移动眼镜片；

6——观察者眼睛所在面；

7——明视视距。

注：遮光板可调节到遮住光源的光直接射到眼睛，但能使眼镜片被光源照明。

图4　目视鉴别眼镜片疵病的示意装置

7　标志

7.1　包装上的标识要求

眼镜片毛坯应有包装，在包装上至少应有下列信息

a)　对所有眼镜片毛坯：

1.　标称球镜面焦度，D(或等效参数)；

2.　标称柱镜面焦度，D(如果适用)；

3.　标称直径，mm；

4.　色泽(如果不是无色的)；

5.　镀层的种类(如果适用)；

6.　材料种类，折射率或能指明材料种类的等效贸易名；

7.　生产商或供应商。

b)　对多焦点眼镜片毛坯：

1.　附加顶焦度，D；

2.　款式名称或贸易名称或商标；

3.　子镜片尺寸，mm(如果适用)；

4.　右镜片或左镜片的标识(如果适用)。

7.2　应可获得的信息

当有要求时应可获得下列信息：

a)　最小中心厚度，mm，如果不在几何中心，测量点应作出标记(见5.3.3.1)；

b)　最小边缘厚度，mm，测量点应作出标记(见5.3.3.2)；

c) 已加工完成面(在设计基准点上测量)和未完成面的曲率半径,mm;当设计基准点的前表面曲率不是完全球形时,应标注等效的曲率半径;

d) 光学性能(包括阿贝数和光谱透射比);

e) 生产商所用的附加焦度的测量方法,包括焦度计类型(FOA 或 IOA)、前表面或后表面方法以及焦度计的基准参考波长。

8 参照本部分

如果生产商或供应商声明符合本部分,应在包装或随附文件中注明执行 GB 27995.1。

ICS 11.040.70
Y 89

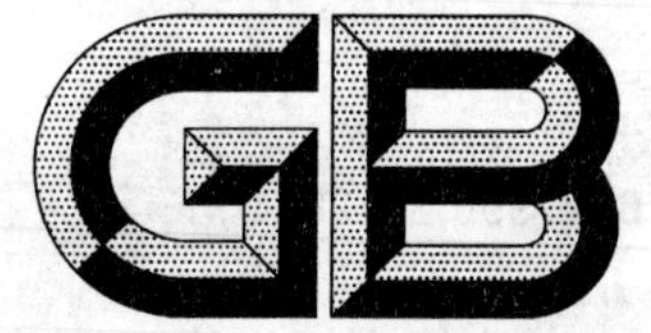

中华人民共和国国家标准

GB 27995.2—2011

半成品眼镜片毛坯
第2部分:渐变焦眼镜片毛坯规范

Semi-finished spectacle lens blanks—
Part 2:Specifications for progressive power lens blanks

(ISO 10322-2:2006,
Ophthalmic optics—Semi-finished spectacle lens blanks—
Part 2:Specifications for progressive power lens blanks,MOD)

2011-12-30 发布　　2012-12-01 实施

中华人民共和国国家质量监督检验检疫总局
中国国家标准化管理委员会　发布

前言

本部分的第5、7和8章为强制性的,其余为推荐性的。

GB 27995《半成品眼镜片毛坯》分为2个部分:

——第1部分:单光和多焦点眼镜片毛坯规范;

——第2部分:渐变焦眼镜片毛坯规范。

本部分为GB 27995的第2部分。

本部分按照GB/T 1.1—2009给出的规则起草。

本部分修改采用ISO 10322-2:2006《半成品眼镜片毛坯　第2部分:渐变焦眼镜片毛坯规范》。

本部分除编辑性修改外,与ISO 10322-2:2006的主要技术差异为:

——引用GB 17341《焦度计》代替ISO 8598焦度计和ISO 7944参考波长。GB 17341规定使用的波长为λ_e=546.07 nm,ISO 8598规定使用的波长为λ_e=546.07 nm或λ_d=587.56 nm;

——将ISO 13666中的"半成品镜片毛坯"、"面焦度"和"面散光度"术语直接增加在本部分的术语中;

——将ISO 10322-2附录A中的"评价"和"测试方法"两部分分别列入本部分5.4和6.3中。

请注意本文件的某些内容可能涉及专利。本文件的发布机构不承担识别这些专利的责任。

本部分由中国轻工业联合会提出。

本部分由全国光学和光子学标准化技术委员会眼镜光学分技术委员会(SAC/TC 103/SC 3)归口。

本部分起草单位:东华大学、国家眼镜玻璃搪瓷制品质量监督检验中心、镇江万新光学眼镜有限公司、豪雅(上海)光学有限公司、比真光学(上海)有限公司、上海依视路光学有限公司、卡尔蔡司光学(中国)有限公司、凯米光学(嘉兴)有限公司。

本部分主要起草人:张尼尼、唐玲玲、欧阳晓勇、刘亚丽、吴国庆、张朋、曹晖、赵厚云。

半成品眼镜片毛坯
第2部分:渐变焦眼镜片毛坯规范

1 范围

GB 27995 的本部分规定了渐变焦半成品眼镜片毛坯的光学和几何性能的要求。

本部分适用于渐变焦半成品眼镜片毛坯。

注:单光和多焦点半成品眼镜片毛坯的要求将在 GB 27995.1 中给出。

2 规范性引用文件

下列文件对于本文件的应用是必不可少的。凡是注日期的引用文件,仅注日期的版本适用于本文件。凡是不注日期的引用文件,其最新版本(包括所有修改单)适用于本文件。

GB 17341 光学和光学仪器 焦度计

ISO 13666 Ophthalmic optics—Spectacle lenses—Vocabulary

3 术语和定义

ISO 13666 界定的以及下列术语和定义适用于本文件。

3.1

焦点在轴上焦度计 FOA 焦度计 focal-point-on-axis focimeter

当被测镜片测量点处的棱镜度不为零时,测量光束的焦点仍在焦度计的光轴上。见图1。

注:本例包括所有的手动式焦度计及部分自动式焦度计。

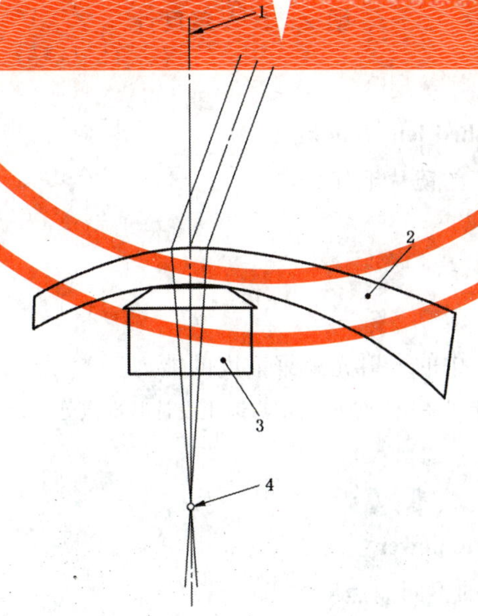

说明:

1——焦度计的光轴;
2——镜片;
3——焦度计镜片支座;
4——在光轴上的焦点。

图1 FOA 焦度计

3.2

平行光共轴焦度计　IOA焦度计　infinite-on-axis focimeter

当被测镜片测量点处的棱镜度不为零时,准直光束与焦度计光轴一致,但光束的聚焦点在焦度计光轴之外。见图2。

注:部分自动式焦度计采用本原理。

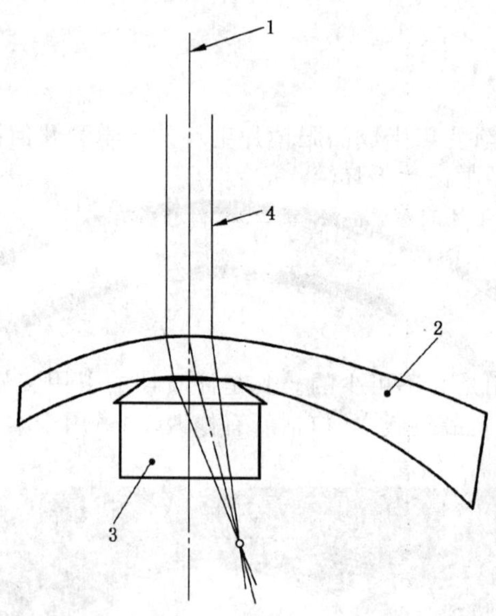

说明:

1——焦度计的光轴;

2——镜片;

3——焦度计镜片支座;

4——与光轴一致的平行入射光束。

图2　IOA焦度计

3.3

半成品镜片毛坯　semifinished lens blank

仅有一个表面完成光学加工的镜片毛坯。

[ISO 13666 8.4.2]

3.4

面焦度　surface power

表面(或部分表面)改变空气中的入射光束聚散度的能力。

注:对于多焦点和渐变焦镜片,半成品镜片的面焦度与远用设计基准点处的面焦度相对应。

[ISO 13666 9.4]

3.5

面散光度　surface astigmatic power

在已加工表面上,主子午面的不同面焦度之差。

注:面散光度是由所测得的半径计算得到。

[ISO 13666 9.6]

4 分类

半成品眼镜片毛坯按如下分类：

a) 单光半成品眼镜片毛坯；

b) 多焦点半成品眼镜片毛坯；

c) 渐变焦半成品眼镜片毛坯。

5 要求

5.1 通则

本部分给出的各项参数允差适用于在室温为 23 ℃±5 ℃下的检测结果。

眼镜片毛坯的光学参数应根据生产商给出的值，在设计基准点上进行测量。

5.2 已完成表面的光学要求

5.2.1 渐变焦眼镜片毛坯面焦度

面焦度以 6.1 规定的方法在远用设计基准点上进行测量，其允差应符合表 1 规定。

表 1 面焦度允差 单位为屈光度(D)

绝对值最大的主子午面上的远用面焦度值	远用面焦度允差[a]	制造者标注的面散光度允差[b] $\lvert F_1-F_2 \rvert$
≥0.00 和≤10.00	±0.09	0.09
>10.00 和≤15.00	±0.12	0.12

注：F_1 和 F_2 为主子午面上的面焦度值。

[a] 是指$(F_1+F_2)/2$与标称远用面焦度之差；

[b] 对于定制设计镜片的散光。

5.2.2 渐变焦眼镜片毛坯的附加顶焦度

附加顶焦度以 6.2 规定的方法在设计基准点上进行测量，其允差应符合表 2 规定。

表 2 附加顶焦度允差 单位为屈光度(D)

附加顶焦度	允 差
≤4.00	±0.12
>4.00	±0.18

5.3 几何尺寸

5.3.1 直径分类

直径分为下列几类：

a) 标称直径(d_n)：由生产商标明的直径，mm；

b) 有效直径(d_e):眼镜片毛坯的实际直径,mm;

c) 使用直径(d_u):光学使用区的直径,mm。

5.3.2 直径允差

对应于标称直径的偏差应符合下列要求:

a) 有效直径,d_e:

$$d_n - 1\ \text{mm} \leqslant d_e \leqslant d_n + 2\ \text{mm}$$

b) 使用直径,d_u:

$$当\ d_n \leqslant 65\ \text{mm}\ 时, d_u \geqslant d_n - 1\ \text{mm}$$
$$当\ d_n > 65\ \text{mm}\ 时, d_u \geqslant d_n - 2\ \text{mm}$$

使用直径允差不适用于具有过渡曲面的镜片,例如缩径镜片等。

5.3.3 厚度

5.3.3.1 中心厚度

中心厚度在几何中心(除非生产商另有规定)进行测量,应不小于生产商规定的最小值,也不超过此最小值的 3 mm。

示例:当生产商规定的中心厚度最小值为 4 mm,则中心厚度在 4 mm～7 mm 是符合要求的。

5.3.3.2 边缘厚度

边缘厚度在生产商规定的点上测量,应不小于生产商规定的最小值,也不超过此最小值的 3 mm。

示例:当生产商规定的边缘厚度最小值为 2 mm,则边缘厚度在 2 mm～5 mm 是符合要求的。

5.4 材料和表面质量

5.4.1 已完成的表面

在以棱镜参考点为中心,直径为 30 mm 的鉴别区域内,镜片的表面和内部都不应出现可能有害视觉的各类疵病。在此鉴别区域之外,可允许孤立、微小的内在或表面缺陷。

5.4.2 未完成的表面

未完成的表面质量应进行充分标识、检查和测量。

6 试验方法

可选择采用与本条款所述等效的测量方法。

6.1 远用设计基准点上的凸面焦度值的测量

测量远用设计基准点的凸面焦度是通过测量凹球面的曲率、厚度和后顶焦度,通过计算得出凸面的面焦度值。

6.2 附加顶焦度的测量

6.2.1 通则

附加顶焦度应用符合 GB 17341 要求的焦度计进行测量。

除非生产商另有声明,应选择含有渐变焦的表面进行测量。

有两种附加顶焦度的测量方法：前表面和后表面测量方法。

注：用不同的焦度计，如不同设计的焦度计(FOA 或 IOA)，在眼镜片毛坯棱镜度不为零处所测得结果会有所差异，这是由于在测量中当眼镜片毛坯放置在焦度计支座上的位置或倾斜程度以及聚焦调整偏差所产生的焦度计的非线性的影响。

6.2.2 附加顶焦度的前表面测量方法

把眼镜片毛坯的前表面放在焦度计支座上。在近用设计基准点位置测量近用顶焦度。

保持眼镜片毛坯的前表面对着焦度计支座，在远用设计基准点位置测量远用顶焦度。

近用顶焦度与远用顶焦度的差值为附加顶焦度。近用和远用顶焦度也可用聚焦式焦度计标觇上垂直线聚焦最清晰或采用等效球镜法测量。

6.2.3 附加顶焦度后表面测量方法

把眼镜片毛坯的后表面放在焦度计支座上。在近用设计基准点位置测量近用顶焦度。

保持眼镜片毛坯的后表面对着焦度计支座，在远用设计基准点位置测量远用顶焦度。

近用顶焦度与远用顶焦度的差值为附加顶焦度。近用和远用焦度也可用聚焦式焦度计标觇上垂直线聚焦最清晰或采用等效球镜法测量。

6.3 材料和表面质量测试方法

不借助光学放大装置，在明视场，暗背景中进行检验。图 3 所示为推荐的检验系统。检验室周围光照度约为 200 lx。检验灯的光通量至少为 400 lm，例如可用 15 W 的荧光灯管或无灯罩的 40 W 透明白炽灯。

注：本观察方法具有一定的主观性，需相当的实践经验。

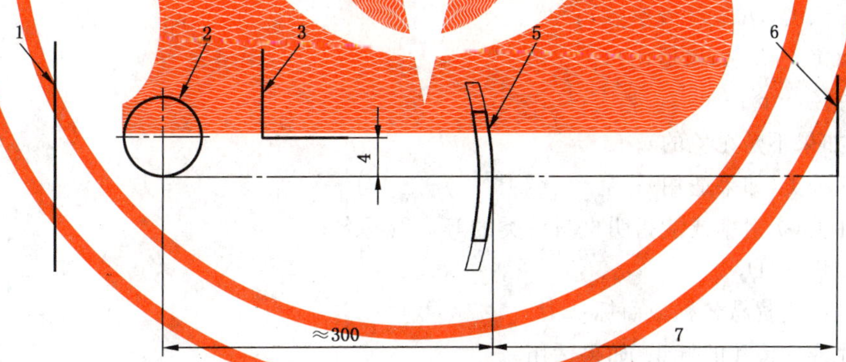

说明：

1——黑色无反光背景(150 mm×360 mm)；

2——灯源≥400 lm；

3——遮光板；

4——可调节不透光屏板；

5——可移动眼镜片；

6——观察者眼睛所在面；

7——明视视距。

注：遮光板可调节到遮挡光源的光直接照射到眼睛，但能使眼镜片被光源照明。

图 3 目视鉴别眼镜片疵病的示意装置

7 标记

7.1 永久性标记

在眼镜片毛坯已加工完成的面上至少应有下列永久性标记：

a) 配装基准：由两个相距为 34 mm 的标记点组成，两标记点分别与一含有配适点或棱镜基准点的垂面等距离；

b) 附加顶焦度，D；

c) 生产商或供应商名或商品名称或商标（见第 1 部分）。

7.2 可选择的非永久性标记

推荐以下可选择性的非永久性标记：

a) 配装基准线；

b) 远用区设计基准点；

c) 近用区设计基准点；

d) 配适点；

e) 棱镜基准点。

8 标志

8.1 包装上的标识要求

眼镜片毛坯应有包装，在包装上至少应有下列信息：

a) 标称面焦度，D(或等效参数)；

b) 散光面焦度，D(如果适用)；

c) 标称直径，mm；

d) 色泽(如果不是无色的)；

e) 镀层的种类(如果适用)；

f) 材料种类，折射率或能指明材料种类的等效贸易名；

g) 附加顶焦度，D；

h) 款式名称或贸易名称或商标；

i) 右镜片或左镜片的标识(如果适用)。

8.2 应可获得的信息

当有要求时应可获得下列信息：

a) 最小中心厚度，mm，如果不在几何中心，测量点应作出标记(见 5.3.3.1)；

b) 最小边缘厚度，mm，测量点应作出标记(见 5.3.3.2)；

c) 已加完成面(在设计基准点上测量)和未完成面的曲率半径，mm；对眼镜片毛坯在设计基准点的前表面曲率不是完全球形时，应标注等效的曲率半径；

d) 光学性能(包括阿贝数和光谱透射比)；

e) 生产商所用的附加顶焦度的测量方法，包括使用的焦度计类型(FOA 或 IOA)，前表面或后表面方法以及焦度计的基准参考波长；

f) 减薄棱镜(如果适用)；

g) 非永久性标记与永久性标记间关系的图解。

9 参照本部分

如果生产商或供应商声明符合本部分,应在包装或随附文件中注明执行 GB 27995.2。

ICS 53.020.20
J 80

中华人民共和国国家标准

GB/T 27996—2011

全地面起重机

All terrain crane

2011-12-30 发布　　　　　　　　　　　　　　　　2012-07-01 实施

中华人民共和国国家质量监督检验检疫总局
中国国家标准化管理委员会　发布

前　言

本标准按照 GB/T 1.1—2009 给出的规则起草。

本标准由中国机械工业联合会提出。

本标准由全国起重机械标准化技术委员会(SAC/TC 227)归口。

本标准负责起草单位:徐州重型机械有限公司。

本标准参加起草单位:长沙中联重工科技发展股份有限公司、三一重工股份有限公司。

本标准主要起草人:史先信、陈相奇、徐周、单增海、丁宏刚、张正德、李丽、朱亚夫、刘东宏、杨武。

全 地 面 起 重 机

1 范围

本标准规定了全地面起重机的术语和定义、技术要求、试验方法、检验规则、标志、包装、运输和贮存。

本标准适用于全地面起重机(以下简称起重机)。

2 规范性引用文件

下列文件对于本文件的应用是必不可少的。凡是注日期的引用文件，仅注日期的版本适用于本文件。凡是不注日期的引用文件，其最新版本(包括所有的修改单)适用于本文件。

GB/T 783 起重机械 最大起重量系列

GB 1495 汽车加速行驶车外噪声限值及测量方法

GB/T 3766 液压系统通用技术条件

GB/T 3811 起重机设计规范

GB 3847 车用压燃式发动机和压燃式发动机汽车排气烟度排放限值及测量方法

GB 4094 汽车操纵件、指示器及信号装置的标志

GB 5226.2 机械安全 机械电气设备 第32部分:起重机械技术条件

GB/T 5905 起重机 试验规范和程序

GB/T 6974.1 起重机 术语 第1部分:通用术语

GB/T 6974.2 起重机 术语 第2部分:流动式起重机

GB 7258—2004 机动车运行安全技术条件

GB/T 7935 液压元件 通用技术条件

GB 8410 汽车内饰材料的燃烧特性

GB/T 9286—1998 色漆和清漆 漆膜的划格试验

GB/T 9487 柴油机自由加速排气烟度的测量方法

GB 9656 汽车安全玻璃

GB/T 10051 (所有部分)起重吊钩

GB 11118.1 矿物油型和合成烃型液压油

GB 11567.1 汽车和挂车侧面防护要求

GB 11567.2 汽车和挂车后下部防护要求

GB 12265.3 机械安全 避免人体各部位挤压的最小间距

GB/T 12539 汽车爬陡坡试验方法

GD/T 12540 汽车最小转弯直径、最小转弯通道圆直径和外摆值测量方法

GB/T 12543 汽车加速性能试验方法

GB/T 12544 汽车最高车速试验方法

GB/T 12547 汽车最低稳定车速试验方法

GB 12602 起重机械超载保护装置

GB/T 12673 汽车主要尺寸测量方法

GB/T 12674　汽车质量(重量)参数测定方法

GB 12676　汽车制动系统结构、性能和试验方法

GB 14023　车辆、船和由内燃机驱动的装置　无线电骚扰特性　限值和测量方法

GB 15052　起重机　安全标志和危险图形符号　总则

GB 15082　汽车用车速表

GB/T 16856.1—2008　机械安全　风险评价　第1部分:原则

GB 17675　汽车转向系基本要求

GB 17691　车用压燃式、气体燃料点燃式发动机与汽车排气污染物排放限值及测量方法(中国Ⅲ、Ⅳ、Ⅴ阶段)

GB/T 18655　车辆、船和内燃机　无线电骚扰特性　用于保护车载接收机的限值和测量方法

GB/T 19924　流动式起重机　稳定性的确定

GB 20062　流动式起重机　作业噪声限值及测量方法

GB/T 20082　液压传动　液体污染　采用光学显微镜测定颗粒污染度的方法

GB/T 20303.2　起重机　司机室　第2部分:流动式起重机

GB 20891　非道路移动机械用柴油机排气污染物排放限值及测量方法(中国Ⅰ、Ⅱ阶段)

GB/T 21457　起重机和相关设备　试验中参数的测量精度要求

GB/T 21458　流动式起重机　额定起重量图表

GB/T 22415　起重机　对试验载荷的要求

GB 23821　机械安全　防止上下肢触及危险区的安全距离

GB/T 24817.2　起重机械　控制装置布置形式和特性　第2部分:流动式起重机

GB/T 24818.2—2010　起重机　通道及安全防护措施　第2部分:流动式起重机

GB/T 25195.2　起重机　图形符号　第2部分:流动式起重机

GB/T 26472　流动式起重机　卷筒和滑轮尺寸

JB/T 5934　工程机械　门锁技术条件

JB/T 5943　工程机械　焊接件通用技术条件

JB/T 8727　液压软管　总成

JB/T 10559—2006　起重机械无损检测　钢焊缝超声检测

QC/T 44　汽车风窗玻璃电动刮水器

QC/T 46　汽车风窗玻璃电动刮水器型式与尺寸

QC/T 246　汽车风窗玻璃电动洗涤器技术条件

QC/T 629　汽车遮阳板

QC/T 634　汽车水暖式暖风装置

QC/T 656　汽车空调制冷装置性能要求

QC/T 727　汽车、摩托车用仪表

ISO 11500　液压传动　利用遮光原理自动计数测定颗粒污染等级(Hydraulic fluid power—Determination of the particulate contamination level of a liquid sample by automatic particle counting using the light-extinction principle)

3　术语和定义

GB/T 6974.1和GB/T 6974.2中界定的以及下列术语和定义适用于本文件。

3.1

全地面起重机　all terrain crane

装在有油气悬架、多轴转向、多轴驱动和蟹行等特点的特制轮式底盘上，能在公路上行驶，且在作业场地具有比汽车起重机更高的机动性的流动式起重机。

3.2

工况　working conditions

由制造商规定的不同工作状态。

注：按照定位情况可分为行驶工况与起重作业工况。按照臂架配置情况又可分为主臂工况和副臂工况。主臂工况还可再分为基本臂工况、中长臂工况和全伸臂工况，副臂工况也可再分为固定副臂工况和变幅副臂（塔臂）工况等（参见附录 A）。

3.3

超起装置　superlift mechanism

带有超起臂杆和（或）超起平衡重及辅助机构，改善臂架受力状况及整机稳定性、提高起重性能的装置。

注 1：可分为附加臂杆类和附加平衡重类等多种形式（参见附录 B）。

注 2：使用超起装置时为超起工况。

3.4

油气悬架　hydropneumatic suspension

车架与车轴之间，以液压油为传递介质，以惰性气体为弹性介质，由悬架缸、蓄能器、推力杆和配流系统等组成，缓和并衰减由地面引起的冲击和振动，同时传递力和力矩的连接装置。

3.5

多轴转向　multiple axle steering

至少有 2/3 及以上的车轴能够实现转向。

3.6

多轴驱动　multiple axle driving

至少有半数以上的车轴能够参与驱动，且带有分动器及差速锁止机构。

3.7

蟹行　crab

所有转向轴上的转向轮能够转向同一方向并在一定条件下行驶。

3.8

固定副臂　fixed jib

在起重作业过程中，不改变与主臂夹角的副臂。

3.9

变幅副臂　luffing jib

在起重作业过程中，可改变与主臂夹角的副臂。

注：如塔式副臂。

3.10

固定平衡重　fixed counterweight

起重作业状态和行驶状态平衡重均不需拆装的平衡重。

3.11

组合平衡重　combined counterweight

起重作业前需要根据额定起重量表进行拆装组合的平衡重。

3.12

驾驶室　driver's cabin

用于起重机行驶的司机室。

3.13

操纵室 operator's cabin

用于起重作业的司机室。

注：有些型号的起重机操纵室也可操纵起重机行驶。

4 技术要求

4.1 工作条件

4.1.1 地面应坚实，作业过程中不得下陷，必要时应采取措施满足承载要求。行驶时地(路)面的承载能力不得小于起重机的接地比压和轴荷。

4.1.2 使用支腿作业时，所有轮胎应离地，整机保持水平状态，回转支承安装平面的倾斜度不大于1%。

4.1.3 不用支腿进行起重作业时，悬架应处于刚性支撑状态。地面倾斜度不应大于1%。

4.1.4 起重机轮胎的工作压力应符合其产品使用说明书的规定，其误差为±5%。

4.1.5 环境温度为－20 ℃～＋40 ℃。当低于－20 ℃应在订货合同中说明。

4.1.6 工作风速不超过14.1 m/s。当风速超过15.5 m/s时，应将副臂收回；当风速超过20.0 m/s时，应将整个臂架收回至行驶状态。

注：本标准中的风速均为3 s时的平均瞬时风速。

4.1.7 当臂长超过50 m且用户提供了工作风速时应按合同执行。

4.1.8 海拔一般不超过2 000 m。

4.2 整机

4.2.1 起重机的设计计算应符合GB/T 3811的有关规定。

4.2.2 起重机应符合有关机动车和特种设备的法律法规要求。有特殊要求时，还应符合合同要求。

4.2.3 应对起重机可能存在的所有重大危险按GB/T 16856.1的方法进行风险评估，评估后应从设计上消除或减少危险。对设计上不能消除的危险，应有相应的防护装置。如仍不能消除危险的存在，则应设置安全警告标志。起重机可能存在的危险参见附录C。

4.2.4 起重机的最大起重量应符合GB/T 783的规定。

4.2.5 行驶状态外廓尺寸的最大限值应符合表1的规定。

4.2.6 行驶状态下，各轴轴荷不应超过12 t，总质量不应超过各轴轴荷之和。

4.2.7 行驶状态下，驱动轴的轴荷不应小于起重机总质量的40%。转向轴的轴荷不应小于总质量的60%。

表1 行驶状态外廓尺寸限值

<table>
<tr><th>轴　数</th><th>整车长度
mm</th><th>整车宽度
mm</th><th>整车高度
mm</th></tr>
<tr><td>2</td><td>13 000</td><td>2 500</td><td rowspan="5">4 000</td></tr>
<tr><td>3、4</td><td>14 000</td><td>2 800</td></tr>
<tr><td>5、6</td><td>18 000</td><td rowspan="3">3 000</td></tr>
<tr><td>7、8</td><td>20 000</td></tr>
<tr><td>9、10</td><td>22 500</td></tr>
</table>

4.2.8 不超过7轴起重机的接近角不应小于16°,8轴起重机接近角不应小于13°,9轴起重机接近角不应小于11°,10轴起重机接近角不应小于10°。起重机的离去角不应小于12°。

4.2.9 悬架处于中位时最小离地间隙不应小于280 mm。

4.2.10 不超过7轴起重机最小转弯直径不应大于24 000 mm,超过7轴起重机最小转弯直径应符合技术文件的规定。

4.2.11 爬坡能力不应小于35%。

4.2.12 起动平稳、加速均匀。最大行驶速度不应小于70 km/h,最低稳定行驶速度不应大于3 km/h。

4.2.13 行驶状态的比功率不应小于5.0 kW/t。

4.2.14 额定载荷下最低稳定起升速度不应大于5 m/min,其他工作速度应符合技术文件的规定。

4.2.15 对于最大起重量不大于80 t的起重机,在3 m幅度时不使用超起装置则应具有吊起最大起重量的能力。对于最大起重量大于80 t的起重机,可用相应的额定起重力矩工况代替。

4.2.16 起重机在空载和额定载荷各工况下,应动作平稳,无异响或抖动。工作速度达到技术文件的要求。制动可靠且在任何提升操作条件下重物均不应出现明显的反向动作。

在动载和静载试验过程中或试验结束后,起重机的结构件不应产生裂纹、永久变形、油漆剥落。零部件不应产生对起重机的性能与安全有影响的损坏,连接处无出现松动或损坏。

4.2.17 整机稳定性应符合GB/T 19924的规定。

4.2.18 起重机宜配备固定副臂,最大起重量大于300 t的起重机宜有可选装的变幅副臂。

4.2.19 带有固定平衡重的起重机应具备带载行驶能力。带有组合平衡重的起重机的带载行驶能力应在产品使用说明书中明确规定。

4.2.20 起重机作业可靠性应符合技术文件的规定。

起重机最大起重量超过160 t以上的,可用工业性试验代替作业可靠性试验。

4.2.21 气、液管路及电器线路应安装牢固、排列整齐,行驶和起重作业过程中不得脱落、松动和相互磨擦。在可能有机械损伤的地方,应敷设于槽、管中,出口处应设置防止磨损的保护装置。

4.2.22 各操纵件应操作方便、灵活、不互相干扰,挡位准确、可靠,并应有指示标牌或标志。标牌和标志应符合GB 4094、GB 15052和GB/T 25195.2的规定。

4.2.23 起重机上的操作部位以及需要经常检查和保养的部位应设置符合GB/T 24818.2规定的通道。如果可带移动通道系统(如移动平台或移动梯子),应在产品使用说明书中提供选择、安装及安全使用的说明。

4.2.24 在正常使用过程中可以触及到的零部件,应具有半径不小于1 mm的圆角(或不小于1 mm×1 mm倒角)

4.2.25 油漆应光洁、均匀、不应有漏漆、起皮、脱落和色泽不一致等缺陷,主要外露表面无流痕、气泡等缺陷。漆膜附着力应符合GB/T 9286—1998中的一级质量要求。

4.2.26 起重机应车体周正,外缘左右对称部位高度差不应大于40 mm。

4.2.27 起重机在发动机熄火、不低于起步气压情况下,应能被牵引行驶,并安全地转向。

4.3 底盘

4.3.1 油气悬架

4.3.1.1 起重机各轴与车架连接应采用油气悬架。

4.3.1.2 油气悬架在起重机行驶时应为弹性状态,在起重作业和吊重行驶时应为刚性状态。

4.3.1.3 油气悬架可改变车轴与车身之间的高度,调节行程不应小于±80 mm,且应能在任意位置锁定。

4.3.1.4 各油气悬架在高度方向应能独立调整,且具有手动和自动两种模式。在调节行程内起重机具有在纵、横坡上保持车架水平的能力。

4.3.1.5 油气悬架应具有良好的减振效果。行驶状态下,固有频率应为1.1 Hz~2.0 Hz。不得产生共振。

4.3.1.6 油气悬架与车轴之间的各种拉杆和导杆不应产生塑性变形,各接头和衬套不应松旷或移位。

4.3.1.7 蓄能器容积、预充气压力应匹配合理,预充气体应为氮气或其他惰性气体。

4.3.2 传动系

4.3.2.1 传动系应设有分动装置,并在挡位位置标牌或产品使用说明书上说明操作步骤。

4.3.2.2 离合器应接合平稳,分离彻底,工作时不得有异响、抖动或不正常打滑现象。离合器彻底分离时,踏板力不应大于 300 N,手握力不应大于 200 N。踏板自由行程为 20 mm~30 mm。

4.3.2.3 挂挡时,变速器齿轮啮合灵便,互锁装置有效。运行中不得有异响和自行跳挡现象。

4.3.2.4 传动轴在运转时不得发生震抖和异响,中间轴承和万向节不得有裂纹和松旷现象。

4.3.3 转向系

4.3.3.1 起重机的车轮定位值应在技术文件中标明。

4.3.3.2 起重机至少应具备前轴单独和前后轴联合转向的能力。转向系应符合 GB 17675 的规定。

4.3.3.3 起重机应设置转向限位装置。方向盘最大自由转动量不应大于 30°。

4.3.3.4 起重机在平坦、硬实、干燥和清洁的道路上行驶不应跑偏,方向盘不应有摆振或其他异常现象。

4.3.3.5 起重机应采用转向助力装置。行驶时其转向助力功能不得出现时有时无的现象,当转向助力装置失效时,仍应具有用方向盘控制起重机的能力。

4.3.3.6 转向节及臂、转向横、直拉杆及球销不得有裂纹和损伤,并且球销不应松旷。横、直拉杆不得拼焊修补。

4.3.3.7 对于不超过 7 轴的起重机,以 10 km/h 的速度在 5 s 之内沿螺旋线从直线行驶过渡到直径为 24 m(7 轴以上按照技术文件)的圆周行驶,施加于方向盘外缘的最大切向力不应大于 245 N;助力转向失效时,施加于方向盘外缘的最大切向力不应大于 588 N。

4.3.4 制动系

4.3.4.1 起重机应设置行车制动、应急制动和驻车制动的装置。

4.3.4.2 行车制动应分配合理的作用在所有车轮上,在规定的初速度下的制动距离和制动稳定性要求应符合表 2 的规定。

表 2 制动距离和制动稳定性要求[a]

轴数	制动初速度 km/h	整机制动距离 m	底盘制动距离[b] m	试验通道宽度[c] m
2	30	≤10.0	≤9.0	3.0
3、4				3.3
5~10				3.5

[a] 在平坦(坡度不大于 1%)、干燥和清洁的硬路面(轮胎与路面之间的附着系数 0.7)上进行试验。

[b] 对底盘检验的制动距离有质疑时,以整机检验的制动距离为准。

[c] 试验通道宽度的边缘线为制动过程中起重机的任何部位(不计入车宽的部位除外)不允许超出的界限。

4.3.4.3 行车制动应采用双回路或多回路,当部分管路失效后,剩余制动效能仍应能保持原规定值的

30%以上。

4.3.4.4 应急制动应保证在行车制动只有一处管路失效的情况下，在规定距离内将起重机停住。应急制动应是可控的，可以与行车制动或驻车制动装置结合。

4.3.4.5 驻车制动应能使起重机即使在没有驾驶员的情况下，也能停在至少18%坡道上。驻车制动应通过纯机械装置把工作部件锁止，其操纵装置应有足够的储备行程。驻车制动的控制装置与行车制动的控制装置应相互独立。

4.3.4.6 行车制动在产生最大制动效能时的踏板力不大于700 N；驻车制动时，施加于操纵装置的力：手操纵不应大于600 N；脚操纵不应大于700 N。

4.3.4.7 制动系统的各零部件、制动管路的材质、性能结构、安装位置要求应符合GB 7258—2004中7.1.6～7.1.8的规定。

4.3.4.8 制动器应有磨损补偿装置。制动器磨损后，制动间隙应易于通过手动或自动调节装置补偿。制动控制装置及其部件以及制动器总成应具备一定的储备行程，当制动器发热或制动衬片的磨损达到一定程度时，在不必立即调整的情况下，仍应保持有效的制动。

4.3.4.9 起重机在运行过程中不得有自行制动现象。

4.3.4.10 当制动系统的气压低于起步气压时，报警装置应能连续向驾驶员发出容易听到或看到的报警信号。

4.3.4.11 安装具有防抱制动系统(ABS)的起重机，当防抱制动装置失效时，报警装置应能连续向驾驶员发出容易听到或看到的报警信号。

4.3.5 轮胎与车轴

4.3.5.1 起重机的轮胎应符合GB 7258—2004中9.1的规定。

4.3.5.2 轮胎负荷不应大于其额定负荷，轮胎气压应符合该轮胎承受相应负荷时规定。

4.3.5.3 轮胎螺母和半轴螺母应完整齐全，并应按规定力矩紧固。

4.3.5.4 驱动轴轴壳、轴管不得有变形和裂纹，驱动轴应工作正常且不得有异响。

4.3.6 发动机

4.3.6.1 发动机应动力性能良好，运转平稳，怠速稳定，停机装置应灵活有效。单一发动机的起重机操纵室应具有发动机的启动、熄火和油门控制装置。

4.3.6.2 油门踏板应灵活，踏到底时应能保证最大供油量。踏下再迅速脱开时，发动机应能平顺恢复到稳定怠速，不得有熄火停机现象。

4.3.6.3 发动机应有良好的起动性能。环境温度－10 ℃以上时，应能正常启动；环境温度在－20 ℃～－10 ℃时，在采取预热措施后应能顺利起动。

4.3.6.4 发动机运转及停车时，水箱、水泵、缸体、缸盖、暖风装置及所有连接部位均不应有渗漏水现象。

4.3.6.5 最大起重量大于1 000 t的起重机可采用非道路发动机作为行驶用发动机。

4.4 结构

4.4.1 起重机结构件材料和结构型式应满足使用过程中的强度、刚性、稳定性、防腐和有关安全性方面的要求。选用新材料应进行工艺验证。

4.4.2 结构件的焊缝质量应满足机械性能设计计算的要求。焊接技术要求应符合JB/T 5943的规定。臂架、转台、车架、支腿等主要受力结构件的焊接质量外观不应低于关键焊缝的要求，内部缺陷应符合JB/T 10559—2006中1级焊缝的验收准则要求。

4.4.3 在额定起升载荷的作用下，只考虑臂架的变形时，箱型伸缩式臂架顶端的静态刚性推荐按式(1)

和式(2)计算：

$$f_L \leqslant k_f(L_c/100)^2 \quad \cdots\cdots(1)$$

$$Z_L \leqslant k_z(L_c/100)^2 \quad \cdots\cdots(2)$$

式中：

f_L——臂架端部在变幅平面内垂直于臂架轴线方向的静位移，单位为厘米(cm)；

Z_L——在臂架端部施加数值为5%额定载荷的水平侧(切)向力时，臂架端部在回转平面内的水平静位移，单位为厘米(cm)；

L_c——全伸臂长度，单位为厘米(cm)；

k_f——变幅平面内的刚度系数。当L_c<45 m时，取0.1；当L_c≥45 m时，可放大到0.16；

k_z——回转切向平面内的刚度系数。当L_c<45 m时，取0.07；当L_c≥45 m时，可放大到0.09。

结构在大变形状态下，f_L和Z_L宜采用非线性分析方法计算。

4.4.4 起重机在额定载荷下，臂架头部水平侧(切)向位移不应超过表3的规定。

表3 臂架头部水平侧(切)向位移限值

臂长 L m	限值 mm
L≤40	600
40<L≤65	1 500
65<L≤85	2 500
85<L≤100	3 500
L>100	5 000

4.4.5 应在平衡重上明显部位标注平衡重的质量。平衡重质量上偏差不应大于1%，下偏差不应大于0.5%。

4.4.6 起重机的其他主要结构件的质量相对公称值的误差不大于3%。

4.4.7 转台应有行驶位置锁定装置，防止行驶时转动。

4.5 驾驶室与操纵室

4.5.1 驾驶室应为金属全封闭式，操纵室应为金属或非金属全封闭式。密封、保温、通风和防雨性能良好，地板应防滑，座椅应舒适可调。室内设置的制冷、暖风装置，其冷、暖管道应布置合理，出口气流不得正对人体。制冷、暖风装置应符合QC/T 656和QC/T 634的规定。

4.5.2 驾驶室与操纵室顶部应能在直径为125 mm圆形面积上承受1 000 N的均布载荷不产生永久变形。当重量为7 kg的钢球从2 m高落下时，操纵室顶部的塑性变形量不应超过50 mm。

4.5.3 驾驶室与操纵室门窗应使用符合GB 9656规定的安全玻璃。操纵室应有第二出口(可用应急窗代替)，第二出口应易于从室内迅速打开，应急窗采用易于击碎的安全玻璃并在窗内邻近处提供一个击碎工具。

4.5.4 驾驶室与操纵室门窗应启闭轻便，锁止可靠，不得有自动开启和卡死现象，行车时门窗无异响。操纵室门锁应符合JB/T 5934的规定，门在全开位置应有锁定装置。

4.5.5 驾驶室应保证行驶时的前方和侧方视野，操纵室应能够观察到整个作业和运动区域。驾驶室与操纵室前窗应配置刮水器、洗涤器和遮阳装置。刮水器的型式、尺寸及技术要求应符合QC/T 46和QC/T 44的规定。洗涤器应符合QC/T 246的规定。遮阳板应符合QC/T 629的规定。

4.5.6 驾驶室与操纵室室内、外不应有任何使人致伤的尖锐凸起物，所用地板和内饰材料应采用阻燃材料，其阻燃性应符合 GB 8410 的要求。

4.5.7 起重作业时操纵室应位于起重机的左侧。最大起重量大于 100 t 的起重机宜采用可俯仰式操纵室。

4.5.8 操纵室及座椅的结构和尺寸应符合 GB/T 20303.2 的规定。

4.5.9 操纵室内控制装置布置形式和特性应符合 GB/T 24817.2 的规定。

4.5.10 双向控制器手柄间距不小于 65 mm，操作力不应大于 60 N，行程(从中间位置分别向前后)不应大于 160 mm。十字轴多向控制器手柄操作力为 5 N～10 N。脚踏板操作力不应大于 150 N，行程不应大于 250 mm。

4.6 机构及零、部件

4.6.1 起升机构

4.6.1.1 起重作业时，载荷起升或下降动作应平稳，载荷在任何位置均能可靠停稳。起重机不得带载自由下降，应通过动力控制载荷的下降速度。

4.6.1.2 载荷在空中停稳后，再次启动提升载荷时，在任何提升操作条件下，载荷均不应出现明显的反向动作。

4.6.1.3 起升机构应配置卷筒旋转指示器或监视装置，并将其设置在操作者易于观察的位置。

4.6.1.4 每个起升机构应设置常闭式制动器，制动器应装在与传动机构刚性联结的负载轴上并能承受不小于 1.5 倍的最大工作扭矩。在紧急状态下减速不应导致结构、钢丝绳、卷筒及其他机构的损害。

4.6.2 变幅机构

4.6.2.1 变幅机构应能可靠地支撑起重臂，并能在操作者控制下使起重臂平稳地起降到规定的幅度。

4.6.2.2 采用液压变幅机构时，变幅油缸伸缩比(全伸与全缩的长度比)宜在 1.70～1.81 之间。

4.6.2.3 采用钢丝绳变幅机构时，应有防臂架后倾的检测与限位装置，并应有卷筒机械锁止装置。每个变幅机构应设置常闭式制动器，制动器应装在与传动机构刚性联结的负载轴上并能承受不小于 1.33 倍的最大工作扭矩。在紧急状态下减速不应导致结构、钢丝绳、卷筒及其他机构的损害。

4.6.3 回转机构

4.6.3.1 回转机构应工作平稳，并应具有两个方向的可控滑转性能。

4.6.3.2 回转机构应设置制动器，且能承受不小于 1.25 倍的极限扭矩，并在所有允许的回转位置都能平稳地停止。

4.6.3.3 回转机构小齿轮与回转支承的齿侧间隙应可调整。

4.6.4 伸缩机构

4.6.4.1 伸缩机构应能可靠地支撑各伸出臂段，并能在操作者控制下使起重臂各外伸臂段平稳地伸缩到规定的臂长。

4.6.4.2 单缸插销伸缩机构每节臂的臂长选择不应少于 2 个臂位。

4.6.4.3 单缸插销伸缩机构应能根据伸缩缸的载荷状态控制油缸的工作压力，缸销、臂销油缸应有机械互锁装置。

4.6.5 超起装置

4.6.5.1 最大起重量大于 300 t 的起重机宜有可供选装的超起装置。

4.6.5.2 在操作者位置应设有提示或其他措施，让操作者方便了解使用超起装置的注意事项。

4.6.5.3 超起装置的卷扬机构，钢丝绳安全系数不应小于4.0，卷筒应能可靠锁止。

4.6.5.4 超起装置的拉板安全系数不应小于2.5。

4.6.6 自拆卸平衡重机构

4.6.6.1 带有组合平衡重的起重机宜配备不借助其他起重设备即可自行装拆的自拆卸平衡重机构。

4.6.6.2 组合平衡重应定位可靠。

4.6.6.3 自拆卸平衡重机构液压油缸的同步误差不应大于伸缩长度的2%。并应有保持不下沉的装置。

4.6.7 吊钩和钢丝绳

4.6.7.1 吊钩的选用应符合GB/T 10051的规定。

4.6.7.2 吊钩应设置防脱装置，吊钩总成应设置挡绳装置。

4.6.7.3 钢丝绳应有标识，注明型号和长度等信息。可用标牌固定在绳端或附近（如卷扬机或绳套上）。

4.6.7.4 钢丝绳端部固定应符合下列要求：

——运动钢丝绳的端部的固结强度不小于钢丝绳最小断裂载荷的80%；

——固定钢丝绳的端部的固结强度不小于钢丝绳最小断裂载荷的90%；

——固定在卷筒上的钢丝绳端部应在承受2.5倍钢丝绳最大工作静拉力时不发生永久变形（包括保留在起重卷筒上的钢丝绳的摩擦力，钢丝绳与卷筒之间的摩擦系数取0.1）。

4.6.7.5 钢丝绳端部应连接可靠。对于使用中需常拆卸的部位，公称抗拉强度不大于1 870 N/mm^2的钢丝绳可以用楔形绳套等连接方式，大于1 870 N/mm^2时宜采用金属套浇注、压制等连接方式，不能靠钢丝绳变形来进行端部的固定。

4.6.7.6 最大起重量大于300 t的起重机宜有穿绳装置以方便操作。

4.6.8 卷筒和滑轮

4.6.8.1 卷筒和滑轮的卷绕直径应符合GB/T 26472的规定。

4.6.8.2 采用筒体内无贯通的支承轴的结构时，筒体应能承受1.5倍的最大工作载荷。

4.6.8.3 起升和变幅卷筒应具有足够的容绳量，端部应有防止钢丝绳从卷筒端部滑落的凸缘，凸缘超过最外层钢丝绳的高度不应小于钢丝绳直径的1.5倍。

4.6.8.4 卷筒应采用变形绳槽或其他方法以防止乱绳。应设置钢丝绳不跳出卷筒、甚至在钢丝绳松弛状态时也不能跳出卷筒的装置。

4.6.8.5 如果钢丝绳间歇地承受载荷，滑轮上应配备钢丝绳脱槽的保护装置。该装置表面与滑轮最外缘间的间隙不应超出钢丝绳直径的1/3且最大不超过10 mm。

4.6.8.6 外露滑轮组的安装方式应使操作时夹手的危险性降至最小，在有这种危险性的区域附近应做出明显的标记。对可能滑落到地面的滑轮组，其滑轮罩壳应有足够的强度和刚度。

4.7 液压系统

4.7.1 液压系统液压系统的设计、制造、安装和配管应符合GB/T 3766的规定。

4.7.2 液压元件应能保证在最大工作压力（包括超载试验时的压力）和最大运行速度时，正常工作而不失效。液压元件应符合GB/T 7935的规定。

4.7.3 起重机上车主要液压系统宜采用电液比例先导控制技术。

4.7.4 液压泵和液压马达应足以承受工作中各种载荷的变化。液压系统宜有极限负荷调节功能，变量马达的工作起始点应处于大排量处，由小排量切换到大排量，能够进行自动切换。

4.7.5 液压回路平稳性试验时,应动作平稳、无抖动现象。每个液压回路应配有一个显示压力的装置或检测接口,压力表的精度不低于1.6/1.5级。

4.7.6 液压泵为额定转速(流量)时,液压系统压力应符合设计要求。液压泵稳定运行在设计转速(流量)下,各液压回路实际工作压力值不得大于液压泵的额定工作压力。安全溢流阀的调定压力不得大于系统额定工作压力的110%。

4.7.7 起重机应选用抗磨性、黏温性好的液压油,并在产品使用说明书中有明确规定。液压油的质量指标应符合GB 11118.1的规定。

液压油固体颗粒污染等级为:加入液压油箱时不超过21/17/13(或—/17/13),出厂时不超过21/19/15(或—/19/15),使用过程中不超过22/20/16(或—/20/16)。

4.7.8 液压系统工作时,液压油箱内的最高油温不得超过80 ℃。温升试验结束时油箱内液压油的相对温升不应大于45 ℃。

4.7.9 起重机在正常工作时(包括性能试验过程),液压系统不应有渗漏油现象。密封性能试验时变幅油缸和垂直支腿油缸的回缩量不应大于2 mm,重物下沉量不大于15 mm。起重机固定结合面不应渗油,相对运动部位不应滴油。手摸无油膜或目测无油渍为不渗油;渗出的油渍面积不超过100 cm^2 或无油滴出现为不滴油。

4.7.10 液压钢管及接头的安全系数不应小于2.5。

4.7.11 液压软管应符合JB/T 8727的规定,安全系数不应小于4。当液压软管的工作压力大于5 MPa或温度高于50 ℃,且与操作者距离小于1 m、又没有其他遮挡时,应采取保护措施以免软管失效对操作者造成伤害。

4.7.12 齿轮泵吸油口真空度不应大于0.03 MPa,柱塞泵吸油口真空度不应大于0.02 MPa。

4.7.13 液压油缸应装有一个当液压管路意外破裂发生的瞬间,能停止其动作的装置(如液压锁、平衡阀等),该装置应尽量靠近液压油缸并采用刚性连接。液压油缸和液压阀之间如装有焊接式或卡套式接头时,整个结构的安全系数不应小于2.5。

4.7.14 在蓄能器上或靠近蓄能器的明显处应标有安全警示标志。

4.7.15 滤油器应有阻塞检测或报警装置。

4.7.16 液压油箱应有液位显示器,并应作出系统允许的"最高"和"最低"标记。

4.8 电气系统

4.8.1 起重机的电气设备应符合GB 5226.2和GB 7258的相关规定。

4.8.2 起重机应有电源总开关和急停开关,当遇到紧急情况时,紧急停止装置的按钮应保持在接通位置,直到紧急情况解除。

4.8.3 起重机应装有指示总电源分合状态及必要的操作状态指示灯光信号。

4.8.4 起重机电气设备应装防雨装置。电气连接应接地良好,电器和线束在起重机上的安装部位应便于接线和检查维修,并具有良好的通风散热条件。

4.8.5 起重机行驶用各种仪表及开关应符合QC/T 727的规定。车速表应符合GB 15082的规定。

4.8.6 起重机应装有满足夜晚作业需要的照明设施。操纵室工作面上的光照不应低于50 lx,各支腿处、转台前部和起重臂两侧应有照明灯。

4.8.7 起重机的行驶照明和信号装置应符合GB 7258—2004第8章的要求。

4.8.8 起重机的电磁兼容性能应符合GB 14023和GB 18655的规定。当所选用的部件符合上述标准时,起重机的电磁兼容性可不检测。

4.9 环境保护要求

4.9.1 噪声

4.9.1.1 行驶时驾驶员耳旁噪声声级不应大于90 dB(A)。

4.9.1.2 最大行驶总质量不大于 26 000 kg 的起重机加速行驶时,车外噪声限值应符合 GB 1495 的规定。

4.9.1.3 起重机作业时司机耳旁的噪声不应大于 85 dB(A)。

4.9.1.4 起重机作业时辐射噪声限值应符合 GB 20062 的规定。

4.9.2 排放

4.9.2.1 起重机行驶用发动机的排气污染物排放限值应符合 GB 17691 的规定,排气烟度排放限值应符合 GB 3847 的规定。

4.9.2.2 起重作业用发动机的排气污染物排放限值应符合 GB 20891 的规定,排气烟度排放限值应符合 GB/T 9487 的规定。

4.10 安全要求

4.10.1 显示装置

4.10.1.1 应设置在操作位置易于观察的作业工况电子显示装置。

4.10.1.2 最大起重量 300 t 以上的起重机宜装设在操作位置易于观察的起升速度显示装置,显示误差应小于 5%。

4.10.1.3 操纵室外应安装三色指示灯。三色指示灯应按以下方式显示起重机的载荷状态:

a) 绿灯亮:表示起升载荷在额定起重量的 90%以下,处于正常状态;

b) 黄灯亮:表示起升载荷在额定起重量的 90%~100%之间,将接近危险状态;

c) 红灯亮:表示起升载荷超过额定起重量的 100%,处于危险运行状态。此时应发出声响报警。

4.10.1.4 应在支腿操纵台附近和操纵室中操作者附近的视线之内分别安装有水平仪,其显示精度不应大于 0.5°。

4.10.1.5 最大起重量 300 t 以上的起重机宜装设回转角度显示装置,显示精度不大于 0.1°。

4.10.1.6 应装设故障报警显示装置,通常具有以下功能:

a) 工作状态显示:

——发动机的主要工作参数:转速、燃油量、机油压力和水温;

——液压系统重要部位压力、输入和输出信号检查(如操作手柄、电磁阀等)。

b) 故障显示:

——控制系统通讯故障;

——力矩限制器系统故障。

c) 报警功能:

——机油压力过低;

——水温过高;

——空气滤清器堵塞;

——液压系统主要元件堵塞。

4.10.1.7 起重臂组合长度超过 65 m 的起重机,在起重臂顶端应装有风速仪。风速仪应能显示 3 s 时距平均瞬时风速,精度不低于 5%。

4.10.1.8 起重机应设置倒退报警装置,保证起重机倒退行驶时,能发出清晰的声光报警信号。

4.10.2 限制器

4.10.2.1 起重机应装设起重力矩限制器,其要求应符合 GB 12602 的规定。

4.10.2.2 起重机应装有起升高度限位器,起升高度限位器应能可靠报警并停止吊钩起升,只能作下降操作。

4.10.2.3 起重机应装有下降深度限位器，吊钩在下降到最大允许深度时，卷筒上钢丝绳至少应保留3圈(除固定绳尾的圈数外)。

4.10.2.4 由钢丝绳变幅的起重机应装有幅度限位装置和防臂架后倾限位装置，当达到极限位置时应能自动停止动作，并只允许向安全方向操作。

4.10.3 防护装置

4.10.3.1 控制装置位置的设计应确保安全距离符合GB 23821和GB 12265.3的规定，避免操作者的手、臂、头及身体的其他部分受到运动部件(如臂架、变幅机构、油缸)等的挤压。

4.10.3.2 起重机回转支承及卷扬机的开式齿轮应有防护装置，防止手或胳膊插入齿轮啮合位置。所有正常工作中可能产生危险的位置，如敞开式的钢丝绳及其他运动部件应有防挤压、撕裂或手脚进入的保护措施。

4.10.3.3 防护装置应牢固可靠。除非不可能发生人踩在防护装置上的情况，否则防护装置应能承受一个90 kg重的人，而不会发生永久变形。

4.10.3.4 防护装置应定位可靠。固定式防护装置只能用工具拆卸，拆卸后这些固定件(例如固定式紧固件，推拉式紧固件)应保持附着在防护装置或被保护的机件上。

4.10.3.5 如果提供了个人保护装置(例如安全带和降噪耳塞等)，应在产品使用说明书中提供安全使用的说明。

4.10.3.6 起重机的侧面防护装置应符合GB 11567.1的规定；后下部防护装置应符合GB 11567.2的规定。

4.10.4 安全警示标志和讯号

4.10.4.1 应在起重机醒目易见的部位设置明显可见的安全警示标志，安全警示标志应符合GB 15052的规定。

4.10.4.2 起重机应设置作业用声响联络讯号，起重机开始工作时和工作中需要提醒时，可发出区别于力矩限制器的超载报警信号警示起重机附近的人员。

4.10.4.3 在支腿全伸和允许的中间位置应设置标志。

4.10.4.4 操作者在操纵支腿时应能清楚地看见活动支腿运动方向，如果要同时操作另一侧活动支腿，应用声响报警信号，警示起重机附近的人员。

4.10.5 消防

起重机应配备灭火器放置在司机室内或易接近之处。灭火器应能扑灭A、B类火灾，灭火剂的重量为6 kg～20 kg。

5 试验方法

5.1 试验条件

5.1.1 制造商提供试验所需的技术文件(包括起重机总图及重要部件图、相关的计算资料、产品标准)和产品使用说明书。

5.1.2 起重机的工作装置应按技术文件的规定安装并调试合格。

5.1.3 试验载荷应符合GB/T 22415的要求。

5.1.4 试验中参数的测量精度应符合GB/T 21457的规定。如果预计在多次测量中不会出现误差，只要测量一次即可；如果无法预计，可测量二次；如果误差较大，可取三次测量的平均值；必要时，可多次测量，计算基本相对误差是否符合要求。

5.1.5 试验时的环境温度在－10 ℃～＋35 ℃之间，海拔不超过1 000 m。

5.1.6 作业性能试验时，风速不应大于8.3 m/s；结构应力测试时，风速不应大于4 m/s(不应理解为必须的或作用在最不利的方位上)。行驶可靠性试验时可不受此限制。

5.1.7 在外伸支腿支承条件下试验时，起重机车架回转支承安装面的水平误差应在±0.5%以内，且所有轮胎应离开地面。

5.1.8 在轮胎支承条件下试验时，地面应坚实、平整，水平误差在±0.5%以内。轮胎的支承条件和充气压力应符合产品使用说明书的规定，且误差在±3%以内，所有轮胎均应摆正。

5.1.9 燃油箱应充满到1/3至2/3间。液压油箱的油面不应低于液位指示器的的刻度。冷却液、润滑油脂按产品使用说明书的规定加注。

5.1.10 底盘应进行不少于50 km的初步磨合行驶。

5.1.11 在不影响试验效果的前提下，试验项目可按试验内容和载荷情况相互穿插或组合进行。

试验均在起重机具有相应的机构和功能(如变幅副臂、超起装置、转台油缸锁定装置、操纵室翻转定位、带载伸缩、带载行驶等)时方才进行，无该机构和功能不予要求。

5.2 目测检验

对起重机以下各项进行目测检查，检查是在不拆卸任何零部件就能观察到的部位及零部件，也包括某些必要的手动操作(如打开开关盖)：

a) 防护装置的安装和功能；
b) 滑轮的防止钢丝绳脱槽装置和罩壳；
c) 吊钩的标记和防脱装置；
d) 钢丝绳标记；
e) 转台的锁定装置；
f) 液、电、气路的敷设及保护；
g) 通道系统；
h) 操纵室地面防滑、门窗定位及使用安全玻璃、第二出口；
i) 操纵件的操作、标牌和标志；
j) 起重机标牌和额定起重量图表；
k) 安全警示标志和讯号；
l) 警示灯的安装；
m) 灭火器的配置；
n) 压力表的精度；
o) 倒车报警装置；
p) 液压油油位；
q) 焊缝外观质量；
r) 表面涂装质量。

5.3 尺寸和质量参数测量

5.3.1 尺寸测量

按GB/T 12673规定的方法，测量起重机主要尺寸参数，见图1：

a) 整车的长L、宽B、高H；
b) 基本臂臂长、最长主臂臂长；

c） 起重臂的最大仰角和最小仰角；

d） 基本臂和最长主臂的最大起升高度；

e） 外伸支腿的纵向跨距 L_1 和横向跨距 L_2；

f） 尾部回转半径 R_3；

g） 轴距 Z_1、Z_2……；

h） 轮距 A(如有不同轮距则分别测量)；

i） 最小离地间隙 H_1；

j） 接近角 α 和离去角 β；

k） 前悬 C_1 和后悬 C_2；

l） 前伸 C_3 和后伸 C_4。

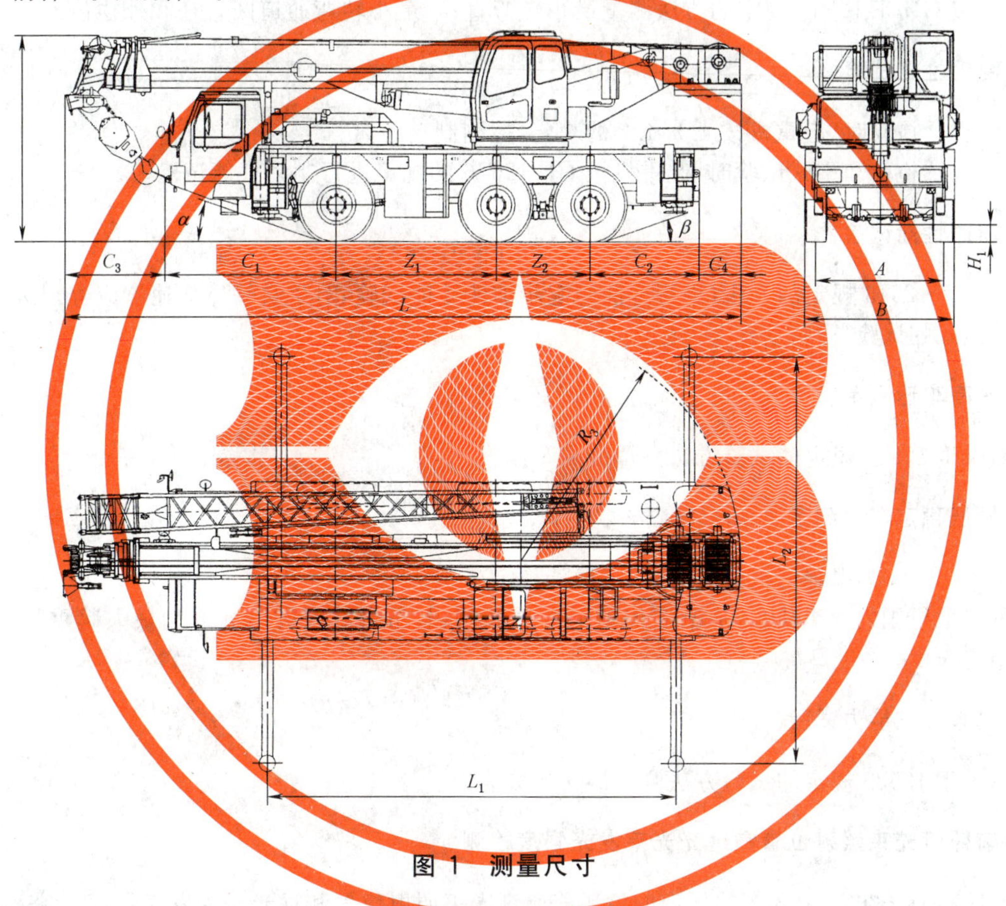

图 1 测量尺寸

5.3.2 质量测定

按 GB/T 12674 的规定测量起重机行驶状态下的质量参数，测量时，起重机行驶状态的附件应齐全，乘员人数按产品使用说明书规定(或每人用 65 kg 沙袋代替)：

a） 行驶状态整机总质量；

b） 行驶状态整机各轴轴荷；

c） 对于拆装运输的起重机，还应测量被拆装零部件的质量，如副臂、附加平衡重和超起装置等。

5.4 行驶性能试验

5.4.1 行驶技术状态检查

行驶检查的里程不少于 50 km。行驶中发动机转速不得超过额定转速的 75%。

行驶过程中目测和操作检查：

a) 整机装配质量，包括紧固状况、机械行程和自由间隙等；

b) 各总成的温度(包括发动机水温和机油温度、变速器及驱动轴油温等)、压力(如油压、气压)、液位是否正常，检查其工作性能及工作状态；

c) 随时观察转向、制动等机构的工作情况，如发现异常应停车检查；

d) 油水渗漏情况。

5.4.2 转向性能试验

5.4.2.1 用四轮定位仪测量转向轮定位参数。

5.4.2.2 按 GB 17675 的规定进行转向系性能试验。

5.4.2.3 按 GB/T 12540 规定的方法测量最小转弯直径、最小转弯通道圆直径和外摆值。

5.4.3 制动性能试验

5.4.3.1 出厂检验时，起重机按 4.3.4.2 的规定，检测制动距离。

5.4.3.2 确认检验和型式试验时，起重机按 GB 12676 的规定进行制动性能试验。

5.4.4 加速性能试验

按 GB/T 12543 规定的方法，进行全油门起步加速性能试验，对手自一体变速器应分别进行手动模式和自动模式的试验。

5.4.5 最高车速测定

按 GB/T 12544 规定的试验方法测量最高车速。

5.4.6 最低稳定车速测定

按 GB/T 12547 规定的试验方法，测定最低稳定车速。

对可带载行驶的起重机，还应测定传动系在最低挡、起吊带载行驶所允许的最大起重量的 50%时的最低稳定速度。

5.4.7 最大爬坡能力试验

按 GB/T 12539 规定的试验方法测量最大爬坡能力。

5.4.8 前照灯光束照射位置和远光光束发光强度检测

按 GB 7258—2004 中 8.4 的规定的检测前照灯光束照射位置和远光光束发光强度。

5.4.9 车速表指示误差测定

按 GB 15082 规定的试验方法测量车速表指示误差。

5.4.10 侧面及后下部防护检测

按 GB 11567.1 的规定检测起重机的侧面防护装置；按 GB 11567.2 的规定检测起重机的后下部防护装置。

5.5 作业速度试验

5.5.1 起升、下降速度的测定

在空载试验和额定载荷试验时，以最高速度和最低稳定工作速度起升和下降，测量吊钩(或载荷)通

过 2 m(副钩为 10 m)行程所需的时间,计算起升、下降速度。

对装有副卷扬的起重机,还应测量副卷扬的起升和下降速度。

最大起重量大于 80 t 的起重机,可用最大额定单绳拉力代替最大额定载荷。

5.5.2 回转速度测定

在空载试验时,基本臂为最大仰角,以最高稳定回转速度在作业范围内全程左、右回转,测量所需的回转时间,计算回转速度。

5.5.3 变幅时间的测定

在空载试验时,基本臂以最高速度从最大(最小)幅度变到最小(最大)幅度,测量所需的变幅时间。

对装有变幅副臂的起重机,还应测量变幅副臂的变幅时间。

5.5.4 主臂伸缩时间的测定

在空载试验时,主臂仰角 60°,以最高速度由全缩(或全伸)状态运动到全伸(或全缩)状态,测量所需的伸缩时间。

允许带载伸缩的起重机还应在最大允许伸缩载荷下测量满载伸缩时间。

5.5.5 活动支腿收放时间的测定

起重机以行驶状态置于平坦坚实的地面上,测量水平支腿和垂直支腿以最高速度由全缩(或全伸)到全伸(全缩)状态的收(放)时间。

5.6 水平仪校正

在空载试验时,臂架全缩,松开水平仪固定系统,以车架回转支撑安装平面为基准,调整水平仪的零位,然后可靠地紧固。

5.7 支承压力测定

在额定载荷试验时,在不同的工况下将载荷起升到某一高度后,在作业区范围内回转,测量臂架在不同方位时各支承点对地面的压力,并绘制“支承压力-臂架方位”特性曲线,找出各工况及整机最大支承压力。

可使用计算法计算支承反力,但应对最大支承压力和主要工况进行检测验证。

5.8 空载试验

5.8.1 工况

工况按以下规定组合:

——臂长:基本臂、中长臂、全伸臂、固定副臂、塔臂;

——超起装置:标准状态、超起状态;

——平衡重:最大配置、最小配置(或规定配置)。

5.8.2 方法

试验动作:

——基本动作:起升、回转、伸缩、变幅和支腿收放;

——专项动作：自拆卸平衡重机构、转台油缸锁定装置、操纵室翻转定位等。

注：对于无该项功能的起重机，专项动作可不试验。

试验在以上各条件组合下进行。

5.9 额定载荷试验

5.9.1 工况

试验载荷：

——试验过程幅度不变时为额定载荷，对最大起重量大于80 t的起重机可用最大起重力矩时的载荷代替最大起重量；

——试验过程幅度变化时，取额定载荷的三分之一，再使幅度变化达到额定载荷。

工况按以下规定组合：

——臂长：基本臂、中长臂、全伸臂、固定副臂、塔臂；

——超起装置：标准状态、超起状态；

——平衡重：最大配置、最小配置(或规定配置)；

——支腿：全伸、半伸(或规定位置)；

5.9.2 方法

试验动作：

——基本动作：起升、回转、伸缩、变幅。

——专项动作：带载伸缩、超起装置等。

试验过程中对每种动作应在其整个运动范围内制动一次。

5.9.3 臂架头部位移

基本臂在正后方，转台固定不动。测量不同臂长时载荷稳定后与空载时吊钩中心在地面上投影的水平侧(切)向位移。

试验工况参见表D.1。

5.10 动载荷试验

除试验载荷取110%的额定载荷外，其他试验条件按照额定载荷试验的规定。试验应在机构承受最大载荷的位置和状态下进行。试验过程中对每种动作应在其整个运动范围内作反复起动和制动，一般不少于三次，其中基本臂工况连续进行15次循环。每次循环的内容为：重物由地面起升到最大高度(中间制动一次)—下降到能够回转的某一高度——在作业区范围内全程左、右回转(中间各制动一次)——重物下降到地面(中间制动一次)。

试验时，应按起重机规定的操作要求控制，并应注意把加速度、减速度和速度限制在适于起重机正常运转的范围内。

5.11 静载荷试验

起重机的试验载荷应取1.25倍的最大额定载荷，对最大起重量大于80 t的起重机可用最大起重力矩时的额定载荷代替。

各起升机构的静载试验应分别进行，试验时应按实际情况使起重机处于主要部件承受最大钢丝绳载荷、最大弯矩和(或)最大轴向力的位置和状态。

试验载荷应逐渐加上去,起升至离地面 100 mm～200 mm 高度,悬吊时间不应少于 10 min。

5.12 带载行驶试验

具有带载行驶功能的起重机,还应在 110%的允许带载行驶起重量状态下,进行前进、后退的试验。

对有带载行驶功能的起重机应进行带载行驶试验,试验时的最高速度不得大于制造厂规定的带载行驶的最高速度。载荷离地面高度应为 100 mm～200 mm 左右。带载行驶时要包括制动、转向和倒车等内容。带载行驶工况按产品说明书规定。

5.13 整机稳定性试验

5.13.1 静稳定性

5.13.1.1 工况

试验载荷:

——支腿支撑:$1.25P+0.1F$;

——轮胎支撑:$1.33P+0.1F$。

上述 P 为在不同幅度下起重机的额定总起重量;F 为将主臂质量或副臂质量换算到主臂端部或副臂端部的质量重力,其计算方法应符合 GB/T 5905 的规定。

工况取以下组合中稳定性最小的的一种或若干种状态:

——臂长:基本臂、中长臂、全伸臂、固定副臂、塔臂;

——超起装置:标准状态、超起状态;

——平衡重:最大配置、最小配置(或规定配置);

——支腿:全伸、半伸(或规定位置)。

5.13.1.2 方法

试验时,起重机静止不动,试验载荷无冲击地施加在吊钩上。

5.13.2 带载行驶稳定性

5.13.2.1 工况

试验载荷:

——行驶速度小于 0.4 m/s 时:$1.33P+0.1F$;

——行驶速度等于或大于 0.4 m/s 时:$1.5P+0.1F$。

工况取以下组合中稳定性最小的一种或若干种状态:

——臂长:基本臂、中长臂、全伸臂、固定副臂、塔臂;

——超起装置:标准状态、超起状态;

——平衡重:最大配置、最小配置(或规定配置)。

5.13.2.2 方法

试验时,起重机按照产品使用说明书规定的状态带载运行,但不作起升、变幅、伸缩臂架和回转等动作。

5.13.3 后翻稳定性

基本臂在最大仰角、吊钩放在地面上、臂架处于正侧方或正后方时,测量臂架一侧所有支腿或轮胎反力之和。

如有多种平衡重配置工况，每种工况都应试验。

5.14 温升试验

在动载荷试验的基本臂工况下，每进行四个循环记录一次工作油温直至试验结束，并绘制温升曲线。

5.15 密封性能试验

5.15.1 液压油缸回缩量

以基本臂和最长主臂分别在相应的额定工作幅度下，起吊相应的额定起重量，起升到某一高度后，旋转到某一支腿压力最大的位置，试验载荷在空中停稳后，发动机熄火。15 min 后测量变幅油缸和垂直支腿油缸的回缩量。

5.15.2 载荷下沉量

在 5.15.1 状态下，测量载荷下沉量。

5.15.3 渗漏检查

空载试验、额定载荷试验、动载荷试验和静载荷试验过程中，或试验结束后 15 min 内，检查发动机、燃油箱、液压油箱、油泵、油马达、液压油缸、液压阀、管接头、油堵等连接部位。

5.16 液压油固体颗粒污染测量

起重性能试验结束后，应检测液压系统中液压油的固体颗粒污染等级。若采用自动颗粒计数器计数，其测量方法应符合 ISO 11500 的规定。若采用显微镜计数，其测量方法应符合 GB/T 20082 的规定。

5.17 液压系统试验

5.17.1 液压泵真空度的测定

起重机空载，液压泵为额定工作转速，液压油油温为 50 ℃±5 ℃，操作阀杆处于中间位置。在靠近液压泵进口处接真空压力表直接读数。

5.17.2 起升液压回路流量的测定

起重机在基本臂、空载和最大起重量（或最大力矩）状态，相应的工作幅度下，以最高速度起升（下降）试验载荷，测量载荷通过 2 m 距离的时间，分别计算带载起升速度 v_{q1}、带载下降速度 v_{q2}、空载起升速度 v_{q3}、空载下降速度 v_{q4}，换算或直接检测额定载荷时液压回路的流量 Q_H、空载时液压回路的流量 Q_0。

5.17.3 压力的测定

起重机在额定载荷工况下，分别测定各液压泵出口压力、各马达进（出）口压力、各液压缸无（有）杆腔压力。

5.17.4 压力损失的测定

起重机空载，液压泵为起重机设定的最大转速，液压油油温为 50 ℃±5 ℃，通过压力传感器或压力表测出各点间的压力差，计算出压力损失值。测试项目及计算式见表 2。

表 4 压力损失测试项目及计算式

序号	测试项目	操纵阀杆位置	测定值 MPa	计算式
1	中位压力损失 Δp_z	操纵阀杆均处于中间位置	液压泵出口压力 p_i	$\Delta p_z = p_i$
2	起升液压回路压力损失 Δp_q	起升操作阀杆处于上升位置	液压泵出口与起升马达进口间的压差 Δp_{q1}	$p_q = \Delta p_{q1} + p_{q2}$
			起升马达出口压力 p_{q2}	
3	回转液压回路压力损失 Δp_h	回转操纵阀杆处于工作位置	液压泵出口与回转马达进口间的压差 Δp_{h1}	$\Delta p_h = p_{h1} + p_{h2}$
			回转马达出口压力 p_{h2}	
4	变幅液压回路压力损失 Δp_b	变幅操纵阀杆处于起臂位置	液压泵出口与变幅液压缸进口间的压差 Δp_{b1}	$\Delta p_b = p_{b1} + p_{b2}$
			变幅液压缸出口压力 p_{b2}	
5	伸缩液压回路压力损失 Δp_s	伸缩操纵阀杆处于伸臂位置	液压泵出口与伸缩液压缸进口间的压差 Δp_{s1}	$\Delta p_s = p_{s1} + p_{s2}$
			伸缩液压缸出口压力 p_{s2}	
注：可以采用把执行机构液压元件进出口短接的方法测量。				

5.17.5 液压回路平稳性试验

变幅液压回路：基本臂、起吊相应的起重量或空载，以最大和最小速度(流量)，及两种操作方式(以突然快速打开换向阀和以正常操作速度打开换向阀)操纵换向阀进行变幅。

伸缩液压回路：基本臂，起吊允许带载伸缩的起重量或空载，以最大和最小速度(流量)，用两种操作方式操纵换向阀，以在 45°仰角进行全程伸缩。

5.18 安全装置试验

5.18.1 力矩限制器

在额定载荷状态下检测力矩限制器的臂长、幅度、起重力矩和其他显示项目的精度。检测力矩限制器的预警和报警精度，每个工况不少于三个点。

5.18.2 三色指示灯

三色指示灯的显示状态应与力矩限制器一致。

5.18.3 其他限制器

在空载状态下检测起升高度限位器、下降深度限位器、幅度限位装置和防臂架后倾装置的工作灵敏性。

5.18.4 其他安全装置

根据技术文件检查起重作业工况电子查询装置、故障显示装置和其他安全装置的显示或限制功能的正确性。

5.19 噪声测定

5.19.1 起重机加速行驶车外噪声测定按 GB 1495 的规定。
5.19.2 驾驶员耳旁噪声测定按 GB 7258—2004 附录 F 的规定。
5.19.3 起重机作业时辐射噪声和操纵室内司机耳边噪声测定按 GB 20062 的规定。

5.20 排放测定

5.20.1 排气污染物排放测定按 GB 17691、GB 20891 的规定。
5.20.2 排气烟度排放测定按 GB 3847、GB/T 9487 的规定。

5.21 结构试验

起重机结构试验方法见附录 D 的规定。

5.22 可靠性试验

起重机作业可靠性试验方法见附录 E 的规定。

起重机行驶可靠性试验方法见附录 F 的规定。

5.23 工业性试验

工业性试验方案由试验(检验)机构、制造商和用户协商一致后确定。

工业性试验方法参照作业可靠性试验进行。

工业性试验结束后,应根据试验数据,作出起重机的作业功能技术水平和整机性能稳定性评价。

5.24 电磁兼容性能测试

电磁兼容性能试验方法按 GB 14023 和 GB 18655 的规定。

5.25 其他试验

用户有特殊要求的起重机,按合同规定进行试验。

制造商可根据对产品质量控制的需要或有关质量监督机构提出的要求,确定应该增加的检验项目,并规定的试验。

6 检验规则

6.1 分类

起重机检验分为出厂检验、确认检验和型式检验。

6.2 出厂检验

起重机的出厂检验应为全数检验,经制造商质量检验部门检验合格并签发合格证书方可出厂。

出厂检验项目见表 5。

6.3 确认检验

确认检验每年不应少于一次。确认检验项目见表5。

确认检验应从出厂检验合格的产品中随机抽取不少于一台的样机，抽样基数不限。

确认检验项目应全部合格。

6.4 型式检验

6.4.1 凡属下列情况之一时应进行型式检验：

a) 新产品或产品转厂生产的试制定型鉴定；

b) 产品停产三年后恢复生产时；

c) 已定型或批量生产的起重机，如改变主要传动总成、主要结构件设计及生产工艺有重大改变时，应抽样进行型式检验中相应内容的试验；

d) 出厂检验结果与上次型式检验有重大差异时；

e) 国家质量监督机构提出进行型式检验时。

6.4.2 型式检验项目见表5。

表5 检验项目

序号	检验项目		试验方法	技术要求	检验类别		
					出厂检验	确认检验	型式检验
1	外观	防护装置的安装和功能	目测	4.10.3	√	√	√
		滑轮的防止钢丝绳脱槽装置和罩壳		4.6.8.5、4.6.8.6			
		吊钩的标记和防脱装置		4.6.7.1、4.6.7.2			
		钢丝绳标记		4.6.7.3			
		转台的锁定装置		4.4.7			
		液、电、气路的敷设及保护		4.2.21			
		通道系统		4.2.23			
		操纵室地面防滑、门窗定位及使用安全玻璃、第二出口		4.5.1、4.5.3、4.5.4			
		操纵件的操作、标牌和标志		4.2.22			
		起重机标牌和额定起重量图表		7.1			
		安全警示标志和讯号		4.10.4			
		警示灯的安装		4.10.1			
		灭火器的配置		4.10.5			
		压力表的精度		4.7.5			
		倒车报警装置		4.10.1.8			
		液压油油位		4.7.16			
		焊缝外观质量		4.4.2			
		表面涂装质量		4.2.25			
2	尺寸测量	外廓尺寸	5.3.1a)	4.2.5	√		√
		其他尺寸	5.3.1b)~1)	4.2.8、4.2.9		√	√

表 5（续）

序号	检验项目		试验方法	技术要求	检验类别		
					出厂检验	确认检验	型式检验
3	质量测定		5.3.2	4.2.6、4.4.5、4.4.6			√
4	行驶技术状态检查		5.4.1	4.2.27、4.3.1～4.3.6	√		√
5	转向性能试验	转向轮定位参数	5.4.2.1	4.3.3.1	√		√
		转向性能	5.4.2.2、5.4.2.3	4.3.3.2～4.3.3.7		√	√
6	制动性能试验	制动距离	5.4.3.1	4.3.4.2	√		√
		制动性能	5.4.3.2	4.3.4.3～4.3.4.11		√	√
7	加速性能试验		5.4.4	4.2.12			√
8	最高车速测定		5.4.5				√
9	最低稳定车速测定		5.4.6				√
10	最大爬坡能力试验		5.4.7	4.2.11			√
11	前照灯光束照射位置和远光光束发光强度检测		5.4.8	4.8.7	√		√
12	车速表指示误差测定		5.4.9	4.8.5	√		√
13	侧面及后下部防护装置检测		5.4.10	4.10.3.6		√	√
14	作业速度试验	起升、下降速度	5.5.1	4.2.14	√		√
		回转速度	5.5.2		√		√
		变幅时间	5.5.3		√		√
		主臂伸缩时间	5.5.4		√		√
		活动支腿收放时间	5.5.5		√		√
15	水平仪校正		5.6	4.10.1.4	√		√
16	支承压力测定		5.7	4.1.1	√		√
17	载荷试验	空载	5.8	4.2.16	√		√
		额定载荷	5.9		√		√
		动载荷	5.10		√		√
		静载荷	5.11		√		√
18	带载行驶试验		5.12	4.2.19	√		√
19	整机稳定性试验	静稳定性	5.13.1	4.2.17			√
		带载行驶稳定性	5.13.2				√
		后翻稳定性	5.13.3				√
20	温升试验		5.14	4.7.8	√		√
21	密封性能试验		5.15	4.7.9	√		√
22	液压油固体颗粒污染等级测量		5.16	4.7.7	√		√

表 5（续）

序号	检验项目		试验方法	技术要求	检验类别		
					出厂检验	确认检验	型式检验
23	液压系统试验	液压泵真空度	5.17.1	4.7.12			√
		起升液压回路流量	5.17.2	4.7.6			√
		压力	5.17.3				√
		压力损失	5.17.4				√
		液压回路平稳性	5.17.5	4.7.5			√
24	安全装置试验	力矩限制器	5.18.1	4.10.2.1	√		√
		三色指示灯	5.18.2	4.10.1.3	√		√
		其他限制器	5.18.3	4.10.2.2～4.10.2.4	√		√
		其他安全装置	5.18.4	4.10.1.6	√		√
25	噪声测定		5.19	4.9.1		√	√
26	排放测定		5.20	4.9.2		√	√
27	结构试验	臂架头部位移	5.21	4.4.3、4.4.4	√		√
		结构应力		4.4.1		√	√
28	可靠性试验		5.22	4.2.20			√
29	工业性试验		5.23				√
30	电磁兼容性能测试		5.24	4.8.8			√
31	其他试验		5.25	4.2.2	√	√	

6.4.3 型式检验应从出厂检验合格的产品中随机抽取不少于一台的样机，抽样基数不限。

6.4.4 型式检验的判定如下：

型式检验时，首次样机不合格，允许对其缺陷项目进行修复、调试或更换易损件后重检，仍不合格应重新抽取样机。第二次样机仍不合格，则判样机不合格。制造商应对该型号的产品进行整改，整改完成后再进行型式检验。

7 标志、包装、运输和贮存

7.1 标志

起重机应在明显位置固定产品标牌，其型式、尺寸及技术要求应符合 GB 7258—2004 中 4.1.2 的规定。标牌还应注明最大起重量。

应在起重机操纵室内易于操作者观察的位置上固定性能说明标牌，应包括额定起重量图表等内容，额定起重量图表应符合 GB/T 21458 的规定。如内容较多不便于固定时，则以性能参数手册或电子版形式提供。

7.2 包装

7.2.1 起重机出厂时主机可采用裸装，外露金属表面应作防腐、防锈处理。

随机工具、备件、随机文件的包装应有防雨、防潮措施。

7.2.2 随机文件应包括：

a) 产品合格证；

b) 保修卡；

c) 产品使用说明书(包括操作手册、维修手册、零部件图册)；

d) 主要配套件说明书；

e) 装箱单；

f) 随机备件及清单；

g) 维修保养所必须的专用工具及清单；

h) 备用轮胎。

7.3 运输

整机运输时，应符合水路、陆路及交通运输部门的规定和装载要求，运输方式可由供需双方协商确定。

7.4 贮存

起重机长期停放时，应切断电源，锁闭车门、窗，放置于通风、防潮及有消防设施的场所，并按产品使用说明书的规定进行保养。

附 录 A
（资料性附录）
全地面起重机主要工作状态

图 A.1 行驶状态

图 A.2 基本臂起重作业状态（基本臂工况）

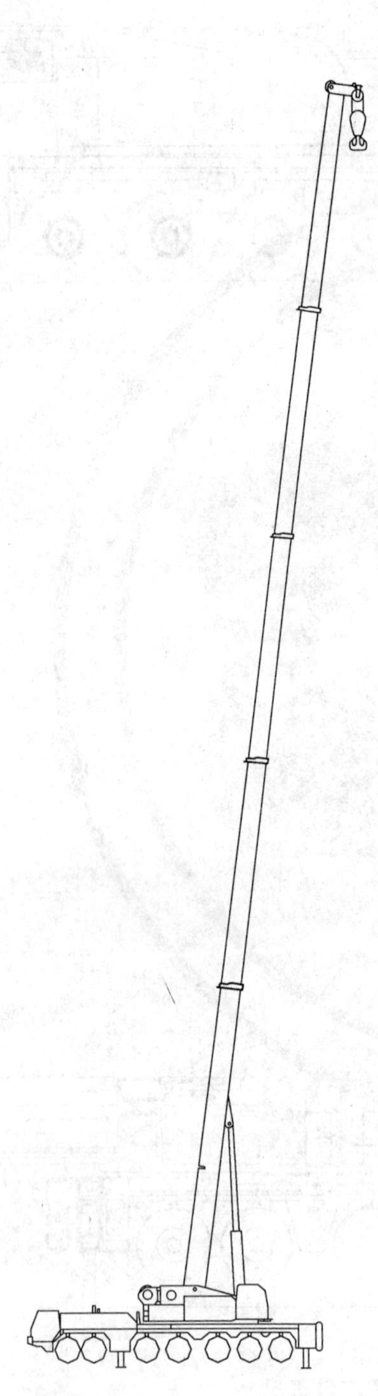

图 A.3 全伸臂起重作业状态(全伸臂工况)

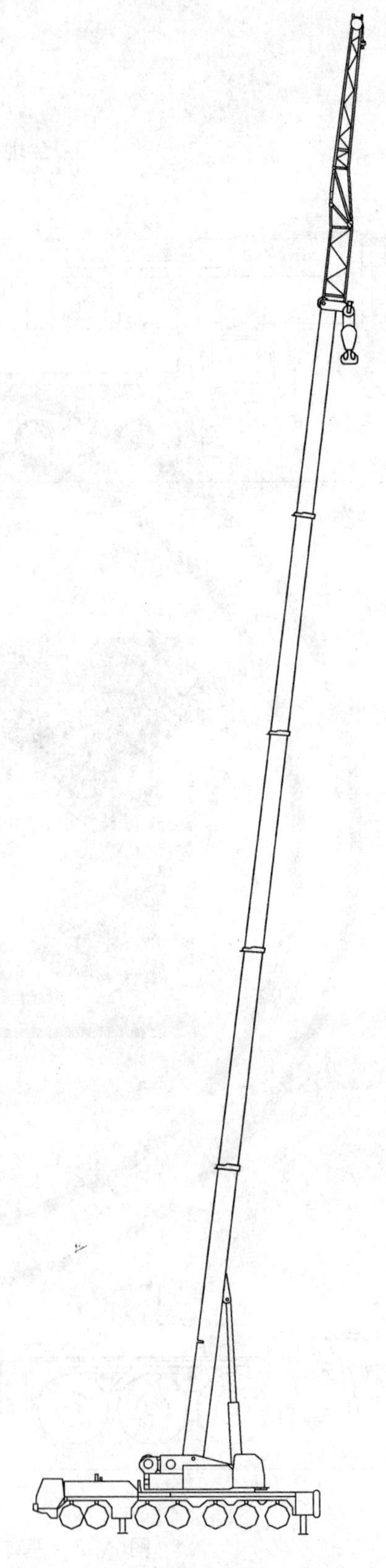

图 A.4 全伸臂+固定副臂起重作业状态(固定副臂工况)

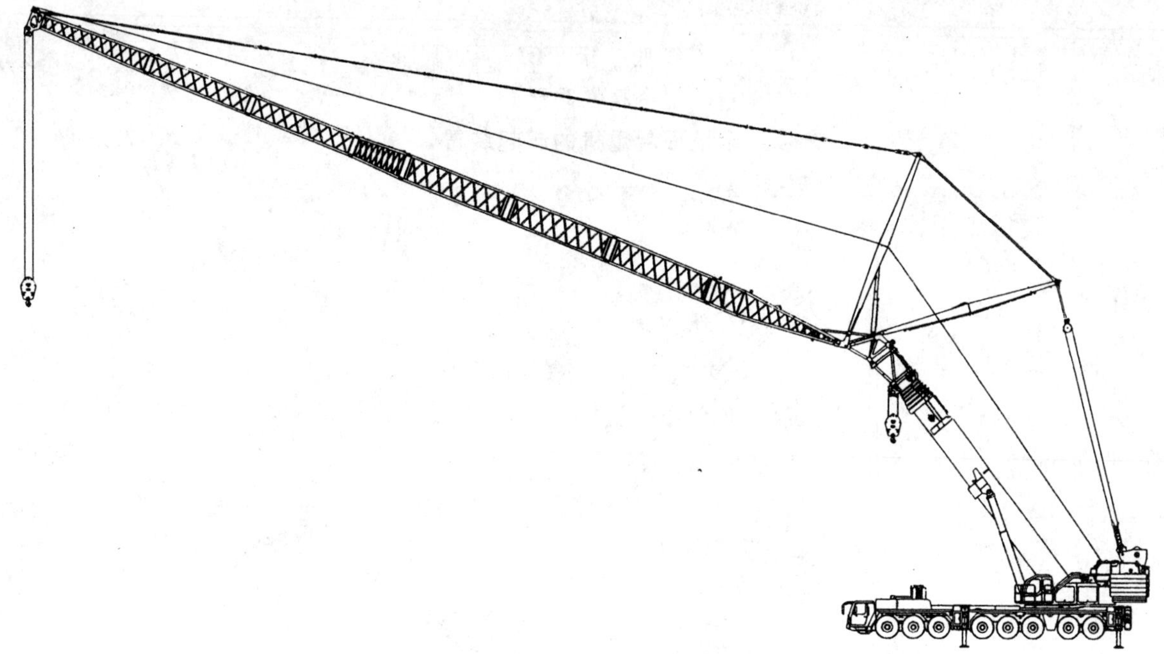

图 A.5 变幅副臂起重作业状态(塔臂工况)

附 录 B
（资料性附录）
全地面起重机的超起装置

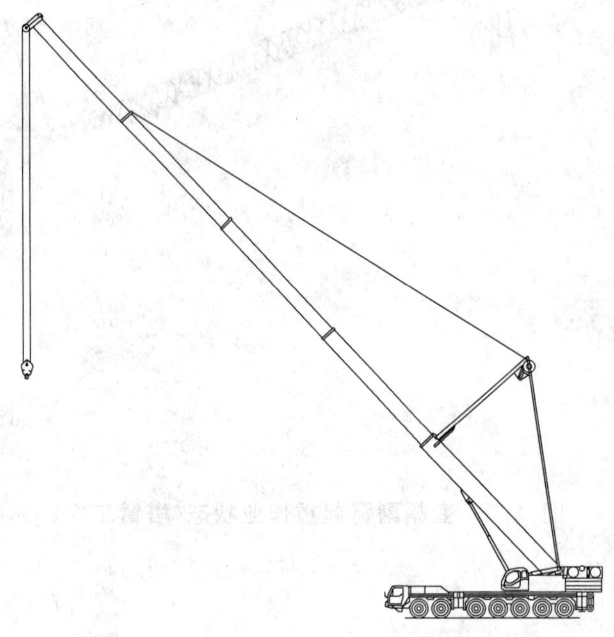

a） Π形

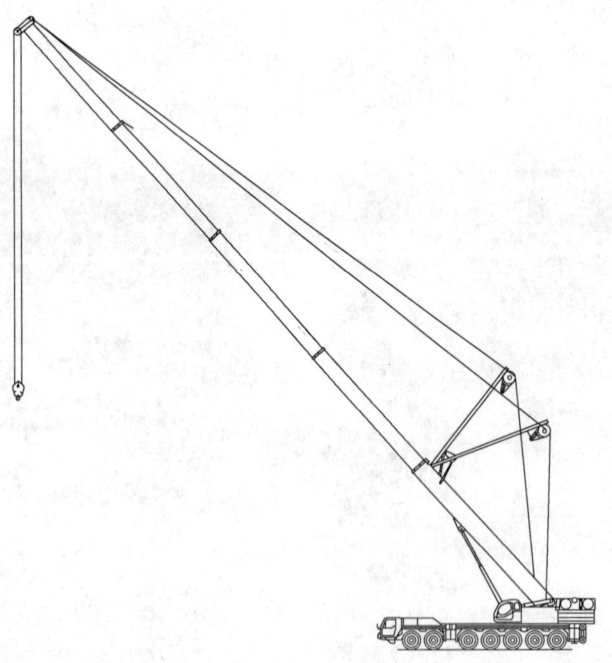

b） Y形

图 B.1 全地面起重机的超起装置——附加臂杆类

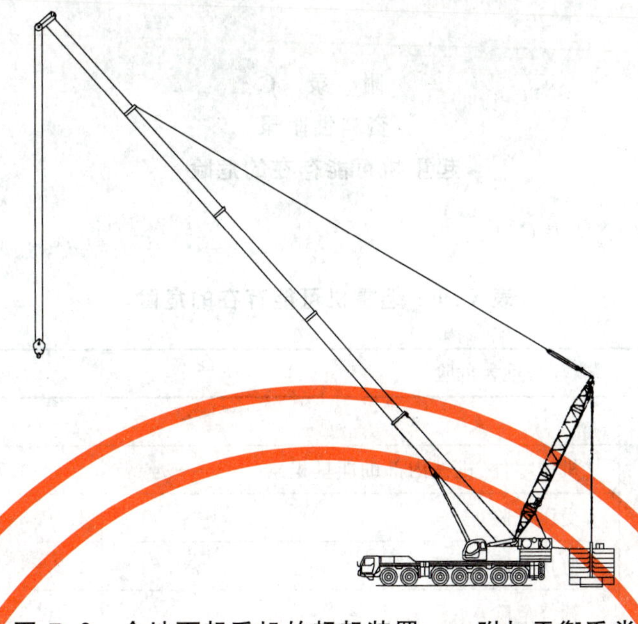

图 B.2 全地面起重机的超起装置——附加平衡重类

附　录　C
（资料性附录）
起重机可能存在的危险

起重机可能存在的危险见表C.1。

表C.1　起重机可能存在的危险

<table>
<tr><th>序号</th><th colspan="2">重大危险</th><th>标准中的要求条款</th></tr>
<tr><td colspan="4">常见危险</td></tr>
<tr><td>1</td><td rowspan="6">机械危险</td><td>机械零件、机械内部的能量积累</td><td>4.1～4.7</td></tr>
<tr><td>2</td><td>受压危险</td><td>4.10.3、4.10.4.4</td></tr>
<tr><td>3</td><td>剪切危险</td><td>4.2.24、4.10.3</td></tr>
<tr><td>4</td><td>缠绕危险</td><td>4.10.3</td></tr>
<tr><td>5</td><td>拉进或截留危险</td><td>4.10.3</td></tr>
<tr><td>6</td><td>高压液体注入或喷射危险</td><td>4.7</td></tr>
<tr><td>7</td><td colspan="2">电气危险</td><td>4.8</td></tr>
<tr><td>8</td><td colspan="2">热危险</td><td>4.5.1、4.7.11</td></tr>
<tr><td>9</td><td rowspan="2">噪声产生的危险</td><td>听力丧失（耳聋）、其他生理失调（例如平衡丧失、意识丧失）</td><td>4.9.1</td></tr>
<tr><td>10</td><td>干涉语言通信、听觉信号等</td><td>4.2.16、4.3.4.10、4.3.4.11、4.10.1.3、4.10.1.6、4.10.1.8、4.10.4</td></tr>
<tr><td>11</td><td colspan="2">震动产生的危险</td><td>4.1.4、4.2.16、4.3.1.5、4.3.3.4、4.5.8</td></tr>
<tr><td>12</td><td>由材料和物质（及其组成元件）产生的机械排放引起的危险</td><td>接触或吸入有害液体、气体、雾气、烟和灰尘引起的危险</td><td>4.5.1、4.9.2</td></tr>
<tr><td>13</td><td colspan="2">火灾危险或爆炸危险</td><td>4.3.1.7、4.5.6、4.10.5</td></tr>
<tr><td>14</td><td rowspan="6">在机械设计中忽略人体工程学原则产生的危险</td><td>不健康的姿势或过度用力</td><td>4.5</td></tr>
<tr><td>15</td><td>对手-臂或脚-腿的解剖学考虑不足</td><td>4.2.22、4.5.8～4.5.10</td></tr>
<tr><td>16</td><td>局部照明不足</td><td>4.8.6、4.8.7</td></tr>
<tr><td>17</td><td>人为误差、人的行为</td><td>4.2.3、4.2.22、4.4、4.6～4.8、7.1</td></tr>
<tr><td>18</td><td>手动控制的设计、定位或标记不足</td><td>4.10.3.1</td></tr>
<tr><td>19</td><td>视觉显示设备的设计或定位不足</td><td>4.6.5.2、4.7.16、4.8.3、4.8.7、4.10.1、4.10.2</td></tr>
<tr><td>20</td><td rowspan="3">意外启动、意外倾覆/意外超速</td><td>控制系统失效/异常</td><td>4.2.27、4.3.4.3、4.3.4.10、4.3.4.11、4.7.6、4.7.11、4.7.13、4.10.1、4.10.2</td></tr>
<tr><td>21</td><td>电力中断后恢复</td><td>4.8.1～4.8.3</td></tr>
<tr><td>22</td><td>对电器设备的外部影响</td><td>4.8.1、4.8.8</td></tr>
</table>

表 C.1（续）

序号	重大危险		标准中的要求条款
23	控制电路失效		4.8.1、4.8.2、4.8.4
24	装配误差		4.10.1～4.10.3
25	稳定性损失/机械倾覆		4.1.6、4.1.7、4.2.1、4.2.17、4.3.1、4.4～4.6
26	人员滑倒、摔倒和落下（与机械有关）		4.2.23、4.10.3、4.10.4.1
机动性引起的其他危险			
27	与行驶功能有关的危险	机械减速、停止和固定的能力不足	4.3.4、4.3.6.1、4.3.6.2
28	与工作位置有关的其他危险	在接近（到达/离开）工作位置的过程中人员滑落	4.2.23
29		在工作位置排放气体/缺氧	4.5.1
30		火灾	4.5.6、4.10.5
31		在工作位置的机械危险	4.2.24
32		工作位置的可见性不足	4.5.5
33		照明不足	4.8.6、4.8.7
34		座位不足	4.5.8
35		工作位置的噪声	4.5.1
36		工作位置的震动	4.5.1
37		疏散/紧急出口的方式不足	4.5.3
38	控制系统引起的其他危险	手动控制的定位不足	4.3、4.5.9、4.5.10
39		手动控制及其操作模式的设计不足	4.3、4.5.9、4.5.10
40	缺乏稳定性引起的其他危险		4.2.17
41	因电源引起的其他危险：因发动机和电池引起的危险		4.8.1
42	来自第三者的其他危险：未授权的启动/使用		4.3.3、4.8
43	对驾驶员/操作者指导不足引起的其他危险		7.1
起升引起的其他危险			
44	因下述情况产生的载荷落下、碰撞、机械倾翻	缺乏稳定性	4.1.1～4.1.3、4.2.17、4.6.1～4.6.6
45		不受控的加载-超载	4.10.1、4.10.2
46		不受控的运动幅度	4.10.2
47		载荷的意外/计划外运动	4.10.2
48	零件的机械强度不足		4.2.1、4.2.16、4.4.1、4.4.2、
49	滑轮、卷筒的设计不足		4.2.1、4.6.8
50	钢丝绳、起升和附加装置不充分以及与机器不匹配		4.2.1、4.2.18～4.2.21、4.6.7
51	组装/测试/使用/维护的情况不正常		4.1、4.2.1、6、7.2
52	来自闪电的电气危险		7.2
53	忽略人体工程学原则产生的危险，在驾驶位置的可见性不足		4.5.5、7.2

附 录 D
(规范性附录)
结构试验方法

D.1 结构应力测试

D.1.1 测试工况及载荷

结构应力测试工况及测试项目见表 D.1。

在加载和测试过程中,回转机构或转台应制动或锁定在规定的位置上。

表 D.1 结构试验工况及载荷

<table>
<tr><th>序号</th><th>工况名称</th><th>试验工况</th><th>载荷</th><th>试验目的</th><th>被测结构</th><th>测试项目</th></tr>
<tr><td>1</td><td rowspan="3">基本臂工况</td><td>基本臂在正后方、正侧方及支腿最大压力处,最小工作幅度、起吊最大起重量[a]</td><td>P_{max}</td><td rowspan="2">验证主要结构件的强度</td><td rowspan="2">基本臂、转台、车架、支腿</td><td rowspan="2">结构静应力</td></tr>
<tr><td>2</td><td>基本臂在正后方、正侧方及支腿最大压力处,最小工作幅度、起吊 1.25 倍的最大起重量[a]</td><td>$1.25P_{max}$</td></tr>
<tr><td>3</td><td>基本臂在正侧方及支腿最大压力处,最小工作幅度、起吊最大起重量[a]</td><td>φP_{max}
(侧载)</td><td>验证基本臂的刚度</td><td>基本臂</td><td>臂架头部水平、垂直方向的弹性位移</td></tr>
<tr><td>4</td><td>中长主臂工况</td><td>中长主臂在正后方、相应的工作幅度、起吊相应的额定起重量 P_h</td><td>P_{max}
φP_{max}
(侧载)</td><td>验证中长主臂的强度和刚度</td><td>中长臂</td><td>结构静应力;臂架头部水平、垂直方向的弹性位移</td></tr>
<tr><td>5</td><td>全伸臂工况</td><td>全伸臂在正后方、相应的工作幅度、起吊相应的额定起重量 P_{max}</td><td>P_{max}
φP_{max}
(侧载)</td><td>验证最长工作主臂的强度和刚度</td><td>全伸臂</td><td>结构静应力;臂架头部水平、垂直方向的弹性位移</td></tr>
<tr><td>6</td><td>固定副臂工况</td><td>最长工作主臂+最长固定副臂在正后方、相应的工作幅度、起吊相应的额定起重量 P_{max}</td><td>P_{max}
φP_{max}
(侧载)</td><td>验证最长工作主臂+最长固定副臂不同组合的强度和刚度</td><td>主臂、固定副臂</td><td>结构静应力;臂架头部水平、垂直方向的弹性位移</td></tr>
</table>

表 D.1（续）

序号	工况名称	试验工况	载荷	试验目的	被测结构	测试项目
7	塔臂工况	最长工作主臂＋最长塔臂在正后方、相应的工作幅度、起吊相应的额定起重量 P_{max}	P_{max} φP_{max} （侧载）	验证最长工作主臂＋最长塔臂不同组合的强度和刚度	主臂、塔臂	结构静应力；臂架头部水平、垂直方向的弹性位移
8	超起工况	1～7工况相应的超起状态	超起载荷	验证各结构件的安装强度	主臂、副臂、转台、车架、支腿、超起结构件	结构静应力；臂架头部水平、垂直方向的弹性位移
9	安装工况	产品使用说明书规定安装状态	安装状态下的自重载荷	验证各结构件的安装强度	主臂、副臂、臂架支架	结构静应力
10	行驶工况	产品使用说明书规定行驶状态	自重载荷	转台、拉杆的强度	转台、臂架拉杆	结构静应力

注：符号说明：

P_{max}——额定起重量；

φ ——侧载系数。

[a] 对最大起重量大于等于80 t的起重机，可用最大起重力矩工况时的载荷及相应的工作幅度进行试验。

D.2 测试点的规定

D.2.1 应力测试点的选择

D.2.1.1 在结构受力分析的基础上，确定危险应力区，危险应力区包括以下三种类型：

a) 均匀高应力区：该区应力达到屈服应力时，会引起结构件的永久变形。

b) 应力集中区：该区内屈服应力的出现不会引起结构件整体的永久变形，但应力集中会影响结构件的疲劳寿命。如孔眼、锐角、焊缝、铰点等断面剧变处。

c) 弹性屈曲区：如受压杆的弹性屈曲，从应力看，该区的最大应力并没有达到材料的屈服点，但可因发生挠曲或过大变形而导致结构的破坏。

D.2.1.2 桁架结构的弦杆和腹杆，应在节间中部对称贴应变片，最后以平均应力来评定该节间的安全度。

D.2.1.3 在应力集中区内贴的应变片，应尽可能贴在高应力点上。

D.2.1.4 承受弯矩最大的断面同时作用有集中载荷时，应考虑在下列两个位置贴片：

a) 应变片贴在集中载荷作用处或集中载荷处20 mm范围之内；

b) 应变片贴在集中载荷作用处20 mm范围之外，承受弯矩接近最大值，且局部挤压应力影响较小处。

例如：支腿伸出段的根部和臂架伸出段的根部的应力测定。

D.2.1.5 受压杆件的贴片，应贴在杆件的中部或在其可能屈曲部位。

D.2.2 二向应力的测试

结构承受二向应力状态，如果预先能用某些方法(如脆性涂料法)确定主应变方向时，则可沿主应变方向贴上互相垂直的两个应变片。如果主应变的方向无法确定，则必须贴上由三个应变片组成的应变花。关于应变花的数据处理见 D.4.2 b)。

D.2.3 测点编号

根据选择好的测试部位和确定的测试点，绘制测点分布图，对贴片统一编号，并指明应变片或应变花的贴片位置。

D.3 试验程序

D.3.1 检查和调整样机，使之处于正常工作状态。

D.3.2 接好应变检测系统，调试应变片和检查有关仪器，合理选择灵敏系数，消除一切不正常现象。

D.3.3 测量消除自重影响的应变片基准读数 ε_0。对于需要测量自重应力的结构件，应消除自重影响，记录零应力状态的读数。如无法消除自重影响，即不测零应力状态。处理数据的办法参见 D.4.1 的规定。

D.3.4 空载应力状态，测量结构件在自重作用下应变 ε_1。

空载应力状态点将起重机调整到表 D.1 所规定的测试工况，工作幅度为测试起重机相应载荷作用下的工作幅度；吊钩放置地上；回转机构或转台应制动或锁住。

如果零应力状态应变基准应变读数 ε_0 无法读出，可以取空载状态作为初始状态，应变仪调零。

D.3.5 负载应力状态，测量负载作用下的应变 ε_2。

负载应力状态是起重机按表 D.1 所规定的测试工况进行加载，其工作幅度允差不大于±1%。

D.3.6 卸载至空载应力状态，检查各应变片的回零情况，如果某测点的应变片读数与原数据 ε_1 偏差超过±$0.030\sigma_s/E$(式中 σ_s——材料屈服极限，E——材料弹性模数)，认为该测点数据无效，应查明原因，按原测试程序重新测量，直到合格。

由风载荷作用造成的应变偏差是属于正常现象，测试时应尽可能选择良好天气，减少风载的影响。

D.3.7 每次试验应重复做三次，比较测试数据有无重大差别。如果误差超过 10 倍的微应变，则应查明原因，并重新测试，直至稳定。

D.3.8 观察结构是否有永久变形或局部损坏。如果出现永久变形或局部损坏，应立即终止试验，进行全面检查和分析。

D.3.9 试验数据、观察到的现象、试验说明应随时记录。

D.4 应力测试数据的处理和安全判别方法

D.4.1 计算两个测试状态的应力

空载应力(自重引起的应力)σ_1 按式(D.1)计算：

$$\sigma_1 = E(\varepsilon_1 - \varepsilon_0) \quad \cdots\cdots(D.1)$$

负载应力 σ_2 按式(D.2)计算：

$$\sigma_2 = E(\varepsilon_2 - \varepsilon_1) \quad \cdots\cdots(D.2)$$

式中：

σ_1——空载应力(不测空载应力时，用计算应力代替)，单位为兆帕(MPa)；

σ_2——负载应力,单位为兆帕(MPa);

ε_0——零应力状态应变仪读数;

ε_1——空载应力状态应变仪读数;

ε_2——负载应力状态应变仪读数。

注:ε_0、ε_1、ε_2 均带正负号,拉应力为正,压应力为负。

结构最大应力取下述两种情况的较大者:

a) 空载应力最大,见式(D.3):

$$\sigma_{\max}=\sigma_1 \qquad\cdots\cdots(D.3)$$

b) 空载应力与负载应力之代数和最大,见式(D.4):

$$\sigma_{\max}=\sigma_1+\sigma_2 \qquad\cdots\cdots(D.4)$$

式中:

$\sigma_{\max}$——最大应力,单位为兆帕(MPa)。

注:σ_1 和 σ_2 各带自己的正负号。

D.4.2 二向应力状态的数据处理

对于承受二向应力弹塑性材料,按变形能(第四)强度理论计算。其当量单向应力计算如下:

a) 当主应力(变)的方向已知,并测得了两个方向的主应力时,当量单向应力按式(D.5)计算:

$$\sigma'=\sqrt{\sigma_x^2-\sigma_x\sigma_y+\sigma_y^2} \qquad\cdots\cdots(D.5)$$

式中:

σ'——当量单向应力,单位为兆帕(MPa);

σ_x——最大主应力,单位为兆帕(MPa);

σ_y——最小主应力,单位为兆帕(MPa)。

主应力可由两个方向的主应变值按式(D.6)、式(D.7)计算:

$$\sigma_x=E(\varepsilon_x+\mu\varepsilon_y)/(1-\mu^2) \qquad\cdots\cdots(D.6)$$

$$\sigma_y=E(\varepsilon_y+\mu\varepsilon_x)/(1-\mu^2) \qquad\cdots\cdots(D.7)$$

式中:

E——材料的弹性模数,屈服极限小于 500 N/mm^2 时,取 $E=2.1\times105$ N/mm^2,屈服极限等于或高于 500 N/mm^2 时的高强度合金钢,如没有提供 E 和 μ 的数值,应取样实测 E 和 μ 的数值。

ε_x——最大主应变;

ε_y——最小主应变;

μ——泊松比。

b) 主应力(变)的方向未知,可用直角应变花测得三个方向的线应变,当量单向应力按式(D.8)计算:

$$\sigma'=\frac{E}{2}\left[\frac{\varepsilon_a+\varepsilon_c}{1-\mu}+\frac{\sqrt{2}}{1+\mu}\sqrt{(\varepsilon_a-\varepsilon_b)^2+(\varepsilon_b-\varepsilon_c)^2}\right] \qquad\cdots\cdots(D.8)$$

式中:

ε_a——a 应变片的应变;

ε_b——b 应变片的应变;

ε_c——c 应变片的应变。

应变花的贴片方式如图 D.1 所示。

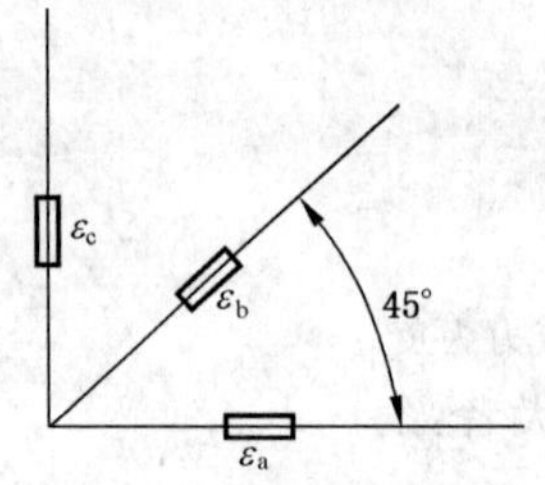

图 D.1

c) 对于脆性材料，可采用最大应变(第二)强度理论求得当量应力，按式(D.9)计算：

$$\sigma_x = E\varepsilon_x \quad \cdots\cdots (D.9)$$

D.4.3 测试应力值的安全判别方法

根据表 D.1 给定的测试工况和载荷进行测试，测得结构的最大应力，应满足下列分类给出的安全判据，各危险应力区的安全系数列于表 D.2。

结构件钢材和焊缝的许用应力应符合 GB/T 3811 的规定。

表 D.2 结构强度安全系数

试验工况	安全系数最小值 n		
	均匀高应力区 $n_{Ⅰ}$	应力集中区 $n_{Ⅱ}$	弹性屈曲区 $n_{Ⅲ}$
作业状态工况(表 D.1 序号 1、4、5、6、7、8)	1.48	1.1	1.6
作业状态工况和安装工况(表 D.1 序号 2、9)	1.2	1.05	1.4
行驶状态(表 D.1 序号 10)	5～7	—	—

注：行驶状态安全系数用于底架和臂架拉杆的强度判据。

起重机在行驶中，转台承受较大的运行冲击载荷，自重引起的应力是其主要载荷，转台的自重应力安全系数 n 计算如下：

a) Ⅰ类——均匀高应力区的自重应力安全系数按式(D.10)计算：

$$n_{Ⅰ} = \sigma_s/\sigma_r \quad 或 \quad n_{Ⅰ} = \sigma_s/\sigma' \quad \cdots\cdots (D.10)$$

式中：

$n_{Ⅰ}$ ——Ⅰ类安全系数；

σ_r ——结构件中被测部位测出的最大拉应力，单位为兆帕(MPa)；

注：对于单向应力：塑性材料 $\sigma_r=\sigma_{max}$；脆性材料 $\sigma_r=\sigma_x$。

σ' ——当量单向应力，单位为兆帕(MPa)。

b) Ⅱ类——应力集中区的自重应力安全系数按式(D.11)计算：

$$n_{Ⅱ} = \sigma_s/\sigma_r \quad 或 \quad n_{Ⅱ} = \sigma_s/\sigma' \quad \cdots\cdots (D.11)$$

式中：

$n_{Ⅱ}$ ——Ⅱ类安全系数。

c) Ⅲ类——弹性屈曲区，对于弦杆和腹杆等受压元件的自重应力安全系数按式(D.12)计算：

$$n_{Ⅲ} = 1/[\sigma_{ra}/\sigma_{cr} + (\sigma_{rm} - \sigma_{ra})/\sigma_s] \quad \cdots\cdots (D.12)$$

式中：

$n_{Ⅲ}$ ——Ⅲ类安全系数；

σ_{ra} ——由一个截面上若干个测点的应变读数确定的平均应力，单位为兆帕(MPa)；

σ_{rm} ——压杆被测截面上最大的计算压应力，单位为兆帕(MPa)；

σ_{cr} ——受压杆发生屈曲的临界压应力，单位为兆帕(MPa)。

d) Ⅳ类——板的局部屈曲区。

对板可能产生局部屈曲部位，一般要求对所有的试验工况(包括超载试验工况)，Ⅳ类区域的应变片读数，都应回到空载时的读数。

附 录 E
（规范性附录）
作业可靠性试验方法

E.1 作业可靠性试验的循环次数和基本工况

作业可靠性试验的循环次数和基本工况见表E.1。

表E.1 循环次数和基本工况

序号	循环名称	试验工况	一次循环内容	循环次数		
				<80 t	80 t～500 t	>500 t
1	基本臂起升、回转循环	基本臂； 最大起重量[a]； 相应的工作幅度； 臂架在正侧方	载荷由地面起升到最大高度—下降到能回转的最低高度—180°范围内左右回转—重物下降到地面。起升、下降过程中各制动一次	1 600	500	300
2	中长臂起升、变幅、回转循环	中长臂； 中长臂时最大起重量的1/3； 相应的工作幅度； 起重臂在正侧方	载荷起升离地200 mm—起臂到最小工作幅度后再落臂到原位—180°范围内左右回转—起升到最大高度—下降到地面。起升、下降过程中各制动一次	1 000	700	500
3	最长主臂起升、回转循环	最长主臂； 最长主臂时最大起重量； 相应的工作幅度； 起重臂在正侧方	载荷起升离地200 mm—180°范围内左右回转—起升到最大高度—下降到地面。起升、下降过程中各制动一次	1 000	400	200
4	起重臂伸缩循环	起重臂仰角50°； 空载[b]； 起重臂在正侧方	空载状态下，起重臂从基本臂状态全部伸出再缩回到基本臂状态	200	100	50
5	副臂起升、回转循环	副臂[c]； 最大起重量； 相应的工作幅度； 臂架在正侧方	载荷由地面起升到最大高度—下降到能回转的最低高度—180°范围内左右回转—载荷下降到地面。起升、下降过程中各制动一次	300	300	150
6	支腿收放	行驶状态	支腿连续收放	100		

注：对配置了超起装置的起重机，应在相应的试验循环中，进行不少于总循环次数三分之一次超起工况的试验。

[a] 对最大起重量大于80 t的起重机可用最大起重力矩时的额定载荷代替。

[b] 对允许带载伸缩的起重机可按技术文件的规定的最大伸缩载荷与工况，在总循环次数中做一半次数的带载伸缩试验。

[c] 对副臂长度可变的起重机，按照最短长度、中间长度和最大长度平均分配循环次数；对有塔式副臂的起重机，应再增加最大起重量和最大臂长两种工况，平均分配循环次数。

E.2 一般要求

E.2.1 操作人员应严格执行操作规程，保证安全，操作应平稳。

E.2.2 每天样机作业工作的时间一般不少于 8 h。

E.2.3 按产品使用说明书的要求完成每日(班)的正常保养。起重作业时，不得进行保养工作。

E.2.4 作业可靠性试验期间，不得带故障作业。可按产品使用说明书的规定更换易损零件，不作为故障，但应作出记录。

E.2.5 对于正常磨损的钢丝绳，不论何时更换、截绳、整修均计维修时间，不计故障次数。钢丝绳出现断裂等异常情况，均计故障次数。

E.2.6 对新产品的型式检验，作业可靠性试验按合格品判定。

E.3 试验记录

按日(班)分类记录：各工况的作业循环数、作业时间、燃油消耗量等。对有不正常的响声、紧固、轻微渗漏等故障的现场情况，及诊断、准备、修复、调试等时间均按要求做详细原始记录。记录要准确、真实。

E.4 性能复试

可靠性试验后按 5.5～5.9 的规定复测性能。

E.5 拆检

可靠性试验后，整机拆检，详细记录拆检的情况，必要的零件要拍照。拆检项目及内容见表 E.2。

表 E.2 拆检项目表

总成	零件	项目	合格要求
起升机构和回转机构减速器	齿轮	齿面接触痕迹、点蚀、剥落	磨损正常、无点蚀、剥落
	箱体	箱体是否有损坏、裂纹	无异常现象
回转支承	内外圈	裂纹、压痕、点蚀、剥落	无裂纹、点蚀、剥落；无异常压痕
液压阀	阀芯和阀座	表面粗糙度和表面损伤	粗糙度不低于设计要求，表面无损伤
油缸	活塞杆和缸筒	表面粗糙度和表面损伤	粗糙度不低于设计要求，表面无损伤
结构件	臂架 转台 底架	裂纹 焊缝 结构变形	无裂纹； 焊缝达到规定要求； 结构无永久变形
注：泵与马达可不进行拆检，如有异常现象应进行拆检或进行台架性能复试。			

E.6 试验结论

E.6.1 试验期间，样机如出现致命故障，本次试验应中止，不计算可靠性指标。

E.6.2 可靠性指标计算与统计如下：

a) 作业率 A 按式(E.1)计算：

$$A = T_0/(T_0 + T_1) \times 100\% \quad \cdots\cdots (E.1)$$

式中：

A ——作业率；

T_0——规定的总作业时间，单位为小时(h)；

T_1——故障排除时间，单位为小时(h)。

b) 当量总故障次数 N 见式(E.2)：

$$N = \sum_{i=1}^{3} R_i \varepsilon_i \quad \cdots\cdots (E.2)$$

式中：

N ——当量总故障次数；

R_i ——试验期间，样机出现第 i 类故障的次数；

ε_i ——第 i 类故障的危害度系数。

当 $N \leqslant 1$ 时，令 $N=1$。

c) 平均无故障工作时间 T_2 按式(E.3)计算：

$$T_2 = T_0/N \quad \cdots\cdots (E.3)$$

式中：

T_2——平均无故障工作时间，单位为小时(h)。

E.7 故障分类

E.7.1 起重机试验中只计算基本故障，不计算从属故障。按故障性质、危害程度、维修的难易，对功能影响的大小，将故障分为致命故障、严重故障、一般故障和轻微故障等四类。见表 E.3。

E.7.2 按定义判断起重机基本故障类别时，各类故障互不相容的，即对某一基本故障，只判定为四类基本故障中的一类。

E.7.3 基本故障判别，应以其造成的现场后果划分故障类别。同时发生的相关故障作为一次故障，同时发生的不相关的故障分别计数。

表 E.4 给出了故障分类示例，未列举的故障可参照表中示例进行分类。

表 E.3 故障分类表

类别	故障名称	危害度系数 ε	故障举例
0	致命故障	∞	臂架失稳或断裂；支腿断裂。主要部位焊缝开裂造成重大事故
1	严重故障	<100 t ，为 3.0 100 t～300 t，为 4.0 >300 t ，为 5.0	减速器轴类、轴承、齿轮损坏；马达、油泵等严重漏油；主要部位焊缝开裂未造成事故
2	一般故障	1.0	更换重要部位的密封圈；一般部位的焊缝开焊；更换密封件、接头或软管；清洗阀芯等
3	轻微故障	0.1	螺栓松动；轻微渗漏等

表 E.4 故障分类示例

序号	零部件名称	故障模式	故障情况	故障类别			
				致命	严重	一般	轻微
一、液压系统							
1	油门操纵	渗油	工艺孔渗油,紧固排除				√
2	油门操纵	渗油	端盖压盖松动,紧固排除				√
3	油门操纵	渗油	接口或零件松动,紧固排除				√
4	油门操纵	漏油	密封件失效或损坏,更换密封件			√	
5	油门操纵	失灵	牵引钢绳松弛,张紧				√
6	油门操纵	失灵	牵引钢绳断裂,更换			√	
7	油门操纵	失灵	调整踏板自由板行程				√
8	油门操纵	失灵	其他操纵件松脱,调整				√
9	油门操纵	失灵	其他操纵件松脱,重新装置				√
10	油门操纵	失灵	操纵件损坏,换件			√	
11	油门操纵	失灵	静压油失效			√	
12	油门操纵	失灵	造成严重事故		√		
13	溢流阀	渗油	工艺孔渗油,紧固排除				√
14	溢流阀	渗油	接口或零件松动,紧固排除				√
15	溢流阀	渗油	端盖压盖松动,紧固排除				√
16	溢流阀	失灵	密封件失效或损坏,更换密封件(≤5 min)				√
17	溢流阀	失灵	弹簧变形损坏,更换弹簧			√	
18	溢流阀	失灵	阀芯或阀体拉伤			√	
19	溢流阀	失灵	异物卡堵,清洗排除			√	
20	溢流阀	失灵	装配不良,重新装配			√	
21	溢流阀	失灵	更换溢流阀		√		
22	溢流阀	失灵	片间渗油,紧固排除				√
23	操纵阀	渗油	接口或零件松动,紧固排除				√
24	操纵阀	渗油	工艺孔渗油,紧固排除				√
25	操纵阀	渗油	端盖压盖松动,紧固排除				√
26	操纵阀	渗油	片间密封失效或损坏,更换密封件			√	
27	操纵阀	渗油	接口密封失效,更换密封件(≤5 min)				√
28	操纵阀	渗油	杆端密封失效,更换密封件			√	
29	操纵阀	渗油	阀芯阀杆拉伤			√	
30	操纵阀	渗油	阀体拉伤			√	
31	操纵阀	工作异常	复位弹簧损坏,换件			√	
32	操纵阀	工作异常	异物卡堵,清洗排除			√	

表 E.4（续）

序号	零部件名称	故障模式	故 障 情 况	故障类别			
				致命	严重	一般	轻微
33	操纵阀	工作异常	操纵件松脱，调整修复				√
34	操纵阀	工作异常	操纵件松脱，重新装配修复				√
35	操纵阀	工作异常	操纵件损坏，换件修复			√	
36	操纵阀	失效	材质缺陷引起漏油，更换阀片			√	
37	操纵阀	失效	连接螺纹损坏，更换阀片			√	
38	操纵阀	失效	连接螺纹松动，紧固				√
39	操纵阀	失效	阀盖断裂，更换阀盖			√	
40	操纵阀	失效	阀体窜通，引起误动作，但无其他损伤			√	
41	操纵阀	失效	阀体窜通，引起误动作，导致严重事故		√		
42	操纵阀	失效	阀体窜通，引起误动作，导致重大事故	√			
43	操纵阀	损坏	更换新阀		√		
44	操纵阀	工作异常	不供油，传动键损坏，换件			√	
45	油泵	工作异常	不供油，油泵轴断裂		√		
46	油泵	工作异常	不供油，轮齿折断		√		
47	油泵	工作异常	无工作压力，泵体损伤		√		
48	油泵	工作异常	无工作压力，泵内自身背压阀常开卸压		√		
49	油泵	漏油	轴端油封损坏，更换油封			√	
50	油泵	漏油	接合面不平，调整修复			√	
51	油泵	漏油	装配不良，引起漏油，调整修复			√	
52	油泵	漏油	密封件损坏，更换密封件			√	
53	油泵	漏油	泵体连接螺栓松动，紧固排除				√
54	中心回转接头	失效	没有相对运动，定位螺柱断裂			√	
55	中心回转接头	失效	内部多腔窜通，产生误动作，引起重大事故	√			
56	中心回转接头	失效	内部多腔窜通，产生误动作，引起严重事故		√		
57	中心回转接头	失效	固定体与回转体转动面发生磨损		√		
58	中心回转接头	漏油	密封件失效，更换密封件			√	
59	中心回转接头	漏油	密封面贴合不平，调整修复			√	
60	中心回转接头	漏油	管接头焊缝漏油，补焊			√	
61	中心回转接头	漏油	漏油严重，需更换回转接头		√		
62	中心回转接头	工作异常	拔动装置紧固件松动，紧固排除				√
63	中心回转接头	工作异常	拔叉变形修复			√	
64	中心回转接头	损坏	需更换回转接头		√		
65	液压油箱	渗油	油箱焊缝有气孔				√

表 E.4（续）

序号	零部件名称	故障模式	故障情况	故障类别			
				致命	严重	一般	轻微
66	液压油箱	渗油	放油口螺栓松动，紧固排除				√
67	液压油箱	渗油	放油口螺塞座圈焊接不好			√	
68	液压油箱	漏油	进出油口油管接头松动，紧固排除				√
69	液压油箱	漏油	放油口螺塞密封件失效，更换密封件				√
70	液压油箱	漏油	材质或焊接不好，局部开裂，补焊			√	
71	液压油箱	漏油	密封件损坏，更换密封件				√
72	液压油箱	松动	连接紧固件松动，紧固				√
73	液压油管	爆裂	高压油管爆裂，造成重大事故	√			
74	液压油管	爆裂	高压油管爆裂，造成严重事故		√		
75	液压油管	爆裂	高压油管爆裂，无其他损伤			√	
76	液压油管	漏油	油管接头松脱，更换油管			√	
77	液压油管	漏油	油管接头焊接不好，换油管			√	
78	液压油管	漏油	胶管材质缺陷，更换油管			√	
79	液压油管	漏油	钢管焊接处开焊，漏油严重		√		
80	液压油管	漏油	装配不当造成油管漏油，更换油管			√	
81	液压油管	损坏	更换油管			√	
82	管接头	渗油	接头螺栓松动，紧固排除				√
83	管接头	渗油	焊接有气孔			√	
84	管接头	渗油	密封件装配不当				√
85	管接头	漏油	螺扣损坏，更换管接头			√	
86	管接头	渗油	密封件失效，更换密割件				√
87	管接头	渗油	焊接不好，补焊			√	
88	滤油器	漏油	壳体焊缝有气孔，引起漏油			√	
89	滤油器	漏油	密封圈失效，更换密封圈				√
90	滤油器	工作异常	壳体油道堵塞，消除异物			√	
91	滤油器	工作异常	滤芯堵塞，油压上升			√	
92	滤油器	失效	滤芯损坏，更换滤芯			√	
93	滤油器	损坏	更换滤油器			√	
94	蓄能器	失效	气门嘴漏气失压，修复			√	
95	蓄能器	失效	内气囊破损，未引起事故，更换			√	
96	蓄能器	失效	蓄能器失压，引起严重事故		√		
97	蓄能器	漏油	密封件损坏，更换密封件				√
98	蓄能器	损坏	更换蓄能器			√	

表 E.4（续）

序号	零部件名称	故障模式	故障情况	故障类别			
				致命	严重	一般	轻微
99	冷却器	损坏	更换冷却器			√	
100	冷却器	漏油	通油散热管漏油，补焊修复			√	
101	冷却器	漏油	密封件损坏，更换密封件				√
102	冷却器	失效	通油道堵塞导致失效			√	
103	电磁阀	失灵	阀卡死，拆件修复			√	
104	电磁阀	失灵	弹簧件损坏，不能定位，修复			√	
105	电磁阀	失灵	线圈烧损，换线圈			√	
106	电磁阀	漏油	密封面漏油，修复或换件			√	
107	电磁阀	损坏	更换电磁阀			√	
108	梭阀	损坏	更换梭阀			√	
109	梭阀	工作异常	阀卡死，更换新阀			√	
110	梭阀	工作异常	阀卡死，拆卸清洗			√	
111	梭阀	漏油	密封件失效，更换密封件				√
112	普通单向阀	漏油	密封件松动，紧固排除				√
113	普通单向阀	漏油	阀体内密封不好，重新研配			√	
114	普通单向阀	漏油	密封失效，更换密封件				√
115	普通单向阀	失效	阀体滑阀变形或损伤，全套更换			√	
116	普通单向阀	损坏	更新新阀			√	
117	压力表	损坏	更换压力表			√	
118	压力表	工作异常	油道堵塞，修复				√
119	压力表	工作异常	阻尼塞螺栓脱落，引起指针波动				√
120	压力表	工作异常	指针变形变位，修复			√	
121	平衡阀	工作异常	阀卡死，更换新阀			√	
122	平衡阀	工作异常	阀卡死，拆卸清洗			√	
123	平衡阀	失灵	弹簧损坏，修复			√	
124	平衡阀	失灵	弹簧断裂，工作失效			√	
125	平衡阀	失灵	内部窜油，导致执行元件产生异常			√	
126	平衡阀	漏油	接口密封件失效或损坏，更换密封件				√
127	平衡阀	漏油	阀内密封件失效，更换密封件			√	
128	平衡阀	漏油	密封件损坏，造成严重事故		√		
129	液压锁	漏油	密封件损坏失效，更换密封件				√
130	液压锁	漏油	螺丝松动，紧固排除				√
131	液压锁	漏油	螺扣滑丝，更换螺栓(钉)				√

表 E.4（续）

序号	零部件名称	故障模式	故障情况	故障类别			
				致命	严重	一般	轻微
132	液压锁	漏油	内部泄露，支腿锁不住，修复			√	
133	液压锁	漏油	更换锁阀			√	
134	液压锁	失灵	造成重大事故	√			
135	液压锁	失灵	油路堵塞，清洗锁阀			√	
136	缓冲阀	失灵	零件损坏，无缓冲作用			√	
137	缓冲阀	工作异常	阀卡死，拆卸清洗或更换新阀			√	
138	缓冲阀	漏油	密封件失效，更换密封件				√
139	缓冲阀	失灵	调压螺柱的锁紧螺母松动，紧固				√
二、支腿和底架							
1	车架	变形	局部发生翘曲变形		√		
2	车架	开裂	局部开裂，引起重大事故	√			
3	车架	开裂	局部有开裂，未造成重大事故		√		
4	车架	开裂	焊缝开裂，补焊修复			√	
5	车架	开裂	主要部位焊缝开裂，补焊修复		√		
6	各支架	开裂	焊缝开裂，补焊修复			√	
7	各加强板	开裂	焊缝开裂，补焊修复			√	
8	发动机悬挂	开裂	焊缝开裂，补焊修复			√	
9	变速箱悬挂	开裂	焊缝开裂，补焊修复			√	
10	油泵支架	开裂	焊缝开裂，补焊修复			√	
11	螺栓	松动	紧固排除				√
12	螺栓	损坏	更换螺栓				√
13	U形螺栓	损坏	更换螺栓			√	
14	U形螺栓	断裂	更换螺栓		√		
15	U形螺栓	松动	紧固排除				√
16	支腿	开裂	主要受力焊缝开裂，补焊修复		√		
17	支腿	开裂	一般部位焊缝开裂，补焊修复			√	
18	支腿	开裂	焊缝开裂，造成重大事故	√			
19	支腿	开裂	钢板撕裂，造成重大事故	√			
20	支腿	开裂	钢板撕裂，未造成重大事故		√		
21	支腿	变形	局部发生翘曲变形		√		
22	撑脚	开裂	焊缝开裂，补焊修复			√	
23	撑脚	变形	结构变形			√	
24	支腿油缸	渗油	支腿油缸下沉			√	

表 E.4（续）

序号	零部件名称	故障模式	故障情况	故障类别			
				致命	严重	一般	轻微
25	支腿油缸	渗油	密封件损伤			√	
26	支腿油缸	渗油	活塞杆轻微挂油				√
27	支腿油缸	漏油	杆与导套密封件失效,更换			√	
28	支腿油缸	漏油	缸与导套密封件失效,更换			√	
29	支腿油缸	漏油	活塞密封件失效,更换			√	
30	支腿油缸	漏油	杆与导套被划伤,需解体		√		
31	支腿油缸	漏油	活塞与缸筒被划伤,需解体		√		
32	支腿油缸	漏油	缸筒有裂纹,造成重大事故	√			
33	支腿油缸	漏油	缸筒有裂纹,未造成重大事故		√		
34	支腿油缸	漏油	焊缝有缺陷,修复		√		
35	支腿油缸	内泄	油缸两腔窜油,支腿松动		√		
36	支腿油缸	内泄	内部密封损坏,造成油压过低		√		
37	稳定器	工作异常	稳定器锁不住,修复			√	
38	稳定器	损坏	零件损坏,更换零件			√	
三、变幅机构							
1	变幅油缸	渗油	变幅缸轻微带油				√
2	变幅油缸	渗油	变幅缸下沉			√	
3	变幅油缸	渗油	活塞杆与导套密封件损伤			√	
4	变幅油缸	漏油	缸与导套密封件失效,更换			√	
5	变幅油缸	漏油	活塞密封件失效,更换			√	
6	变幅油缸	漏油	杆与导套被划伤,需解体		√		
7	变幅油缸	漏油	活塞与缸筒被划伤,需解体		√		
8	变幅油缸	漏油	缸筒有裂纹,造成重大事故	√			
9	变幅油缸	漏油	缸筒有裂纹,未造成重大事故		√		
10	变幅油缸	漏油	缸筒与缸盖焊缝有缺陷,修复		√		
11	变幅油缸	工作异常	需解体修复		√		
12	变幅铰轴	断裂	造成重大事故	√			
13	变幅铰轴	断裂	未造成重大事故		√		
14	变幅铰轴	开裂	发现裂缝,更换			√	
15	转台铰座	开裂	焊缝开裂,修复			√	
16	转台铰座	开裂	造成重大事故		√		
17	转台铰座	断裂	螺钉剪断,轴窜出,造成重大事故	√			
18	起重臂铰座	断裂	螺钉剪断,轴窜出,造成重大事故	√			

表 E.4(续)

序号	零部件名称	故障模式	故障情况	故障类别			
				致命	严重	一般	轻微
19	起重臂铰座	开裂	焊缝开裂,修复			√	
20	起重臂铰座	开裂	造成严重事故		√		
四、起重臂							
1	起重臂	变形	起重臂局部产生变形,未造成重大事故		√		
2	起重臂	变形	整体失稳,造成重大事故	√			
3	起重臂	开裂	主焊缝开裂,造成重大事故	√			
4	起重臂	开裂	主焊缝开裂,未造成重大事故		√		
5	起重臂	开裂	铰点焊缝开裂,造成重大事故	√			
6	起重臂	开裂	铰点焊缝开裂,未造成重大事故		√		
7	起重臂	开裂	臂头立焊缝开裂,造成重大事故	√			
8	起重臂	开裂	臂头立焊缝开裂,未造成重大事故		√		
9	起重臂	开裂	一般部件焊缝开裂,造成重大事故		√		
10	起重臂	开裂	一般部件焊缝开裂,未造成重大事故			√	
11	起重臂	开裂	上下盖板产生裂纹,造成重大事故	√			
12	起重臂	开裂	上下盖板产生裂纹,未造成重大事故		√		
13	起重臂	开裂	两侧腹板产生裂纹,造成重大事故	√			
14	起重臂	开裂	两侧腹板产生裂纹,未造成重大事故		√		
15	起重臂	开裂	支承处产生裂纹,造成重大事故	√			
16	起重臂	开裂	支承处产生裂纹,未造成重大事故		√		
17	起重臂	开裂	一般部位产生裂纹,造成严重事故		√		
18	起重臂	开裂	一般部位产生裂纹,未造成严重事故			√	
19	伸缩机构	工作异常	钢丝绳脱槽,伸缩臂伸不出			√	
20	伸缩机构	工作异常	油缸活塞脱落,伸缩臂伸不出			√	
21	伸缩机构	工作异常	伸缩运动不灵活,修复			√	
22	伸缩机构	工作异常	伸缩运动阻力大,托辊安装有问题			√	
23	伸缩机构	工作异常	滑块损坏,引起伸缩异常,更换滑块			√	
24	伸缩机构	工作异常	起重臂与滑块间隙调整不当,调整修复			√	
25	滑块	脱落	固定不牢,修复			√	
26	滑块	磨损	调整或更换			√	
27	滑轮	损坏	更换滑轮			√	
28	滑轮	开裂	局部产生裂纹			√	
29	滑轮	开裂	断裂或破碎		√		
30	滑轮	工作异常	轴承损坏,更换轴承			√	

表 E.4（续）

序号	零部件名称	故障模式	故障情况	故障类别			
				致命	严重	一般	轻微
31	滑轮	工作异常	滑轮左右摆动，调整修复				√
32	滑轮	工作异常	滑轮槽磨损不均匀，调整修复				√
33	滑轮	工作异常	轴承缺油，转动不良，修复				√
34	滚轮	损坏	更换滚轮			√	
35	滚轮	开裂	支架焊缝开裂，补焊			√	
36	滚轮	开裂	局部产生裂纹			√	
37	托辊	脱落	重新安装				√
38	托辊	损坏	更换托辊			√	
39	托辊	工作异常	调整不当			√	
40	伸缩油缸	开裂	油缸焊缝开裂		√		
41	伸缩油缸	开裂	油缸支承处焊缝开裂		√		
42	伸缩油缸	变形	缸、杆轻微变形				√
43	伸缩油缸	变形	缸、杆变形较大			√	
44	伸缩油缸	变形	缸、杆严重变形		√		
45	伸缩油缸	漏油	活塞杆与缸筒支承处漏油，修复			√	
46	伸缩油缸	漏油	油缸接头焊缝有气孔，补焊			√	
47	伸缩油缸	漏油	油缸接头紧固不牢，紧固排除				√
48	伸缩油缸	漏油	密封件失效，更换密封件			√	
49	伸缩油缸	工作异常	活塞密封件损坏，自动缓慢回缩			√	
50	伸缩油缸	工作异常	液压阀芯关闭不严，自动缓慢回缩			√	
51	伸缩油缸	工作异常	单向阀芯卡死打不开，油缸伸不出			√	
52	伸缩油缸	工作异常	溢流阀芯卡死打不开，油缸缩不回			√	
53	紧固螺栓	松动	紧固螺栓松动，紧固				√
54	紧固螺栓	损坏	更换螺栓			√	
五、起升机构							
1	减速器	工作异常	轴承损坏，更换轴承		√		
2	减速器	工作异常	轴承严重磨损，更换轴承		√		
3	减速器	工作异常	轴承严重剥蚀，更换轴承		√		
4	减速器	工作异常	轴承安装不良，重新调整安装			√	
5	减速器	工作异常	润滑油不适，清洗更换			√	
6	减速器	工作异常	齿轮损坏，更换齿轮		√		
7	减速器	工作异常	齿轮严重磨损，更换齿轮		√		
8	减速器	工作异常	齿轮严重剥蚀，更换齿轮		√		

表 E.4（续）

序号	零部件名称	故障模式	故 障 情 况	故障类别			
				致命	严重	一般	轻微
9	减速器	工作异常	齿轮断齿，更换齿轮		√		
10	减速器	工作异常	齿轮轴断裂，造成重大事故	√			
11	减速器	工作异常	齿轮轴断裂，未造成重大事故		√		
12	减速器	工作异常	齿轮轴严重剥蚀，更换齿轮轴		√		
13	减速器	工作异常	齿轮轴损坏，更换齿轮轴		√		
14	减速器	工作异常	齿轮啮合间隙过大，调整啮合位置			√	
15	减速器	工作异常	装配螺栓松动，重新紧固			√	
16	减速器	失效	未造成重大事故，更换减速器		√		
17	减速器	漏油	油封与衬垫不良或破损，更换			√	
18	减速器	漏油	轴颈不良或磨损，修理或更换			√	
19	减速器	漏油	润滑油过多，放出一些				√
20	制动器	工作异常	制动器间隙过大或过小，调整				√
22	制动器	工作异常	弹簧不良或损坏，更换弹簧		√		
23	制动器	失灵	制动器磨擦片不开		√		
24	制动器	失灵	制动失灵，造成重大事故	√			
25	制动器	失灵	制动失灵，未造成重大事故		√		
26	制动器	损坏	更换制动器		√		
27	离合器	损坏	更换离合器		√		
28	离合器	失效	造成重大事故	√			
29	离合器	失效	未造成重大事故		√		
30	离合器	工作异常	打滑，磨擦件间隙过大，调整				√
31	离合器	工作异常	打滑，磨擦表面有油污，清除油污				√
32	离合器	工作异常	磨擦体分离不良或压紧力不足，调整修复			√	
33	离合器	工作异常	磨擦件变形，矫正			√	
34	液压马达	工作异常	轴承、柱销等零件损坏，更换零件			√	
35	液压马达	工作异常	轴承、柱销等零件严重磨损，更换零件			√	
36	液压马达	工作异常	零件损坏，更换马达		√		
37	液压马达	工作异常	内泄大，更换马达		√		
38	液压马达	失效	结合面漏油，紧固螺钉松动				√
39	液压马达	漏油	结合面漏油，密封件损坏			√	
40	液压马达	漏油	轴端漏油，紧固件松动			√	
41	液压马达	漏油	轴端漏油，密封件损坏			√	
42	液压马达	漏油	壳体有砂眼，更换马达		√		

表 E.4（续）

序号	零部件名称	故障模式	故障情况	故障类别			
				致命	严重	一般	轻微
43	液压马达	漏油	进出油口漏油，紧固件松动				√
44	液压马达	漏油	进出油口漏油，密封件损坏				√
45	液压马达	开裂	马达内密封件失效，更换密封件			√	
46	卷筒	开裂	卷筒断裂，造成重大事故	√			
47	卷筒	开裂	卷筒有裂纹，更换卷筒		√		
48	卷筒轴	开裂	断裂，造成重大事故	√			
49	卷筒轴	开裂	发现裂纹，更换卷筒轴		√		
50	卷筒轴	变形	弯曲变形		√		
51	卷筒支座	开裂	弯曲变形		√		
52	卷筒支座	开裂	焊缝开裂，补焊修复			√	
53	支座轴承	开裂	更换轴承			√	
54	支座轴承	损坏	破裂，更换轴承		√		
55	支座轴承	损坏	破裂，造成重大事故	√			
56	吊钩	损坏	更换吊钩			√	
57	吊钩	断裂	造成重大事故	√			
58	吊钩	断裂	未造成重大事故		√		
59	吊钩	损伤	严重磨损，更换吊钩			√	
60	压绳器	开裂	焊缝开裂，补焊修复			√	
61	压绳器	失效	压绳器不起作用，调整				√
62	压绳器	失效	压绳器失效，更换压绳器			√	
63	钢丝绳	工作异常	磨损过快，更换钢丝绳			√	
64	钢丝绳	工作异常	钢丝绳出槽或严重打卷，调整				√
65	钢丝绳	断裂	造成重大事故	√			
66	钢丝绳	断裂	未造成重大事故		√		
67	钢丝绳	断裂	不正常断股，更换钢丝绳			√	
68	绳端紧固	失效	未造成重大事故		√		
69	滑轮	工作异常	滑轮轴定位件松动，左右摆动				√
70	滑轮	工作异常	缺油，转动不良				√
71	滑轮	工作异常	滑轮槽磨损不均匀，偏载作业，调整				√
72	滑轮	损坏	更换滑轮			√	
73	滑轮	破碎	未造成重大事故		√		
74	滑轮轴	断裂	未造成重大事故		√		
75	滑轮轴	损坏	更换滑轮轴			√	

表 E.4(续)

序号	零部件名称	故障模式	故 障 情 况	故障类别			
				致命	严重	一般	轻微
76	壳体	漏油	铸造缺陷引起漏油,修补			√	
77	壳体	漏油	结合面漏油,可修复使用			√	
78	壳体	开裂	有裂纹,更换壳体			√	
79	油堵	漏油	更换油封或油堵				√
80	油堵	损坏	更换油堵				√
81	紧固螺栓	损坏	更换螺栓				√
82	紧固螺栓	断裂	更换螺栓			√	
83	紧固螺栓	脱落	重新安装				√
84	紧固螺栓	松动	紧固				√
六、回转机构							
1	回转支承	工作异常	严重影响作业,需拆检		√		
2	回转支承	工作异常	滚道表面有明显压痕,尚可使用			√	
3	回转支承	工作异常	滚道表面有裂纹,无手感,尚可使用			√	
4	回转支承	工作异常	滚道表面裂纹严重		√		
5	回转支承	工作异常	滚道表面有剥蚀,尚可使用			√	
6	回转支承	工作异常	滚道表面剥蚀严重		√		
7	回转支承	工作异常	滚柱、滚球表面有剥蚀,尚可使用				√
8	回转支承	工作异常	滚柱、滚球表面剥蚀严重			√	
9	回转支承	工作异常	滚柱、滚球表面有裂纹			√	
10	回转支承	工作异常	滚柱、滚球碎裂			√	
11	回转支承	失效	滚圈断裂,造成重大事故	√			
12	回转支承	失效	滚圈断裂,未造成重大事故		√		
13	密封条	失泖	更换密封条				√
14	密封条	损坏	更换密封条				√
15	密封条	断落	重新安装				√
16	密封条	断裂	更换			√	
17	转台	变形	局部变形,尚可使用				√
18	转台	变形	主受力板严重变形,未造成重大事故		√		
19	转台	变形	主受力板严重变形,造成重大事故	√			
20	转台	开裂	主受力焊缝开裂,未造成重大事故		√		
21	转台	开裂	主受力焊缝开裂,造成重大事故	√			
22	转台	开裂	一般部位焊缝开裂,补焊			√	

表 E.4(续)

序号	零部件名称	故障模式	故障情况	故障类别			
				致命	严重	一般	轻微
七、上车电气系统							
1	高度限位器	损坏	修复或更换			√	
2	报警装置	失灵	造成严重事故		√		
3	报警装置	失灵	未造成严重事故			√	
4	报警装置	损坏	修复或更换			√	
3	报警装置	失灵	未造成严重事故			√	
4	报警装置	损坏	修复或更换			√	
5	力限器	损坏	修复或更换			√	
6	力限器	失灵	未造成严重事故			√	
7	力限器	失灵	造成严重事故		√		
8	幅度指示器	失灵	指针动作不灵活,修复			√	
9	幅度指示器	失效	造成严重事故		√		
10	幅度指示器	失效	未造成严重事故			√	
11	水平仪	失效	更换水平仪			√	
12	水平仪	失效	安装紧固松动				√
13	起动机	工作异常	起动机接线松动,紧固				√
14	起动机	工作异常	起动机断线,修复			√	
15	起动机	工作异常	电刷与滑环接触不良,调整修复				√
16	起动机	工作异常	电滑环接线不良			√	
17	起动机	工作异常	起动开关接触不良			√	
18	起动机	工作异常	起动开关失效,更换开关			√	
19	起动机	失效	更换起动机			√	
20	电源指示灯	失效	更换			√	
21	电源指示灯	工作异常	接触不良或断线				√
22	滤油指示灯	工作异常	接触不良				√
23	滤油指示灯	工作异常	保险丝断				√
24	滤油指示灯	失效	更换			√	
25	起重臂灯	失效	更换			√	
26	起重臂灯	工作异常	接触不良				√
27	起重臂灯	工作异常	保险丝断				√
28	起升制动控制器	工作异常	保险丝断或接线松动				√
29	起升制动控制器	工作异常	行程开关接触不良				√
30	起升制动控制器	工作异常	电磁阀失效			√	

表 E.4（续）

序号	零部件名称	故障模式	故 障 情 况	故障类别			
				致命	严重	一般	轻微
31	转台工作灯	工作异常	保险丝断或接线松动				√
32	转台工作灯	工作异常	接触不良				√
33	转台工作灯	失效	更换			√	
34	操纵室照明灯	失效	更换			√	
35	操纵室照明灯	工作异常	保险丝断				√
36	操纵室照明灯	工作异常	接线松动或接触不良				√
37	电风扇	工作异常	保险丝断				√
38	电风扇	工作异常	接线松动或接触不良				√
39	电风扇	损坏	修复或更换			√	
40	电喇叭	损坏	修复或更换			√	
41	电喇叭	工作异常	保险丝断				√
42	电喇叭	工作异常	接线松动或接触不良				√
43	限位控制器	工作异常	电磁阀失效			√	
44	限位控制器	失灵	造成严重事故		√		
45	限位控制器	失灵	未造成严重事故			√	
46	雨刷器	工作异常	调整				√
47	雨刷器	损坏	更换			√	
八、其他装置							
1	取力器	漏油	结合面紧固件松动				√
2	取力器	漏油	结合面密封垫损坏			√	
3	取力器	漏油	端盖及轴端紧固件松动				√
4	取力器	漏油	端盖及轴端密封件损坏			√	
5	取力器	漏油	内部密封失效			√	
6	取力器	开裂	壳体裂纹，修复			√	
7	取力器	开裂	壳体断裂，更换总成		√		
8	取力器	开裂	挂齿拔叉断裂，更换拔叉			√	
9	取力器	损坏	弹簧损坏，更换弹簧			√	
10	取力器	失灵	挂不上，脱不开，调整			√	
11	取力器	失灵	传动键或槽损坏		√		
12	取力器	失灵	轴承等零件损坏		√		
13	取力器	失灵	齿轮等零件损坏		√		
14	挂齿油缸	漏油	结合面紧固件松动				√
15	挂齿油缸	漏油	结合面密封垫损坏				√

表 E.4（续）

序号	零部件名称	故障模式	故障情况	故障类别			
				致命	严重	一般	轻微
16	操纵室	松动	紧固件松动				√
17	操纵室	变形	连接件变形				√
18	操纵室	变形	连接件严重变形			√	
19	操纵室	开裂	连接件或操纵室板件有裂纹			√	
20	操纵室	开裂	连接件或板件断裂		√		
21	标牌	脱落	标牌脱落,重新安装				√
22	玻璃	脱落	玻璃脱落,重新安装			√	
23	门窗	脱落	门窗脱落,重新安装			√	
24	座椅	松动	紧固排除				√
25	座椅	断裂	更换座椅			√	
26	座椅	损坏	修复			√	
27	门锁	失灵	锁不住,开不开			√	
28	门锁	损坏	修复				√
29	高度限位器	失灵	造成严重事故		√		
30	高度限位器	失灵	未造成严重事故			√	

E.8 变型起重机的作业可靠性试验方法

同种吨位变型起重机的作业可靠性试验循环次数见表 E.5。

变型产品的作业可靠性期间如果未发现 0 类至 2 类的故障,则可靠性指标可引用原试验报告的数据。

表 E.5 变型产品可靠性循环次数

序号	变型内容	循环次数
1	更换底盘	表 E.1 各工况的 1/3
2	更换臂架。截面形式改变	按表 E.1 重新做
3	臂架节数增加	按表 E.1 各工况的 1/2
4	臂架节数减少	按表 E.1 各工况的 1/3
5	更换发动机、马达、泵等其他总成	按表 E.1 序 1 工况的 1/2

附　录　F
（规范性附录）
行驶可靠性试验方法

F.1　试验道路

F.1.1　平原公路

路面平整度为C级或C级以上的平原微丘公路，最大坡度小于5%，路面宽阔平直，视野良好，起重机能持续以较高车速行驶距离大于50 km。

F.1.2　山路

平均坡度大于4%，最大坡度不小于15%，连续坡长大于3 km。

F.1.3　坏路

路基坚实，路面凹凸不平的道路。有明显的搓板波、鱼鳞坑等。路面不平度为E级或E级以下，起重机在这种路面上行驶时，应受到较强的振动和扭曲负荷，但不应有太大的冲击。

F.1.4　无路地段

很少有车辆行驶的荒野地区，例如：砂地、耕地、草地、水滩、冰雪地或坦克行走后而形成的土路等。

F.2　行驶可靠性试验里程和道路里程分配

行驶可靠性试验里程为5 000 km，各种道路里程分配见表F.1。

表F.1　各种道路里程分配

单位为千米

道路类型		里程分配
平原公路	高速行驶	1 000
	常规行驶	1 000
山路		1 000
坏路		1 000
无路地段		1 000

F.3　行驶要求

试验起重机的行驶要求如下：

a)　在确保起重机安全的情况下，以尽可能高的车速行驶。合理选择挡位，但不能脱挡滑行。100 km以内至少有两次原地起步连续换挡以及一次倒挡行驶200 m；

b)　夜间行驶的里程不得少于总里程的3%。

F.4 维护保养与检查

试验起重机的底盘应按产品使用说明书进行保养。

试验期间应检查以下项目：

a) 吊钩的固定状况和各部分的紧固状态；

b) 各总成工作的声音、温度；

c) 结构件以及传动系零件是否损坏或产生裂纹、永久变形；

d) 转向系有无摆动、跑偏、不稳定、突然沉重或松旷等现象；

e) 制动效能有无恶化、跑偏、卡死、气阴或过早抱死等现象；

f) 轮胎气压是否正常、外胎有无明显的裂口或伤痕；

g) 仪表、照明、刮水器等工作是否正常；

h) 稳定器的磨损情况等。

F.5 故障的处理

试验期间严禁带故障运行。经过分析，已判明损坏原因时，应根据试验结果，改进零件后，再继续投入试验。根据损坏的性质，决定是否重新进行全程试验。

F.6 试验记录

试验期间，应严格填写行驶记录，认真记录保养情况、故障与损坏原因、排除情况及采取的措施，对起重机行驶性能、保养方便性等各种意见。试验记录还可采用拍照或录像等形式。

F.7 性能复试

在可靠性行驶结束后，要进行相应的性能测试，确定是否达到设计要求及其稳定程度。

检测内容(可按试验类别，根据试验规程的规定有所增减)：

a) 动力性；

b) 燃料经济性；

c) 安全环保性；

d) 操纵稳定性；

e) 平顺性；

f) 密封性。

F.8 样机的拆检

试验结束后，为检查各总成内部结构的磨损及其他异常现象，应按相应试验规程的规定对主要总成(包括发动机、离合器、变速器、转向器、驱动桥等)进行部分或全部拆检。

检验的主要内容可参照 GB/T 12678—1990 表 1 中所列项目，也可视具体情况由检验单位另外规定拆检项目。

F.9 试验数据处理及评价指标的计算

F.9.1 行驶工况统计

定期统计各种试验道路情况：实际行驶里程、平均技术车速、燃油消耗量、变速器各排挡使用次数及里程或时间的百分率、制动次数和时间等。

F.9.2 故障统计

所有故障按依次发现故障的里程顺序，以“基本故障”、“从属故障”记录，但从属故障不计入故障数据。

F.9.3 故障的分类

按 QC/T 900—1997 的附录 F 及表 G2 进行分类，分为致命故障（1 类）、严重故障（2 类）、一般故障（3 类）、轻微故障（4 类）。

F.9.4 可靠性评价指标及其计算方法

F.9.4.1 首次故障前里程（TTFF）只计 2、3 类故障。当被试底盘出现 1 类故障即判定该底盘不合格而停止试验。

F.9.4.2 平均故障间隔里程（MTDF）按式（F.1）计算：

$$\mathrm{MTDF}=S/r \qquad\cdots\cdots\cdots\cdots(\mathrm{F.1})$$

式中：

MTDF ——平均故障间隔里程，单位为千米（km）；

r ——S 里程内发生的 2、3 类故障总数；对 5 次 4 类故障可折算成 1 次 3 类故障；

S ——总试验里程，单位为千米（km）。

F.9.4.3 千公里维修时间按式（F.2）计算：

$$M_{\mathrm{Tm}}=1\,000(T_{\mathrm{Rm}}+T_{\mathrm{Pm}})/S \qquad\cdots\cdots\cdots\cdots(\mathrm{F.2})$$

式中：

M_{Tm}——千公里维修时间，单位为小时每千公里（h/1 000 km）；

T_{Rm} ——S 里程内故障后维修时间总和，单位为小时（h）；

T_{Pm} ——S 里程内日常正常保养时间总和，单位为小时（h）。

F.9.4.4 有效度按式（F.3）计算：

$$A=S/(S+S_{\mathrm{D}})100\% \qquad\cdots\cdots\cdots\cdots(\mathrm{F.3})$$

式中：

A ——有效度；

S_{D} ——维修停驶里程，单位为千米（km）。按式（F.4）计算：

$$S_{\mathrm{D}}=v_{\mathrm{a}}M_{\mathrm{Tm}}S/1\,000 \qquad\cdots\cdots\cdots\cdots(\mathrm{F.4})$$

式中：

v_{a}——平均车速，单位为千米每小时（km/h）。按式（F.5）计算：

$$v_{\mathrm{a}}=S/(T_{\mathrm{Sm}}+T_{\mathrm{Rm}}+T_{\mathrm{Pm}}) \qquad\cdots\cdots\cdots\cdots(\mathrm{F.5})$$

式中：

T_{Sm}——S 里程内行驶时间总和，单位为小时（h）。

参 考 文 献

［1］ GB/T 12678—1990 汽车可靠性行驶试验方法
［2］ QC/T 900—1997 汽车整车产品质量检验评定方法

ICS 53.020.20
J 80

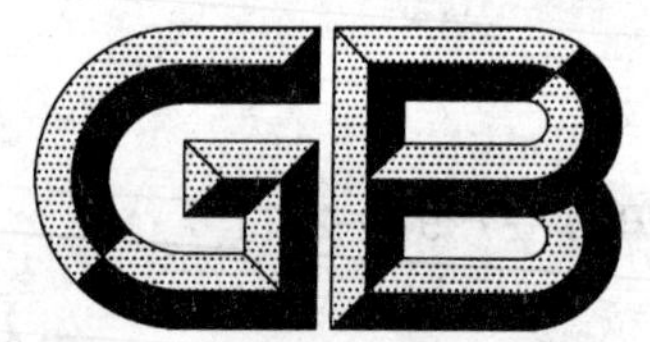

中华人民共和国国家标准

GB/T 27997—2011

造船门式起重机

Shipbuilding gantry crane

2011-12-30 发布

2012-07-01 实施

中华人民共和国国家质量监督检验检疫总局
中国国家标准化管理委员会 发布

前　言

本标准按照 GB/T 1.1—2009 给出的规则起草。

本标准由中国机械工业联合会提出。

本标准由全国起重机械标准化技术委员会(SAC/TC 227)归口。

本标准负责起草单位:中船第九设计研究院工程有限公司、北京起重运输机械设计研究院、国家起重运输机械质量监督检验中心。

本标准参加起草单位:江苏象王起重机有限公司、大连博瑞重工有限公司、江苏华澄重工有限公司、南通中远船舶钢结构有限公司、上海豪力起重机械有限公司、江西华伍制动器股份有限公司、武汉港迪电气有限公司。

本标准主要起草人:姜乃锋、黄之涛、路建湖、林夫奎、翟虎道、刘元利、葛明、黄元龙、谢翀、董元跃、刘会议、吴艳青、陆崎、茅金龙、聂春华、马承祖、王功勇。

造船门式起重机

1 范围

本标准规定了具有上、下小车，额定起重量为100 t～2 500 t、跨度不小于40 m的造船门式起重机的术语和定义、型式与基本参数、技术要求、试验方法、检测规则及标志、包装、运输、贮存。

本标准适用于在船厂的船坞、船台、平台，作为船体分段吊装及翻身作业的造船门式起重机(以下简称起重机)。

其他型式和规格的造船门式起重机可参照使用

2 规范性引用文件

下列文件对于本文件的应用是必不可少的。凡是注日期的引用文件，仅注日期的版本适用于本文件。凡是不注日期的引用文件，其最新版本(包括所有的修改单)适用于本文件。

GB 755—2008 旋转电机 定额和性能

GB/T 1228 钢结构用高强度大六角头螺栓

GB/T 1229 钢结构用高强度大六角螺母

GB/T 1230 钢结构用高强度垫圈

GB/T 1231 钢结构用高强度大六角头螺栓、大六角螺母、垫圈 技术条件

GB 2893 安全色

GB/T 3323 金属熔化焊焊接接头射线照相

GB/T 3811—2008 起重机设计规范

GB 4208 外壳防护等级(IP代码)

GB 5226.2 机械安全 机械电气设备 第32部分：起重机械技术条件

GB/T 5905—2011 起重机 试验规范和程序

GB/T 5972 起重机 钢丝绳 保养、维护、安装、检验和报废

GB 6067.1—2010 起重机械安全规程 第1部分：总则

GB/T 6974.1 起重机 术语 第1部分：通用术语

GB/T 6974.5 起重机 术语 第5部分：桥式和门式起重机

GB 8918 重要用途钢丝绳

GB/T 8923 涂装前钢材表面锈蚀等级和除锈等级

GB/T 9286 色漆和清漆 漆膜的划格试验

GB/T 10051(所有部分) 起重吊钩

GB/T 10095(所有部分) 渐开线圆柱齿轮 精度

GB/T 10183.1—2010 起重机 车轮及大车和小车轨道公差 第1部分：总则

GB 12602 起重机械超载保护装置

GB/T 13306 标牌

GB/T 13384 机电产品包装通用技术条件

GB 14048.1—2006 低压开关设备和控制设备 第1部分 总则

GB/T 14406—2011 通用门式起重机

GB 15052 起重机 安全标志和危险图形符号 总则

GB/T 17908—1999 起重机和起重机械 技术性能和验收文件

GB/T 19418 钢的弧焊接头 缺陷质量分级指南

GB/T 20303.1 起重机 司机室 第1部分:总则

GB/T 20303.5 起重机 司机室 第5部分:桥式和门式起重机

GB/T 21972.1 起重及冶金用变频调速三相异步电动机技术条件 第1部分:YZP系列起重及冶金用变频调速三相异步电动机

GB/T 22414 起重机 速度和时间参数的测量

GB/T 24809.5 起重机 对机构的要求 第5部分:桥式和门式起重机

JB/T 6392 起重机车轮

JB/T 6406 电力液压鼓式制动器

JB/T 7017 起重机用液压缓冲器

JB/T 7019 盘式制动器 制动盘

JB/T 7020 电力液压盘式制动器

JB/T 7685 电磁鼓式制动器

JB/T 8905.1 起重机用三支点减速器

JB/T 8905.2 起重机用底座式减速器

JB/T 8905.3 起重机用立式减速器

JB/T 8905.4 起重机用套装减速器

JB/T 9003 起重机用三合一减速器

JB/T 10559 起重机械无损检测 钢焊缝超声检测

JB/T 10816 起重机用底座式硬齿面减速器

JB/T 10817 起重机用三支点硬齿面减速器

JB/T 10833 起重机用聚氨酯缓冲器

JGJ 82 钢结构高强度螺栓连接的设计、施工及验收规程

ISO 11629 起重机 起重机及其部件质量的测量

3 术语和定义

GB/T 6974.1、GB/T 6974.5界定的以及下列术语和定义适用于本文件。

3.1

上小车 upper trolley

在两小车相互穿越运行时,位于上面的起重小车。

3.2

下小车 lower trolley

在两小车相互穿越运行时,位于下面的起重小车。

3.3

吊重差 load difference

上小车两个吊钩起升载荷的差值。

3.4

额定翻身起重量　rated capacity of turn over

起重机上、下小车将被吊物品在空中进行翻身时，吊钩以下被吊物品的最大质量。

3.5

抬吊　lift simultaneously

上、下小车同时吊运同一件物品的方式。

3.6

上、下小车吊钩的距离　distance between upper and lower trolley hooks

上、下小车吊钩之间沿主梁纵向的水平距离。

3.7

额定起重量　rated capacity

起重机的额定起重量是指起重机吊钩以下或者不可拆卸的固定式吊具以下所允许吊起一件物品的最大质量。

3.8

垂直静挠度　vertical deflection of beam

下述两种工况中的大值：

——上、下小车在主梁跨中，上小车起吊额定翻身起重量时，主梁跨中产生的最大垂直位移。

——上、下小车抬吊额定起重量时，主梁产生的最大垂直位移。

4　型式与基本参数

4.1　型式

起重机按构造分为：

a)　双梁造船门式起重机(见图 1)；

b)　单梁造船门式起重机(见图 2)。

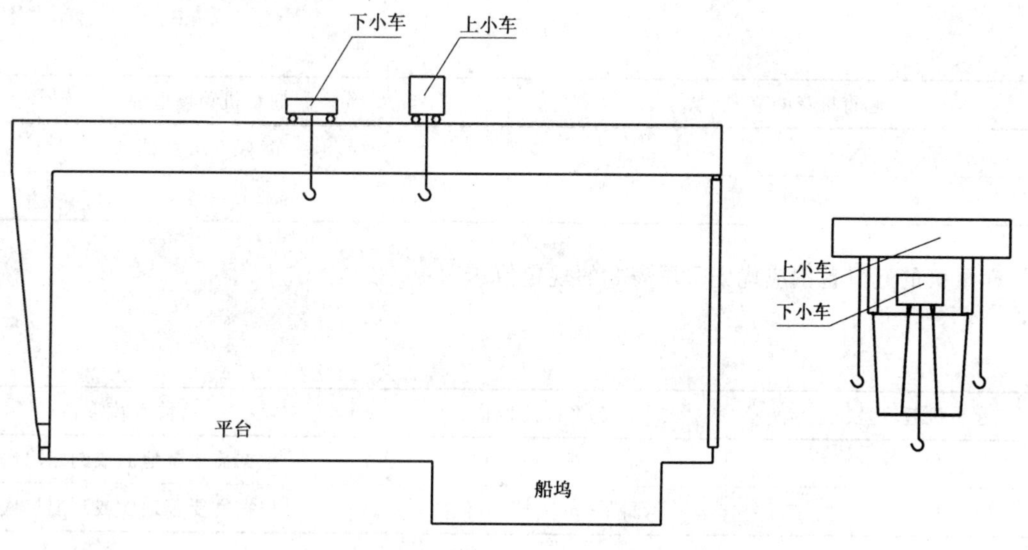

图 1

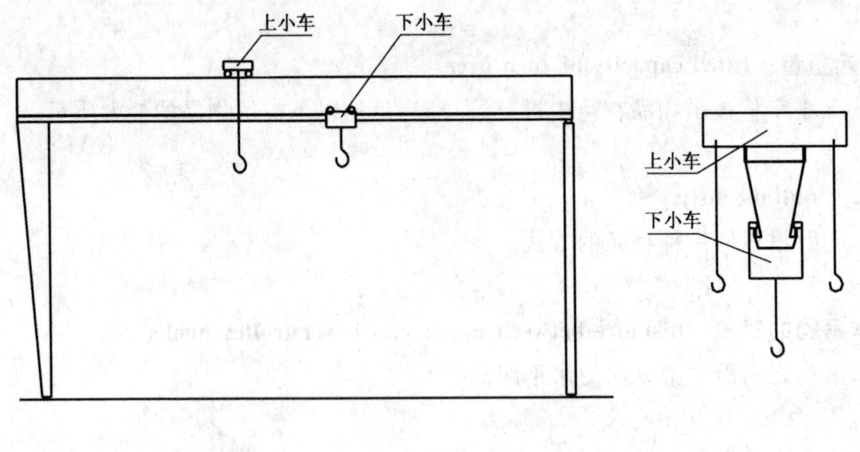

图 2

4.2 基本参数

4.2.1 按 GB/T 3811 的规定，起重机整机的工作级别，推荐为 A2～A4。

4.2.2 起重机应优先采用表 1 所规定的额定起重量(代号 Gn)系列。

表 1

单位为吨

额定起重量系列		
起重机		100,125,160,200,250,320,400,500,630,700,800,900,1 000,1 250,1 400,1 600,1 800,2 000,2 500
上小车	双钩	50＋50,63＋63,80＋80,100＋100,125＋125,160＋160,200＋200,250＋250,320＋320,350＋350,400＋400,450＋450,500＋500,630＋630,700＋700,800＋800,900＋900,1 000＋1 000,1 250＋1 250
下小车	主钩	50,63,80,100,125,160,200,250,320,350,400,450,500,630,700,800,900,1 000,1 250

4.2.3 起重机的跨度应优先采用表 2 的规定值。

表 2

单位为米

起重机跨度范围	起重机跨度取值
40～100	每隔 5 m 一档
＞100	每隔 2 m 一档，取偶数

4.2.4 起重机的起升范围应优先采用表 3 的规定值。

表 3

单位为米

起重机起升范围	起升高度取值	下降深度取值
40～70	每隔 5 m 一档	根据需要至地面或到船坞底板
＞70	每隔 2 m 一档，取偶数	根据需要至地面或到船坞底板

4.2.5 门架净空高度应优先采用表 4 的规定值。起重机下面有其他起重机通过时，应保证其他起重机能够安全通过。

表 4

单位为米

门架净空高度范围	门架净空高度取值
40～70	每隔 5 m 一档
＞70	每隔 2 m 一档，取偶数

4.2.6 起重机及上、下小车各机构额定工作速度(单位：m/min)的名义值宜在下列数系中选取：

a) 2.0，2.5，3.2，4.0，5.0，6.3，8.0，10，12.5；16，20，25，32，40。

b) 采用变频调速的起重机，其起升速度推荐采用表 5 所规定的数值。

表 5

起重量 t	起升速度(额定起重量时) m/min	起升速度(40%额定起重量时) m/min
50	6.3～10	12.5～20
63	6.3～10	12.5～20
80	6.3～10	12.5～20
100	5～8	10～16
125	5～8	10～16
160	5～8	10～16
200	4～6.3	8～12.5
250	4～6.3	8～12.5
320	3.2～5	6.3～10
350	3.2～5	6.3～10
400	3.2～5	6.3～10
450	3.2～5	6.3～10
500	3.2～5	6.3～10
550	2.5～3.2	5～6.3
630	2～3.2	4～6.3
700	2～3.2	4～6.3

c) 采用变频调速的起重机，其额定运行速度不宜超过 32 m/min，一般取 20 m/min～32 m/min；空载、风速小于 10 m/s 时，其最高运行速度取 32 m/min～40 m/min。具体值的大小与起重量、工作级别及额定行程有关，一般起重量大取小值，工作级别高、额定行程长取大值。

注：用户要求与上述范围不一致时，由用户与制造商协商解决。

5 技术要求

5.1 工作条件

5.1.1 起重机的供电电源为三相交流，频率为 50 Hz 或 60 Hz，电压宜为 10 kV 或 6 kV(根据需要也可用 380 V 或 440 V)。在正常工作条件下，供电系统在起重机馈电线接入处的电压波动不应超过额定值的±10%；在380 V或440 V电缆卷筒供电情况下，上述电压波动值应在−7%～+10%范围内。起重机内部电压损失应符合GB/T 3811—2008中7.8.4.2的规定。

5.1.2 起重机轨道安装的构造公差应符合GB/T 10183.1—2010表2中的2级公差及表6钢轨接头构造公差的规定。宜采用焊接轨道，运行轨道的坡度不应大于1/1 000。

5.1.3 起重机运行轨道的接地电阻值不应大于4 Ω。

5.1.4 起重机工作时的气候条件应满足以下规定：

a) 起重机工作时的环境温度宜在−25 ℃～40 ℃的范围内，24 h内的平均温度不应超过35 ℃；
b) 环境温度不超过+25 ℃时的相对湿度允许短时高达100%；
c) 工作状态风压不应大于250 Pa(相当于计算风速20 m/s)；
d) 非工作状态的最大风压取为1 000 Pa(相当于计算风速40 m/s)。也可根据当地气象资料提供的离地10 m高处50年一遇10 min时距的平均最大风速换算得到3 s时距的平均瞬时风速，来计算非工作状态的最大风压；
e) 沿海地区非工作状态的抗风防滑系统、锚定装置和锚固装置的设计，所用的计算风速不应小于55 m/s。

5.1.5 电动机的运行条件应符合GB 755—2008中第6章和第7章的规定。

5.1.6 电器的正常使用、安装和运行条件应符合GB 14048.1—2006中第6章的规定。

注：超过上述规定条件时，由用户与制造商协商解决。

5.2 基本要求

5.2.1 起重机按合同约定功能需要所设置的各种机构及其布局、机构的部件构造和功能，应符合GB/T 24809.5的要求。起重机的设计、制造还应符合GB 6067.1、GB/T 3811和本标准的有关规定。

5.2.2 起重机电气设备应符合GB 5226.2和本标准的规定。电气传动系统、电气控制系统所涉及的元器件选用、布置以及导线敷设、辅助设施也均应符合GB/T 3811—2008第7章的规定。

5.3 使用性能

5.3.1 起重机的起重能力应能达到额定翻身起重量和额定起重量。

5.3.2 起重机使用的有关参数，应符合4.2及用户在订货合同中提出的要求。上小车两吊钩间的吊重差不宜超过上小车单钩额定起重量的30%，下小车的额定起重量宜定为额定翻身起重量的0.55倍～0.6倍，或额定起重量的0.5倍～0.55倍。

5.3.3 起升机构应采用先电气制动，然后机械制动的方式。

5.3.4 起重机上、下小车的操纵应是既可联动，也可单独开动。

5.3.5 起重机主梁的垂直静挠度不应大于S/750（S为起重机跨度）。

5.3.6 起重机的动态刚性一般不作要求。若用户有此要求时，供需双方协商后在合同中约定。

5.3.7 起重机作静载试验时，应能承受6.9.3.2规定的试验载荷。试验后进行目测检查，各受力金属结构件应无裂纹、永久变形、无油漆剥落或对起重机的性能与安全有影响的损坏，各连接处也应无松动或损坏。

5.3.8 起重机作动载试验时，试验载荷应能承受6.9.3.3规定的试验载荷。试验过程中各机构和制动器应能完成其功能，并在其随后的目测检查中不应发现机构或结构件有损坏，各连接处不应出现松动或损坏。

5.3.9 起重机运行速度和小车运行速度的允许偏差为设计值的±5%，起升速度的允许偏差为设计值的±2%。

5.3.10 起重机的起升高度和下降深度不应小于名义值的98%。

5.3.11 吊钩左右极限位置的允许偏差为正偏差，数值为200 mm。

5.4 安全、防护

5.4.1 基本要求

起重机的安全与防护应符合 GB 6067.1、GB/T 3811—2008 第 9 章和本标准的规定。

5.4.2 起升机构

5.4.2.1 制动器应是常闭式的。制动力矩的选择应符合 GB/T 3811 的规定。

5.4.2.2 起重机应安装起重量限制器。起重量限制器应符合 GB 12602 的规定。

5.4.2.3 应设起升减速、停止和超限三级上、下高度限位器,当吊钩上升到设计规定的极限位置时,应能自动切断上升方向的电源,此时在卷筒上应保留至少一圈空绳槽;当吊钩下降到设计规定的极限位置时,应能自动切断下降方向的电源,此时钢丝绳在卷筒上的缠绕,除不计固定钢丝绳的圈数外,至少应保留两圈。

5.4.2.4 钢丝绳的选择应符合 GB/T 3811—2008 中表 44 对安全系数的要求,钢丝绳的保养、维护、安装、检验和报废应按 GB/T 5972 的规定进行。

5.4.2.5 当起升机构采用多层缠绕时,应采取有效措施保证钢丝绳有序缠绕。

5.4.2.6 钢丝绳的绳端固定和连接应牢固、可靠、便于检查和维修,并符合 GB 6067.1—2010 中 4.2.1.5 的规定。

5.4.3 运行机构

5.4.3.1 起重机运行机构和小车运行机构均应设置停止和超限两级行程限位器和缓冲器。有调速时,设减速、停止和超限三级行程限位器和缓冲器。

5.4.3.2 起重机运行机构应设扫轨板和声、光报警装置。

5.4.3.3 同一条轨道上或同一运行方向有两台或多台起重机或多台小车有相碰撞的可能时,相互间应设防碰撞装置和报警装置。

5.4.3.4 上小车应设置防倾翻装置。

5.4.3.5 应对上、下小车进行抗风校核,必要时设置锚定等安全防护装置。

5.4.3.6 当两台起重机或小车作业有距离要求时,应设测距装置。

5.4.3.7 起重机应设工作状态下的抗风防滑装置(如夹轨器、轮边制动器等),并设有非工作状态下的锚定装置或其他抗风防滑装置等,必要时,应设置锚固装置。

5.4.3.8 起重机至少应安装一套机械运行偏斜限制器和一套自动纠偏装置。

5.4.4 司机室

起重机司机室除应符合 GB/T 20303.1 和 GB/T 20303.5 的规定外,还应满足如下要求:

a) 司机室地板应用防滑的、非金属、绝缘、阻燃材料覆盖;
b) 司机室应安装门锁、灭火器、烟雾报警器和通讯装置;
c) 司机室的玻璃离地板高度不到 1 m 时,玻璃应做成不可打开的,并用栏杆加以防护,防护栏杆的高度不应低于 1 m;
d) 吊具或钢丝绳至司机室外廓的距离不应小于 0.4 m。

5.4.5 通道、平台、栏杆和梯子

起重机的通道、平台、栏杆及登机门应满足以下要求:

a) 起重机通道、平台、栏杆和梯子的设置应满足 GB 6067.1—2010 中 3.6～3.8 的规定;

b) 起重机宜设供人员上下的电动通道；

c) 起重机应设带门禁装置的登机门，门禁装置应与司机室连通。

5.4.6 电气保护和联锁限位保护

5.4.6.1 电气保护

5.4.6.1.1 电动机应具有过电流保护、内设热传感元件保护，热过载保护这三种保护中的一种或一种以上的保护功能。

5.4.6.1.2 所有外部线路都应有短路和接地保护。

5.4.6.1.3 应设错相和缺相保护。

5.4.6.1.4 起重机各机构应设有零位保护。

5.4.6.1.5 起重机应设有失压或欠压保护。

5.4.6.1.6 电控调速的起升机构应设超速保护。

5.4.6.1.7 起重机联动控制台、电气房、上小车房、下小车房及起重机刚、柔支腿的易于操作位置应设急停按钮。

5.4.6.1.8 上、下小车靠刚、柔性支腿侧应设置有防被吊物品碰撞的装置。

5.4.6.1.9 起重机应装设避雷保护。

5.4.6.2 电磁兼容

5.4.6.2.1 变频电源进线侧需配进线滤波器。

5.4.6.2.2 变频器输出至电动机的电源侧，应按负载的电压等级、总的传输长度，按要求配置输出电抗器及采取其他措施，使装置对电网辐射产生的总谐波不超过5%，同时能满足电机的绝缘要求。

5.4.6.2.3 装置内工控机、PLC输出侧应有足够措施，使其具有抗击外部干扰(电网进线)、内部干扰(变频电源、接触器、线间耦合等)的能力。

5.4.6.3 联锁保护

5.4.6.3.1 联动控制台操作主令应有零位自锁，其手柄的操纵方向宜与起重机和各机构的运行方向一致。

5.4.6.3.2 上、下小车设有锚定装置时，应有运行联锁保护。

5.4.6.3.3 起重机运行抗风防滑装置应与运行机构联锁。

5.4.6.3.4 起重机的刚、柔支腿间的行程偏差大于跨度的0.3%时，起重机应自动停止运行。

5.4.6.3.5 上、下小车抬吊有距离要求时，应有距离保护。

5.4.7 绝缘和接地

5.4.7.1 起重机电控设备中各电路的对地绝缘电阻值在一般环境中不应小于1.0 MΩ。

5.4.7.2 起重机与大地的接地采用接地滑线或其他可靠的接地方式。

5.4.7.3 起重机上所有电气设备正常不带电的金属外壳，金属线管、照明变压器低压侧的一端均应可靠接地。应采用专门设置的接地线，保证电气设备的可靠性。

5.4.7.4 严禁用接地线作为载流零线。

5.4.8 防护、警示和安全标志

5.4.8.1 起重机上外露的、有伤人可能的旋转零部件应设防护罩。

5.4.8.2 应在起重机的合适位置或工作区域设有明显可见的文字安全警示标志，如“起升物品下方严

禁站人”等。在起重机的危险部位，应有安全标志和危险图形符号。安全标志和危险图形符号应符合 GB 15052 和 GB 2893 的规定。

5.4.8.3　起重机应设置航空障碍灯。

5.4.8.4　风速仪应安装在起重机四周无遮挡处，风速等数据应在司机室内显示，当风力大于工作状态的计算风速设定值时，应能发出报警信号。

5.4.9　噪声

起重机工作时，在司机座位处测量(门窗关闭条件下)的噪声不应大于 85 dB (A)。

5.5　主要零部件

5.5.1　电动机

优先选用符合 GB/T 21972.1 的变频电动机，也可选用符合其他标准的电动机。

5.5.2　钢丝绳

应采用符合 GB 8918 中规定的钢丝绳。

5.5.3　制动器

应优先选用符合如下标准的制动器：JB/T 6406、JB/T 7019、JB/T 7020、JB/T 7685。

5.5.4　联轴器

联轴器的制动轮(盘)与制动器间不应产生相对浮动。

5.5.5　减速器和齿轮传动

应优先选用符合如下标准的减速器：JB/T 8905.1、JB/T 8905.2、JB/T 8905.3、JB/T 8905.4、JB/T 9003、JB/T 10816、JB/T 10817。

如用开式齿轮传动，齿轮副精度不应低于 GB/T 10095(所有部分)中规定的 9 级。当齿轮的线速度大于 2 m/min 时，齿轮副精度等级不应低于 GB/T 10095(所有部分)规定的 8 级。

5.5.6　滑轮和卷筒

选用的各种滑轮，应符合相应标准；

应优先选用钢板焊接卷筒。卷筒探伤要求应符合 GB 6067.1—2010 中 4.2.4.4 的规定。

5.5.7　吊钩

应优先选用符合 GB/T 10051(所有部分)规定的吊钩，不应采用铸造吊钩。

5.5.8　车轮

应优先选用符合 JB/T 6392 规定的车轮。

5.5.9　缓冲器

应优先选用符合 JB/T 7017、JB/T 10833 规定的缓冲器。

5.5.10　司机室

司机室应符合 GB/T 20303.1 和 GB/T 20303.5 的规定。

5.6 主要构件连接

5.6.1 焊接

5.6.1.1 焊缝外观检查不应有目测可见的裂纹、咬边、固体夹杂、未熔合和未焊透等缺陷。

5.6.1.2 主梁、刚性支腿、柔性支腿和平衡梁受拉区的翼缘板和腹板的对接焊缝表面质量应达到 GB/T 19418 中的 B 级；焊缝内部质量，射线检测时不应低于 GB/T 3323 中规定的质量等级Ⅱ；超声波检测时不应低于 JB/T 10559 中的 1 级。其他焊缝的内部质量，超声波检测时不应低于 JB/T 10559 中的Ⅱ级。

5.6.2 螺栓连接

5.6.2.1 采用钢结构用高强度大六角头螺栓进行构件间的连接时，其连接接头应符合 JGJ 82 的规定。所用螺栓、螺母、垫圈及其技术要求应分别符合 GB/T 1228、GB/T 1229、GB/T 1230、GB/T 1231 的规定。

5.6.2.2 螺栓和螺母拧紧后，其支承面应与被紧固零件贴合，螺栓末端应露出螺母端面至少 2 个螺距。

5.7 门架

5.7.1 主梁

5.7.1.1 静载试验后，主梁跨中的上拱度不应小于 1.0 S/1 000（S 为跨度），其最大上拱度不应影响小车的运行，且最大上拱度在跨中 S/10 的范围内。

5.7.1.2 以主梁下翼缘板测量的起重机跨度偏差不应大于 S/2 000，最大不应超过 50 mm。

5.7.1.3 主梁在水平方向的弯曲值，最大不应超过 20 mm。

5.7.1.4 主梁腹板的局部翘曲：以 1 000 mm 平尺检测，离上翼缘板 H/3 以内不应大于 0.7 t，其余区域不应大于 1.2 t，见图 3。

5.7.1.5 梯形箱形梁对角线尺寸偏差 $|D_1-D_2| \leqslant 5$ mm（见图 3）。

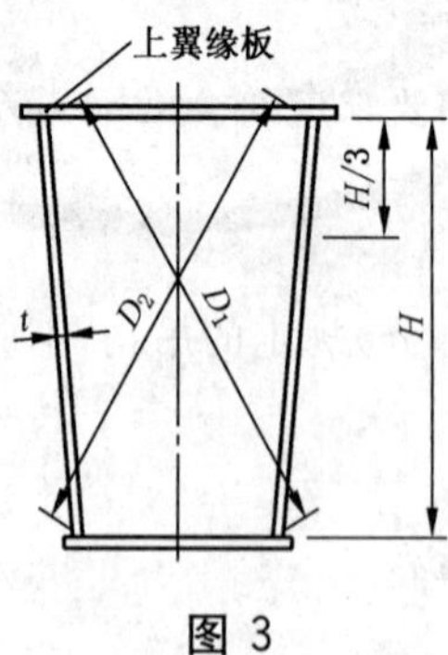

图 3

5.7.1.6 主梁上翼缘板雨后不应积水，宜设排水孔。

5.7.1.7 小车轨道一般宜用整根钢轨（将接头焊为一体），钢轨的接头应满足以下要求：

a) 接头处钢轨顶部的垂直错位值 H_F 和水平错位值 H_S 不应大于 1 mm，应将错位处以 1∶50 的斜度磨平（GB/T 10183.1—2010 中表 6），见图 4；

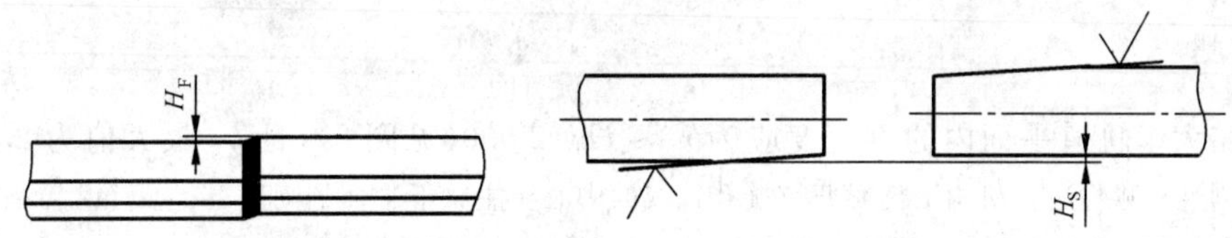

图 4

b) 连接后的钢轨顶部在水平面内的直线度 b，在任意 2 m 测量范围内不应大于 1 mm。即 GB/T 10183.1—2010 表 3 中 2 级公差，见图 5；

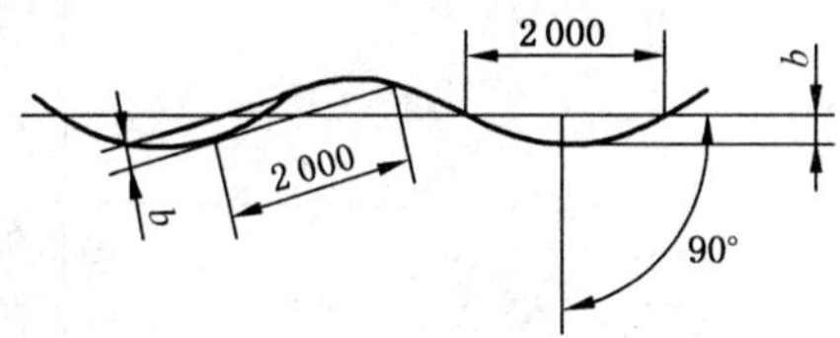

图 5

c) 小车钢轨上任一点处，轨道中心相对于梁腹板中心的位置偏差 K 不应大于 0.5 t_{min}（GB/T 10183.1—2010 表 3 中的 2 级公差），见图 6；

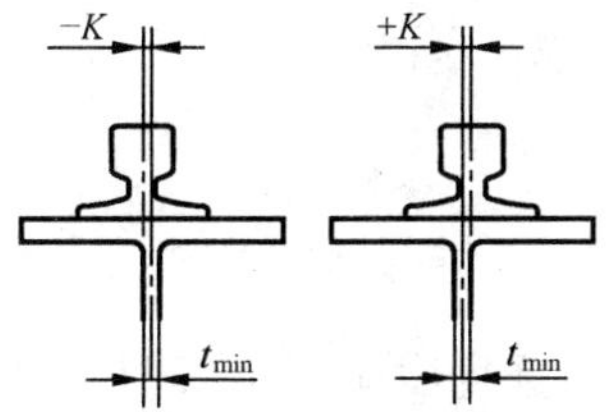

图 6

d) 小车轨道上任一点处，上、下小车轨道中心之间的轨距公差 A_1（A_2）不应大于 12.5 mm，见图 7；

e) 小车轨道上任一点处，在与之垂直的方向上，相对应的两轨道测点之间的高度差 E_1（E_2）不应大于 20 mm，见图 7；

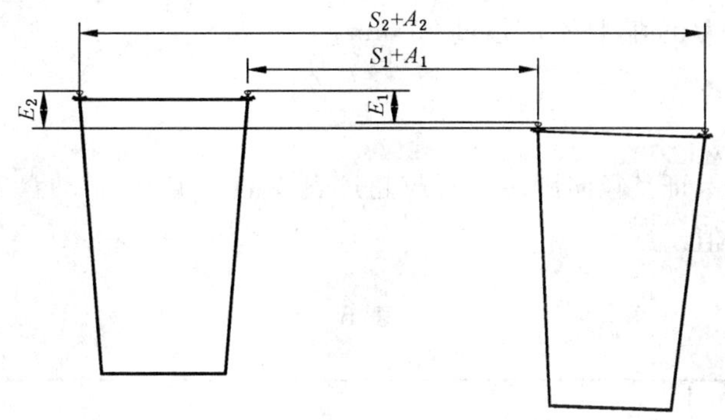

图 7

5.7.2 刚性支腿

刚性支腿在大车轨道平面内的垂直度应为 $h_1 \leqslant H_1/2\,000$(见图 8),且 h_1 最大值为 25 mm。

注 1:H_1 为刚性支腿与运行机构平衡梁两铰接孔连线的中心至主梁下平面的高度。

注 2:h_1 为刚性支腿下横梁中心与刚性支腿上口中心点的水平偏离量。

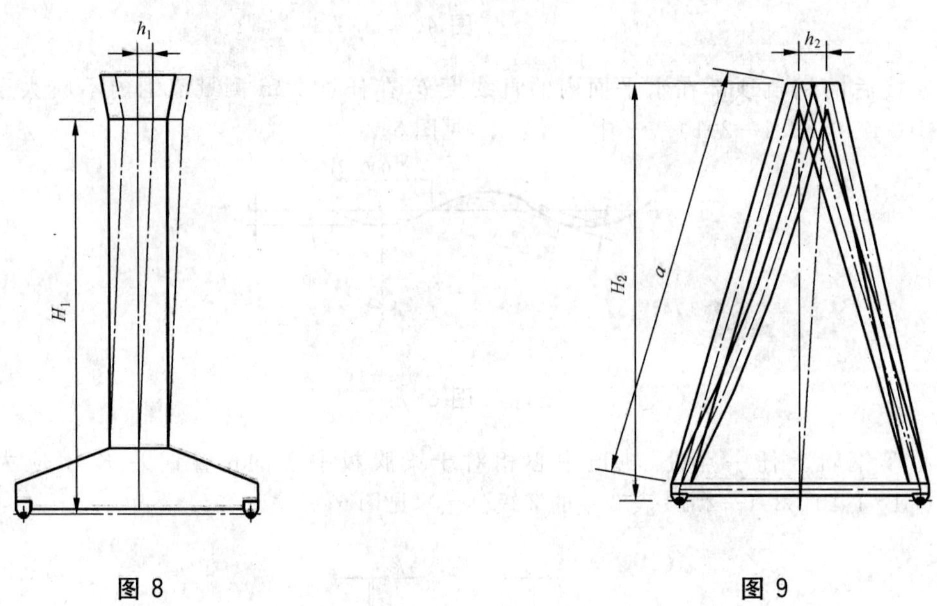

图 8　　图 9

5.7.3 柔性支腿

5.7.3.1 柔性支腿在大车轨道平面内的垂直度应为 $h_2 \leqslant H_2/2\,000$(见图 9),且 h_2 最大值为 25 mm。

注 1:H_2 为柔性支腿与运行机构平衡梁两铰接孔连线的中心至柔性支腿上平面的高度。

注 2:h_2 为柔性支腿下横梁中心与柔性支腿上口中心点的水平偏离量。

5.7.3.2 柔性支腿杆件的直线度 $\Delta L \leqslant 0.001\,a$,且 ΔL 最大为 20 mm。

5.7.4 刚、柔支腿的高度差

刚性支腿与柔性支腿的高度差不应超过 25 mm。

5.7.5 门架净空高度的偏差

门架净高度的偏差应为正值,且不应超过 25 mm。

5.8 装配

5.8.1 制动轮安装后,应保证其径向圆跳动不应超过表 6 的规定值;制动盘安装后,应保证其盘端面跳动不应超过表 7 的规定值。

表 6

制动轮直径 mm	≤250	>250~500	>500~800
径向跳动 μm	100	120	150

表 7

制动盘直径 mm	≤355	>355 ~500	>500 ~710	>710 ~1 250	>1 250 ~2 000	>2 000 ~3 150	>3 150 ~5 000	>5 000
端面跳动 μm	100	120	150	200	250	300	400	500

5.8.2 车轮安装后，应保证基准端面上的跳动不应超过表 8 的规定值。

表 8

车轮直径 mm	>250~500	>500~800	>800~900	900~1 000
端面跳动 μm	120	150	200	250

5.8.3 起重机和小车车轮在水平投影面内车轮轴线倾斜度 φ_t 应符合 GB/T 10183.1—2010 中表 4、表 5 规定的 2 级公差，见图 10。

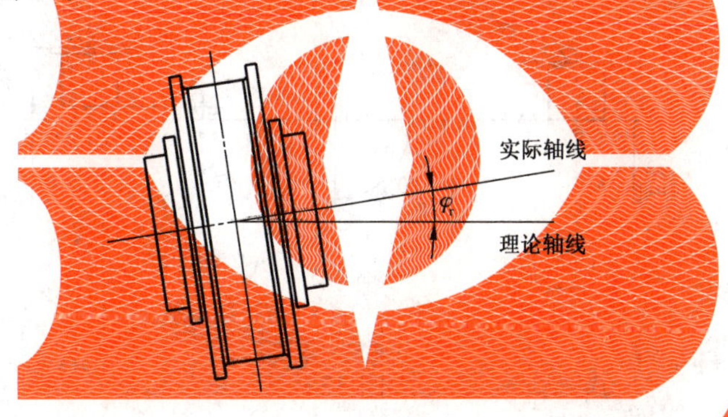

图 10

5.8.4 起重机和小车运行机构的车轮基距为 e（或 8 轮和 8 轮以上的最上层运行平衡架轴间水平距离为 e）时的公差 Δe(GB/T 10183.1—2010 中表 5、表 4 中的 2 级公差)，见图 11 。

小车和起重机：$e \leqslant 3$ m 时 $\Delta e = \pm 4$ mm；$e > 3$ m 时 $\Delta e = \pm 1.25e$ mm，e 单位为 m。

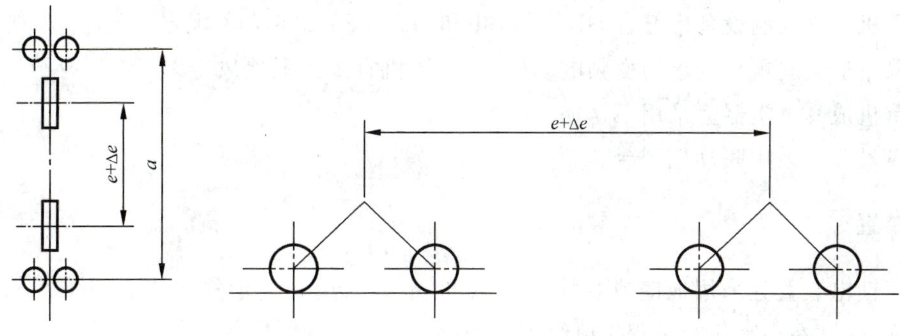

图 11

5.8.5 导向轮或带轮缘车轮水平偏斜 ΔF,应符合 GB/T 10183.1—2010 中表 5、表 4 规定的 2 级公差,见图 12 。

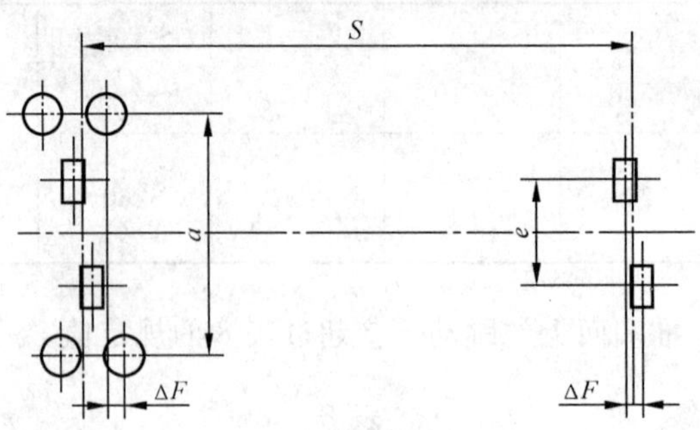

图 12

5.8.6 小车和起重机终端止挡器或缓冲器垂直于纵向轴线的平行度公差 $F_{max}=1.0\,S$ mm,且 $F_{max}=10$ mm,S 单位为 m。(即 GB/T 10183.1—2010 中表 2、表 3 的 2 级公差),见图 13。(图中左侧为缓冲器头部图形)。

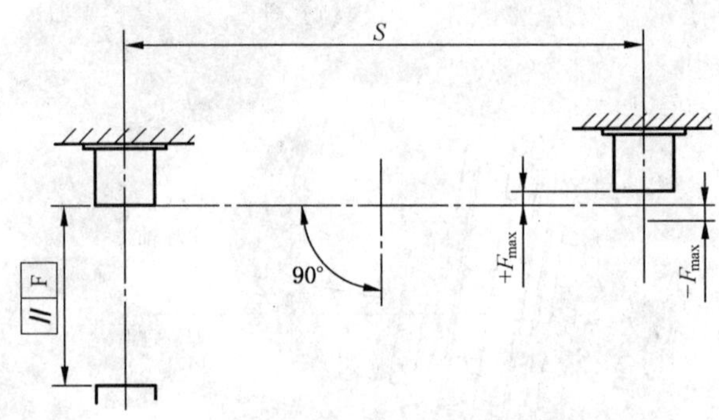

图 13

5.9 电气设备

5.9.1 电气设备的选用原则

5.9.1.1 起重机的驱动系统宜采用交流调速系统,优先采用能量反馈多传动系统。起升机构应为闭环控制。运行机构在调速范围大于 1∶10 的情况下,宜采用闭环控制。

5.9.1.2 起重机电气控制设备应符合 GB/T 3811 和 GB 5226.2 的有关规定。

5.9.1.3 应采用适合起重机要求的变频电动机,冷却风机宜采用强迫风冷。

5.9.1.4 起重机成套电阻器宜采用不锈钢电阻器。

5.9.1.5 操纵设备应采用联动控制台。

5.9.2 馈电装置

5.9.2.1 小车馈电装置宜采用拖链或悬挂电缆供电,也可采用其他形式供电。当采用悬挂电缆馈电时,应设牵引绳,保证在小车运行过程中电缆不受力。

5.9.2.2 起重机馈电装置一般采用电缆卷筒供电,也可采用滑触线式供电。

5.9.2.3 馈电装置的设计应满足 GB/T 3811 中的相关要求。

5.9.3 同步及控制

5.9.3.1 在整个起升范围内，上小车两吊钩起升的同步偏差不应大于 200 mm，下小车吊钩与上小车吊钩起升的同步偏差不应大于 250 mm。

5.9.3.2 上小车运行与下小车运行应设单动及联动选择，联动时应同步。在整个运行范围内，上、下小车运行的同步偏差不应大于 $H/100$（H 为起重机轨面以上的起升高度），但最大不超过 500 mm。应设校零装置。

5.9.3.3 同步抬吊时，上小车两个吊钩及下小车主钩应设相对高度差保护。

5.9.3.4 抬吊中，对两小车吊钩距离有要求时，应设定距保护。

5.9.3.5 起重机刚性支腿侧运行与柔性支腿侧运行应设速度同步装置及校零装置，并设有单动及联动选择。

5.9.4 电气设备的安装

5.9.4.1 电气设备应安装牢固，在主机工作过程中，不应发生相对于主机的水平移动和垂直跳动。

5.9.4.2 电气设备宜安装在电气室内。电气设备如安装在无遮蔽防护的场所时，其外壳防护等级不应低于 GB 4208 中的 IP 55。安装在电气室内的电气设备，其防护等级不应低于 GB 4208 中的 IP 22。

5.9.4.3 四箱及四箱以下的电阻器可以直接叠装；超过四箱叠装时，应考虑加固措施并要求各箱之间的间距不小于 80 mm。

5.9.4.4 安装在起重机各部位的电气设备，一般应留有 600 mm 以上的通道，特殊情况下允许适当缩小，但不应小于 500 mm。

5.9.5 导线及其敷设

5.9.5.1 起重机上应采用铜芯，多股、有护套的绝缘导线，司机室内允许采用无护套的铜芯、多股、塑料绝缘导线。

5.9.5.2 起重机上移动用电缆，应采用丁腈聚氯乙烯软电缆，重型橡套软电缆或船用软电缆。

5.9.5.3 起重机上的配线除弱电系统外，供电线路电压为 400 V 时，应采用额定电压不低于 690 V 的铜芯多股电线或电缆。供电线路电压大于 500 V 小于 690 V 时，应采用额定电压不低于 1 000 V 的铜芯多股电线或电缆。多股单芯电线截面面积不应小于 1.5 mm^2；多股多芯电缆截面面积不小于 1.0 mm^2。对电子装置、油压伺服机构、传感组件等连接线的截面不作规定。

5.9.5.4 起重机上的电线应敷设于线槽或金属管中，在线槽或金属管不便敷设或有相对移动的场合，可穿金属软管敷设。电缆允许直接敷设，但在有机械损伤、油污浸蚀的地方应有防护措施。

5.9.5.5 不同机构的，不同电压种类和电压等级的电线，穿管时应尽量分开。

5.9.5.6 交流载流 25 A 以上的单芯电线（或电缆）不应单独穿金属管。

5.9.5.7 电缆固定敷设的弯曲半径不应小于 5 倍电缆外径，移动电缆的弯曲半径不应小于 8 倍电缆外径。电缆卷筒的电缆如没有加强芯，则作用在铜导线截面上的最大允许拉应力为 15 N/mm^2；对于要求电缆缠绕速度高或电缆自重较重时，应采用具有加强芯的电缆。

5.9.5.8 司机室、电气室和电气设备的进出线孔、线槽和线管的进出线口均应采取防雨措施，线槽内不应积水。

5.9.5.9 动力电缆线与控制线宜分开敷设，不同电压等级的电缆线不应使用同一根多芯电缆，必要时还要采用屏蔽电缆。

5.9.5.10 导线穿过钢管或金属孔、洞处，应设有防止防导线磨损的保护措施。

5.9.5.11 线管和线槽应尽量引接到电气设备附近，人员可能触及到的电线应敷设于线槽或金属管中。

5.9.5.12 导线的两端应采用不会脱落的冷压铜端头，导线与端头的连接应采用专用的冷压钳将其压紧。

5.9.5.13 导线两端应有与电路图或接线图一致的永久性识别标记。

5.9.5.14 所有导线均不应有中间接头，照明线可在设备附近用过渡端子联接。

5.9.5.15 光缆最小弯曲半径应大于光缆直径的10倍。

5.9.5.16 如果中间没有中继，每条光缆长度应控制在800 m以内。

5.9.6 照明及其他

5.9.6.1 司机室、电气室和通道都应有合适的照明，其照明度不应低于30 lx，还应有补充作业面照明用的桥下照明，桥下照明应考虑三个方向的防震措施。桥下照明灯具的安装应能方便地检修和更换灯泡。

5.9.6.2 固定式照明装置的电压应为220 V。可携式照明装置的电压宜用24 V，但不应超过50 V。起重机上应具有供插接可携式照明装置用的插座。

5.9.6.3 照明、讯号应设专用电路，电源应从主断路器（或主刀开关）进线端或副变压器供电。当主断路器（或主刀开关）断开时，照明、讯号电路不应断电，照明、讯号电路及其各分支电路均应设置短路保护。

5.9.6.4 起重机宜设工业监视系统，在起重机运行机构四个端部及其他所需地方宜设摄像头。

5.9.6.5 电气室应设消防报警装置，并应设空调装置。

5.9.6.6 司机室宜设监视起重机工作状态的显示屏。

5.10 涂装

5.10.1 涂装前的钢材表面处理

主梁、刚性支腿、柔性支腿、平衡梁、车架和台车架等重要结构件应进行喷（抛）丸（砂）除锈处理，其质量应达到GB/T 8923中的Sa2½级；其余构件应达到Sa2级或St2级。

5.10.2 涂漆质量

5.10.2.1 起重机面漆应均匀，细致、光亮、完整和色泽一致，不应有粗糙不平、漏漆、错漆、皱纹、针孔及严重流挂等缺陷。

5.10.2.2 漆膜附着力应符合GB/T 9286中规定的一级质量要求。

5.10.3 涂漆颜色

涂漆颜色应符合相关安全规定和订货合同的规定。

6 试验方法

6.1 总则

起重机试验应遵循GB/T 5905—2011规定的规范和程序。

6.2 试验条件

检查应在无日照影响的条件下进行。上、下小车停放在刚性支腿极限位置处。门架的检查应在门架架设安装于起重机运行轨道上以后进行。

6.3 门架的装配检查

6.3.1 主梁在水平方向的弯曲

将激光经纬仪固定在主梁的一端，激光发射点离腹板的横向距离为固定值，主梁的另一端同样设置离腹板横向距离相同的校准点。激光校准后，用钢直尺在主梁大肋板上量出各点与激光形成直线之间的距离，即可知主梁在水平方向的弯曲。

6.3.2 刚、柔支腿的高度差检测

主梁提升前，在跨度基线处贴上标记。见图 14 中 A、B 两点。此两点应为主梁下翼缘板下口与理论上起重机轨道中心线的交点。分别测量 A、B 两点各自至轨道上平面的高度，此高度即为刚、柔支腿的高度，它们之间的差即为刚、柔支腿侧的高度差。此测量应在主梁两边分别进行，取其平均值。

刚、柔支腿高度中的小值，即为门架的净高度。

图 14

6.3.3 刚、柔支腿在起重机轨道平面内的垂直度

在刚性支腿的下横梁中心 A，主梁与刚性支腿连接处中心 B 和主梁刚性支腿侧的中心 C 贴上标记，以下横梁中心 A 点为基准，用全站仪、经纬仪等仪器垂直往上作垂直线，分别测量 B 点和 C 点偏离垂直线的距离。见图 15。

分别在柔性支腿的下横梁中心 A 及 A 字头中心 B 贴上标记，以下横梁中心 A 点为基准，用全站仪、经纬仪等仪器垂直往上作垂直线，测量 B 点偏离垂直线的距离。见图 16。

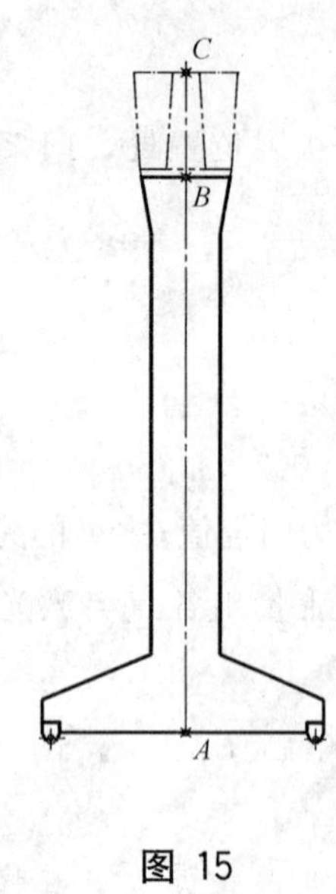

图 15

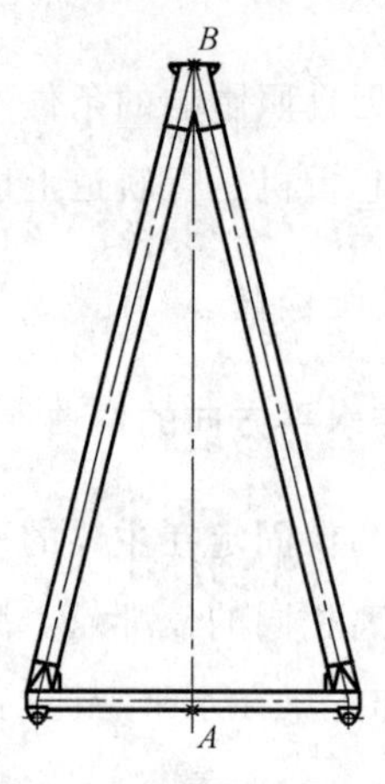

图 16

6.3.4 小车轨道的轨距与高度差、主梁的上拱度

6.3.4.1 小车轨道中心相对于腹板中心的偏差检测

用钢尺测量轨道底部尺寸得出的数值除以 2 为 a 值，轨道梁主腹板厚度值除以 2 为 a_1 值，用钢尺分别测量 x 和 x_1 值，则 $K=|(a+x)-(a_1+x_1)|$ 为实测值，如图 17。

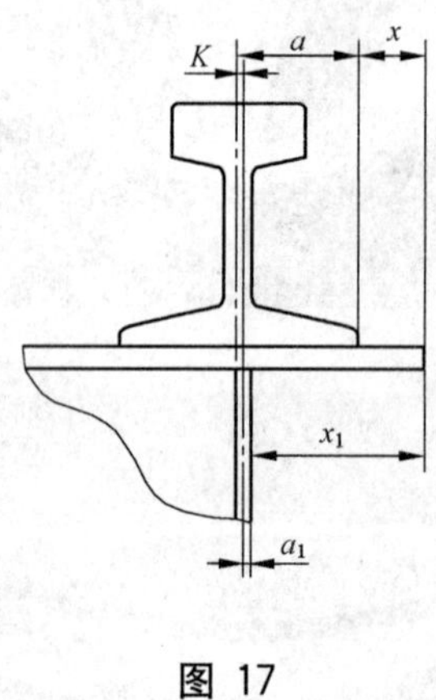

图 17

6.3.4.2 双主梁小车轨道的轨距与高度差、主梁的上拱度

小车的轨距可用激光测距仪测定，在全长方向至少测五点（包括轨道两端及中点）。

用水平仪在一根主梁的端部找出一基准点高度，然后可测出轨道上各点与基准点高度的高度差。对比所须测定的两点高度，即可知两点的高度差。对比两轨道上相应点的高度，即可知两轨道的高度差。

用此方法在主梁大肋板上量出各点的高度差，即可求出主梁的上拱度。

6.3.4.3 单主梁小车轨距与高度差

单主梁小车的轨距，可在未安装成型时量出安装轨道主腹板间的间距，在轨道安装后，在同一点量出轨道中心线与轨道梁主腹板中心线偏差，从而推算出轨距的偏差。

在地面树一标杆，用水平仪等仪器测出轨道上各点与标杆的高低差即可知轨道各点的高度差。对比所须测定的两点高度，即可知两点的高度差。

6.3.4.4 小车轨道直线度的测量

将激光经纬仪固定在轨道的一端，激光发射点离轨道中心的横向距离为固定值(一般为 100 mm 或 200 mm 等整数值，便于读数、记录方便)，轨道的另一端同样设置离轨道中心横向距离相同的校准点。激光校准后，用钢直尺或激光瞄准板进行测量轨道沿长度方向在水平面内的弯曲。

6.4 同步运行检查

6.4.1 上、下小车同步运行的检查

将上下小车停在起重机的同一端，在上小车上固定一标志物到离下小车 10 mm 处，并在下小车上固定一段标尺，用同步档开动上下小车从这一端到另一端观察行进过程中两小车位置的变化并记录下最大值。测量三次取其平均值。

6.4.2 起升机构同步运行的检查

在两吊钩处挂上两根绳子，在绳子上每隔 2 m 做一记号，分别在对应地面上 1 m 左右高度竖一标记，开动同步起升档，观察起升时两吊钩同步情况，在起升到起升高度 1/3 左右时停车，测量每一吊钩起升的距离，计算两吊钩起升距离的误差值，允许以 1/3 高度推算出全程误差值。测量三次取其平均值。

6.5 起重机和小车车轮在水平面内车轮轴线的倾斜度

在离被测车轮组两端的两车轮轨道中心等距离处拉一钢丝，此钢丝高度应尽量靠近轮轴中心，并使每个轮子的前后两边缘都能测到与钢丝的距离。将钢丝铰紧，测量每个车轮的两边缘离钢丝的距离，见图 18，即可知车轮的直线度。

此钢丝也可用一束激光代替。

用水平尺检查每一轮子的垂直度，可知这组车轮在垂直方向的平行度。

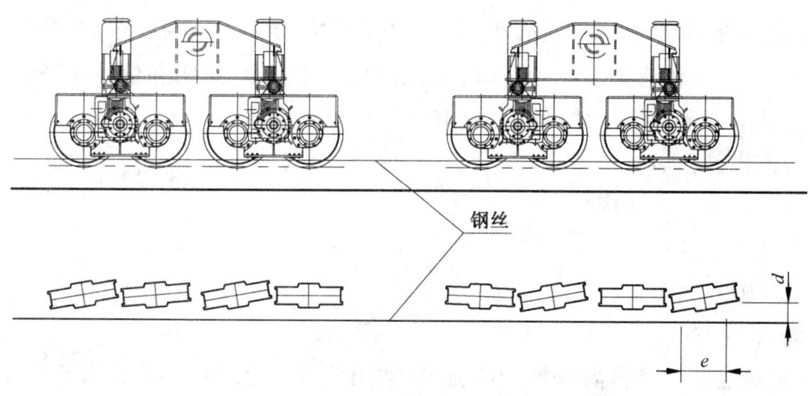

图 18

起重机车轮的直线平行度检查方法与小车车轮直线平行度检查方法相同。但起重机车轮的检测是一绞点下的车轮即起重机在一边轨道上全部车轮数量的 1/2，而小车车轮的检测是小车在一边轨道上的全部车轮。

6.6 柔性铰的检查

在动载试验时用目测检查柔性铰及平面转角是否灵活，有否卡死现象。

6.7 夹轨器的检查

6.7.1 夹轨器打开，起重机在全长范围内运行，观察卡钳是否与轨道相干涉。

6.7.2 在全长运行区间内选几个点，将夹轨器夹住，检查是否夹紧。

6.8 起重机噪声的检测

密闭门窗，在起重机作各动作时，在操作座椅处用声级计 A 档读数测噪声。测试时脉冲峰值除外。

6.9 起重机的整机试验

6.9.1 起重机各项参数的合格检查

起重机的下列参数应符合要求：

——起重机的质量；

——起升高度；

——上、下小车左、右极限位置；

——起升速度；载荷慢速下降速度；

——起重机大车运行速度；

——上、下小车的运行速度；

——限制器、指示器和安全装置的功能；

——驱动装置的性能，例如在试验载荷状态下电动机的电流；

——起重机主梁的垂直静挠度。

起重机及其部件质量的测量应符合 ISO 11629 的规定。

起重机速度和时间参数的测量应符合 GB/T 22414 的规定。

6.9.2 目测检查

目测检查应包括所有重要部件的规格和(或)状态是否符合要求，包括下列各项：

——各机构、电气设备和液压设备、安全装置、制动器、控制器、照明和信号系统；

——起重机金属结构及其连接件、梯子、通道、司机室和平台；

——所有的防护装置；

——吊钩或其他索具及其连接件；

——钢丝绳及其固定件；

——滑轮组及其轴和固定；

——润滑装置。

检验时，除了正常维护和检验需要打开的盖子(如限位开关盖)外，不必拆开任何部件。

目测检查还应包括检查 GB/T 17908 中规定的验收文件是否已提供并经过审核。

6.9.3 载荷起升试验

6.9.3.1 总则

载荷起升试验包括静载试验和动载试验，试验时的风速不应大于 8.3 m/s。

6.9.3.2 静载试验

静载试验的目的是检验起重机以及各结构件的承载能力。

起重机上小车的起升机构和下小车起升机构的静载试验应分别进行,静载试验的载荷分别为各自额定起重量的1.25倍。

将计算得出的在主梁内产生最大应力的位置及该载荷的1.25倍加在主梁的跨中位置,载荷离地面100 mm~200 mm高度处,悬空时间不少于10 min。卸去载荷,将上、下小车停放至各左右极限位置,检查起重机主梁构件有无永久变形,无永久变形即可终止试验。如有变形需重新再作试验,但最多允许三次,不应再有永久变形。

将计算得出的在刚性腿内产生最大应力的位置及该载荷的1.25倍加在主梁上,载荷离地面100 mm~200 mm高度处,悬空时间不少于10 min。检查刚性腿的结构情况。

将计算得出的在柔性腿内产生最大应力的位置及该载荷的1.25倍加在主梁上,载荷离地面100 mm~200 mm高度处,悬空时间不少于10 min。检查柔性腿的结构情况。

试验后,目测检查是否出现永久变形、油漆剥落或对起重机的性能和安全有影响的损坏,检查连接处是否出现松动或损坏。

6.9.3.3 动载试验

动载试验的目的主要是验证起重机各机构和制动器的功能。

上小车起升机构承载上小车额定载荷的1.25倍,运行机构慢速运行。

上小车卸载后,下小车起升机构承载下小车主起升机构额定载荷的1.25倍,运行机构慢速运行。

起重机承载额定载荷的1.25倍,起重机运行机构慢速运行。

按1.1倍各起升机构的额定载荷,分别作上小车起升、下降、下小车起升、下降、副起升起升、下降、与上小车运行、下小车运行动作。在试验中应注意一小车动作时,另一小车应处于空载状态。

按技术协议要求,按1.1倍的额定载荷作各机构间的联合动作。

上、下小车起升其1.1倍抬吊额定载荷,上、下小车吊钩之间距离按技术协议要求。起升停止后分别作上、下小车运行和起重机运行动作。

试验中对每种动作应在其整个范围内作反复起动和制动,对悬挂着的空中载荷作空中起动时试验载荷不应出现反向动作。

在动载试验中,应按操作手册的规定对起重机进行控制,注意把加速度、减速度和速度限制在起重机正常工作的范围内。

试验后,目测检查各机构或结构的构件是否有损坏,检查连接处是否出现松动或损坏。

7 检验规则

7.1 检验分类

起重机的检验分出厂检验和型式试验。

7.2 出厂检验

7.2.1 每台起重机都应进行出厂检验,检验合格后(包括用户的特殊要求检验项目)方能出厂。制造商必须向用户签发《产品合格证明书》和检测报告。出厂检验的项目,视情况在制造厂内或在现场进行。

7.2.2 出厂检验项目见表9。

表 9

序号	项目名称	出厂检验	型式试验	要求	试验方法
1	目测检查	√	√	6.9.2	—
2	起重机和小车运行速度	√	√	5.3.9	按 GB/T 14406—2011 中 6.4.1
3	起重机的起升高度	√	√	5.3.10	激光测距仪
4	吊钩左右极限位置	√	√	5.3.11	—
5	起升机构的同步偏差	√	√	5.9.3.1	6.4.2
6	上、下小车同步运行的偏差	√	√	5.9.3.2	6.4.1
7	主梁的上拱度	√	√	5.7.1.1	6.3.4.2
8	主梁在水平方向的弯曲	√	√	5.7.1.3	6.3.1
9	主梁腹板的局部翘曲	√	√	5.7.1.4	GB/T 14406—2011 中 6.2.9
10	梯形箱形梁对角线尺寸偏差	√	√	5.7.1.5	—
11	小车轨道中心相对于腹板中心的偏差	—	√	5.7.1.7c)	6.3.4.1
12	小车轨道直线度	—	√	5.7.1.7b)	6.3.4.4
13	小车轨道接头构造公差	√	√	5.7.1.7a)	—
14	刚、柔性支腿在起重机轨道平面内的垂直度	√	√	5.7.2 5.7.3	6.3.3
15	刚、柔性支腿的高度差	√	√	5.7.4	6.3.2
16	柔性支腿杆件的直线度	√	√	5.7.3.2	激光仪
17	门架净高度偏差	√	√	5.7.5	6.3.2
18	制动轮、制动盘的跳动	√	√	5.8.1	—
19	车轮基准端面的跳动	√	√	5.8.2	—
20	起重机和小车车轮水平投影面内车轮轴线倾斜度	√	√	5.8.3	6.5
21	漆膜附着力及厚度	√	√	5.10.2.2	GB/T 9286、测厚仪
22	起重机噪声	—	√	5.4.9	6.8
23	静载试验	—	√	5.3.7	6.9.3.2
24	动载试验	—	√	5.3.8	6.9.3.3
25	电控设备中各电路的绝缘电阻	√	√	5.4.7.1	GB/T 14406—2011 中 6.6

7.3 型式试验

7.3.1 有下列情况之一时，应进行型式试验：

a) 新产品或老产品转厂生产的试制定型鉴定；

b) 正式生产后，如结构、材料、工艺有较大改变，可能影响产品性能时；

c) 产品停产达一年以上后恢复生产时；

d) 出厂检验结果与上次型式检验有较大差异时；

e) 国家质量监督机构提出进行型式检验要求时。

7.3.2 型式试验项目见表 9。

8 标志、包装、运输和贮存

8.1 标志

8.1.1 应在起重机明显位置设置起重机标牌，标牌应符合 GB/T 13306 的规定，标牌的内容应至少包括以下内容：

a) 起重机名称和型号；

b) 产品主要技术性能参数；

c) 制造日期和产品编号；

d) 制造商名称；

e) 执行标准。

8.1.2 各种操作手柄、开关及信号装置近旁，应装设指示功能的标牌。其表示的位置和控制方向应与被控制机构的动作一致。

8.2 包装

8.2.1 起重机的包装应符合 GB/T 13384 的有关规定。

8.2.2 电气设备(如电机、制动器的电磁铁、开关、仪器、电器柜等)电缆、钢丝绳等无法装箱时，均应采取防雨措施。

8.2.3 起重机在发货时应包括下列随行文件：

a) 产品合格证明书；

b) 产品使用、操作、维护说明书(包括外购电气设备自带的说明书)；

c) 主要外购件的合格证书；

d) 装配图；

e) 易损件清单；

f) 其他。

8.3 运输及贮存

8.3.1 起重机的运输应符合铁路、公路和航运的有关运输要求。

8.3.2 起重机的零部件应妥善保管，对露天存放的大型零部件应垫平，防止变形。

8.3.3 放置仓库中保管的零部件应注意防潮和通风。

ICS 53.020.20
J 80

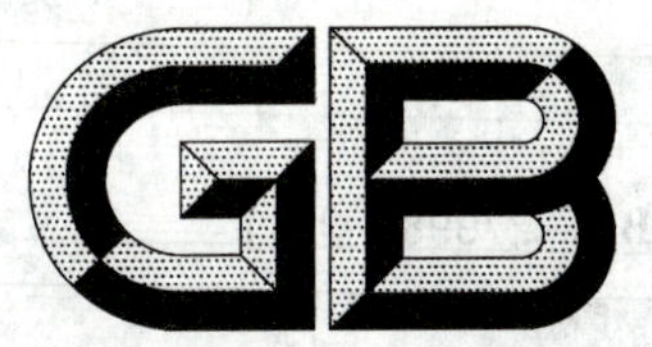

中华人民共和国国家标准

GB/T 27998—2011

平衡式起重机

Balance crane

2011-12-30 发布 2012-07-01 实施

中华人民共和国国家质量监督检验检疫总局
中国国家标准化管理委员会 发布

前　言

本标准按照 GB/T 1.1—2009 给出的规则起草。

本标准由中国机械工业联合会提出。

本标准由全国起重机械标准化技术委员会(SAC/TC 227)归口。

本标准负责起草单位:山西阳泉电工机械有限责任公司。

本标准参加起草单位:江苏三马起重机械制造有限公司、焦作市飞鹏机械设备有限责任公司、焦作机床厂。

本标准主要起草人:牛恺、郝姝晋、张万明、张丽萍、徐志宏、易延回、贾春华、柳天宝。

平衡式起重机

1 范围

本标准规定了平衡式起重机的型式与基本参数、要求、试验方法、检验规则、标志、包装、运输和贮存。

本标准适用于以平行四边形平衡杆系为主要结构特征的平衡式起重机，其他运行区域(铅垂断面)的平衡式起重机可参照执行。

2 规范性引用文件

下列文件对于本文件的应用是必不可少的。凡是注日期的引用文件，仅注日期的版本适用于本文件。凡是不注日期的引用文件，其最新版本(包括所有的修改单)适用于本文件。

GB/T 985.1 气焊、焊条电弧焊、气体保护焊和高能束焊的推荐坡口

GB/T 3323—2005 金属熔化焊焊接接头射线照相

GB/T 3811 起重机设计规范

GB/T 5117 碳钢焊条

GB/T 5905—2011 起重机 试验规范和程序

GB/T 8923—1988 涂装前钢材表面锈蚀等级和除锈等级

GB/T 9286—1998 色漆和清漆 漆膜的划格试验

GB/T 13384 机电产品包装通用技术条件

JB/T 4207.1 手动起重设备用吊钩

JB/T 7601.6 电线电缆专用设备 基本技术要求 第6部分:机械加工

3 术语和定义

下列术语和定义适用于本文件。

3.1

径向操作力 diametrical direction operating force

作业空间内，为使重物运动，沿垂直于立柱回转中心线所加的力。

3.2

径向最大操作力 maximal operating force of diametrical direction

作业空间内，为使重物运动，沿垂直于立柱回转中心线所加的最大作用力。

3.3

径向最大失衡力 maximal unbalance of force diametrical direction

作业空间内任一铅垂断面，为保持吊钩在某一点处于静止状态，所加的最大径向力。

3.4

切向操作力 tangent direction operating force

作业空间内任一水平断面，为使重物运动，沿垂直于回转半径所加的力。

3.5

切向最大操作力 maximal operating force of tangent direction

作业空间内任一水平断面，为使重物运动，沿垂直于回转半径所加的最大作用力。

4 型式与基本参数

4.1 型式

4.1.1 平衡式起重机按安装方式分为：

a) 地面式(见图1)：

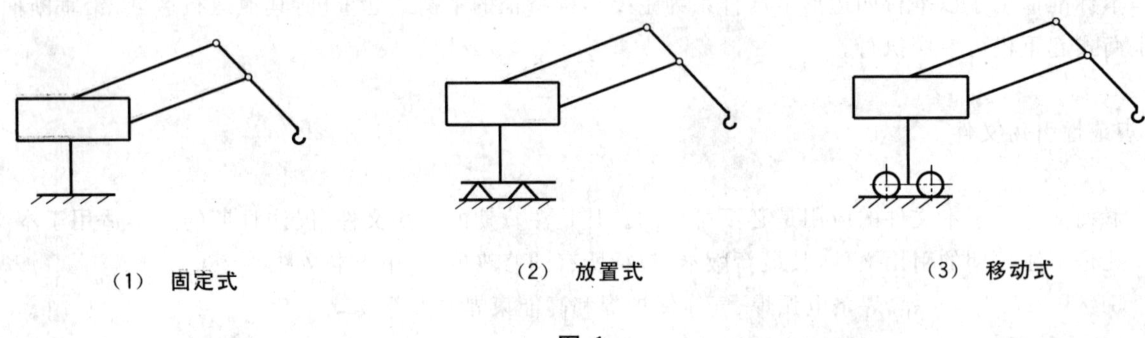

图1

b) 壁式(见图2)：

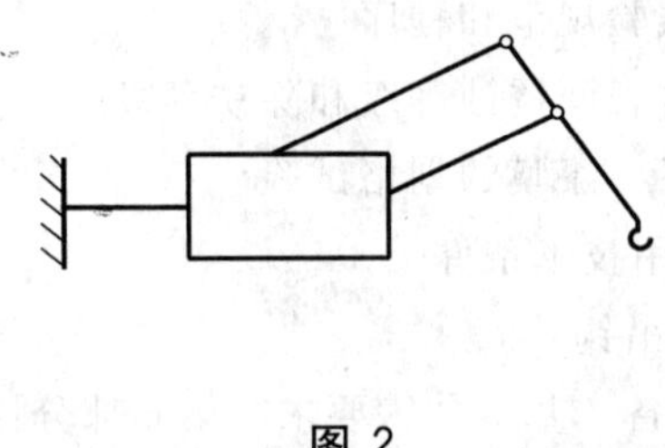

图2

c) 悬挂式(见图3)：

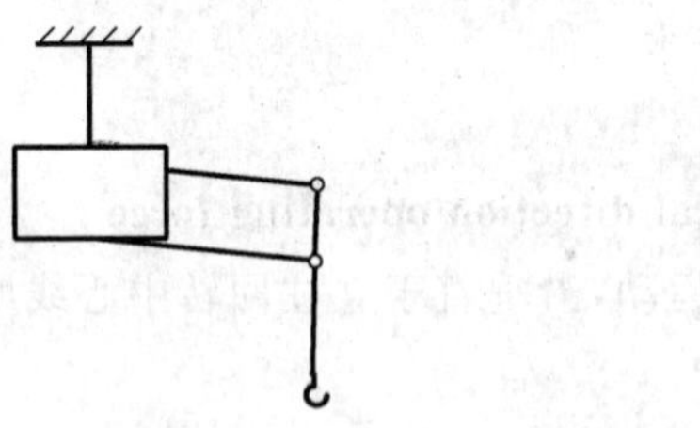

图3

4.1.2 按传动方式分为：

a) 机械式；

b) 液压式；

c) 气动式。

4.2 基本参数

平衡式起重机的基本参数见表1。

表1

参　　数		指　　标
额定起重量 kg		63、80、100、125、160、200、250、320、400、500、630、800、1 000、1 250、1 600
升降速度 m/min	恒速	4～10
	无级调速	0～20
最大工作半径 mm		1 500～4 500
水平行程 mm		1 000～3 000
垂直行程 mm		1 000～3 000
回转角度 (°)		<360°;全回转

5 要求

5.1 工作环境条件

5.1.1 平衡式起重机的电源为三相交流,额定频率为50 Hz,额定电压为380 V,电压幅度波动不超过额定值的±10%。

5.1.2 平衡式起重机使用时的海拔高度不超过1 000 m。

5.1.3 液压平衡式起重机工作环境温度应在－10 ℃～40 ℃范围之内(超过上述范围规定时,由供需双方协商确定)。

5.2 基本要求

平衡式起重机的设计、制造应符合GB/T 3811和本标准的规定。

5.3 使用性能

5.3.1 平衡性能

5.3.1.1 吊钩在作业空间内任一铅垂断面(如图4所示的八边形 $aa'bb'cc'dd'$——平衡区域)内应随遇平衡(无失衡现象),平衡面积在四边形 $ABCD$ 内应达到90%,(图4中的 $\Delta Aaa'$,$\Delta Bbb'$,$\Delta Ccc'$,$\Delta Ddd'$ 为失衡区域)。

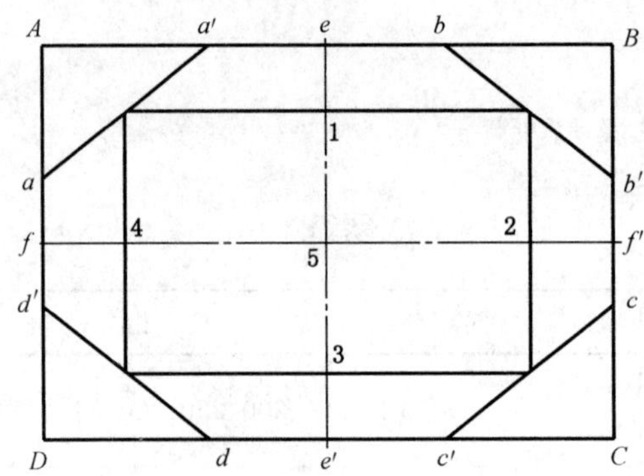

说明：

1——$Aa'=Bb=Cc'=Dd=0.16\ AB$；

2——$Aa=Bb'=Cc=Dd'=0.16\ AD$；

3——$ee'ff'$分别为矩形$ABCD$的纵横对称轴线；

4——$1\ e=3\ e'=0.5\ Aa$；

5——$4\ f=2\ f'=0.5\ Aa'$。

图 4

5.3.1.2 平衡式起重机在空载情况下，吊钩在图 4 所示的 $\Delta Aaa'$，$\Delta Bbb'$，$\Delta Ccc'$，$\Delta Ddd'$三角形内径向最大失衡力应符合表 2 的规定。

表 2

项　　目	额定起重量 kg			
	63、80、100、125、160、200、250、320、400	500、630	800、1 000	1 250、1 600
径向最大 失衡力 N	≤30	≤50	≤50	供需双方 协商确定

5.3.1.3 平衡式起重机在额定载荷下，吊钩在图 4 所示的 $\Delta Aaa'$，$\Delta Bbb'$，$\Delta Ccc'$，$\Delta Ddd'$三角形内径向最大失衡力应符合表 3 的规定。

表 3

项　　目	额定起重量 kg			
	63、80、100、125、160、200、250、320、400	500、630	800、1 000	1 250、1 600
径向最大 失衡力 N	≤50	≤80	≤150	供需双方 协商确定

5.3.2 操作力

平衡式起重机在额定载荷下，吊钩的径向最大操作力、切向最大操作力应符合表 4 的规定。

表 4

项目	额定起重量 kg			
	63、80、100、125、160、200、250、320、400	500、630	800、1 000	1 250、1 600
径向最大操作力 N	≤60	≤100	≤180	供需双方协商确定
切向最大操作力 N	≤50	≤80	≤80	

5.3.3 试验

5.3.3.1 平衡式起重机在做静载试验时，按照 GB/T 5905—2011 中 4.3.2 的规定，应能承受 1.25 倍额定载荷的试验载荷。试验后，主要受力构件应无裂纹、永久变形、油漆剥落或对平衡式起重机性能与安全有影响的损坏，连接处无松动。

5.3.3.2 平衡式起重机做动载试验时，按照 GB/T 5905—2011 中 4.3.3 的规定，应能承受 1.1 倍额定载荷的试验载荷。试验后，机构或结构件应无损坏，联接处应无松动现象，液压平衡式起重机油缸和油路无渗漏。

5.3.4 最大工作半径、水平行程和垂直行程

平衡式起重机的最大工作半径、水平行程和垂直行程的误差分别应达到设计参数的±5%以内。

5.3.5 升降速度

平衡式起重机的上升速度、下降速度的误差分别应达到设计参数的±10%、±15%以内。

5.4 焊接

5.4.1 对接接头坡口形式和尺寸应符合 GB/T 985.1 的规定，焊接用焊条应符合 GB/T 5117 的规定。

5.4.2 焊缝外表面不应有目测可见的裂纹、孔穴、固体类夹渣、未熔合和未焊透等缺陷。

5.4.3 杆系、立柱部位焊接质量应符合 GB/T 3323—2005 中规定的Ⅱ级。

5.5 机械加工

零部件的未注公差的线性尺寸极限偏差、角度极限偏差、形状公差和位置公差等应符合 JB/T 7601.6 的规定。

5.6 吊钩

吊钩的选择应符合 JB/T 4207.1 的规定。

5.7 安全保护

5.7.1 应有可靠的超载保护装置。当实际载荷达到额定载荷的 1.1～1.3 倍时，超载保护装置应起作用(若额定起重量为 100 kg 以下的，允许超载量放宽到 30 kg)。

5.7.2 垂直行程的上下极限点，应有可靠的限位装置，垂直行程、水平行程应达到设计参数值要求。

5.7.3 平衡式起重机的电气部分应设过载保护、短路保护和接地标识。

5.7.4 电气系统应安全可靠，接地装置明显，接地保护接线端子与控制设备任何有关器件及绝缘破损

可能带电的元器件之间的电阻不应大于 0.1 Ω，电器箱须有闪电标志(ϟ)。控制设备中带电回路与地之间(控制电路不直接接地时)的绝缘电阻不小于 1 MΩ。

5.8 涂漆与外观

5.8.1 金属结构所用钢材应进行表面除锈处理，立柱、杆系的表面除锈质量等级不应低于 GB/T 8923—1988 中的 Sa2 1/2 级，其余部分应达到 St2 或 St3 级。

5.8.2 铸件表面应进行表面除锈处理，打腻后表面应平整光滑，不应有图样未规定的凹陷，凸起和其他缺陷。

5.8.3 平衡式起重机在出厂前应进行表面涂漆，金属结构、箱体部分油漆漆膜厚度每层为 25 μm～35 μm，总厚度为 75 μm～105 μm。不涂漆的外露表面应采取防锈措施。油漆的漆膜附着力应符合 GB/T 9286—1998 中规定的 2 级质量要求。

6 试验方法

6.1 基本参数的测定

最大工作半径、水平行程、垂直行程、升降速度的试验和检测方法见表 5。

表 5

<table>
<tr><th>项　目</th><th>最大工作半径、水平行程</th><th>垂直行程</th><th>升降速度</th></tr>
<tr><td rowspan="2">试验位置及方法</td><td colspan="3">作业空间中任取铅垂断面(见图 4)</td></tr>
<tr><td>空载沿 ff' 线实测</td><td>空载沿 ee' 线实测</td><td>额定起重量时，上升、下降分别测试 5 次，取其平均值</td></tr>
</table>

6.2 平衡性能和操作力的检测

平衡性能和操作力的检测见表 6。

表 6

<table>
<tr><th colspan="2" rowspan="2">项　目</th><th colspan="3">平衡性能</th><th colspan="2">操作力</th></tr>
<tr><th>平衡区域</th><th colspan="2">失衡力</th><th>径向操作力</th><th>切向操作力</th></tr>
<tr><td rowspan="5">试验方法</td><td rowspan="2">位置</td><td colspan="5">作业空间中任取的铅垂断面上如图 4</td></tr>
<tr><td>1、2、3、4、5 点</td><td colspan="2">$\Delta Aa'$、$\Delta Bbb'$、$\Delta Ccc'$、$\Delta Ddd'$ 四个三角形中，每个三角形中任取一点 a_o、b_o、c_o、d_o</td><td>1、2、3、4、5 点</td><td>2、4 点</td></tr>
<tr><td>在空载条件下</td><td>吊钩回转中心分别置于 1、2、3、4、5 点处。进行目测</td><td>吊钩回转中心分别置于 a_o、b_o、c_o、d_o 处</td><td>将测力计挂于吊钩回转中心，测出各点沿径向与失衡运动方向相反，使吊钩平衡的最小力</td><td>—</td><td>—</td></tr>
<tr><td rowspan="2">在额定载荷条件下</td><td rowspan="2">—</td><td colspan="4">将测力计挂于吊钩处</td></tr>
<tr><td colspan="2">测出各点沿径向与失衡运动方向相反，使重物保持平衡的最小力</td><td>测出各点沿径向指向和背离回转中心，使重物运动的最小力</td><td>分别测出各点水平面内与径向垂直、两个相反方向，使重物运动的最小力</td></tr>
</table>

6.3 载荷试验

空载试验、额定载荷试验、静载试验和动载试验的试验方法见表 7。

表 7

项目	空载试验	额定载荷试验	静载试验	动载试验
试验位置及方法	作业空间中,任取铅垂断面见图 4			
	沿 ee' 线进行升降运动,并进行制动试验,吊钩回转中心置于八边形 aa' bb' cc' dd' 任一位置,保持平衡	按 5.3.1.3 和 5.3.2 的要求依次进行升降运动,水平运行及回转运动,运动次数不少于 3 次	在最大工作半径处平稳缓慢地加载至 1.25 倍额定载荷,沿 ee' 线起吊,高度不超过 200 mm,静置试验时间不小于 10 min,100 kg 以下超载量不应小于 30 kg,100 kg 以上超载量按 1.25 倍计算。测量主要受力部件试验前后的尺寸精度	在 1.1 倍额定载荷的试验载荷下,分别进行升降运动、水平运行、回转运动及每一运动范围全过程中的启动、停止,循环次数不少于 3 次,无明显颤动

6.4 焊接质量和机械加工的检查

6.4.1 焊缝质量检查应采用 GB/T 3323 规定的方法,焊缝表面采用目测方法。

6.4.2 加工件应按 JB/T 7601.6 中规定的检验方法进行检验。

6.5 安全保护试验

6.5.1 超载保护装置试验

起吊 1.1～1.3 倍额定载荷试块,检验超载保护装置。

6.5.2 垂直行程的上、下极限点限位装置试验

按图 4,分别在空载、额定载荷时,沿 ee' 线运行,对限位装置进行检验。

6.5.3 电气系统检查

用目测及常规方法对电气系统进行检查。

6.6 涂漆及外观检查

6.6.1 涂漆检查

6.6.1.1 使用漆膜厚度仪在杆系、箱体、立柱上任取六点进行测量,测得平均值定为实测值。应符合 5.8.3 的要求。

6.6.1.2 按 GB/T 9286 中规定的刀具,用划格方法在杆系、立柱上各取二处进行测试,划格时刀具与被测面垂直,用力均匀,划格后用软毛刷沿对角线方向轻轻地顺、逆各刷三次,再检查漆层剥落面积。不能明显大于 15%,符合 GB/T 9286—1998 中 2 级质量要求,即为合格。

6.6.2 外观检查

6.6.2.1 铸件表面打腻后无凹凸缺陷。

6.6.2.2 涂漆表面参照杆系表面要求。

6.6.2.3 加工零件不涂漆的外露表面采取防锈措施为合格。

7 检验规则

7.1 出厂检验

7.1.1 每台平衡式起重机都应进行出厂检验，检验合格并附有产品质量合格证方可出厂。

7.1.2 出厂检验项目见表8：

表 8

序号	检验项目		试验方法	技术要求	检验类别	
					出厂检验	型式检验
1	技术参数	最大工作半径、水平行程、垂直行程	6.1	5.3.4	√	√
		升降速度	6.1	5.3.5	√	√
2	空载试验	径向最大失衡力	6.2	5.3.1.2	√	√
3	额定载荷试验	径向最大失衡力	6.2	5.3.1.3	√	√
4		操作力	6.2	5.3.2	√	√
5	动载试验		6.3	5.3.3.2		√
6	静载试验		6.3	5.3.3.1		√
7	安全保护	超载保护装置试验	6.5.1	5.7.1	√	√
8		垂直行程的上、下极限点限位装置试验	6.5.2	5.7.2	√	√
9		电气系统检测	6.5.3	5.7.4	√	√
10	外观检查		6.6	5.8	√	√

7.2 型式检验

7.2.1 有下列情况之一时，还应进行型式检验：

a) 老产品转厂生产或新产品的试制定型鉴定；

b) 产品的结构、材料、工艺有较大改变，可能影响产品性能时；

c) 产品停产达一年以上，恢复生产时；

d) 出厂检验结果与上次型式试验结果有较大差异时；

e) 国家质量监督机构提出进行型式检验要求时。

7.2.2 型式检验项目见表8。

7.2.3 型式检验抽样检验，应采取随机抽样方法，抽样数不少于2台。检验时如果出现任意一项不合格，允许在该批产品中加倍抽样，对不合格项再次检验，若仍不合格，则判定该批产品不合格。

8 标志、包装、运输和贮存

8.1 标志

每台平衡式起重机应在显著位置设置清晰永久的产品标牌，标牌应包含下列内容：

a) 产品名称、型号；

b) 执行标准:GB/T 27998—2011;

c) 制造单位名称;

d) 额定起重量、最大工作半径、水平行程、垂直行程、升降速度等;

e) 出厂编号、制造年月。

8.2 包装

平衡式起重机出厂时的包装应符合 GB/T 13384 的规定。

8.3 随行文件

平衡式起重机的随行文件应包括:

a) 产品合格证;

b) 产品使用说明书。

8.4 运输与贮存

8.4.1 产品运输与贮存时严禁倾倒。

8.4.2 产品运输与贮存过程中应注意防雨、防潮。

ICS 43.020
T 40

中华人民共和国国家标准

GB 27999—2011

乘用车燃料消耗量评价方法及指标

Fuel consumption evaluation methods and targets for passenger cars

2011-12-30 发布　　2012-01-01 实施

中华人民共和国国家质量监督检验检疫总局
中国国家标准化管理委员会　发布

前　言

本标准的第4章、第5章、第6章和第7章为强制性的，其余为推荐性的。

本标准按照GB/T 1.1—2009给出的规则起草。

本标准附录A为规范性附录。

本标准由国家发展和改革委员会提出。

本标准由全国汽车标准化技术委员会归口。

本标准负责起草单位：中国汽车技术研究中心。

本标准参加单位：奇瑞汽车股份有限公司、广汽本田汽车有限公司、中国第一汽车集团公司、东风日产乘用车公司、东风本田汽车有限公司、上汽通用五菱汽车有限公司、上海通用汽车有限公司、安徽江淮汽车股份有限公司、浙江吉利控股集团有限公司、广汽丰田汽车有限公司、上海大众汽车有限公司、江铃控股有限公司、神龙汽车有限公司、长安汽车(集团)有限责任公司、北京现代汽车有限公司、北汽福田汽车股份有限公司、江铃汽车股份有限公司、联合汽车电子有限公司。

本标准起草人：吴卫、金约夫、王兆、高海洋、王捍华、方健、孙惠、贾雨、朱航、林永杰、张若慈、易志峰、杨晓、刘念斯、徐清魁、韩永明、封渝英、富军、胡新华、叶红宇、李鹰、徐元科、徐能伟。

引　言

本标准旨在推动我国汽车节能技术革新，鼓励车辆小型化和轻量化，进一步降低乘用车单车燃料消耗量水平，缩小与国外先进水平的差距，从整体上控制我国乘用车燃料消耗量和二氧化碳排放，使我国乘用车平均燃料消耗量水平在 2015 年下降至 7 L/100 km 左右，对应二氧化碳排放约为 167 g/km。

本标准沿用 GB 19578—2004《乘用车燃料消耗量限值》规定的以整车整备质量作为基准参数的单车燃料消耗量评价体系，同时引入“企业平均燃料消耗量目标值”的概念，将企业作为评价对象，根据乘用车车型燃料消耗量和对应的生产、进口或销售量设定企业的企业平均燃料消耗量目标值，使企业在满足企业平均燃料消耗量要求的前提下保持产品结构的多样性。

本标准充分考虑汽车企业产品规划和换型周期，设定适当的过渡期，为企业产品技术升级和换代预留充分的准备时间。有关企业平均燃料消耗量目标值的要求从 2012 年开始导入，但并不要求企业在第一时间达到企业平均燃料消耗量目标值，而是允许企业逐年降低燃料消耗量水平，最终在 2015 年达到企业平均燃料消耗量目标值要求。

乘用车燃料消耗量评价方法及指标

1 范围

本标准规定了乘用车车型燃料消耗量和企业平均燃料消耗量的评价方法及指标。

本标准适用于能够燃用汽油或柴油燃料、最大设计总质量不超过 3 500 kg 的 M_1 类车辆。

本标准不适用于仅燃用气体燃料或醇醚类燃料的车辆。

2 规范性引用文件

下列文件对于本文件的应用是必不可少的。凡是注日期的引用文件，仅注日期的版本适用于本文件。凡是不注日期的引用文件，其最新版本(包括所有的修改单)适用于本文件。

GB/T 19233 轻型汽车燃料消耗量试验方法

GB 19578 乘用车燃料消耗量限值

3 术语和定义

下列术语和定义适用于本文件。

3.1

车型燃料消耗量 fuel consumption of vehicle type

依据 GB/T 19233 试验、计算并确定的某一车型的综合燃料消耗量。

3.2

平均燃料消耗量 average fuel consumption of vehicle fleet

按车型对应车辆数量加权计算得出的一组车辆的平均燃料消耗量。

3.3

企业平均燃料消耗量(CAFC) corporate average fuel consumption

企业在某年度生产、进口或销售的乘用车车型燃料消耗量按当年度对应生产、进口或销售量加权计算得出的平均燃料消耗量。

注：由主管部门确定采用生产、进口还是销售量计算企业平均燃料消耗量。

4 车型燃料消耗量的计算和确定

按 GB/T 19233 计算和确定车型燃料消耗量并记录在附录 A 规定的燃料消耗量报告中。

5 车型燃料消耗量目标值

5.1 除具有 5.2 规定的结构特征外的乘用车车型燃料消耗量目标值见表 1。

表 1 车型燃料消耗量目标值-1

整车整备质量(CM) kg	车型燃料消耗量目标值 L/100 km
CM≤750	5.2
750<CM≤865	5.5
865<CM≤980	5.8
980<CM≤1 090	6.1
1 090<CM≤1 205	6.5
1 205<CM≤1 320	6.9
1 320<CM≤1 430	7.3
1 430<CM≤1 540	7.7
1 540<CM≤1 660	8.1
1 660<CM≤1 770	8.5
1 770<CM≤1 880	8.9
1 880<CM≤2 000	9.3
2 000<CM≤2 110	9.7
2 110<CM≤2 280	10.1
2 280<CM≤2 510	10.8
2 510<CM	11.5

表 2 车型燃料消耗量目标值-2

整车整备质量(CM) kg	车型燃料消耗量目标值 L/100 km
CM≤750	5.6
750<CM≤865	5.9
865<CM≤980	6.2
980<CM≤1 090	6.5
1 090<CM≤1 205	6.8
1 205<CM≤1 320	7.2
1 320<CM≤1 430	7.6
1 430<CM≤1 540	8.0
1 540<CM≤1 660	8.4
1 660<CM≤1 770	8.8
1 770<CM≤1 880	9.2
1 880<CM≤2 000	9.6
2 000<CM≤2 110	10.1
2 110<CM≤2 280	10.6
2 280<CM≤2 510	11.2
2 510<CM	11.9

5.2 具有下列结构特征之一的乘用车车型燃料消耗量目标值见表 2：

a) 具有三排或三排以上座椅[1]；

b) 装有非手动挡变速器[2]。

6 企业平均燃料消耗量计算方法及评价指标

6.1 企业平均燃料消耗量(CAFC)

如公式(1)所示，企业在某年度的企业平均燃料消耗量用该企业各车型的燃料消耗量与各车型对应的年度生产、进口或销售量乘积之和除以该企业乘用车年度生产、进口或销售总量计算得出：

$$\mathrm{CAFC}=\frac{\sum_{1}^{N}FC_i\times V_i}{\sum_{1}^{N}V_i}\qquad\cdots\cdots(1)$$

式中：

i ——乘用车车型序号；

FC_i ——第 i 个车型的燃料消耗量；

V_i ——第 i 个车型的年度生产、进口或销售量。

6.2 企业平均燃料消耗量目标值(T_{CAFC})

如公式(2)所示，企业在某年度需要达到的企业平均燃料消耗量目标值应依据第 5 章规定的车型燃料消耗量目标值，用该企业各车型燃料消耗量目标值与各车型对应年度生产、进口或销售量乘积之和除以该企业乘用车年度生产、进口或销售总量计算得出：

$$T_{\mathrm{CAFC}}=\frac{\sum_{1}^{N}T_i\times V_i}{\sum_{1}^{N}V_i}\qquad\cdots\cdots(2)$$

式中：

i ——乘用车车型序号；

T_i ——第 i 个车型对应燃料消耗量目标值；

T_{CAFC}——企业平均燃料消耗量目标值；

V_i ——第 i 个车型的年度生产、进口或销售量。

6.3 企业平均燃料消耗量要求

各企业平均燃料消耗量与企业平均燃料消耗量目标值的比值不应大于表 3 的要求。

---

1) 只要车辆具有可使用的座椅安装点，就算“座位”存在。

2) 生产日期在 2015 年 12 月 31 日以后的车辆不再适用。

表 3 企业平均燃料消耗量要求

年度	企业平均燃料消耗量与企业平均燃料消耗量目标值的比值
2012 年	109%
2013 年	106%
2014 年	103%
2015 年及以后	100%

7 生产一致性

车辆燃料消耗量应满足 GB/T 19233 有关生产一致性的要求。

附 录 A
（规范性附录）
燃料消耗量报告

［最大尺寸：A4(210 mm×297 mm)］

A.1 生产企业信息

A.1.1 车辆的商品名称或厂牌：…………………………………………………………………………………；
A.1.2 车辆型式：………………………………………………………………………………………………；
A.1.3 企业名称和地址：………………………………………………………………………………………；
A.1.4 企业法定代表人的名称和地址（如适用）：……………………………………………………………。

A.2 车辆说明

A.2.1 整车整备质量：……………………………………………………………………………………kg；
A.2.2 最大设计总质量：…………………………………………………………………………………kg；
A.2.3 额定载客数：………………………………………………………………………………………人；
A.2.4 车身型式：…………………………………………………………………………………………；
A.2.5 驱动轮：前、后、4×4[3]；
A.2.6 发动机
A.2.6.1 发动机型号：……………………………………………………………………………………；
A.2.6.2 发动机排量：……………………………………………………………………………………L；
A.2.6.3 供油系统：化油器/喷射[3]；
A.2.6.4 企业推荐的燃料：………………………………………………………………………………；
A.2.6.5 最大净功率：……………………………………kW ………………………………………r/min；
A.2.6.6 增压装置：有/无[3]；
A.2.6.7 点火系统：压燃/传统点火/电子点火[3]；
A.2.7 变速器
A.2.7.1 变速器型式：手动/自动/双离合/无级变速/其他[3]（请注明……………………………）；
A.2.7.2 挡位数：…………………………………………………………………………………………；
A.2.7.3 总速比（包括轮胎受载下滚动周长）〔道路车速(km/h) ……………………… /1 000 r/min〕：
一挡：…………………………………………………；二挡：……………………………………………；
三挡：…………………………………………………；四挡：……………………………………………；
五挡：…………………………………………………；超速挡：…………………………………………。
A.2.7.4 主传动速比：……………………………………………………………………………………；
A.2.8 轮胎
型号：…………………………………………………；尺寸：……………………………………………；
受载下滚动周长：…………………………………………………………………………………………。
A.2.9 结构特征

3） 划掉不适用者。

A.2.9.1 具有三排或三排以上座椅,是/否[3];

A.2.9.2 装有非手动挡变速器,是/否[3]。

A.3 企业申报数据

A.3.1 CO_2 排放量

A.3.1.1 CO_2排放量(市区):…………………………………………………………………… g/km;

A.3.1.2 CO_2 排放量(市郊):…………………………………………………………………… g/km;

A.3.1.3 CO_2 排放量(综合):…………………………………………………………………… g/km。

A.3.2 燃料消耗量

A.3.2.1 燃料消耗量(市区):…………………………………………………………… L/100 km;

A.3.2.2 燃料消耗量(市郊):…………………………………………………………… L/100 km;

A.3.2.3 燃料消耗量(综合):…………………………………………………………… L/100 km。

A.4 型式认证试验结果

A.4.1 CO_2 排放量

A.4.1.1 CO_2 排放量(市区):…………………………………………………………………… g/km;

A.4.1.2 CO_2 排放量(市郊):…………………………………………………………………… g/km;

A.4.1.3 CO_2 排放量(综合):…………………………………………………………………… g/km。

A.4.2 燃料消耗量

A.4.2.1 燃料消耗量(市区):…………………………………………………………… L/100 km;

A.4.2.2 燃料消耗量(市郊):…………………………………………………………… L/100 km;

A.4.2.3 燃料消耗量(综合): L/100 km。

A.5 型式认证值

此车型的型式认证值:…………………………………………………………………… L/100 km。

A.6 检测机构填写的信息

A.6.1 车辆提交认证日期:…………………………………………………………… ;

A.6.2 负责进行试验的检验机构: ;

A.6.3 结果报告编号: ;

A.6.4 地点:…………………………………………………………………………………… ;

A.6.5 日期:…………………………………………………………………………………… ;

A.6.6 签名:…………………………………………………………………………………… 。

ICS 13.100
C 78

中华人民共和国国家标准

GB/T 28001—2011
代替 GB/T 28001—2001

职业健康安全管理体系　要求

Occupational health and safety management systems—Requirements

(OHSAS 18001:2007,IDT)

2011-12-30 发布　　2012-02-01 实施

中华人民共和国国家质量监督检验检疫总局
中国国家标准化管理委员会　发布

前 言

GB/T 28000《职业健康安全管理体系》系列国家标准体系结构如下：

——职业健康安全管理体系 要求；

——职业健康安全管理体系 实施指南。

本标准的制定考虑了与GB/T 19001—2008《质量管理体系 要求》、GB/T 24001—2004《环境管理体系 要求及使用指南》标准间的兼容性，以便于满足组织整合质量、环境和职业健康安全管理体系的需求。此外，GB/T 28000系列标准还考虑了与国际劳工组织(ILO)的ILO-OSH：2001《职业健康安全管理体系指南》标准间的兼容性。为此，本标准在附录A中列出了GB/T 28001—2011、GB/T 24001—2004和GB/T 19001—2008之间的对应关系，在附录B中列出了GB/T 28000系列标准与ILO-OSH：2001之间的对应关系。

本标准代替GB/T 28001—2001。与GB/T 28001—2001相比，主要变化如下：

——更加强调"健康"的重要性；

——对PDCA（策划—实施—检查—改进)模式，仅在引言部分作全面介绍，在各主要条款中不再分别予以介绍；

——术语和定义部分作了较大调整和变动，包括：

a) 新增9个术语。它们分别为："可接受风险"、"纠正措施"、"文件"、"健康损害"、"职业健康安全方针"、"工作场所"、"预防措施"、"程序"、"记录"；

b) 修改了13个术语的定义。它们分别为："审核"、"持续改进"、"危险源"、"事件"、"相关方"、"不符合"、"职业健康安全"、"职业健康安全管理体系"、"职业健康安全目标"、"职业健康安全绩效"、"组织"、"风险"、"风险评价"；

c) 用新术语"可接受风险"取代原有术语"可容许风险"(参见3.1)；

d) 原有术语"事故"和"事件"被合并到术语"事件"中(参见3.9)；

e) 术语"危险源"的定义不再涉及"财产损失"和"工作环境破坏"(参见3.6)；考虑到这样的损失和破坏并不直接与职业健康安全管理相关，它们应包括在资产管理的范畴内；作为替代的一种方式，此方面对职业健康安全有影响的损失和破坏，其风险可以通过组织风险评价过程得到识别，并通过适当的风险控制措施得到控制；

——为了与GB/T 19001—2008、GB/T 24001—2004更加兼容，标准技术内容作了较大改进，例如：为了与GB/T 24001—2004相兼容，本标准将2001年版标准的4.3.3和4.3.4合并为本标准的4.3.3；

——针对职业健康安全策划部分的控制措施的层级，提出了新的要求(参见4.3.1)；

——更加明确强调变更管理(参见4.3.1和4.4.6)；

——增加了4.5.2"合规性评价"；

——对于参与和协商，提出了新的要求(参见4.4.3.2)；

——对于事件调查，提出了新的要求(参见4.5.3.1)。

本标准使用翻译法，等同采用OHSAS 18001：2007《职业健康安全管理体系 要求》(英文版)。

本标准由中国标准化研究院提出并归口。

本标准起草单位：中国标准化研究院、国家认证认可监督管理委员会、中国认证认可协会、中国合格评定国家认可中心、方圆标志认证集团有限公司、华夏认证中心有限公司、北京中大华远认证中心、国家电网公司、中国中铁股份有限公司、中国铁建股份有限公司、四川省宜宾五粮液集团有限公司、南京造币有限公司。

本标准主要起草人：陈元桥、于帆、陈全、王琛、王顺祺、赵宗勃、林峰、姜铁白、李伟阳、邓安怀、刘江毅、范永贵、王峰、朱江涛、唐伯超、仇发。

本标准于2001年首次发布，本次为第一次修订。

引　言

目前,由于有关法律法规日趋严格,促进良好职业健康安全实践的经济政策和其他措施也日益强化,相关方越来越关注职业健康安全问题,因此,各类组织越来越重视依照其职业健康安全方针和目标控制职业健康安全风险,以实现并证实其良好职业健康安全绩效。

虽然许多组织为评价其职业健康安全绩效而推行职业健康安全"评审"或"审核",但仅靠"评审"或"审核"本身可能仍不足以为组织提供保证,使组织确信其职业健康安全绩效不但现在而且将来都能一直持续满足法律法规和方针的要求。若要使得"评审"或"审核"行之有效,组织就必需将其纳入整合于组织中的结构化管理体系内实施。

本标准旨在为组织规定有效的职业健康安全管理体系所应具备的要素。这些要素可与其他管理要求相结合,并帮助组织实现其职业健康安全目标和经济目标。与其他标准一样,本标准无意被用于产生非关税贸易壁垒,或者增加或改变组织的法律义务。

本标准规定了对职业健康安全管理体系的要求,旨在使组织在制定和实施其方针和目标时能够考虑到法律法规要求和职业健康安全风险信息。本标准适用于任何类型和规模的组织,并与不同的地理、文化和社会条件相适应。图1给出了本标准所用的方法基础,体系的成功依赖于组织各层次和职能的承诺,特别是最高管理者的承诺。这种体系使组织能够制定其职业健康安全方针,建立实现方针承诺的目标和过程,为改进体系绩效并证实其符合本标准的要求而采取必要的措施。本标准的总目的在于支持和促进与社会经济需求相协调的良好职业健康安全实践。需注意的是,许多要求可同时或重复涉及。

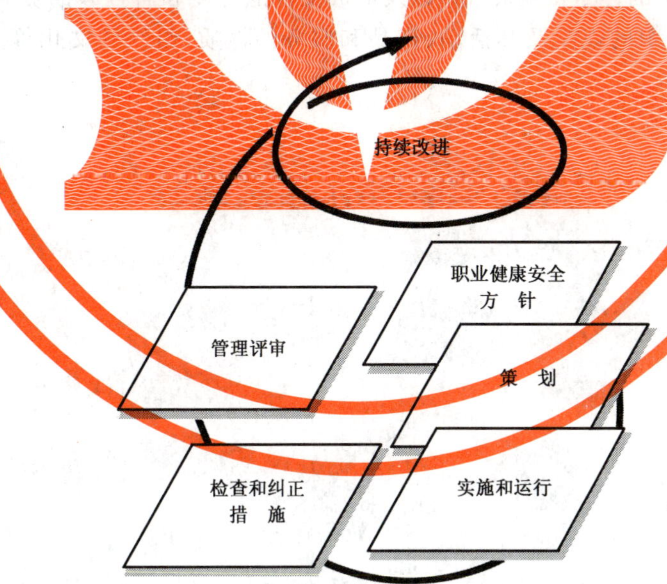

注:本标准基于被称为"策划—实施—检查—改进(PDCA)"的方法论。关于PDCA的含意,简要说明如下:

——策划:建立所需的目标和过程,以实现组织的职业健康安全方针所期望的结果。

——实施:对过程予以实施。

——检查:依据职业健康安全方针、目标、法律法规和其他要求,对过程进行监视和测量,并报告结果。

——改进:采取措施以持续改进职业健康安全绩效。

许多组织通过由过程组成的体系以及过程之间的相互作用对其运行进行管理,这种方式称为"过程方法"。GB/T 19001倡导使用过程方法。由于PDCA可用于所有过程,因此,这两种方法可以看作是兼容的。

图1　职业健康安全管理体系运行模式

本标准着重在以下几方面加以改进：

——改善与GB/T 24001和GB/T 19001的兼容性；

——寻求机会与其他职业健康安全管理体系标准（如ILO-OSH:2001）兼容；

——反映职业健康安全实践的发展；

——基于应用经验对2001年版标准所述要求进一步加以澄清。

本标准与非认证性指南标准如GB/T 28002—2011之间的重要区别在于：本标准规定了组织的职业健康安全管理体系要求，并可用于组织职业健康安全管理体系的认证、注册和（或）自我声明；GB/T 28002—2011作为非认证性指南标准旨在为组织建立、实施或改进职业健康安全管理体系提供基本帮助。职业健康安全管理涉及多方面内容，其中有些还具有战略与竞争意义。通过证实本标准已得到成功实施，组织可使相关方确信本组织已建立了适宜的职业健康安全管理体系。

有关更广泛的职业健康安全管理体系问题的通用指南，可参阅GB/T 28002—2011。任何对其他标准的引用仅限于提供信息。

本标准包含了可进行客观审核的要求，但并未超出职业健康安全方针的承诺（有关遵守适用法律法规要求和组织应遵守的其他要求、防止人身伤害和健康损害以及持续改进的承诺）而提出绝对的职业健康安全绩效要求。因此，开展相似运行的两个组织，尽管其职业健康安全绩效不同，但都可能符合本标准的要求。

尽管本标准的要素可与其他管理体系要素进行协调或整合，但本标准并不包含其他管理体系特定的要求（如质量、环境、安全保卫或财务等管理体系的要求）。组织可通过修改现有管理体系来建立符合本标准要求的职业健康安全管理体系，但需指出的是，各类管理体系要素的应用可能因预期目的和所涉及相关方的不同而各异。

职业健康安全管理体系的详尽和复杂水平以及形成文件的程度和所投入的资源等，取决于多方面因素，例如：体系的范围；组织的规模及其活动、产品和服务的性质；组织的文化等。中小型企业尤为如此。

职业健康安全管理体系　要求

1　范围

本标准规定了对职业健康安全管理体系的要求，旨在使组织能够控制其职业健康安全风险，并改进其职业健康安全绩效。它既不规定具体的职业健康安全绩效准则，也不提供详细的管理体系设计规范。

本标准适用于任何有下列愿望的组织：

a）建立职业健康安全管理体系，以消除或尽可能降低可能暴露于与组织活动相关的职业健康安全危险源中的员工和其他相关方所面临的风险；

b）实施、保持和持续改进职业健康安全管理体系；

c）确保组织自身符合其所阐明的职业健康安全方针；

d）通过下列方式来证实符合本标准：

　1）做出自我评价和自我声明；

　2）寻求与组织有利益关系的一方(如顾客等)对其符合性的确认；

　3）寻求组织外部一方对其自我声明的确认；

　4）寻求外部组织对其职业健康安全管理体系的认证。

本标准中的所有要求旨在被纳入到任何职业健康安全管理体系中。其应用程度取决于组织的职业健康安全方针、活动性质、运行的风险与复杂性等因素。

本标准旨在针对职业健康安全，而非诸如员工健身或健康计划、产品安全、财产损失或环境影响等其他方面的健康和安全。

2　规范性引用文件

下列文件对于本文件的应用是必不可少的。凡是注日期的引用文件，仅注日期的版本适用于本文件。凡是不注日期的引用文件，其最新版本(包括所有的修改单)适用于本文件。

GB/T 19000—2008　质量管理体系　基础和术语(ISO 9000:2005,IDT)

GB/T 24001—2004　环境管理体系　要求及使用指南(ISO 14001:2004,IDT)

GB/T 28002—2011　职业健康安全管理体系　实施指南(OHSAS 18002:2008,Ocuppational health and safety management systems—Guidelines for the implementation of OHSAS 18001:2007,IDT)

3　术语和定义

下列术语和定义适用于本文件。

3.1

可接受风险　acceptable risk

根据组织法律义务和**职业健康安全方针**(3.16)已降至组织可容许程度的风险。

3.2

审核　audit

为获得“审核证据”并对其进行客观的评价，以确定满足“审核准则”的程度所进行的系统的、独立的并形成文件的过程。

[GB/T 19000—2008,3.9.1]

注 1:"独立的"不意味着必须来自组织外部。很多情况下,特别是在小型组织,独立性可以通过与被审核活动之间无责任关系来证实。

注 2:有关"审核证据"和"审核准则"的进一步指南见 GB/T 19011。

3.3

持续改进 continual improvement

为了实现对整体**职业健康安全绩效**(3.15)的改进,根据**组织**(3.17)的**职业健康安全方针**(3.16),不断对**职业健康安全管理体系**(3.13)进行强化的过程。

注 1:该过程不必同时发生于活动的所有方面。

注 2:改编自 GB/T 24001—2004,3.2。

3.4

纠正措施 corrective action

为消除已发现的**不符合**(3.11)或其他不期望情况的原因所采取的措施。

[GB/T 19000—2008,3.6.5]

注 1:一个不符合可以有若干个原因。

注 2:采取纠正措施是为了防止再发生,而采取**预防措施**(3.18)是为了防止发生。

3.5

文件 document

信息及其承载媒体。

注:媒体可以是纸张,计算机磁盘、光盘或其他电子媒体,照片或标准样品,或它们的组合。

[GB/T 24001—2004,3.4]

3.6

危险源 hazard

可能导致人身伤害和(或)**健康损害**(3.8)的根源、状态或行为,或其组合。

3.7

危险源辨识 hazard identification

识别**危险源**(3.6)的存在并确定其特性的过程。

3.8

健康损害 ill health

可确认的、由工作活动和(或)工作相关状况引起或加重的身体或精神的不良状态。

3.9

事件 incident

发生或可能发生与工作相关的**健康损害**(3.8)或人身伤害(无论严重程度),或者死亡的情况。

注 1:事故是一种发生人身伤害、健康损害或死亡的事件。

注 2:未发生人身伤害、健康损害或死亡的事件通常称为"未遂事件",在英文中也可称为"near-miss"、"near-hit"、"close call"或"dangerous occurrence"。

注 3:紧急情况(参见 4.4.7)是一种特殊类型的事件。

3.10

相关方 interested party

工作场所(3.23)内外与**组织**(3.17)**职业健康安全绩效**(3.15)有关或受其影响的个人或团体。

3.11

不符合 nonconformity

未满足要求。

[GB/T 19000—2008,3.6.2;GB/T 24001—2004,3.15]

注：不符合可以是对下述要求的任何偏离：

——有关的工作标准、惯例、程序、法律法规要求等；

——**职业健康安全管理体系**(3.13)要求。

3.12

职业健康安全(OH&S)　occupational health and safety (OH&S)

影响或可能影响**工作场所**(3.23)内的员工或其他工作人员(包括临时工和承包方员工)、访问者或任何其他人员的健康安全的条件和因素。

注：组织应遵守关于工作场所附近或暴露于工作场所活动的人员的健康安全方面的法律法规要求。

3.13

职业健康安全管理体系　OH&S management system

组织(3.17)管理体系的一部分，用于制定和实施组织的**职业健康安全方针**(3.16)并管理其**职业健康安全风险**(3.21)。

注1：管理体系是用于制定方针和目标并实现这些目标的一组相互关联的要素。

注2：管理体系包括组织结构、策划活动(例如：包括风险评价、目标建立等)、职责、惯例、**程序**(3.19)、过程和资源。

注3：改编自GB/T 24001—2004,3.8。

3.14

职业健康安全目标　OH&S objective

组织(3.17)自我设定的在**职业健康安全绩效**(3.15)方面要达到的职业健康安全目的。

注1：只要可行，目标就宜量化。

注2：4.3.3要求职业健康安全目标符合**职业健康安全方针**(3.16)。

3.15

职业健康安全绩效　OH&S performance

组织(3.17)对其**职业健康安全风险**(3.21)进行管理所取得的可测量的结果。

注1：职业健康安全绩效测量包括测量组织控制措施的有效性。

注2：在**职业健康安全管理体系**(3.13)背景下，结果也可根据**组织**(3.17)的**职业健康安全方针**(3.16)、**职业健康安全目标**(3.14)和其他职业健康安全绩效要求测量出来。

3.16

职业健康安全方针　OH&S policy

最高管理者就**组织**(3.17)的**职业健康安全绩效**(3.15)正式表述的总体意图和方向。

注1：职业健康安全方针为采取措施和设定**职业健康安全目标**(3.14)提供框架。

注2：改编自GB/T 24001—2004,3.11。

3.17

组织　organization

具有自身职能和行政管理的公司、集团公司、商行、企事业单位、政府机构、社团或其结合体，或上述单位中具有自身职能和行政管理的一部分，无论其是否具有法人资格，公营或私营。

注：对于拥有一个以上运行单位的组织，可以把一个运行单位视为一个组织。

[GB/T 24001—2004,3.16]

3.18

预防措施　preventive action

为消除潜在**不符合**(3.11)或其他不期望潜在情况的原因所采取的措施。

注1：一个潜在不符合可以有若干个原因。

注2：采取预防措施是为了防止发生，而采取**纠正措施**(3.4)是为了防止再发生。

[GB/T 19000—2008,3.6.4]

3.19

程序 procedure

为进行某项活动或过程所规定的途径。

注1：程序可以形成文件，也可以不形成文件。

注2：当程序形成文件时，通常称为"书面程序"或"形成文件的程序"。含有程序的**文件**(3.5)可称为"程序文件"。

[GB/T 19000—2008,3.4.5]

3.20

记录 record

阐明所取得的结果或提供所从事活动的证据的**文件**(3.5)。

[GB/T 24001—2004,3.20]

3.21

风险 risk

发生危险事件或有害暴露的可能性，与随之引发的人身伤害或**健康损害**(3.8)的严重性的组合。

3.22

风险评价 risk assessment

对危险源导致的**风险**(3.21)进行评估、对现有控制措施的充分性加以考虑以及对风险是否可接受予以确定的过程。

3.23

工作场所 workplace

在组织控制下实施与工作相关的活动的任何物理地点。

注：在考虑工作场所的构成时，**组织**(3.17)宜考虑对如下人员的职业健康安全影响，例如：差旅或运输中(如驾驶、乘机、乘船或乘火车等)、在客户或顾客处所工作或在家工作的人员。

4 职业健康安全管理体系要求

4.1 总要求

组织应根据本标准的要求建立、实施、保持和持续改进职业健康安全管理体系，确定如何满足这些要求，并形成文件。

组织应界定其职业健康安全管理体系的范围，并形成文件。

4.2 职业健康安全方针

最高管理者应确定和批准本组织的职业健康安全方针，并确保职业健康安全方针在界定的职业健康安全管理体系范围内：

a） 适合于组织职业健康安全风险的性质和规模；

b） 包括防止人身伤害与健康损害和持续改进职业健康安全管理与职业健康安全绩效的承诺；

c） 包括至少遵守与其职业健康安全危险源有关的适用法律法规要求及组织应遵守的其他要求的承诺；

d） 为制定和评审职业健康安全目标提供框架；

e） 形成文件，付诸实施，并予以保持；

f） 传达到所有在组织控制下工作的人员，旨在使其认识到各自的职业健康安全义务；

g） 可为相关方所获取；

h） 定期评审，以确保其与组织保持相关和适宜。

4.3 策划

4.3.1 危险源辨识、风险评价和控制措施的确定

组织应建立、实施并保持程序，以便持续进行危险源辨识、风险评价和必要控制措施的确定。

危险源辨识和风险评价的程序应考虑：

——常规和非常规活动；

——所有进入工作场所的人员（包括承包方人员和访问者）的活动；

——人的行为、能力和其他人的因素；

——已识别的源于工作场所外，能够对工作场所内组织控制下的人员的健康安全产生不利影响的危险源；

——在工作场所附近，由组织控制下的工作相关活动所产生的危险源；

注1：按环境因素对此类危险源进行评价可能更为合适。

——由本组织或外界所提供的工作场所的基础设施、设备和材料；

——组织及其活动、材料的变更，或计划的变更；

——职业健康安全管理体系的更改包括临时性变更等，及其对运行、过程和活动的影响；

——任何与风险评价和实施必要控制措施相关的适用法律义务（也可参见3.12的注）；

——对工作区域、过程、装置、机器和（或）设备、操作程序和工作组织的设计，包括其对人的能力的适应性。

组织用于危险源辨识和风险评价的方法应：

——在范围、性质和时机方面进行界定，以确保其是主动的而非被动的；

——提供风险的确认、风险优先次序的区分和风险文件的形成以及适当时控制措施的运用。

对于变更管理，组织应在变更前，识别在组织内、职业健康安全管理体系中或组织活动中与该变更相关的职业健康安全危险源和职业健康安全风险。

组织应确保在确定控制措施时考虑这些评价的结果。

在确定控制措施或考虑变更现有控制措施时，应按如下顺序考虑降低风险：

——消除；

——替代；

——工程控制措施；

——标志、警告和（或）管理控制措施；

——个体防护装备。

组织应将危险源辨识、风险评价和控制措施的确定的结果形成文件并及时更新。

在建立、实施和保持职业健康安全管理体系时，组织应确保职业健康安全风险和确定的控制措施能够得到考虑。

注2：关于危险源辨识、风险评价和控制措施的确定的进一步指南见GB/T 28002—2011。

4.3.2 法律法规和其他要求

组织应建立、实施并保持程序，以识别和获取适用于本组织的法律法规和其他职业健康安全要求。

在建立、实施和保持职业健康安全管理体系时，组织应确保对适用法律法规要求和组织应遵守的其他要求得到考虑。

组织应使这方面的信息处于最新状态。

组织应向在其控制下工作的人员和其他有关的相关方传达相关法律法规和其他要求的信息。

4.3.3 目标和方案

组织应在其内部相关职能和层次建立、实施和保持形成文件的职业健康安全目标。

可行时，目标应可测量。目标应符合职业健康安全方针，包括对防止人身伤害与健康损害，符合适用法律法规要求与组织应遵守的其他要求，以及持续改进的承诺。

在建立和评审目标时，组织应考虑法律法规要求和应遵守的其他要求及其职业健康安全风险。组织还应考虑其可选技术方案，财务、运行和经营要求，以及有关的相关方的观点。

组织应建立、实施和保持实现其目标的方案。方案至少应包括：

a) 为实现目标而对组织相关职能和层次的职责和权限的指定；

b) 实现目标的方法和时间表。

应定期和按计划的时间间隔对方案进行评审，必要时进行调整，以确保目标得以实现。

4.4 实施和运行

4.4.1 资源、作用、职责、责任和权限

最高管理者应对职业健康安全和职业健康安全管理体系承担最终责任。

最高管理者应通过以下方式证实其承诺：

——确保为建立、实施、保持和改进职业健康安全管理体系提供必要的资源。

注 1：资源包括人力资源和专项技能、组织基础设施、技术和财力资源。

——明确作用、分配职责和责任、授予权力以提供有效的职业健康安全管理；作用、职责、责任和权限应形成文件和予以沟通。

组织应任命最高管理者中的成员，承担特定的职业健康安全职责，无论他(他们)是否还负有其他方面的职责，都应明确界定如下作用和权限：

——确保按本标准建立、实施和保持职业健康安全管理体系；

——确保向最高管理者提交职业健康安全管理体系绩效报告，以供评审，并为改进职业健康安全管理体系提供依据。

注 2：最高管理者中的被任命者(比如大型组织中的董事会或执委会成员)，在仍然保留责任的同时，可将他们的一些任务委派给下属的管理者代表。

最高管理者中的被任命者的身份应对所有在本组织控制下工作的人员公开。

所有承担管理职责的人员，均应证实其对职业健康安全绩效持续改进的承诺。

组织应确保工作场所的人员在其能控制的领域承担职业健康安全方面的责任，包括遵守组织适用的职业健康安全要求。

4.4.2 能力、培训和意识

组织应确保任何在其控制下完成对职业健康安全有影响的任务的人员都具有相应的能力，该能力应依据适当的教育、培训或经历来确定。组织应保存相关的记录。

组织应确定与职业健康安全风险及职业健康安全管理体系相关的培训需求。组织应提供培训或采取其他措施来满足这些需求，评价培训或所采取措施的有效性，并保存相关记录。

组织应当建立、实施并保持程序，使在本组织控制下工作的人员意识到：

——他们的工作活动和行为的实际或潜在的职业健康安全后果，以及改进个人表现的职业健康安全益处；

——他们在实现符合职业健康安全方针、程序和职业健康安全管理体系要求，包括应急准备和响应要求(参见 4.4.7)方面的作用、职责和重要性；

——偏离规定程序的潜在后果。

培训程序应当考虑不同层次的：

——职责、能力、语言技能和文化程度；

——风险。

4.4.3 沟通、参与和协商

4.4.3.1 沟通

针对其职业健康安全危险源和职业健康安全管理体系，组织应建立、实施和保持程序，用于：

——在组织内不同层次和职能进行内部沟通；

——与进入工作场所的承包方和其他访问者进行沟通；

——接收、记录和回应来自外部相关方的相关沟通。

4.4.3.2 参与和协商

组织应建立、实施并保持程序，用于：

a) 工作人员：

——适当参与危险源辨识、风险评价和控制措施的确定；

——适当参与事件调查；

——参与职业健康安全方针和目标的制定和评审；

——对影响他们职业健康安全的任何变更进行协商；

——对职业健康安全事务发表意见。

应告知工作人员关于他们的参与安排，包括谁是他们的职业健康安全事务代表。

b) 与承包方就影响他们的职业健康安全的变更进行协商。

适当时，组织应确保与相关的外部相关方就有关的职业健康安全事务进行协商。

4.4.4 文件

职业健康安全管理体系文件应包括：

a) 职业健康安全方针和目标；

b) 对职业健康安全管理体系覆盖范围的描述；

c) 对职业健康安全管理体系的主要要素及其相互作用的描述，以及相关文件的查询途径；

d) 本标准所要求的文件，包括记录；

e) 组织为确保对涉及其职业健康安全风险管理过程进行有效策划、运行和控制所需的文件，包括记录。

注：重要的是，文件要与组织的复杂程度、相关的危险源和风险相匹配，按有效性和效率的要求使文件数量尽可能少。

4.4.5 文件控制

应对本标准和职业健康安全管理体系所要求的文件进行控制。记录是一种特殊类型的文件，应依据4.5.4的要求进行控制。

组织应建立、实施并保持程序，以规定：

a) 在文件发布前进行审批，确保其充分性和适宜性；

b) 必要时对文件进行评审和更新，并重新审批；

c) 确保对文件的更改和现行修订状态作出标识；

d) 确保在使用处能得到适用文件的有关版本；

e） 确保文件字迹清楚，易于识别；

f） 确保对策划和运行职业健康安全管理体系所需的外来文件作出标识，并对其发放予以控制；

g） 防止对过期文件的非预期使用。若须保留，则应作出适当的标识。

4.4.6 运行控制

组织应确定那些与已辨识的、需实施必要控制措施的危险源相关的运行和活动，以管理职业健康安全风险。这应包括变更管理（参见4.3.1）。

对于这些运行和活动，组织应实施并保持：

a） 适合组织及其活动的运行控制措施；组织应把这些运行控制措施纳入其总体的职业健康安全管理体系之中；

b） 与采购的货物、设备和服务相关的控制措施；

c） 与进入工作场所的承包方和访问者相关的控制措施；

d） 形成文件的程序，以避免因其缺乏而可能偏离职业健康安全方针和目标；

e） 规定的运行准则，以避免因其缺乏而可能偏离职业健康安全方针和目标。

4.4.7 应急准备和响应

组织应建立、实施并保持程序，用于：

a） 识别潜在的紧急情况；

b） 对此紧急情况作出响应。

组织应对实际的紧急情况作出响应，防止和减少相关的职业健康安全不良后果。

组织在策划应急响应时，应考虑有关相关方的需求，如应急服务机构、相邻组织或居民。

可行时，组织也应定期测试其响应紧急情况的程序，并让有关的相关方适当参与其中。

组织应定期评审其应急准备和响应程序，必要时对其进行修订，特别是在定期测试和紧急情况发生后（参见4.5.3）。

4.5 检查

4.5.1 绩效测量和监视

组织应建立、实施并保持程序，对职业健康安全绩效进行例行监视和测量。程序应规定：

a） 适合组织需要的定性和定量测量；

b） 对组织职业健康安全目标满足程度的监视；

c） 对控制措施有效性（既针对健康也针对安全）的监视；

d） 主动性绩效测量，即监视是否符合职业健康安全方案、控制措施和运行准则；

e） 被动性绩效测量，即监视健康损害、事件（包括事故、未遂事件等）和其他不良职业健康安全绩效的历史证据；

f） 对监视和测量的数据和结果的记录，以便于其后续的纠正措施和预防措施的分析。

如果测量或监视绩效需要设备，适当时，组织应建立并保持程序，对此类设备进行校准和维护。应保存校准和维护活动及其结果的记录。

4.5.2 合规性评价

4.5.2.1 为了履行遵守法律法规要求的承诺[参见4.2c)]，组织应建立、实施并保持程序，以定期评价对适用法律法规的遵守情况（参见4.3.2）。

组织应保存定期评价结果的记录。

注：对不同法律法规要求的定期评价的频次可以有所不同。

4.5.2.2 组织应评价对应遵守的其他要求的遵守情况(参见4.3.2)。这可以和4.5.2.1中所要求的评价一起进行,也可另外制定程序,分别进行评价。

组织应保存定期评价结果的记录。

注:对于不同的、组织应遵守的其他要求,定期评价的频次可以有所不同。

4.5.3 事件调查、不符合、纠正措施和预防措施

4.5.3.1 事件调查

组织应建立、实施并保持程序,记录、调查和分析事件,以便:

a) 确定内在的、可能导致或有助于事件发生的职业健康安全缺陷和其他因素;

b) 识别采取纠正措施的需求;

c) 识别采取预防措施的可能性;

d) 识别持续改进的可能性;

e) 沟通调查结果。

调查应及时开展。

对任何已识别的纠正措施的需求或预防措施的机会,应依据4.5.3.2相关要求进行处理。

事件调查的结果应形成文件并予以保持。

4.5.3.2 不符合、纠正措施和预防措施

组织应建立、实施并保持程序,以处理实际和潜在的不符合,并采取纠正措施和预防措施。程序应明确下述要求:

a) 识别和纠正不符合,采取措施以减轻其职业健康安全后果;

b) 调查不符合,确定其原因,并采取措施以避免其再度发生;

c) 评价预防不符合的措施需求,并采取适当措施,以避免不符合的发生;

d) 记录和沟通所采取的纠正措施和预防措施的结果;

e) 评审所采取的纠正措施和预防措施的有效性。

如果在纠正措施或预防措施中识别出新的或变化的危险源,或者对新的或变化的控制措施的需求,则程序应要求对拟定的措施在其实施前先进行风险评价。

为消除实际和潜在不符合的原因而采取的任何纠正或预防措施,应与问题的严重性相适应,并与面临的职业健康安全风险相匹配。

对因纠正措施和预防措施而引起的任何必要变化,组织应确保其体现在职业健康安全管理体系文件中。

4.5.4 记录控制

组织应建立并保持必要的记录,用于证实符合职业健康安全管理体系要求和本标准要求,以及所实现的结果。

组织应建立、实施并保持程序,用于记录的标识、贮存、保护、检索、保留和处置。

记录应保持字迹清楚,标识明确,并可追溯。

4.5.5 内部审核

组织应确保按照计划的时间间隔对职业健康安全管理体系进行内部审核。目的是:

——确定职业健康安全管理体系是否:

- 符合组织对职业健康安全管理的策划安排,包括本标准的要求;

• 得到了正确的实施和保持；
• 有效满足组织的方针和目标。

——向管理者报告审核结果的信息。

组织应基于组织活动的风险评价结果和以前的审核结果，策划、制定、实施和保持审核方案。

应建立、实施和保持审核程序，以明确：

——关于策划和实施审核、报告审核结果和保存相关记录的职责、能力和要求；

——审核准则、范围、频次和方法的确定。

审核员的选择和审核的实施均应确保审核过程的客观性和公正性。

4.6 管理评审

最高管理者应按计划的时间间隔，对组织的职业健康安全管理体系进行评审，以确保其持续适宜性、充分性和有效性。评审应包括评价改进的可能性和对职业健康安全管理体系进行修改的需求，包括对职业健康安全方针和职业健康安全目标的修改需求。应保存管理评审记录。

管理评审的输入应包括：

——内部审核和合规性评价的结果；

——参与和协商的结果(参见4.4.3)；

——来自外部相关方的相关沟通信息，包括投诉；

——组织的职业健康安全绩效；

——目标的实现程度；

——事件调查、纠正措施和预防措施的状况；

——以前管理评审的后续措施；

——客观环境的变化，包括与职业健康安全有关的法律法规和其他要求的发展；

——改进建议。

管理评审的输出应符合组织持续改进的承诺，并应包括与如下方面可能的更改有关的任何决策和措施：

——职业健康安全绩效；

——职业健康安全方针和目标；

——资源；

——其他职业健康安全管理体系要素。

管理评审的相关输出应可用于沟通和协商(参见4.4.3)。

附 录 A
（资料性附录）
GB/T 28001—2011、GB/T 24001—2004 和 GB/T 19001—2008 之间的对应关系

GB/T 28001—2011、GB/T 24001—2004 和 GB/T 19001—2008 之间的对应关系如表 A.1 所示。

表 A.1 GB/T 28001—2011、GB/T 24001—2004 和 GB/T 19001—2008 之间的对应关系

GB/T 28001—2011		GB/T 24001—2004		GB/T 19001—2008	
章条号	章条标题	章条号	章条标题	章条号	章条标题
	引言		引言		引言
				0.1	总则
				0.2	过程方法
				0.3	与 GB/T 19004 的关系
				0.4	与其他管理体系的相容性
1	范围	1	范围	1	范围
				1.1	总则
				1.2	应用
2	规范性引用文件	2	规范性引用文件	2	规范性引用文件
3	术语和定义	3	术语和定义	3	术语和定义
4	职业健康安全管理体系要求(仅有标题)	4	环境管理体系要求（仅有标题）	4	质量管理体系(仅有标题)
4.1	总要求	4.1	总要求	4.1	总要求
				5.5	职责、权限与沟通
				5.5.1	职责和权限
4.2	职业健康安全方针	4.2	环境方针	5.1	管理承诺
				5.3	质量方针
				8.5.1	持续改进
4.3	策划(仅有标题)	4.3	策划（仅有标题）	5.4	策划（仅有标题）
4.3.1	危险源辨识、风险评价和控制措施的确定	4.3.1	环境因素	5.2	以顾客为关注焦点
				7.2.1	与产品有关的要求的确定
				7.2.2	与产品有关的要求的评审
4.3.2	法律法规和其他要求	4.3.2	法律法规和其他要求	5.2	以顾客为关注焦点
				7.2.1	与产品有关的要求的确定
4.3.3	目标和方案	4.3.3	目标、指标和方案	5.4.1	质量目标
				5.4.2	质量管理体系策划
				8.5.1	持续改进
4.4	实施和运行(仅有标题)	4.4	实施与运行（仅有标题）	7	产品实现（仅有标题）

表 A.1（续）

GB/T 28001—2011		GB/T 24001—2004		GB/T 19001—2008	
章条号	章条标题	章条号	章条标题	章条号	章条标题
4.4.1	资源、作用、职责、责任和权限	4.4.1	资源、作用、职责和权限	5.1	管理承诺
				5.5.1	职责和权限
				5.5.2	管理者代表
				6.1	资源提供
				6.3	基础设施
4.4.2	能力、培训和意识	4.4.2	能力、培训和意识	6.2.1	总则
				6.2.2	能力、意识和培训
4.4.3	沟通、参与和协商	4.4.3	信息交流	5.5.3	内部沟通
				7.2.3	顾客沟通
4.4.4	文件	4.4.4	文件	4.2.1	(文件要求)总则
4.4.5	文件控制	4.4.5	文件控制	4.2.3	文件控制
4.4.6	运行控制	4.4.6	运行控制	7.1	产品实现的策划
				7.2	与顾客有关的过程
				7.2.1	与产品有关的要求的确定
				7.2.2	与产品有关的要求的评审
				7.3.1	设计和开发策划
				7.3.2	设计和开发输入
				7.3.3	设计和开发输出
				7.3.4	设计和开发评审
				7.3.5	设计和开发验证
				7.3.6	设计和开发确认
				7.3.7	设计和开发更改的控制
				7.4.1	采购过程
				7.4.2	采购信息
				7.4.3	采购产品的验证
				7.5	生产和服务的提供
				7.5.1	生产和服务的提供的控制
				7.5.2	生产和服务的提供过程的确认
				7.5.5	产品防护
4.4.7	应急准备和响应	4.4.7	应急准备和响应	8.3	不合格品控制
4.5	检查(仅有标题)	4.5	检查(仅有标题)	8	测量、分析和改进(仅有标题)

表 A.1（续）

GB/T 28001—2011		GB/T 24001—2004		GB/T 19001—2008	
章条号	章条标题	章条号	章条标题	章条号	章条标题
4.5.1	绩效测量和监视	4.5.1	监视和测量	7.6 8.1 8.2.3 8.2.4 8.4	监视和测量设备的控制 （测量、分析和改进）总则 过程的监视和测量 产品的监视和测量 数据分析
4.5.2	合规性评价	4.5.2	合规性评价	8.2.3 8.2.4	过程的监视和测量 产品的监视和测量
4.5.3	事件调查、不符合、纠正措施和预防措施（仅有标题）	—	—	—	—
4.5.3.1	事件调查	—	—	—	—
4.5.3.2	不符合、纠正措施和预防措施	4.5.3	不符合、纠正措施和预防措施	8.3 8.4 8.5.2 8.5.3	不合格品控制 数据分析 纠正措施 预防措施
4.5.4	记录控制	4.5.4	记录控制	4.2.4	记录控制
4.5.5	内部审核	4.5.5	内部审核	8.2.2	内部审核
4.6	管理评审	4.6	管理评审	5.1 5.6 5.6.1 5.6.2 5.6.3 8.5.1	管理承诺 管理评审（仅有标题） 总则 评审输入 评审输出 持续改进

附 录 B
（资料性附录）
GB/T 28000 系列标准与 ILO-OSH:2001 之间的对应关系

B.1 引言

本附录识别了 ILO-OSH:2001《职业健康安全管理体系指南》与 GB/T 28000 系列标准之间的主要不同点，并提供了它们之间不同要求的对比评价。

注：需注意的是，经识别确认，两者并无重大差异。

如果组织已实施了职业健康安全管理体系且符合本标准，则可确信其职业健康安全管理体系也与 ILO-OSH:2001 的建议相一致。

B.4 给出了 GB/T 28000 系列标准与 ILO-OSH:2001 之间的对应关系表。

B.2 概述

ILO-OSH:2001 的两个主要目标是：

a） 帮助国家建立职业健康安全管理体系国家构架；

b） 为单个组织就职业健康安全要素融入其总体方针和管理安排之中提供指南。

本标准规定了职业健康安全管理体系的要求，使组织能够控制风险和改进其职业健康安全绩效。GB/T 28002—2001 是本标准的实施指南。因此，GB/T 28000 系列标准与 ILO-OSH:2001 第 3 章“组织的职业健康安全管理体系”类似。

B.3 对照 GB/T 28000 系列标准对 ILO-OSH:2001 第 3 章的详尽分析

B.3.1 范围

ILO-OSH:2001 以工作人员为关注焦点，而 GB/T 28000 系列标准以组织控制下的人员和其他相关方为关注焦点，其关注范围更广。

B.3.2 职业健康安全管理体系模式

关于描述职业健康安全管理体系主要要素的模式，ILO-OSH:2001 与 GB/T 28000 系列标准完全相同。

B.3.3 ILO-OSH:2001 的 3.2“工作人员参与”

ILO-OSH:2001 的 3.2.4 建议：“适当时，雇主宜确保健康安全委员会的建立和有效运行，以及依据国家法律和惯例对工作人员健康安全代表的认可”。

本标准中 4.4.3 要求组织建立沟通、参与和协商的程序，使更广泛的相关方参与其中（因为 GB/T 28000系列标准应用范围更广）。

B.3.4 ILO-OSH:2001 的 3.3“职责和责任”

ILO-OSH:2001 的 3.3.1(h)建议建立预防和健康促进方案。GB/T 28000 系列标准无此要求。

B.3.5 ILO-OSH:2001 的 3.4“能力和培训”

ILO-OSH:2001 的 3.4.4 建议:“宜对所有参与者提供免费培训,并尽可能安排在工作时间内”。GB/T 28000 系列标准无此要求。

B.3.6 ILO-OSH:2001 的 3.10.4“采购”

ILO-OSH:2001 强调宜将组织的健康安全要求融入采购和租赁规范之中。

GB/T 28000 系列标准强调宜依据风险评价的要求、所识别的法律法规要求和所确立的运行控制措施来进行采购。

B.3.7 ILO-OSH:2001 的 3.10.5“承包”

ILO-OSH:2001 明确了确保组织的健康安全要求适合于承包方所需采取的步骤(承包方也提供所需的措施概要)。这隐含在 GB/T 28000 系列标准中。

B.3.8 ILO-OSH:2001 的 3.12“与工作有关的人身伤害、健康损害、疾病和事件的调查及其对健康安全绩效的影响”

不同于本标准中的 4.5.3.2,ILO-OSH:2001 不要求纠正措施或预防措施在实施前通过风险评价过程进行评审。

B.3.9 ILO-OSH:2001 的 3.13“审核”

ILO-OSH:2001 建议协商选择审核员。与之相对应,GB/T 28000 系列标准要求审核人员公正和客观。

B.3.10 ILO-OSH:2001 的 3.16“持续改进”

在 ILO-OSH:2001 中,“持续改进”是一个单独的子条款。它详细阐述了为实现持续改进所宜考虑的安排。在 GB/T 28000 系列标准中,类似的安排则贯穿于整个标准中,因而没有与其相对应的单独条款。

B.4 GB/T 28000 系列标准与 ILO-OSH:2001 之间的对应情况

GB/T 28000 系列标准与 ILO-OSH:2001 之间的对应情况如表 B.1 所示。

表 B.1 GB/T 28000 系列标准与 ILO-OSH:2001 之间的对应关系

章条号	GB/T 28000 系列标准	章条号	ILO-OSH:2001
	前言		国际劳工组织
	引言		引言
		3.0	组织的职业健康安全管理体系
1	范围	1.0	目标
2	规范性引用文件		参考文献
3	术语和定义		词汇表

表 B.1（续）

章条号	GB/T 28000 系列标准	章条号	ILO-OSH:2001
4	职业健康安全管理体系要求(仅有标题)	—	—
4.1	总要求	3.0	组织的职业健康安全管理体系
4.2	职业健康安全方针	3.1 3.16	职业健康安全方针 持续改进
4.3	策划(仅有标题)	—	策划和实施(仅有标题)
4.3.1	危险源辨识、风险评价和控制措施的确定	3.7 3.8 3.10 3.10.1 3.10.2 3.10.5	初始评审 体系策划、建立和实施 危害预防 预防和控制措施 变更管理 承包
4.3.2	法律法规和其他要求	3.7.2 3.10.1.2	(初始评审) (预防和控制措施)
4.3.3	目标和方案	3.8 3.9 3.16	体系策划、建立和实施 职业健康安全目标 持续改进
4.4	实施和运行(仅有标题)	—	—
4.4.1	资源、作用、职责、责任和权限	3.3 3.8 3.16	职责和责任 体系策划、建立和实施 持续改进
4.4.2	能力、培训和意识	3.4	能力和培训
4.4.3	沟通、参与和协商	3.2 3.6	工作人员参与 沟通
4.4.4	文件	3.5	职业健康安全管理体系文件
4.4.5	文件控制	3.5	职业健康安全管理体系文件
4.4.6	运行控制	3.10.2 3.10.4 3.10.5	变更管理 采购 承包
4.4.7	应急准备和响应	3.10.3	应急预防、准备和响应
4.5	检查(仅有标题)	—	评价(仅有标题)
4.5.1	绩效测量和监视	3.11	绩效监视和测量
4.5.2	合规性评价	—	—
4.5.3	事件调查、不符合、纠正措施和预防措施(仅有标题)	—	—

表 B.1（续）

章条号	GB/T 28000 系列标准	章条号	ILO-OSH:2001
4.5.3.1	事件调查	3.12 3.16	与工作有关的人身伤害、健康损害、疾病和事件的调查及其对职业健康安全绩效的影响 持续改进
4.5.3.2	不符合、纠正措施和预防措施	3.15	预防和纠正措施
4.5.4	记录控制	3.5	职业健康安全管理体系文件
4.5.5	内部审核	3.13	审核
4.6	管理评审	3.14 3.16	管理评审 持续改进

参 考 文 献

[1] GB/T 19001—2008 质量管理体系 要求(ISO 9001:2008,IDT)
[2] GB/T 19011—2003 质量和(或)环境管理体系审核指南(ISO 19011:2002,IDT)

ICS 13.100
C 78

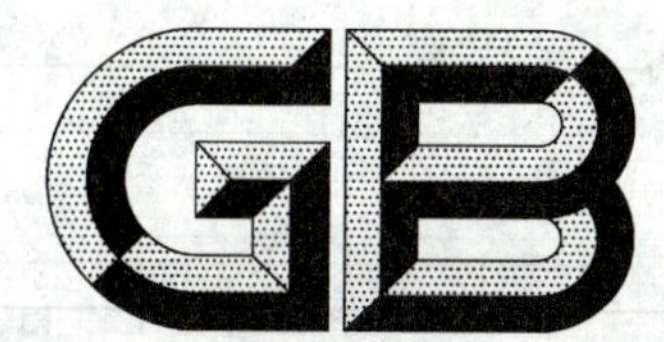

中华人民共和国国家标准

GB/T 28002—2011
代替 GB/T 28002—2002

职业健康安全管理体系 实施指南

Occupational health and safety management systems—Guidelines for the implementation

(OHSAS 18002:2008,Occupational health and safety management systems—Guidelines for the implementation of OHSAS 18001:2007,IDT)

2011-12-30 发布　　2012-02-01 实施

中华人民共和国国家质量监督检验检疫总局
中国国家标准化管理委员会　发布

前　言

GB/T 28000《职业健康安全管理体系》系列国家标准体系结构如下：

——职业健康安全管理体系　要求(GB/T 28001)；

——职业健康安全管理体系　实施指南(GB/T 28002)。

GB/T 28000 系列标准的制定是为了满足职业健康安全管理体系评价和认证的需求。为满足组织整合质量、环境和职业健康安全管理体系的需求，GB/T 28000 系列标准考虑了与 GB/T 19001—2008《质量管理体系　要求》和 GB/T 24001—2004《环境管理体系　要求及使用指南》标准间的兼容性。此外，GB/T 28000 系列标准还考虑了与国际劳工组织(ILO)的 ILO-OSH：2001《职业健康安全管理体系指南》标准间的兼容性。为此，本标准在附录 A 中列出了 GB/T 28001—2011、GB/T 24001—2004 和 GB/T 19001—2008 之间的对应关系，在附录 B 中列出了 GB/T 28000 系列标准与 ILO-OSH：2001 之间的对应关系。

本标准是 GB/T 28001—2011 的实施指南。针对 GB/T 28001—2011 的特定要求，本标准逐项引用并分别给出了相应的指南。为便于使用，本标准采用与 GB/T 28001—2011 一致的章条编号，并将 GB/T 28001—2011 对应章条的内容置于方框内对照列出，但方框中的内容不是本标准的内容。

本标准代替 GB/T 28002—2002《职业健康安全管理体系　指南》，与 GB/T 28002—2002 相比，主要技术变化如下：

——本标准采用了与 GB/T 28002—2002 完全不同的表述模式。GB/T 28002—2002 的表述模式为：首先列出 GB/T 28001—2011 相应章条的内容，然后依次明确阐述其“意图”、满足要求所需的“典型输入”、可用于满足要求的“过程”、满足要求所期望的“典型输出”；由于该表述模式不便于使用，故本标准未继续采用，而代之以按逻辑关系编排的表述模式，且不再公开指明其“意图”、“典型输入”、“过程”和“典型输出”；

——依照 GB/T 28001—2011 的修订变化，本标准增加了与 GB/T 28001—2011 的 4.5.2“合规性评价”对应的相关指南，并针对 GB/T 28001—2011 的 4.5.3.1“事件调查”和 4.4.3“沟通、参与和协商”所提出的新要求，本标准也相应增加了相关指南；

——由于 GB/T 28001—2011 将 2001 年版标准的 4.3.3 和 4.3.4 合并为 GB/T 28001—2011 的 4.3.3“目标和方案”，因此，本标准也随之将相应的指南合并为对应 GB/T 28001—2011 的 4.3.3“目标和方案”的指南；

——为了与 ILO-OSH：2001《职业健康安全管理体系指南》保持一致，本标准新增了 4.1.2“初始评审”和 4.3.1.5“变更管理”；

——本标准新增了 4.4.2.4“意识”、附录 C“在危险源辨识检查表中包含项目的示例”和附录 D“风险评价工具和方法的示例比较”；

——在 4.3.1“危险源辨识、风险评价和控制措施的确定”、4.3.2“法律法规和其他要求”、4.3.3“目标和方案”、4.4.6“运行控制”、4.4.7“应急准备和响应”和 4.5.5“内部审核”中，本标准较 2002 年版标准扩充了更多的指南。

以下各方面为 GB/T 28001—2011 修订 2001 年版标准而产生的主要技术变化，但同样与本标准的技术内容密切相关：

——GB/T 28001—2011 更加强调“健康”的重要性；

——对于 PDCA(策划—实施—检查—改进)模式，GB/T 28001—2011 仅在引言部分作全面介绍，在各主要条款中不再分别予以介绍；

——GB/T 28001—2011 的术语和定义部分作了较大调整和变动，包括：

a) 新增了 9 个术语。它们分别为："可接受风险"、"纠正措施"、"文件"、"健康损害"、"职业健康安全方针"、"工作场所"、"预防措施"、"程序"、"记录"；

b) 修改了 13 个术语的定义。它们分别为："审核"、"持续改进"、"危险源"、"事件"、"相关方"、"不符合"、"职业健康安全"、"职业健康安全管理体系"、"职业健康安全目标"、"职业健康安全绩效"、"组织"、"风险"、"风险评价"；

c) 用新术语"可接受风险"取代 2001 年版标准的术语"可容许风险"（参见 GB/T 28001—2011 中的 3.1）；

d) 2001 年版标准的术语"事故"和"事件"被合并到 GB/T 28001—2011 的术语"事件"中（参见 GB/T 28001—2011 中的 3.9）；

e) GB/T 28001—2011 的术语"危险源"的定义不再涉及"财产损失"和"工作环境破坏"两方面内容（参见 GB/T 28001—2011 中的 3.6）；考虑到这样的损失和破坏并不直接与职业健康安全管理相关，它们应包括在资产管理的范畴内；作为替代的一种方式，此方面对职业健康安全有影响的损失和破坏，其风险可以通过组织风险评价过程得到识别，并通过适当的风险控制措施得到控制；

——为了与 GB/T 19001—2008 和 GB/T 24001—2004 更加兼容，GB/T 28001—2011 的技术内容作了较大改进，例如：为了与 GB/T 24001—2004 相兼容，GB/T 28001—2011 将 2001 年版标准的 4.3.3 和 4.3.4 合并为 GB/T 28001—2011 的 4.3.3；

——针对职业健康安全策划部分的控制措施层级，GB/T 28001—2011 提出了新的要求（参见 GB/T 28001—2011 的 4.3.1）；

——GB/T 28001—2011 更加明确强调变更管理（参见 GB/T 28001—2011 的 4.3.1 和 4.4.6）；

——GB/T 28001—2011 增加了 4.5.2"合规性评价"；

——对于参与和协商，GB/T 28001—2011 提出了新的要求（参见 GB/T 28001—2011 的 4.4.3.2）；

——对于事件调查，GB/T 28001—2011 提出了新的要求（参见 GB/T 28001—2011 的 4.5.3.1）。

本标准使用翻译法，等同采用 OHSAS 18002:2008《职业健康安全管理体系　OHSAS 18001:2007 的实施指南》（英文版）。

本标准由中国标准化研究院提出并归口。

本标准起草单位：中国标准化研究院、国家认证认可监督管理委员会、中国合格评定国家认可中心、中国认证认可协会、中国安全生产科学研究院、方圆标志认证集团有限公司、华夏认证中心有限公司、长城（天津）质量保证中心。

本标准主要起草人：陈元桥、于帆、陈全、赵宗勃、林峰、姜铁白、李辰暄、王顺祺、叶坚新。

本标准于 2002 年首次发布，本次为第一次修订。

引　言

目前，由于有关法律法规日趋严格，促进良好职业健康安全实践的经济政策和其他措施也日益强化，相关方越来越关注职业健康安全问题，因此，各类组织越来越重视依照其职业健康安全方针和目标控制职业健康安全风险，以实现并证实其良好职业健康安全绩效。

虽然许多组织为评价其职业健康安全绩效而推行职业健康安全“评审”或“审核”，但仅靠“评审”或“审核”本身可能仍不足以为组织提供保证，使组织确信其职业健康安全绩效不但现在而且将来都能一直持续满足法律法规和方针的要求。若要使得“评审”或“审核”行之有效，组织就必需将其纳入整合于组织中的结构化管理体系内实施。

本标准旨在为组织规定有效的职业健康安全管理体系所应具备的要素。这些要素可与其他管理要求相结合，并帮助组织实现其职业健康安全目标和经济目标。与其他标准一样，本标准无意被用于产生非关税贸易壁垒，或者增加或改变组织的法律义务。

GB/T 28001—2011 规定了对职业健康安全管理体系的要求，旨在使组织在制定和实施其方针和目标时能够考虑到法律法规要求和职业健康安全风险信息。该标准适用于任何类型和规模的组织，并与不同的地理、文化和社会条件相适应。图 1 给出了该标准所用的方法基础。体系的成功依赖于组织各层次和职能的承诺，特别是最高管理者的承诺。这种体系使组织能够制定其职业健康安全方针，建立实现方针承诺的目标和过程，为改进体系绩效并证实其符合 GB/T 28001—2011 要求而采取必要的措施。GB/T 28001—2011 的总目的在于支持和促进与社会经济需求相协调的良好职业健康安全实践。需注意的是，许多要求可同时或重复涉及。

注：GB/T 28001—2011 基于被称为“策划—实施—检查—改进(PDCA)”的方法论。关于 PDCA 的含意，简要说明如下：

——策划：建立所需的目标和过程，以实现组织的职业健康安全方针所期望的结果。

——实施：对过程予以实施。

——检查：依据职业健康安全方针、目标、法律法规和其他要求，对过程进行监视和测量，并报告结果。

——改进：采取措施以持续改进职业健康安全绩效。

许多组织通过由过程组成的体系以及过程之间的相互作用对其运行进行管理，这种方式称为“过程方法”。GB/T 19001 倡导使用过程方法。由于 PDCA 可用于所有过程，因此，这两种方法可以看作是兼容的。

图 1　职业健康安全管理体系运行模式

GB/T 28001—2011 着重在以下几方面加以改进：

——改善与 GB/T 24001 和 GB/T 19001 的兼容性；

——寻求机会与其他职业健康安全管理体系标准（如 ILO-OSH：2001）兼容；

——反映职业健康安全实践的发展；

——基于应用经验对 2001 年版标准所述要求进一步加以澄清。

GB/T 28001—2011 与非认证性指南标准如本标准之间的重要区别在于：GB/T 28001—2011 规定了组织的职业健康安全管理体系要求，并可用于组织职业健康安全管理体系的认证、注册和（或）自我声明；本标准作为非认证性指南标准旨在为组织建立、实施或改进职业健康安全管理体系提供基本帮助。职业健康安全管理涉及多方面内容，其中有些还具有战略与竞争意义。通过证实 GB/T 28001—2011 已得到成功实施，组织可使相关方确信本组织已建立了适宜的职业健康安全管理体系。

GB/T 28001—2011 包含了可进行客观审核的要求，但并未超出职业健康安全方针的承诺（有关遵守适用法律法规要求和组织应遵守的其他要求、防止人身伤害和健康损害以及持续改进的承诺）而提出绝对的职业健康安全绩效要求。因此，开展相似运行的两个组织，尽管其职业健康安全绩效不同，但都可能符合 GB/T 28001—2011 的要求。

尽管 GB/T 28001—2011 的要素可与其他管理体系要素进行协调或整合，但 GB/T 28001—2011 并不包含其他管理体系特定的要求（如质量、环境、安全保卫或财务等管理体系的要求）。组织可通过修改现有管理体系来建立符合 GB/T 28001—2011 要求的职业健康安全管理体系，但需指出的是，各类管理体系要素的应用可能因预期目的和所涉及相关方的不同而各异。

职业健康安全管理体系的详尽和复杂水平以及形成文件的程度和所投入的资源等，取决于多方面因素，例如：体系的范围；组织的规模及其活动、产品和服务的性质；组织的文化等。中小型企业尤为如此。

职业健康安全管理体系　实施指南

1　范围

本标准为 GB/T 28001—2011 的应用提供了基本建议。

对照 GB/T 28001—2011 中的各项要求，本标准解释了 GB/T 28001—2011 的基本原理，描述了各项要求的意图、典型输入、过程和典型输出，以帮助理解和实施 GB/T 28001—2011。

本标准既不对 GB/T 28001—2011 的规定提出额外的要求，也不对 GB/T 28001—2011 的实施方法作出强制性规定。

GB/T 28001—2011 的条文内容

1　范围

本标准规定了对职业健康安全管理体系的要求，旨在使组织能够控制其职业健康安全风险，并改进其职业健康安全绩效。它既不规定具体的职业健康安全绩效准则，也不提供详细的管理体系设计规范。

本标准适用于任何有下列愿望的组织：

a） 建立职业健康安全管理体系，以消除或尽可能降低可能暴露于与组织活动相关的职业健康安全危险源中的员工和其他相关方所面临的风险；

b） 实施、保持和持续改进职业健康安全管理体系；

c） 确保组织自身符合其所阐明的职业健康安全方针；

d） 通过下列方式来证实符合本标准：

　1） 做出自我评价和自我声明；

　2） 寻求与组织有利益关系的一方（如顾客等）对其符合性的确认；

　3） 寻求组织外部一方对其自我声明的确认；

　4） 寻求外部组织对其职业健康安全管理体系的认证。

本标准中的所有要求旨在被纳入到任何职业健康安全管理体系中。其应用程度取决于组织的职业健康安全方针、活动性质、运行的风险与复杂性等因素。

本标准旨在针对职业健康安全，而非诸如员工健身或健康计划、产品安全、财产损失或环境影响等其他方面的健康和安全。

2　规范性引用文件

下列文件对于本文件的应用是必不可少的。凡是注日期的引用文件，仅注日期的版本适用于本文件。凡是不注日期的引用文件，其最新版本（包括所有的修改单）适用于本文件。

GB/T 19011—2003　质量和（或）环境管理体系审核指南（ISO 19011：2002，IDT）

GB/T 28001—2011　职业健康安全管理体系　要求（OHSAS 18001：2007，IDT）

ILO-OSH:2001 职业健康安全管理体系指南(Guidelines on occupational safety and health management systems)

3 术语和定义

GB/T 28001—2011 中的术语和定义适用于本文件。

GB/T 28001—2011 的条文内容

3 术语和定义

下列术语和定义适用于本文件。

3.1

可接受风险 acceptable risk

根据组织法律义务和**职业健康安全方针**(3.16)已降至组织可容许程度的风险。

3.2

审核 audit

为获得"审核证据"并对其进行客观的评价,以确定满足"审核准则"的程度所进行的系统的、独立的并形成文件的过程。

[GB/T 19000—2008,3.9.1]

注 1:"独立的"不意味着必须来自组织外部。很多情况下,特别是在小型组织,独立性可以通过与被审核活动之间无责任关系来证实。

注 2:有关"审核证据"和"审核准则"的进一步指南参见 GB/T 19011。

3.3

持续改进 continual improvement

为了实现对整体**职业健康安全绩效**(3.15)的改进,根据**组织**(3.17)的**职业健康安全方针**(3.16),不断对**职业健康安全管理体系**(3.13)进行强化的过程。

注 1:该过程不必同时发生于活动的所有方面。

注 2:改编自 GB/T 24001—2004,3.2。

3.4

纠正措施 corrective action

为消除已发现的**不符合**(3.11)或其他不期望情况的原因所采取的措施。

[GB/T 19000—2008,3.6.5]

注 1:一个不符合可以有若干个原因。

注 2:采取纠正措施是为了防止再发生,而采取**预防措施**(3.18)是为了防止发生。

3.5

文件 document

信息及其承载媒体。

注:媒体可以是纸张,计算机磁盘、光盘或其他电子媒体,照片或标准样品,或它们的组合。

[GB/T 24001—2004,3.4]

3.6

危险源 hazard

可能导致人身伤害和(或)**健康损害**(3.8)的根源、状态或行为,或其组合。

3.7

危险源辨识　hazard identification

识别**危险源**(3.6)的存在并确定其特性的过程。

3.8

健康损害　ill health

可确认的、由工作活动和(或)工作相关状况引起或加重的身体或精神的不良状态。

3.9

事件　incident

发生或可能发生与工作相关的**健康损害**(3.8)或人身伤害(无论严重程度),或者死亡的情况。

注1:事故是一种发生人身伤害、健康损害或死亡的事件。

注2:未发生人身伤害、健康损害或死亡的事件通常称为"未遂事件",在英文中也可称为"near-miss"、"near-hit"、"close call"或"dangerous occurrence"。

注3:紧急情况(参见4.4.7)是一种特殊类型的事件。

3.10

相关方　interested party

工作场所(3.23)内外与**组织**(3.17)**职业健康安全绩效**(3.15)有关或受其影响的个人或团体。

3.11

不符合　nonconformity

未满足要求。

[GB/T 19000—2008,3.6.2;GB/T 24001—2004,3.15]

注:不符合可以是对下述要求的任何偏离:

——有关的工作标准、惯例、程序、法律法规要求等;

——**职业健康安全管理体系**(3.13)要求。

3.12

职业健康安全(OH&S)　occupational health and safety (OH&S)

影响或可能影响**工作场所**(3.23)内的员工或其他工作人员(包括临时工和承包方员工)、访问者或任何其他人员的健康安全的条件和因素。

注:组织应遵守关于工作场所附近或暴露于工作场所活动的人员的健康安全方面的法律法规要求。

3.13

职业健康安全管理体系　OH&S management system

组织(3.17)管理体系的一部分,用于制定和实施组织的**职业健康安全方针**(3.16)并管理其职业健康安全**风险**(3.21)。

注1:管理体系是用于制定方针和目标并实现这些目标的一组相互关联的要素。

注2:管理体系包括组织结构、策划活动(例如:包括风险评价、目标建立等)、职责、惯例、**程序**(3.19)、过程和资源。

注3:改编自GB/T 24001—2004,3.8。

3.14

职业健康安全目标　OH&S objective

组织(3.17)自我设定的在**职业健康安全绩效**(3.15)方面要达到的职业健康安全目的。

注1:只要可行,目标就宜量化。

注2:4.3.3要求职业健康安全目标符合**职业健康安全方针**(3.16)。

3.15

职业健康安全绩效　OH&S performance

组织(3.17)对其职业健康安全**风险**(3.21)进行管理所取得的可测量的结果。

注1:职业健康安全绩效测量包括测量组织控制措施的有效性。

注2:在**职业健康安全管理体系**(3.13)背景下,结果也可根据**组织**(3.17)的**职业健康安全方针**(3.16)、**职业健康安全目标**(3.14)和其他职业健康安全绩效要求测量出来。

3.16

职业健康安全方针　OH&S policy

最高管理者就**组织**(3.17)的**职业健康安全绩效**(3.15)正式表述的总体意图和方向。

注1:职业健康安全方针为采取措施和设定**职业健康安全目标**(3.14)提供框架。

注2:改编自GB/T 24001—2004,3.11。

3.17

组织　organization

具有自身职能和行政管理的公司、集团公司、商行、企事业单位、政府机构、社团或其结合体,或上述单位中具有自身职能和行政管理的一部分,无论其是否具有法人资格,公营或私营。

注:对于拥有一个以上运行单位的组织,可以把一个运行单位视为一个组织。

[GB/T 24001—2004,3.16]

3.18

预防措施　preventive action

为消除潜在**不符合**(3.11)或其他不期望潜在情况的原因所采取的措施。

注1:一个潜在不符合可以有若干个原因。

注2:采取预防措施是为了防止发生,而采取**纠正措施**(3.4)是为了防止再发生。

[GB/T 19000—2008,3.6.4]

3.19

程序　procedure

为进行某项活动或过程所规定的途径。

注1:程序可以形成文件,也可以不形成文件。

注2:当程序形成文件时,通常称为"书面程序"或"形成文件的程序"。含有程序的**文件**(3.5)可称为"程序文件"。

[GB/T 19000—2008,3.4.5]

3.20

记录　record

阐明所取得的结果或提供所从事活动的证据的**文件**(3.5)。

[GB/T 24001—2004,3.20]

3.21

风险　risk

发生危险事件或有害暴露的可能性,与随之引发的人身伤害或**健康损害**(3.8)的严重性的组合。

3.22

风险评价　risk assessment

对危险源导致的**风险**(3.21)进行评估、对现有控制措施的充分性加以考虑以及对风险是否可接受予以确定的过程。

3.23 **工作场所　workplace** 在组织控制下实施与工作相关的活动的任何物理地点。 注：在考虑工作场所的构成时，**组织**(3.17)宜考虑对如下人员的职业健康安全影响，例如：差旅或运输中(如驾驶、乘机、乘船或乘火车等)、在客户或顾客处所工作或在家工作的人员。

4　职业健康安全管理体系要求

4.1　总要求

GB/T 28001—2011 的条文内容 **4　职业健康安全管理体系要求** **4.1　总要求** 组织应根据本标准的要求建立、实施、保持和持续改进职业健康安全管理体系，确定如何满足这些要求，并形成文件。 组织应界定其职业健康安全管理体系的范围，并形成文件。

4.1.1　职业健康安全管理体系

GB/T 28001—2011 的该项要求是关于组织内建立和保持职业健康安全管理体系的一般性声明。

"建立"意味着达到一种持久性程度，只有体系的所有要素都被证实得到实施，才可认为已建立了体系。"保持"意味着体系一旦建立就持续运行。这就要求组织各部分均需作出积极的努力。许多体系一开始运行良好，但因缺乏保持而导致后来的运行状况恶化。GB/T 28001—2011 的许多要素(例如：纠正措施和预防措施、管理评审等)是为了确保体系得到积极保持而设立的。

组织若寻求建立符合 GB/T 28001—2011 的职业健康安全管理体系，则可通过初始评审(详见 4.1.2)确定其职业健康安全风险现状。在确定如何满足 GB/T 28001—2011 的要求时，组织宜考虑那些影响或可能影响人员健康安全的条件和因素，并考虑组织需要何种职业健康安全方针以及如何管理其职业健康安全风险。

职业健康安全管理体系的详尽和复杂水平以及形成文件的程度和所投入的资源等，取决于组织的性质(如规模、结构和复杂性等)及其活动。

4.1.2　初始评审

初始评审宜将组织职业健康安全管理现状与 GB/T 28001—2011 的要求(包括适用的法律法规或其他要求)进行比较，以确定这些要求被满足的程度。

初始评审将为组织规划职业健康安全管理体系实施方案和确定职业健康安全管理体系改进的优先顺序提供信息。

初始评审的目的是为了考虑组织面临的所有职业健康安全风险，以作为建立职业健康安全管理体

系的基础。在初始评审中,组织宜考虑但不限于以下各项:

——法律法规和其他要求(参见 4.3.2 中的示例);

——职业健康安全危险源的辨识和组织所面临风险的评估;

——职业健康安全评价;

——现有体系、惯例、过程和程序的检查;

——职业健康安全改进措施的评估;

——对以往的事件、健康损害相关工作、意外事件和紧急情况的调查反馈的评估;

——相关管理体系和可利用的资源。

适于初始评审的方法可包括:

——使用检查表、面谈、直接检查和测量;

——依组织活动的性质而使用以往管理体系审核或其他评审的结果;

——使用与工作人员、承包方或其他有关的外部相关方协商的结果。

如果组织已存有危险源辨识和风险评价的过程,则宜对照 GB/T 28001—2011 的要求评审其充分性。

需强调的是,4.3.1 给出了危险源辨识、风险评价和控制措施确定的结构化的系统方法,但初始评审并不能代替 4.3.1 的实施。可是,初始评审却可为策划这些过程提供额外的输入信息。

4.1.3 职业健康安全管理体系的范围

在符合组织工作场所(参见 GB/T 28001—2011 中的 3.23)定义的前提下,组织可选择在整个组织内或组织的某一部分来实施职业健康安全管理体系。一旦工作场所被界定,工作场所内所有与组织或其某部分的活动和服务相关的工作均需包含在职业健康安全管理体系中。

在界定职业健康安全管理体系的范围并形成文件时,需注意就体系覆盖人员、活动和场所予以确定。体系的范围不宜将工作场所中可能影响组织员工和受组织控制的其他人员的职业健康安全(参见 GB/T 28001—2011 中的 3.12)的运行或活动排除在外。

在界定范围或考虑对范围作出变更时,组织也可参考 ILO-OSH:2001 的相关建议,与员工进行协商。

4.2 职业健康安全方针

GB/T 28001—2011 的条文内容

4.2 职业健康安全方针

最高管理者应确定和批准本组织的职业健康安全方针,并确保职业健康安全方针在界定的职业健康安全管理体系范围内:

a) 适合于组织职业健康安全风险的性质和规模;

b) 包括防止人身伤害与健康损害和持续改进职业健康安全管理与职业健康安全绩效的承诺;

c) 包括至少遵守与其职业健康安全危险源有关的适用法律法规要求及组织应遵守的其他要求的承诺;

d) 为制定和评审职业健康安全目标提供框架;

e) 形成文件,付诸实施,并予以保持;

f) 传达到所有在组织控制下工作的人员,旨在使其认识到各自的职业健康安全义务;

g) 可为相关方所获取;

h) 定期评审,以确保其与组织保持相关和适宜。

最高管理者宜表明对职业健康安全管理体系成功实施和改进职业健康安全绩效的必要领导力和承诺。

职业健康安全方针为组织确立了总方向，并引领组织实施和改进其职业健康安全管理体系，以便保持和可能改进其职业健康安全绩效。

职业健康安全方针宜使在组织控制下工作的人员能够理解组织的总承诺及其可能对个人职责的影响。

确定和批准职业健康安全方针是组织最高管理者的职责。最高管理者积极持续地参与职业健康安全方针的制定和实施至关重要。

组织的职业健康安全方针宜适于所识别出的风险的性质和规模，并指导目标的建立。为此，职业健康安全方针宜：

——符合组织未来发展愿景；

——切合实际，既不夸大也不降低组织所面临风险的性质。

在制定职业健康安全方针时，组织宜考虑：

——其使命、愿景、核心价值和理念；

——与其他方针(公司方针、集团方针等)相协调；

——在组织控制下工作的人员的需求；

——组织的职业健康安全危险源；

——与组织危险源相关的、组织应遵守的法律法规和其他要求；

——组织以往和当前的职业健康安全绩效；

——持续改进的机会和需求以及伤害和健康损害的预防；

——相关方的观点；

——建立切合实际和可实现的目标的需求。

方针至少需包含关于组织以下承诺的声明：

——人身伤害和健康损害的预防；

——职业健康安全管理的持续改进；

——职业健康安全绩效的持续改进；

——遵守适用法律法规要求及组织应遵守的其他要求。

职业健康安全方针可以与组织其他方针文件联系起来，宜与组织的总体业务方针和其他管理方针(如：质量管理方针、环境管理方针等)保持一致。

方针的传达宜有助于：

——表明最高管理者和组织对职业健康安全的承诺；

——提高对方针中所做承诺的认识；

——解释组织为何建立和保持职业健康安全管理体系；

——指导个人理解其职业健康安全职责和责任(参见 4.4.2)。

在传达方针时，组织宜考虑到如何使组织控制下的人员(包括新人员和原有人员)都能够建立和保持职业健康安全意识。组织可选择各种形式来传达方针，如通过在规则、指令和程序中引用；宣传卡片；海报等。在传达方针时，宜考虑诸如工作场所、文化程度、语言技能等方面的差异。

组织需确定使方针易为相关方所获取的措施，如通过网站发布或应要求提供打印副本。

组织宜定期评审(参见 4.6)职业健康安全方针，以确保其与组织保持相关和适宜。由于变化不可避免，例如法规和社会期望会不断发展演化，因此，组织需定期评审职业健康安全方针和职业健康安全管理体系，以确保其持续适宜性和有效性。若方针发生变化，则宜将修订的方针传达到所有在组织控制下工作的人员。

注：职业健康安全管理是指有关指挥和控制组织职业健康安全的协调活动。

4.3 策划

4.3.1 危险源辨识、风险评价和控制措施的确定

GB/T 28001—2011 的条文内容

4.3.1 危险源辨识、风险评价和控制措施的确定

组织应建立、实施并保持程序，以便持续进行危险源辨识、风险评价和必要控制措施的确定。

危险源辨识和风险评价的程序应考虑：

——常规和非常规活动；

——所有进入工作场所的人员(包括承包方人员和访问者)的活动；

——人的行为、能力和其他人的因素；

——已识别的源于工作场所外，能够对工作场所内组织控制下的人员的健康安全产生不利影响的危险源；

——在工作场所附近，由组织控制下的工作相关活动所产生的危险源；

注 1：按环境因素对此类危险源进行评价可能更为合适。

——由本组织或外界所提供的工作场所的基础设施、设备和材料；

——组织及其活动、材料的变更，或计划的变更；

——职业健康安全管理体系的更改包括临时性变更等，及其对运行、过程和活动的影响；

——所有与风险评价和实施必要控制措施相关的适用法律义务(也可参见 3.12 的注)；

——对工作区域、过程、装置、机器和(或)设备、操作程序和工作组织的设计，包括其对人的能力的适应性。

组织用于危险源辨识和风险评价的方法应：

——在范围、性质和时机方面进行界定，以确保其是主动的而非被动的；

——提供风险的确认、风险优先次序的区分和风险文件的形成以及适当时控制措施的运用。

对于变更管理，组织应在变更前，识别在组织内、职业健康安全管理体系中或组织活动中与该变更相关的职业健康安全危险源和职业健康安全风险。

组织应确保在确定控制措施时考虑这些评价的结果。

在确定控制措施或考虑变更现有控制措施时，应按如下顺序考虑降低风险：

——消除；

——替代；

——工程控制措施；

——标志、警告和(或)管理控制措施；

——个体防护装备。

组织应将危险源辨识、风险评价和控制措施的确定的结果形成文件并及时更新。

在建立、实施和保持职业健康安全管理体系时，组织应确保职业健康安全风险和确定的控制措施能够得到考虑。

注 2：关于危险源辨识、风险评价和控制措施的确定的进一步指南参见 GB/T 28002—2011。

4.3.1.1 概述

危险源有可能导致人身伤害或健康损害，因此，在评价与危险源相关的风险之前，必需首先辨识危

险源。如果对危险源未采取控制措施或现有控制措施仍不充分，则宜按照控制措施的层级选择顺序要求(参见 GB/T 28001—2011 的 4.3.1 中关于确定或变更控制措施的考虑顺序)实施有效的控制措施。

组织需应用危险源辨识(参见 GB/T 28001—2011 中的 3.7)和风险评价(参见 GB/T 28001—2011 中的 3.22)过程来确定用于降低事件(参见 GB/T 28001—2011 中的 3.9)风险的必要措施。风险评价过程的总目的在于，认识和理解可能由组织活动过程所产生的危险源(参见 GB/T 28001—2011 中的 3.6)，并确保其对人员所产生的风险(参见 GB/T 28001—2011 中的 3.21)能够得到评价、排序并控制至可接受程度(参见 GB/T 28001—2011 中的 3.1)。

这可通过以下途径来实现：

——开发一种用于危险源辨识和风险评价的方法；

——辨识危险源；

——在考虑现有控制措施的充分性的同时评估相关的风险(可能有必要获取额外的数据，并作出进一步分析，以便实现合理的风险评估)；

——确定这些风险是否可接受；

——必要时确定适当的控制措施(工作场所的危险源及其控制方式通常在规章、行为守则和监管机构所发布的指南以及行业指南文件中有所界定)。

风险评价的结果使组织能够对降低风险的可选方案加以比较，并为进行有效的风险管理确定资源配置的优先顺序。

对于危险源辨识、风险评价和控制措施的确定的过程来说，其输出也宜用于建立和实施职业健康安全管理体系的全过程。

图 2 给出了危险源辨识和风险评价过程的概况。

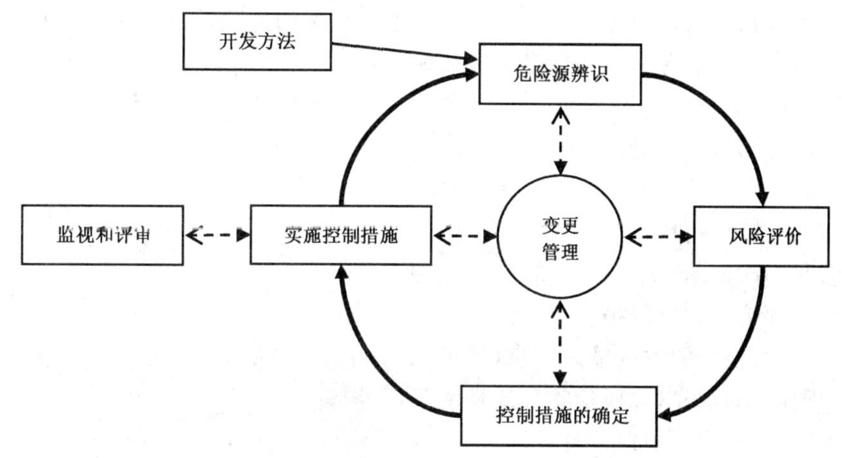

注：方法的开发本身也会变化和改进。

图 2　危险源辨识和风险评价过程的概况

4.3.1.2　开发用于危险源辨识和风险评价的方法和程序

对于不同的行业，其所用危险源辨识和风险评价的方法可能会有非常大的差异，有的仅需使用简单的评价方法，而有的却要使用复杂的、带有大量文件的量化分析。对于不同的危险源，也可能需使用不同的评价方法，例如：对于长期接触化学品的，其风险评价方法可能不同于从事设备安全或办公室工作的。每个组织宜选择与其范围、性质和规模相适宜的方法，该方法能确保数据可靠，并能确保数据在详尽性、复杂性、及时性、成本和可利用性方面满足组织的需求。组织如果将所选定的方法结合起来，则可形成一种用于持续评估其所有职业健康安全风险的综合方法。

如果所评价的风险、所确定的控制措施或所实施的控制措施发生变化，则组织需考虑变更管理(参见 4.3.1.5)。若需对上述方法作出整体性变更,则组织宜通过管理评审进行确定。

为确保有效,组织的危险源辨识和风险评价程序宜考虑:

——危险源;

——风险;

——控制措施;

——变更管理;

——文件;

——持续评审。

为确保应用的一致性,建议将这些程序形成文件。

GB/T 28001—2011 的 4.3.1 确定了制定程序宜考虑的各个方面,有关指南参见本标准的 4.3.1.3~4.3.1.8。

4.3.1.3 危险源辨识

危险源辨识旨在事先确定所有由组织活动产生、可能导致人身伤害或健康损害(参见 GB/T 28001—2011 的 3.6"危险源"的定义)的根源、状态或行为(或其组合)。例如:

——根源(如:运转着的机械、辐射或能量源等);

——状态(如:在高处进行作业等);

——行为(如:手工提/举重物等)。

危险源辨识宜考虑工作场所内危险源的不同类型,包括物理的、化学的、生物的和心理的等(参见附录 C 的危险源示例)。

组织宜具备特定的、与其职业健康安全管理体系范围相关的危险源辨识工具和技术。

在危险源辨识过程中,需考虑下列信息来源或输入:

——职业健康安全法律法规和其他要求(参见 4.3.2),例如有关如何辨识危险源的规定等;

——职业健康安全方针(参见 4.2);

——监视数据(参见 4.5.1);

——职业接触和健康评价;

——事件(参见 GB/T 28001—2011 的 3.9)记录;

——以往审核、评价或评审的报告;

——来自员工和其他相关方的输入信息(参见 4.4.3);

——其他管理体系的信息(如质量管理或环境管理等);

——员工的职业健康安全协商信息;

——工作场所内的过程评审和改进活动;

——类似组织的最佳实践和(或)典型危险源的信息;

——类似组织已发生事件的报告;

——组织的设施、过程和活动的信息,包括:

- 工作场所设计、交通方案(如人行道、机动车道等)、现场平面图;
- 工艺流程图和操作手册;
- 危险物质(原材料、化学品、废物、产品、副产品)存货清单;
- 设备规范;
- 产品规范、化学品安全说明书(MSDS)、毒理学和其他职业健康安全数据。

危险源辨识过程宜适用于常规和非常规(如:周期的、偶然的、紧急的)活动和状况。

危险源辨识过程中宜考虑的非常规活动和状况的示例包括:

——设施或设备的清洁;

——过程临时更改；

——非预定的维修；

——厂房或设备的启用或关闭；

——现场外的访问(如：实地考察、作为客户走访供应商、勘查、远足等)；

——翻新整修；

——极端气候条件；

——公用设施(如：供电、供水、供气等)的毁坏；

——临时安排；

——紧急情况。

危险源辨识宜考虑进入工作场所的所有人员(如：顾客、访问者、服务承包方、送货员、员工等)，以及：

——因他们的活动而产生的危险源和风险；

——因使用他们所提供给组织的产品或服务而产生的危险源；

——他们对工作场所的熟悉程度；

——他们的行为。

在评估过程、设备和工作环境的危险源和风险时，组织宜考虑诸如人的行为、能力和局限性等因素(参见 GB/T 28001—2011 的 4.3.1)。每当存在人机界面时，组织均宜考虑人类工效学。人类工效学考虑议题包括易于使用、可能的操作失误、操作员压力和使用者疲劳等方面。

注：在美国，英文中常用“human factors”(中文常翻译为“人因”或“人因工程”等)。而在欧洲及其他大多数国家，包括国际标准中常用“ergonomics”(中文对应词为“人类工效学”)。在我国国家标准中，大多选用“人类工效学”作为专有名词与两者相对应。

在考虑人类工效学时，组织的危险源辨识过程宜考虑如下各项及其相互作用：

——工作性质(工作场所布局、操作者信息、工作负荷、体力劳动、工作类型)；

——环境(热、光、噪声、空气质量)；

——人的行为(性格、习惯、态度)；

——心理能力(知觉、注意力)；

——生理能力(生物力学、人体测量或人的身体变化)。

在某些情况下，可能会存在虽发生或源自工作场所外但会对工作场所内的人员产生影响的危险源(如相邻组织释放的有毒物质等)。如果组织能够事先预见此类危险源，则宜对其进行处置。

组织可能有义务考虑自身产生的、越过其工作场所边界的危险源，尤其是当法律法规对此类危险源规定了相应的义务或责任时。基于法律规定，此类危险源也可通过环境管理体系进行处理。

为了使危险源辨识更为有效，组织所采用的方法宜吸收不同来源的信息，特别是了解其过程、作业或系统的人员的输入信息，例如：

——对行为和工作实践的观察以及对不安全行为的根本起因的分析；

——水平对比；

——访谈和调查；

——安全巡视和检查；

——事件评审及其随后的分析；

——对有害暴露(化学和物理的因素)的监视和评价；

——对工作流程和过程的分析，包括工作流程和过程产生不安全行为的可能性。

负责实施危险源辨识的人员需具备相关危险源辨识方法和技术方面的能力(参见 4.4.2)，并具有相应工作活动的知识。

检查表可作为一种工具，用于提示组织需要考虑何种类型的潜在危险源，还可用于记录初始的危险源辨识，但组织需注意勿过度依赖检查表(参见附录C)。检查表宜与所评估的工作区域、过程或设备的具体情况相适应。

4.3.1.4 风险评价

4.3.1.4.1 概述

风险是指发生危险事件或有害暴露的可能性与由该事件或暴露可造成的人身伤害或健康损害(参见GB/T 28001—2011的3.8)的严重性的组合(参见GB/T 28001—2011的3.21)。

风险评价是指对危险源导致的风险(参见GB/T 28001—2011的3.21)进行评估、对现有控制措施的充分性加以考虑以及对风险是否可接受予以确定的过程(参见GB/T 28001—2011的3.22)。

可接受风险(参见GB/T 28001—2011的3.1)是指根据组织法律义务、职业健康安全方针和目标，已降至组织愿意承担程度的风险。

注：某些参考文献使用术语“风险评价”包含了危险源辨识、风险评价和确定控制措施的全过程，而GB/T 28001—2011和本标准则分别单独涉及该过程的各个阶段，并明确限定术语“风险评价”仅为该过程的第二阶段。

4.3.1.4.2 风险评价的输入

风险评价的输入可包括但不仅限于以下信息或数据：

——工作场所的详情；

——工作场所内各项活动之间所存在的相互危害的程度和范围；

——安全保障措施；

——通常或偶尔执行危险作业的人员的能力、行为、培训和经验；

——毒理学数据、流行病学数据和其他健康相关信息；

——可能受危险工作影响的其他人员(如：清洁人员、访问者、承包方和公众等)的邻近程度；

——任何为危险作业所制订的作业指导书、工作制度和许可工作程序的详情；

——制造商或供应商有关设备和设施运行和维修的说明书；

——控制措施的可用性及应用情况(如：通风设施、防护设施、个体防护装备等)；

——异常状况(如：供电和供水等公用服务中断的可能性，或其他过程失效的可能性等)；

——影响工作场所的环境条件；

——厂房和机械的组件及安全装置发生故障的可能性，或者因暴露于恶劣天气中或接触工艺材料而使其性能降低的可能性；

——可获得应急程序、应急疏散预案、应急设备、应急疏散路线(包括标志等)、应急通讯设施和外部应急支持等的细节，及其充分性或状况；

——关于特定工作活动相关事件的监视数据；

——对任何与危险工作活动有关的现有评价的发现；

——实施活动的人员或其他人员(如临近人员、访问者和承包方人员等)以往不安全行为的详情；

——由某一故障导致相关故障或控制措施失效的可能性；

——实施作业的持续时间和频率；

——可用于风险评价的数据的准确性和可靠性；

——对如何开展风险评价或对何为可接受风险作出强制规定的任何法律法规和其他要求(参见4.3.2)，例如：测定有害暴露的抽样方法、特定风险评价方法的运用、可容许的有害暴露程度等。

负责实施风险评价的人员需具备相关风险评价方法和技术方面的能力(参见4.4.2)，并具有相应工作活动的知识。

4.3.1.4.3 风险评价的方法

作为总体策略的组成部分，组织可能使用不同的风险评价方法来处理不同的区域或活动。在试图确立伤害的可能性时，组织宜考虑现行控制措施的充分性。风险评价的详尽程度以能足够确定适当的控制措施为宜。

有些风险评价方法较为复杂，适合于特定的或特殊的危险活动，例如：化工厂的风险评价可能需要针对影响工作场所内的人员或公众，就制剂泄漏事件发生的可能性进行复杂的数学计算。关于何处必须使用如此复杂的方法，有时行业法律法规可能会作出相关规定。

在许多情况下，职业健康安全风险可采用更简单的方法进行评价，甚至也可仅进行定性评价。由于这些简单方法几乎不依赖于定量数据，因此，此类评价通常包含很大的主观判定成分。在某些情况下，这些方法可作为初始筛选工具，以确定何处需要进行更进一步的详尽评价。

风险评价宜包含与工作人员协商并促使其适当参与，以及对法律法规和其他要求的考虑。适当时，宜考虑监管机构所发布的指南。

组织宜考虑风险评价所用数据质量和精度的局限性及其对风险计算结果的可能影响。数据的不确定度愈大，判定风险是否可接受时则需愈加谨慎。

注：风险评价工具和方法的示例比较参见附录 D。

4.3.1.4.4 风险评价需考虑的其他方面

对于发生在若干不同现场或场所的典型活动，某些组织可能开发了通用的风险评价方法。为了开展更具体的评价，以此类通用评价方法为起点，组织将会因此而受益，但可能还需有针对性地进一步开发以适合特定情况。这种做法可提高风险评价过程的速度和效率，增强相似作业风险评价的一致性。

当组织的风险评价方法使用描述性分类来评价伤害的严重性或可能性时，分类所用的措辞宜明确予以定义，例如：需对诸如“可能”和“不太可能”等分类措辞给出明确的定义，以确保不同人员能理解一致。

组织宜不仅考虑敏感人群（如怀孕的工作人员等）和易受伤害的群体（如缺乏经验的工作人员等）的风险，还要考虑对参与执行特定作业存在某种特定感知缺陷的人员的风险（如：色盲人员阅读指令的能力等）。

对于风险评价将如何考虑可能暴露于特定危险源下的人员的数量，组织宜予以评估。对于可能导致大量人员伤害的危险源，即使这种严重后果发生的可能性较低，也宜予以仔细考虑。

对因暴露于化学、生物和物理因素中而造成的伤害进行评估，此类风险评价可能需运用合适的仪器和抽样方法来测量暴露的程度。组织宜将所测量的暴露程度与适用的职业接触限值或标准进行比较。组织宜确保风险评价既考虑到短期又考虑到长期的暴露后果，还考虑到多重因素和多重暴露的叠加效应。

在有些情况下，风险评价通过使用涵盖各种状况和场所的抽样方法来实施。需注意确保所用样本能充分且足够地代表所有被评价的状况和场所。

4.3.1.5 变更管理

组织宜管理和控制可能影响其职业健康安全危险源和风险的任何变更。这包括组织结构、员工、管理体系、过程、活动、材料使用等的变更。此类变更在其引入前宜通过危险源辨识和风险评价进行评估。

组织宜不仅在设计阶段，考虑新的过程或运行所带来的危险源和潜在的风险，还宜在组织以及现有的运行、产品、服务或供方发生变更时，考虑变更所带来的危险源和潜在风险。宜启动变更管理过程的情况示例如下：

——新的或经修改的技术(包括软件等)、设备、设施或工作环境；

——新的或经修订的程序、工作惯例、设计、规范或标准；

——不同类型或等级的原材料；

——现场组织结构和人员配备包括所用承包方的重大改变；

——健康安全设施和设备或控制措施的改变。

为确保任何新的或变化的风险为可接受风险，变更管理过程宜包含对下列问题的考虑：

——是否已产生新危险源(参见4.3.1.4)；

——何为与新危险源相关的风险；

——源自其他危险源的风险是否已发生变化；

——变更是否可能对现有风险控制措施产生不利影响；

——在综合考虑了措施的可用性、可接受性以及现时和长期成本的情况下，是否已选择了最适宜的控制措施。

4.3.1.6 确定控制措施的需求

在完成风险评价和对现有控制措施加以考虑之后，组织宜能够确定现有控制措施是否充分或是否需要改进，或者是否需要采取新的控制措施。

如果需要新的控制措施或者需要对控制措施加以改进，则控制措施的选定宜遵循关于控制措施层级选择顺序的原则，亦即：可行时首先消除危险源；其次是降低风险(或者通过减少事件发生的可能性，或者通过降低潜在的人身伤害或健康损害的严重程度)；将采用个体防护装备作为最终手段。

应用控制措施层级选择顺序的示例如下：

a) 消除——改变设计以消除危险源，如引入机械提升装置以消除手举或提重物这一危险行为等；

b) 替代——用低危害物质替代或降低系统能量(如较低的动力、电流、压力、温度等)；

c) 工程控制措施——安装通风系统、机械防护、联锁装置、隔声罩等；

d) 标示、警告和(或)管理控制措施——安全标志、危险区域标识、发光标志、人行道标识、警告器或警告灯、报警器、安全规程、设备检修、门禁控制、作业安全制度、操作牌和作业许可等；

e) 个体防护装备——安全防护眼镜、听力保护器具、面罩、安全带和安全索、口罩和手套。

应用控制措施层级选择顺序时，宜考虑相关的成本、降低风险的益处、可用的选择方案的可靠性。

组织宜考虑：

——基于上述控制措施层级选择顺序中各要素的组合，采用组合控制措施的需求(如工程控制措施与管理控制措施相组合等)；

——针对所考虑的特定危险源的控制措施建立良好惯例；

——使工作适宜于人(如考虑人的心理和生理能力等)；

——利用技术进步改进控制措施；

——采用能保护每一个人的措施(例如：采用可保护处于危险源附近的所有人的工程控制措施，优于仅对个人采用个体防护装备)；

——人的行为，以及特定的控制措施将是否能为人们所接受并能得到有效实施；

——典型的人为失误的基本类型(例如：频繁重复动作的简单失误；记忆错误或注意力分散；缺乏理解或判断错误；违反规则或程序等)及其预防方法；

——引入计划维护的需求，如对机械防护装置的维护等；

——风险控制措施失效时，对紧急或意外情况作出安排的可能需求；

——非组织聘用人员(如访问者和承包方人员等)对工作场所和现有控制措施陌生的可能性。

组织一旦确定了控制措施，就宜对其确定优先顺序并予以实施。在确定优先顺序时，组织宜考虑到所策划的控制措施降低风险的可能性。相比那些仅具有降低有限风险效果的控制措施，组织宜优先考虑处置高风险活动的控制措施，或能带来实质性风险降低效果的控制措施。

在有些情况下，有必要修改工作活动直到风险控制措施到位，或者实施临时风险控制措施直到更有效的控制措施完成，例如：使用听力保护器作为临时措施直到噪声源被消除，或者将工作场所隔离以减轻对噪声的暴露。临时控制措施不宜长期替代更有效的风险控制措施。

法律法规、标准和守则可能针对特定危险源规定了适当的控制措施。在有些情况下，控制措施需有能力达到“最低合理可行(ALARP)”的风险水平。

组织宜持续进行监视，以确保控制措施的充分性得到保持(参见 4.5.1)。

4.3.1.7 记录结果并将结果形成文件

组织宜将危险源辨识、风险评价和控制措施确定的结果形成文件并予以保存。

下列类型的信息宜予以记录：

——危险源辨识；

——与已辨识的危险源相关的风险的确定；

——与危险源相关的风险水平的标示；

——控制风险所采取措施的描述或引用；

——实施控制措施的能力要求的确定(参见 4.4.2)。

当现有的或拟定的控制措施用于确定职业健康安全风险时，这些措施宜明确形成文件，以便在后续评审时评价依据依然清晰。

监视和控制风险的措施的描述可包含在运行控制措施程序中(参见 4.4.6)。能力要求的确定可包含在培训程序中(参见 4.4.2)。

4.3.1.8 持续评审

危险源辨识和风险评价需持续进行。这要求组织基于下述各方面的影响来考虑此类评审的时间安排和频次：

——对判定现有风险控制措施是否有效和充分的需求；

——对新危险源的响应需求；

——对组织自身所产生变更的响应需求(参见 4.3.1.5)；

——对监视活动、事件调查(参见 4.5.3)、紧急情况或应急程序(参见 4.4.7)测试结果的反馈的响应需求；

——法律法规的变化；

——外部因素，如新兴的职业健康问题等；

——控制技术的进步；

——劳动力(包括承包方)多样性的变化；

——纠正和预防措施(参见 4.5.3)所提议的变更。

定期评审可有助于确保由不同人员在不同时期所完成的风险评价能够保持一致性。如果情况已发生变化和(或)更好的风险管理技术已成为可利用的技术，那么就有必要作出改进。

当评审表明现有的或所策划的控制措施依然有效时，则无必要实施新的风险评价。

内部审核(参见 4.5.5)为检查危险源辨识、风险评价和控制措施的到位和更新提供了机会。内部审核也可提供一个有益的机会，以检查风险评价是否反映了工作场所的实际状况和实践情况。

4.3.2 法律法规和其他要求

> **GB/T 28001—2011 的条文内容**
>
> **4.3.2 法律法规和其他要求**
>
> 组织应建立、实施并保持程序，以识别和获取适用于本组织的法律法规和其他职业健康安全要求。
>
> 在建立、实施和保持职业健康安全管理体系时，组织应确保对适用法律法规要求和组织应遵守的其他要求得到考虑。
>
> 组织应使这方面的信息处于最新状态。
>
> 组织应向在其控制下工作的人员和其他有关的相关方传达相关法律法规和其他要求的信息。

组织宜在方针中承诺遵守与职业健康安全危险源有关的适用法律法规和其他职业健康安全要求(参见 4.2)。

这些法律法规要求可能有许多表现形式，例如：

——法律、法规和规章；

——政令和指令；

——监管机构发布的命令；

——许可、执照或其他形式的授权；

——法庭判决或行政裁决；

——条约、公约等；

“其他要求”的示例可包括：

——合同约定；

——与员工的协议；

——与相关方的协议；

——与职业健康监管机构的协议；

——非法规性指南；

——自愿原则、最佳做法或行为准则、章程；

——组织或其上级组织的公开承诺；

——企业或公司的要求。

某些承诺或协议可能除针对职业健康安全事务之外还针对其他一系列问题。职业健康安全管理体系仅需考虑其中涉及组织职业健康安全危险源部分的内容。

为了实现方针的承诺，组织宜建立结构化的方法，以确保其能识别法律法规和其他要求，并能评估法律法规和其他要求的适用性，且能获取、传达和保持最新的法律法规和其他要求。

根据职业健康安全危险源、运行、设备和物质等的性质，组织宜获取相关且适用的职业健康安全法律法规和其他要求。为此，组织可通过运用内部知识和(或)外部资源来实现。外部资源示例可包括：

——国际互联网；

——图书馆；

——贸易协会；

——监管机构；

——法律服务机构;
——职业健康安全研究机构;
——职业健康安全咨询机构;
——设备生产商;
——材料供应商;
——承包方;
——顾客。

组织宜根据初始评审的结果来考虑法律法规和其他要求,但法律法规和其他要求需适宜于:

——组织内各部门;
——组织的活动;
——组织的产品、过程、设施、设备、材料和人员;
——组织的场所。

组织也可借助外部资源(如上所述)找出并评估法律法规和其他要求。

对于已识别出来的适用法律法规和其他要求,组织的程序需包含有关获取这些法律法规和其他要求的方式的信息。组织勿需为此建立专门的图书室,仅需确保在需要时能获取信息。

对于与组织职业健康安全危险源相关的法律法规和其他要求,组织宜确保其程序能够对任何影响这些法律法规和其他要求适用性的变更加以判定。

组织需确保其程序能够识别宜接受法律法规和其他要求信息的人员,并将相关信息向其传达(参见4.4.3)。

关于组织的职业健康安全管理体系如何考虑法律法规要求,其进一步指南可参见本标准的全文。

4.3.3 目标和方案

GB/T 28001—2011 的条文内容

4.3.3 目标和方案

组织应在其内部相关职能和层次建立、实施和保持形成文件的职业健康安全目标。

可行时,目标应可测量。目标应符合职业健康安全方针,包括对防止人身伤害与健康损害,符合适用法律法规要求与组织应遵守的其他要求,以及持续改进的承诺。

在建立和评审目标时,组织应考虑法律法规要求和应遵守的其他要求及其职业健康安全风险。组织还应考虑其可选技术方案,财务、运行和经营要求,以及有关的相关方的观点。

组织应建立、实施和保持实现其目标的方案。方案至少应包括:

a) 为实现目标而对组织相关职能和层次的职责和权限的指定;

b) 实现目标的方法和时间表。

应定期和按计划的时间间隔对方案进行评审,必要时进行调整,以确保目标得以实现。

4.3.3.1 建立目标

建立目标是职业健康安全管理体系策划所必需的组成部分。组织宜建立目标以实现职业健康安全方针所作出的承诺,包括防止人身伤害和健康损害的承诺。

建立和评审目标的过程以及实施为实现目标而所制定的方案的过程,为组织持续改进其职业健康安全管理体系和提高其职业健康安全绩效提供了一种机制。

在建立职业健康安全目标时，组织需考虑已识别的法律法规和其他要求以及职业健康安全风险（参见4.3.1和4.3.2）。组织宜利用从策划过程中所获得的其他信息（如职业健康安全风险优先顺序表等），以确定是否需建立与组织的每项法律法规和其他要求或每项职业健康安全风险均相关的特定目标。但组织勿需针对每项法律法规和其他要求或每项已辨识的职业健康安全风险分别建立职业健康安全目标。

组织还宜确定其他需考虑的问题和因素，例如：

——可选技术方案，财务、运行和经营要求；

——与组织总体业务相关的方针和目标；

——危险源辨识、风险评价和现有控制措施的结果；

——职业健康安全管理体系的有效性评估（如来自内部审核等）；

——工作人员的观点（如来自员工的感知或满意度调查等）；

——关于员工职业健康安全协商的信息，对工作场所评审和改进活动（这些活动在性质上可以是主动的，也可以是被动的）的信息；

——对照以往建立的职业健康安全目标所进行的绩效分析；

——关于职业健康安全不符合和事件的以往记录；

——管理评审的结果（参见4.6）；

——对资源的需求和资源的可利用性。

如果目标是明确的、可测量的、可实现的、相关的和及时的，那么组织就更易于测量目标实现的进展。

注：在英文中，有时将“明确的（specific）、可测量的（measurable）、可实现的（achievable）、相关的（relevant）和及时的（timely）目标”称为“SMART目标”。

为了有助于未来的评审，组织可将建立目标的背景和缘由记录下来。

目标类型的示例可包括：

——以具体指定某物增加或减少一个数量值来设定目标（如减少操作事件20%等）；

——以引入控制措施或消除危险源来设定目标（如降低车间的噪声等）；

——以在特定产品中引入危害较小的材料来设定目标；

——以提高工作人员有关职业健康安全的满意度来设定目标（如减低工作场所的工作压力等）；

——以减少在危险物质、设备或过程中的暴露来设定目标（如引入准入控制措施或防护措施等）；

——以提高安全完成工作任务的意识或能力来设定目标；

——以在法律法规即将颁布前作出妥当部署以满足其要求来设定目标。

在建立职业健康安全目标期间，宜关注那些最可能受到职业健康安全目标影响的人员的信息或数据，这可有助于确保目标合理且得到更广泛认可。对源自组织外部（如承包方或其他相关方等）的信息或数据加以考虑，这对建立目标也很有益处。

职业健康安全目标宜既针对组织内广泛、共同的职业健康安全问题，又针对特定于单个职能和层次的职业健康安全问题。

职业健康安全目标可分解为不同的任务，但这取决于组织的规模、职业健康安全目标的复杂程度及其时限要求。在各不同层次的任务与职业健康安全目标之间，组织宜建立明确的联系。

组织内不同职能和层次可建立特定的职业健康安全目标。某些适合于整个组织的职业健康安全目标可由最高管理者建立，其他职业健康安全目标可由或可为各相关单个部门或职能建立，但并非所有职能和部门均需建立特定的职业健康安全目标。

4.3.3.2 方案

为了实现目标，组织宜建立方案。方案是实现所有职业健康安全目标或单个职业健康安全目标的行动计划。对于复杂问题,可能需要制定更为正式的项目计划以作为方案的一部分。

在考虑建立方案的必要手段时,组织宜检查所需的资源(财力、人力和基础设施)和所需执行的任务。根据为实现特定的目标所建方案的复杂性,组织宜为各单个任务指定职责、权限和完成时间,以确保职业健康安全目标可在总体时间框架内得到实现。

组织宜将职业健康安全目标和方案与相关人员进行沟通(如通过培训或小组通报会等)。

方案的评审需定期进行,必要时宜对方案进行调整或修订。这可作为管理评审的一部分来进行,或者可以更频繁地进行。

4.4 实施和运行

4.4.1 资源、作用、职责、责任和权限

GB/T 28001—2011 的条文内容

4.4.1 资源、作用、职责、责任和权限

最高管理者应对职业健康安全和职业健康安全管理体系承担最终责任。

最高管理者应通过以下方式证实其承诺:

——确保为建立、实施、保持和改进职业健康安全管理体系提供必要的资源。

注 1:资源包括人力资源和专项技能、组织基础设施、技术和财力资源。

——明确作用、分配职责和责任、授予权力以提供有效的职业健康安全管理;作用、职责、责任和权限应形成文件和予以沟通。

组织应任命最高管理者中的成员,承担特定的职业健康安全职责,无论他(他们)是否还负有其他方面的职责,都应明确界定如下作用和权限:

——确保按本标准建立、实施和保持职业健康安全管理体系;

——确保向最高管理者提交职业健康安全管理体系绩效报告,以供评审,并为改进职业健康安全管理体系提供依据。

注 2:最高管理者中的被任命者(比如大型组织中的董事会或执委会成员),在仍然保留责任的同时,可将他们的一些任务委派给下属的管理者代表。

最高管理者中的被任命者的身份应对所有在本组织控制下工作的人员公开。

所有承担管理职责的人员,均应证实其对职业健康安全绩效持续改进的承诺。

组织应确保工作场所的人员在其能控制的领域承担职业健康安全方面的责任,包括遵守组织适用的职业健康安全要求。

注:"责任"意指最终的"职责",涉及因未完成某事、未开展工作或者未实现目标而需为此被问责的人。

为确保职业健康安全管理体系成功实施,所有在组织控制下工作的人员均需作出承诺。这种承诺宜从最高管理者开始。

最高管理者宜:

——及时而有效地确定和提供防止工作场所内的人身伤害与健康损害所需的全部资源;

——识别承担职业健康安全管理相关事务的人员,并确保其了解自身职责和责任;

——确保组织管理者中那些承担职业健康安全职责的成员获得必要的权限以发挥其作用;

——确保不同职能之间(例如:部门之间、不同管理层之间、工作人员之间、组织与承包方之间、组织与相邻组织或居民之间等)接口处的职责分工明确;

——任命最高管理者中的一名成员负责职业健康安全管理体系并报告其绩效。

在确定建立、实施和保持职业健康安全管理体系所需资源时，组织宜考虑：

——运行所需的财力、人力和其他资源；

——运行所需的技术；

——基础建设和设备；

——信息系统；

——专业技能和培训的需求。

组织宜通过管理评审对资源及其配置进行定期评审，以确保其足以实施包括绩效测量和监视在内的职业健康安全方案和活动。对于已建立职业健康安全管理体系的组织，通过比较职业健康安全目标计划与实际结果，至少可对资源的充分性进行部分评估。在评估资源的充分性时，还宜考虑到计划的改变和(或)新的项目和运行的出现。

对于所有承担职业健康安全管理体系部分义务的人员，GB/T 28001—2011 要求将其职责和权限形成文件。对职责和权限的描述可纳入：

——职业健康安全管理体系程序；

——运行程序或作业指导书；

——项目和(或)任务说明书；

——岗位描述；

——入职培训文件包。

但是，组织可自主选择其所需的最适宜形式。

相对于其他人员，下述人员更为需要此类文件：

——被任命的职业健康安全最高管理者；

——组织所有层次的管理者，包括最高管理者；

——安全委员会或安全小组；

——运行过程的操作者和一般工作人员；

——管理承包方的职业健康安全的人员；

——负责职业健康安全培训的人员；

——负责职业健康安全关键设备的人员；

——负责管理被用作工作场所的设施的人员；

——组织内具有职业健康安全资质的人员或其他职业健康安全专家；

——参与协商的员工职业健康安全代表。

GB/T 28001—2011 要求，被任命的职业健康安全最高管理者应为最高管理层中的一名成员。被任命的职业健康安全管理者可获得其他人员的支持，这些人员被授权监视职业健康安全职能的总体运行。但被任命的职业健康安全最高管理者仍宜定期获取关于体系绩效的通报，并积极参与定期评审和职业健康安全目标的建立。组织宜确保任何其他指派给被任命的职业健康安全最高管理者的责任和职能不能与其职业健康安全职责相冲突。

组织内任何职业健康安全专业职能的作用和职责宜予以适当界定，以避免与所有层次管理者的作用和职责相混淆(作为管理者，通常担负着确保其所控制区域的职业健康安全得到有效管理的职责)。为此，宜作出安排，以解决任何职业健康安全问题与运行考虑之间的冲突，包括在适当时逐级上升至更高管理层。

所有管理者均宜提供显而易见的证明，以证实其持续改进职业健康安全绩效的承诺得到落实。证明方式可包括：访问和检查现场；参加事件调查；为采取纠正措施提供资源；出席且积极参与职业健康安全会议；就安全活动状况进行沟通；表彰良好的职业健康安全绩效等。

组织宜传播和宣传此类观点，即职业健康安全是组织内每个人的责任，而并非仅为那些确定了职业健康安全管理体系职责的人员的责任。工作场所内所有人员在担负起各自控制范围内职业健康安全方面职责的同时，不仅要考虑自己的安全，而且还要考虑别人的安全。

4.4.2 能力、培训和意识

GB/T 28001—2011 的条文内容

4.4.2 能力、培训和意识

组织应确保任何在其控制下完成对职业健康安全有影响的任务的人员都具有相应的能力，该能力应依据适当的教育、培训或经历来确定。组织应保存相关的记录。

组织应确定与职业健康安全风险及职业健康安全管理体系相关的培训需求。组织应提供培训或采取其他措施来满足这些需求，评价培训或所采取措施的有效性，并保存相关记录。

组织应当建立、实施并保持程序，使在本组织控制下工作的人员意识到：

——他们的工作活动和行为的实际或潜在的职业健康安全后果，以及改进个人表现的职业健康安全益处；

——他们在实现符合职业健康安全方针、程序和职业健康安全管理体系要求，包括应急准备和响应要求(参见 4.4.7)方面的作用、职责和重要性；

——偏离规定程序的潜在后果。

培训程序应当考虑不同层次的：

——职责、能力、语言技能和文化程度；

——风险。

4.4.2.1 概述

为使组织控制下的人员能够安全工作或开展活动，组织宜确保他们：

——了解其职业健康安全风险；

——了解其作用和职责；

——具备必要的能力，以执行可影响职业健康安全的任务；

——必要时得到培训，以获得所需意识和能力。

组织宜要求承包方能够证实其员工具备了安全工作的能力和(或)得到了适当的培训。

注：能力和意识具有不同的含义。意识是指对某事(如职业健康安全风险和危险源等)有察觉。能力是指已证实的应用知识和技术的能力。

4.4.2.2 能力

在确定何种活动或任务可能对职业健康安全产生影响时，组织宜考虑：

——组织的风险评价已确定的、使工作场所内产生职业健康安全风险的方面；

——旨在控制职业健康安全风险的方面；

——已明确实施职业健康安全管理体系的方面。

管理者宜确定单个任务的能力要求。在界定能力要求时，组织可寻求外部的建议。

当确定某项任务的能力要求时，宜考虑以下因素：

——工作场所中的作用和职责(包括所执行任务的性质及其相关职业健康安全风险)；

——运行程序和指令的复杂性和要求；

——事件调查的结果；

——法律法规和其他要求；

——个人能力(如文化和语言能力等)。

组织宜特别考虑下列人员的能力要求：

——最高管理者中的被任命者(参见4.4.1)；

——执行风险评价的人员(参见4.3.1)；

——执行有害暴露评价的人员(参见4.5.1)；

——执行审核的人员(参见4.5.5)；

——执行行为观察的人员(参见4.5.1.1)；

——执行事件调查的人员(参见4.5.3)；

——对于风险评价已识别为可能引入危险源的任务,执行该任务的人员。

组织宜确保包括最高管理者在内的所有人员,在允许其执行可对职业健康安全产生影响的任务前,具备胜任的能力。

组织宜确定和评价完成某项活动所需能力与被要求完成该项活动的个人所具有的能力之间的差异。在考虑个人现有能力的情况下,这些差异宜通过培训或其他措施(如额外的教育和技能拓展等)得以弥补。

在聘用新人员和(或)在职员工转岗之前,宜考虑职业健康安全能力要求。

组织宜保持能确保人员有能力胜任工作所用的记录(参见4.5.4)。

4.4.2.3 培训

对于组织控制下工作的人员(包括承包方、临时工作人员等),在确定其所需的培训或其他措施时,组织宜考虑与其职业健康安全风险和职业健康安全管理体系相关的作用、职责和权限。

培训或其他措施的重点宜集中在能力要求和强化意识的需求上。

培训方案和程序宜考虑职业健康安全风险和个人能力,如文化和语言能力等。例如,使用易于理解的图片和图表或符号可能更为可取。组织宜确定培训材料是否需采用多语种版本,或者是否有必要使用翻译人员等。

组织宜评估培训或所采取的其他措施的有效性。这可通过使用若干方法来实现,例如:笔试或口试、实践考核、随时间推移对行为变化的观察,或者其他证实能力和意识的方法。

培训的记录宜予以保持(参见4.5.4)。

注：ILO-OSH:2001中的3.4.4建议:“宜免费向所有参与者提供培训,并在可能的情况下将培训安排在工作时间内。

4.4.2.4 意识

为使在组织控制下工作的人员能够安全地工作或开展活动,组织宜使其充分了解：

——应急程序；

——他们有关职业健康安全风险的活动和行为的后果；

——改进职业健康安全绩效的益处；

——偏离程序的潜在后果；

——符合职业健康安全方针和程序的必要性；

——任何其他可能对职业健康安全产生影响的方面。

宜根据承包方、临时工和访问者等所暴露的风险程度,向其提供可提高其意识的宣传方案。

4.4.3 沟通、参与和协商

GB/T 28001—2011 的条文内容

4.4.3 沟通、参与和协商

4.4.3.1 沟通

针对其职业健康安全危险源和职业健康安全管理体系，组织应建立、实施和保持程序，用于：
——在组织内不同层次和职能进行内部沟通；
——与进入工作场所的承包方和其他访问者进行沟通；
——接收、记录和回应来自外部相关方的相关沟通。

4.4.3.2 参与和协商

组织应建立、实施并保持程序，用于：
a) 工作人员：
——适当参与危险源辨识、风险评价和控制措施的确定；
——适当参与事件调查；
——参与职业健康安全方针和目标的制定和评审；
——对影响他们职业健康安全的任何变更进行协商；
——对职业健康安全事务发表意见。
应告知工作人员关于他们的参与安排，包括谁是他们的职业健康安全事务代表。
b) 与承包方就影响他们的职业健康安全的变更进行协商。
适当时，组织应确保与相关的外部相关方就有关的职业健康安全事务进行协商。

4.4.3.1 概述

组织宜通过沟通和协商过程，鼓励那些受组织活动影响或关心其职业健康安全管理体系的人员，参与良好职业健康安全实践并支持其职业健康安全方针和目标。

组织的沟通过程宜提供组织内纵向和横向的信息传递。该过程还宜提供信息的收集和传播。组织宜确保向所有相关人员提供职业健康安全信息，使其能接收到并能得到其理解。

协商是管理者与其他人员或其代表就彼此关心的问题共同考虑和讨论的过程。它包含通过观点和信息的一般交换来寻求可接受的问题解决方案。

关心组织的职业健康安全管理体系或受其影响的人员示例包括：组织所有各层次的员工、员工代表、临时工、承包方、访问者、相邻组织或居民、志愿者、应急服务人员（参见 4.4.7）；保险员；政府检查人员或执法人员。

4.4.3.2 沟通

4.4.3.2.1 内部和外部沟通的程序

组织宜建立程序用于组织内不同职能和层次间的内部沟通和用于与相关方的外部沟通。

组织宜将有关其职业健康安全危险源和职业健康安全管理体系的信息有效传达给包含在管理体系

之中或受到管理体系影响的人员,以便使其在适当时能够积极参与或支持对人身伤害或健康损害的预防。

在制定沟通程序时,组织宜考虑以下方面:

——信息的目标接收者及其需求;

——合适的方法和媒介;

——当地文化、习惯方式和可利用的技术;

——组织的复杂性、结构和规模;

——工作场所有效沟通的障碍,如文化水平或语言上的障碍;

——法律法规和其他要求;

——各种各样贯穿于组织所有职能和层次的沟通模式和信息流的有效性;

——沟通有效性的评估。

职业健康安全问题可通过诸如以下方法传达到员工、访问者和承包方:

——职业健康安全简报和会议,入职和上岗谈话等;

——包含职业健康安全问题信息的通讯、海报、电子邮件、意见箱或建议方式、网站、公告板。

4.4.3.2.2 内部沟通

将关于职业健康安全风险和职业健康安全管理体系的信息有效传达到组织的各不同层次,以及就这些信息在组织各不同职能之间进行有效沟通,这些都非常重要。

这宜包括下列信息:

——有关管理者对职业健康安全管理体系承诺的信息(如为改进职业健康安全绩效所采纳的方案和所承诺的资源等);

——关于识别危险源和风险的信息(如关于运行过程的流程、所用材料、设备的规范和工作实践观察的信息等);

——关于职业健康安全目标和其他持续改进活动的信息;

——与事件调查相关的信息(例如:所发生事件的类型;导致事件发生的因素;事件调查的结果等);

——与在消除职业健康安全危险源和风险方面的进展有关的信息(如表明已完成或正在进行的项目进展的状况报告);

——与可能对职业健康安全管理体系产生影响的变化有关的信息。

4.4.3.2.3 与承包方和其他访问者的沟通

建立和保持用于与进入工作场所的承包方和其他访问者进行沟通的程序非常重要。沟通的程度宜与他们所面临的职业健康安全风险相关。

组织宜作出妥善安排,将其职业健康安全要求明确传达给承包方。程序宜适合于与所开展工作相关的职业健康安全危险源和风险。除了就绩效要求进行沟通外,组织还宜就与不符合职业健康安全要求有关的后果进行沟通。

合同常用于传达职业健康安全绩效要求。可能还需将其他现场安排(如项目前期的职业健康安全策划会议)增补到合同中,确保适当措施得到实施以保护工作场所内的每个人员。

沟通宜包括与任何所执行的特定任务或将开展工作的区域相关的运行控制措施(参见4.4.6)的信息。此类信息宜在承包方进入现场前予以传达,并在工作开始的适当时候,对附加的或其他信息(如现场巡视等)予以增补。组织还宜建立适当的程序,用于当出现影响承包方职业健康安全的变化时与承包方进行的协商(参见4.4.3.4)。

在建立与承包方沟通的程序时,除了现场所开展活动的特定职业健康安全要求外,还需考虑以下可能与组织相关的方面:

——关于每个承包方的职业健康安全管理体系信息(如针对相关职业健康安全危险源已建立的方针和程序等);
——对沟通方法和范围具有影响的法律法规或其他要求;
——以往的职业健康安全经验(如职业健康安全绩效数据等);
——工作现场存在多个承包方;
——执行职业健康安全活动(如:有害暴露监视、设备检查等)的员工;
——应急响应;
——将承包方的职业健康安全方针和做法与组织和工作现场的其他承包方相结合的需求;
——对于高风险的任务,附加协商和合同规定的需求;
——对经协商确定的职业健康安全绩效准则符合性的评价要求;
——事件调查过程,不符合和纠正措施的报告;
——日常沟通安排。

对于访问者(包括送货员、顾客、公众、提供服务的人员等),沟通不但可能包括警告标志、安全屏障等,还可能包括口头和书面沟通。宜予以传达的信息包括:
——与访问者相关的职业健康安全要求;
——疏散程序和警报响应;
——交通控制措施;
——准入控制措施和陪同要求;
——任何所需穿戴的个体防护装备(如护目镜等)。

4.4.3.2.4 与外部相关方的沟通

组织需建立适当的程序,用于接受外部相关方的相关信息,并形成文件和作出回应。

组织宜依据其职业健康安全方针和适用的法律法规和其他要求,提供适当且前后一致的、关于其职业健康安全危险源和职业健康安全管理体系的信息。这可能包括组织有关正常运行和潜在紧急情况的信息。

外部沟通程序通常包括所指定联络人的识别。需注意将适当的信息以前后一致的方式予以传达。这在紧急情况下显得尤为重要,因为此时要求定期更新信息和(或)需答复更广泛的问题(参见 4.4.7)。

4.4.3.3 工作人员参与的程序

对于组织的工作人员积极而持续地参与职业健康安全实践和评审活动以及适当时参与职业健康安全管理体系的建立,组织的程序宜处理此方面的需求。参与的安排宜考虑到任何法律法规和其他要求。

组织宜告知工作人员对其参与所做的安排以及在职业健康安全事务上代表他们的个人。职业健康安全代表的作用宜予以界定。

除了 GB/T 28001—2011 中 4.4.3.2 的要求外,组织关于工作人员参与的程序可包括:
——就选择适当的控制措施进行协商,包括就控制特定危险源或预防不安全行为的可选方案的利弊进行讨论等;
——参与改进职业健康安全绩效并提出建议;
——就影响职业健康安全的变更,尤其在引入新的或不熟悉的危险源之前进行协商,例如:
- 新的或经改造的设备的引入;
- 所用建筑物和设施的建造、修改或变更;
- 新的化学制品或材料的使用;
- 重组,新的过程、程序或工作模式等。

在建立工作人员参与的程序时,组织宜考虑对参与的潜在激励和障碍(例如:语言和文化水平问题、对报复的恐惧等)以及保密和隐私问题。

注1:ILO-OSH:2001中的3.2.3建议:“雇主宜为工作人员及其健康安全代表作出安排,使其有时间和资源积极参与职业安全健康管理体系的组织、策划与实施、评估与改进活动的过程”。

注2:“工作人员”包括员工、志愿者、临时工和合同工。

4.4.3.4 与承包方和外部相关方的协商程序

适当时,组织宜建立与承包方和其他外部相关方协商的程序。组织可能需要与监管机构就某种职业健康安全事务(如职业健康安全法律法规要求的适用性和解释)进行协商,或者与应急服务机构(参见4.4.7)进行协商。

在考虑需要与承包方就影响其职业健康安全的变更进行协商时,组织宜考虑以下方面:

——新的或不熟悉的危险源(包括可能由承包方带来的危险源);

——重组;

——新的或改进的控制措施;

——材料、设备、有害暴露等的变化;

——应急安排的变更;

——法律法规和其他要求的变化。

对于与外部相关方的协商,组织宜考虑的因素如:

——应急安排的变更;

——可能影响相邻组织或居民的危险源或来自相邻组织或居民的危险源;

——法律法规和其他要求的变化。

4.4.4 文件

GB/T 28001—2011的条文内容

4.4.4 文件

职业健康安全管理体系文件应包括:

a) 职业健康安全方针和目标;

b) 对职业健康安全管理体系覆盖范围的描述;

c) 对职业健康安全管理体系的主要要素及其相互作用的描述,以及相关文件的查询途径;

d) 本标准所要求的文件,包括记录;

e) 组织为确保对涉及其职业健康安全风险管理过程进行有效策划、运行和控制所需的文件,包括记录。

注:重要的是,文件要与组织的复杂程度、相关的危险源和风险相匹配,按有效性和效率的要求使文件数量尽可能少。

组织宜保持最新的文件,足以确保其职业健康安全管理体系可得到充分理解和有效、高效地运行。

典型的输入包括以下各项:

——组织建立以支持其职业健康安全管理体系和职业健康安全活动并满足GB/T 28001—2011要求的文件和信息系统的详情;

——职责和权限的详情;

——关于文件或信息的现场使用环境、文件物理属性的限制,或者电子或其他媒介的使用的信息。

在建立支持其职业健康安全过程所必需的文件之前，组织宜评审其职业健康安全管理体系所需文件和信息。

在确定需要哪些文件时，组织宜确定何处存在任何因缺少书面程序或作业指导书而使得任务将无法按所要求方式完成的风险。

为了符合 GB/T 28001—2011 的要求，组织既无需刻意以某特定版式来建立文件，也无必要替换已充分描述所需安排的诸如手册、程序或作业指导书等现存文件。如果组织已建立了形成文件的职业健康安全管理体系，编制一个诸如描述现存程序与 GB/T 28001—2011 的要求之间关系的综述文件则可能更为便利和有效。

组织还宜考虑以下方面：

——文件和信息使用者的职责和权限，因为此方面会引起对所需施加的安全性和可访问性的等级（尤其是电子媒介）以及对变更的控制措施（参见 4.4.5）的考虑；

——有形文件的使用方式和环境，因为此方面会要求考虑其呈现格式（例如：某项指令可能会并入到标牌中而非纸质文件中等）。对于电子信息系统设备的使用环境，也宜给予类似的考虑。

记录是一种特殊类型的文件（参见 4.5.4）。

4.4.5 文件控制

GB/T 28001—2011 的条文内容

4.4.5 文件控制

应对本标准和职业健康安全管理体系所要求的文件进行控制。记录是一种特殊类型的文件，应依据 4.5.4 的要求进行控制。

组织应建立、实施并保持程序，以规定：

a) 在文件发布前进行审批，确保其充分性和适宜性；

b) 必要时对文件进行评审和更新，并重新审批；

c) 确保对文件的更改和现行修订状态作出标识；

d) 确保在使用处能得到适用文件的有关版本；

e) 确保文件字迹清楚，易于识别；

f) 确保对策划和运行职业健康安全管理体系所需的外来文件作出标识，并对其发放予以控制；

g) 防止对过期文件的非预期使用。若须保留，则应作出适当的标识。

组织宜识别和控制所有包含职业健康安全管理体系运行所需的信息和组织职业健康安全活动绩效的文件和数据。

组织宜考虑以下各项：

——为其职业健康安全管理体系和职业健康安全活动提供支持并使其能满足 GB/T 28001—2011 要求的文件和数据系统的详情；

——在职业健康安全方面组织所指定的职责和权限的详情。

书面程序宜界定职业健康安全文件的识别、批准、发放和回收的控制措施，以及职业健康安全数据的控制措施（依据 GB/28001—2011 的 4.4.5 的要求）。这些程序宜明确界定其所适用的文件和数据的类别。

在常规和非常规情况下，包括紧急情况下，只要需要，文件和数据就宜可利用和可获取。

这可能包括确保在紧急情况下，最新的工厂工程图、危险物质数据清单、程序和规程等能被提供给需要它们的人员。

组织宜建立程序，用于识别策划和实施其职业健康安全管理体系所需的、源于外部的任何文件。这些文件的分发需予以控制，以确保最新信息能被影响职业健康安全的决策所采用。例如：组织宜建立程序，用于管理组织所用危险物质的安全数据清单。该项任务的职责宜予以指定。负责该项任务的人员宜确保组织中所有人员能得知影响其职责或工作条件的此类信息的任何相关变化。

组织文件控制过程的开发将典型地导致诸如以下各项输出结果：

——包括指定职责和权限的文件控制程序；

——文件登记、总清单或索引；

——受控文件及其所在位置清单；

——档案记录(其中一些宜依据法律法规的要求保存，另一些宜按其他的时间要求保存)。

宜时常对文件进行评审，以确保其始终依然有效和准确。这可作为专项工作来执行，也可作为下列各项活动的必要部分：

——对过程的风险评价的评审；

——对事件的响应；

——对程序的变更管理；

——因法律法规和其他要求、过程、装置、工作场所布局等发生变化而必需执行的活动。

组织保留供参考的过期文件，可体现对某一特定方面的关注，但宜小心谨慎，以确保其不被重新引用。有时，组织有必要保留过期文件，以作为与职业健康安全管理体系的建立或绩效相关的部分记录。

4.4.6 运行控制

GB/T 28001—2011 的条文内容

4.4.6 运行控制

组织应确定那些与已辨识的、需实施必要控制措施的危险源相关的运行和活动，以管理职业健康安全风险。这应包括变更管理(参见 4.3.1)。

对于这些运行和活动，组织应实施并保持：

a) 适合组织及其活动的运行控制措施；组织应把这些运行控制措施纳入其总体的职业健康安全管理体系之中；

b) 与采购的货物、设备和服务相关的控制措施；

c) 与进入工作场所的承包方和访问者相关的控制措施；

d) 形成文件的程序，以避免因其缺乏而可能偏离职业健康安全方针和目标；

e) 规定的运行准则，以避免因其缺乏而可能偏离职业健康安全方针和目标。

4.4.6.1 概述

组织一旦了解了其职业健康安全危险源(参见 4.3.1)，就宜实施运行控制措施，这些运行控制措施对于管理相关风险是必要的，并符合适用法律法规和其他要求。职业健康安全运行控制措施的总体目标是为了管理职业健康安全风险以实现职业健康安全方针。

在建立和实施运行控制措施时，所需考虑的信息包括：

——职业健康安全方针和目标；

——危险源辨识、风险评价、现存控制措施评估和新控制措施确定的结果(参见 4.3.1)；

——变更管理(参见 4.3.1.5)；

——内部的规范(例如：关于材料、设备、设施布局的规范等)；

——现有运行程序的信息；

——法律法规和组织应遵守的其他要求(参见 4.3.2)；

——与所采购的货物、设备和服务相关的产品供应链控制措施；

——参与和协商(参见 4.4.3)的反馈；

——承包方和其他外部人员所执行任务的性质和范围；

——访问者、送货员、服务承包方等被许可进入的工作场所。

在制定运行控制措施时，宜优先选择在防止人身伤害和健康损害方面具有较高可靠性的控制措施方案，并遵循控制措施层级选择顺序，即：首先考虑重新设计设备或过程，以消除或减少危险源；其次考虑改进标志和(或)警示，以避开危险源；然后考虑改进管理程序和培训，以减少人员对未充分控制的危险源的有害暴露的频次和持续时间；最后考虑使用个体防护装备，以降低人身伤害或有害暴露的严重程度(参见 4.3.1.6)。

组织需实施运行控制措施，对其进行持续评审(参见 4.3.1.8)以验证其有效性，并将其融入整个职业健康安全管理体系之中。

4.4.6.2 建立和实施运行控制措施

对于运行区域和活动，如采购、研究与开发、销售、服务、办公活动、非现场工作、家庭工作、制造、运输和维护等，组织有必要建立和实施运行控制措施，以管理职业健康安全风险，使风险保持在可接受的水平。运行控制措施可采用各种不同的方法，例如：物理装置(如屏障、进入控制等)、程序、作业指导书、图示、警报和标志。

注：采用警告标志更为可取，因为警告标志基于公认的设计原则，强调使用标准化的图形符号和尽可能少的文本，即使需使用文本，也有诸如“危险”或“警告”等公认的文字标志可供使用。进一步的指南可参见相关的国家标准。

组织宜建立运行控制措施，以消除或减少和控制可能由员工、承包方、其他外部人员、公众和(或)访问者带入工作场所的职业健康安全风险。运行控制措施可能还需考虑到职业健康安全风险扩展至公共区域或他方控制区域(例如：本组织员工在客户现场工作的时候)的情况。在此情况下，组织有时有必要与外部方面进行协商。

产生职业健康安全风险的领域及其相关控制措施的典型示例如下：

a) 一般控制措施

——设施、机械和设备的定期维护和修理，以预防不安全状况的产生；

——使人行通道保持通畅的管理和维护；

——交通管理(如车辆和行人的分离管理等)；

——工作台的提供和维护；

——热环境(温度、空气质量)的保持；

——通风系统和电气安全系统的维护；

——应急计划的保持；

——与旅行、威吓、性骚扰、毒品和酗酒等相关的政策；

——健康方案(医疗监护方案)；

——与特定控制措施的使用有关的培训和意识方案(如工作许可证制度等)；

——准入控制措施。

b) 执行危险任务

——程序、作业指导书或经核准的工作方法的使用；

——合适设备的使用；

——对执行危险任务的人员或承包方的资格预审和(或)培训；

——工作许可证制度、事先批准制度或授权制度的使用；

——控制人员进出危险作业现场的程序；

——预防健康损害的控制措施。

c) 使用危险物质

——所确立的库存水平、存储位置和存储条件；

——危险物质的使用条件；

——危险物质可用区域的限制；

——安全储存的规定和入库的控制措施；

——物质安全数据和其他相关信息的预备和获取；

——辐射源的防护；

——生物污染物的隔离；

——应急设备的使用知识和可利用性(见 4.4.7)。

d) 设施和设备

——设施、机械和设备的定期维护和修理，以预防不安全状况的产生；

——使人行通道保持通畅的管理和维护以及交通管理；

——个体防护装备的提供、控制和维护；

——职业健康安全设备(如防护装置、防坠落系统、停机系统、受限空间救援设备、锁定系统、火灾探测和灭火设备、有害暴露监视装置、通风系统和电气安全系统等)的检查和测试；

——物质搬运设备(吊车、铲车、起重器械和其他起重设备)的检验和测试。

e) 货物、设备和服务的采购

——对所采购货物、设备和服务的职业健康安全要求的确立；

——就组织自己的职业健康安全要求向供方沟通；

——采购或运输/转移危险化学品、材料和物质的事先批准要求；

——采购新机械和设备的事先批准要求和规范；

——机械和设备使用前安全运行程序的事先批准，和(或)物质使用前安全处理程序的事先批准；

——供方的选择和监视；

——对所接收的货物、设备和服务的检查以及对其职业健康安全绩效的验证(定期验证)；

——对新设施职业健康安全规定的设计的批准。

f) 承包方

——建立承包方的选择准则；

——就组织自己的职业健康安全要求向承包方沟通；

——评估、监视和定期重新评估承包方的职业健康安全绩效。

g) 工作场所的其他外部人员或访问者

由于访问者或其他外部人员的知识和能力具有很大的差异，因此，在制定控制措施时宜对此加以考虑。示例可包括：

——入口控制措施；
——在允许使用设备前确定其知识和能力；
——必要的指导和培训的规定；
——警告标志/管理控制措施；
——监视访问者行为和指导其活动的方法。

4.4.6.3 规定运行准则

组织宜规定预防人身伤害和健康损害所必要的运行准则。运行准则宜具体针对组织及其运行和活动，并与组织自身的职业健康安全风险相关，如果缺乏，则可能会导致对职业健康安全方针和目标的背离。

运行准则示例可包括：

a) 对于危险作业
——指定设备的使用及其使用程序或作业指导书；
——能力要求；
——特定的入口控制过程和设备的使用；
——作业即将开始前个人风险评价的权限/指南/指导书/程序。

b) 对于危险化学品
——经核准的化学品清单；
——有害暴露的限制；
——明确的库存限制；
——指定的储存场所和条件。

c) 对于包含进入危险区域的作业
——个体防护装备要求的规范；
——特定的进入条件；
——健康和适宜条件。

d) 对于包含承包方执行任务的作业
——职业健康安全绩效准则的规范；
——承包方人员的能力和(或)培训要求的规范；
——提供设备的承包方的规范/检验。

e) 对于访问者的职业健康安全危险源
——入口控制措施(出入标志、准入限制)；
——个体防护装备要求；
——现场安全简报；
——应急要求。

4.4.6.4 保持运行控制措施

组织宜定期评审运行控制措施，以评估其持续适宜性和有效性。组织若确定变更是必要的，则宜实施变更(参见 4.3.1)。

此外，如果需增加新的控制措施和(或)对现有控制措施进行修改，则程序宜适当确定相关条件。组织如果打算对现有运行进行更改，则在实施变更前宜就变更可能会带来的职业健康安全危险源和风险进行评估。当需要对运行控制措施进行变更时，组织宜考虑是否有新的或调整的培训需求(参见 4.4.2)。

4.4.7 应急准备和响应

> **GB/T 28001—2011 的条文内容**
>
> **4.4.7 应急准备和响应**
>
> 组织应建立、实施并保持程序,用于:
>
> a) 识别潜在的紧急情况;
>
> b) 对此紧急情况作出响应。
>
> 组织应对实际的紧急情况作出响应,防止和减少相关的职业健康安全不良后果。
>
> 组织在策划应急响应时,应考虑有关相关方的需求,如应急服务机构、相邻组织或居民。
>
> 可行时,组织也应定期测试其响应紧急情况的程序,并让有关的相关方适当参与其中。
>
> 组织应定期评审其应急准备和响应程序,必要时对其进行修订,特别是在定期测试和紧急情况发生后(参见 4.5.3)。

4.4.7.1 概述

组织宜评价影响职业健康安全的潜在紧急情况,并制定有效的响应程序。这既可是一项单独的程序,也可与其他应急程序结合起来。组织宜定期测试其应急准备工作,并寻求对其应急活动和程序的有效性加以改进。

注:如果程序需与其他应急响应程序结合起来,组织就必需确保程序针对全部潜在的职业健康安全影响,而不宜事先假设相关的消防安全或环境应急等程序能够充分满足职业健康安全应急需求。

4.4.7.2 潜在紧急情况的识别

用于识别可能影响职业健康安全的潜在紧急情况的程序,宜考虑到与特定的活动、设备或工作场所相关联的紧急事件。

可能出现的各种不同程度紧急事件的示例包括:

——导致严重人身伤害或健康损害的事件;

——火灾和爆炸;

——危险物质或气体的泄漏;

——自然灾害、恶劣天气;

——公用设施供应的中断,如电力中断等;

——传染病的广泛流行、传播和(或)爆发;

——内乱、恐怖活动、破坏活动、工作场所暴力;

——关键设备故障;

——交通事故。

在识别潜在的紧急情况时,组织宜既考虑到正常运行期间可能发生的紧急事件,又考虑到异常状况下可能发生的紧急事件(如:运转启动或关闭;建造或拆除活动)。

应急计划宜作为持续的变更管理的一部分予以评审。运行的变更可能会带来新的潜在紧急事件,或使组织有必要变更应急响应程序,例如:设施布局的改变可能会影响到紧急疏散路线。

组织宜确定和评价紧急情况将如何影响处于受组织控制的工作场所内和(或)其紧邻的全部人员。

对于有特殊需求的人员(如移动、视力和听力受限的人员等),组织需给予特别关注。他们可能是员工、临时工、承包方人员、访问者、邻居或其他公众。对于出现在工作场所的应急服务人员(如消防人员等),组织也宜考虑到对他们的潜在影响。

在识别潜在的紧急情况时,组织宜考虑下列信息:

——在职业健康安全策划过程期间所开展的危险源辨识和风险评价活动的结果(参见4.3.1);

——法律法规要求;

——组织以往事件(包括事故)和应急的经验;

——类似组织所发生的紧急情况;

——在监管机构或应急响应机构的网站上所发布的事件调查相关信息。

4.4.7.3 应急响应程序的建立与实施

应急响应的重点宜为对人身伤害和健康损害的预防,以及使人员对紧急情况下的有害暴露的职业健康安全后果最小化。

组织宜建立响应紧急情况的程序,并考虑适用的法律法规和其他要求。

应急程序宜清楚、简明,以便在紧急情况下易于使用。它们还宜随时可被应急服务机构所使用。由于电力故障时储存于电脑或者以其他电子方式储存的应急程序可能不易被获取,因此,应急程序的纸质副本需保存在易存取之处。

在建立应急响应程序时,组织宜考虑是否存在下列各项,和(或)是否具备相应能力:

——危险物质储存的存货清单及位置;

——人员的数量和位置;

——可能影响职业健康安全的关键系统;

——应急培训的规定;

——探测和应急控制措施;

——医疗设备、急救包等;

——控制系统以及任何支持性的备用控制系统或并行/多控制系统;

——危险物质监视系统;

——火灾探测和灭火系统;

——应急电源;

——当地应急服务的可用性以及任何当前合适的应急响应安排的详情;

——法律法规和其他要求;

——以往应急响应经验。

当组织确定应急响应需要外部服务(如危险物质处置专家、外部测试实验室等)时,宜预先核准相关安排(以合同方式作好安排)。对于人员的配置、响应的步骤和应急服务机构的局限性,组织需给予特别关注。

对于承担应急响应责任的人员,尤其是被指定承担提供即时响应责任的人员,应急响应程序宜界定其作用、职责和权限。这些人员宜参与应急程序的制定,以便能够充分了解可能需要他们处理的紧急情况的类型和范围,以及所需的协调安排。组织宜向应急服务人员提供所需信息,以便于其参与响应活动。

应急响应程序宜考虑以下各项:

——潜在的紧急情况和位置的识别;

——应急期间的人员所采取行动的详情(包括现场外工作的人员、承包方人员和访问者所采取的行动);

——疏散程序;

——应急期间具有特定响应责任和作用的人员的职责和权限(如消防监督员、急救人员和泄漏清理专家等);

——与应急服务机构的接口和沟通;

——与员工(现场内和现场外的员工)、监管机构和其他相关方(如家属、相邻组织或居民、当地社区、媒体等)的沟通;

——开展应急响应所必要的信息(工厂布局图、应急响应设备的识别及位置、危险物质的识别及位置、公用设施的关闭位置、应急响应提供者的联络信息)。

4.4.7.4 应急响应设备

组织宜确定和评审其应急响应设备和物质需求。

应急期间,组织可能需要使用应急响应设备和物质完成多种功能,例如:疏散、泄漏探测、灭火、化学/生物/辐射监视、通讯、隔离、阻遏、避难、个体防护、消毒、医疗评估和治疗等。

应急响应设备宜可利用且足量,并储存在易获得的场所;宜安全存放并加以防护,以免损坏。这些设备宜定期检查和(或)测试,以确保在紧急状况下能够运行。

对于用来保护应急响应人员的设备和物资,组织需给予特别关注。组织宜将个体防护装备的局限性告知每个人,并训练其正确使用。

应急设备和供应品的类型、数量和储存地点宜作为应急程序评审和测试的一部分予以评估。

4.4.7.5 应急响应培训

组织宜对人员就如何启动应急响应和疏散程序进行培训(参见 4.4.2)。

对于被指定承担应急响应责任的人员,组织宜确定其所需的培训,并确保其已得到了培训。应急响应人员宜保持能力,并能够完成被指派的活动。

当所作的修改对应急响应产生影响时,组织宜确定再培训或其他沟通的需求。

4.4.7.6 应急程序的定期测试

应急程序宜定期测试,以确保组织和外部应急服务机构能够对紧急情况作出适当的响应,并预防或减轻相关的职业健康安全后果。

可行时,应急程序的测试宜包含外部应急服务提供者,以便建立有效的工作关系。这可以改善应急期间的沟通与协作。

应急演练可用于评估组织的应急程序、设备和培训,也可提高对应急响应协议的整体意识。内部各方(如员工等)和外部各方(如消防人员等)均可包含在演练中,以增强对应急响应程序的认识和理解。

组织宜保持应急演练记录。所记录的信息种类包括:演练状况和范围的描述;事件和活动的时间线;对任何显著成绩或问题的观察。宜与演练的策划者和参与者一起评审此方面的信息,以共享反馈和改进建议。

注:GB/T 28001—2011 的 4.4.7 规定,"可行时"应急响应程序应定期测试。这意味着,如果有能力做,就应执行此类测试。

4.4.7.7 评审和修订应急程序

GB/T 28001—2011 的 4.4.7 要求组织定期评审其应急准备和响应程序。在诸如以下时机可执行该项要求:

——列入组织确定的时间表中;

——管理评审期间;

——组织变更之后;

——作为变更管理、纠正措施或预防措施(参见4.5.3)的结果；
——已激活应急响应程序的事件发生后；
——已识别出应急响应不足的演练或测试之后；
——法律法规要求变化之后；
——影响到应急响应的外部变化发生之后。

当对应急准备和响应程序作出变更时，这些变更宜向受其影响的人员和职能进行沟通。与变更有关的培训需求也宜进行评估。

4.5 检查

4.5.1 绩效测量和监视

GB/T 28001—2011 的条文内容

4.5 检查

4.5.1 绩效测量和监视

组织应建立、实施并保持程序，对职业健康安全绩效进行例行监视和测量。程序应规定：

a) 适合组织需要的定性和定量测量；

b) 对组织职业健康安全目标满足程度的监视；

c) 对控制措施有效性(既针对健康也针对安全)的监视；

d) 主动性绩效测量，即监视是否符合职业健康安全方案、控制措施和运行准则；

e) 被动性绩效测量，即监视健康损害、事件(包括事故、未遂事件等)和其他不良职业健康安全绩效的历史证据；

f) 对监视和测量的数据和结果的记录，以便于其后续的纠正措施和预防措施的分析。

如果测量或监视绩效需要设备，适当时，组织应建立并保持程序，对此类设备进行校准和维护。应保存校准和维护活动及其结果的记录。

4.5.1.1 概述

作为组织总体管理体系所必需的组成部分，组织宜有一套对其职业健康安全绩效进行例行测量和监视的系统方法。监视包括信息的收集，例如：通过使用经确认适合其目的的设备或技术来测量和观察随时间变化的信息。

测量既可定量，也可定性。在职业健康安全管理体系中，监视和测量可有多种用途，例如：
——跟踪有关方针承诺的满足、目标和指标的实现以及持续改进的进展；
——监视有害暴露，以确定适用法律法规和组织应遵守的其他要求是否得到了满足；
——监视事件、人身伤害和健康损害；
——为评估运行控制措施的有效性提供数据，或为评估修改控制措施或引入新的控制措施的需求提供数据(参见4.3.1)；
——为组织的主动性和被动性职业健康安全绩效测量提供数据；
——为评估职业健康安全管理体系绩效提供数据；

——为能力评估提供数据。

为达到这些目的，组织宜针对测量的内容、地点、时间和方法以及测量人员的能力要求进行策划(参见 4.4.2)。为将资源集中在最重要的测量项目上，组织宜确定可测量的过程和活动的特性，以及可提供最有用信息的测量项目。组织需建立绩效测量和监视程序，以确保测量的一致性和提高所测数据的可靠性。

宜对测量和监视的结果进行分析，并确定成功之处以及所需纠正和改进之处。

组织的测量和监视宜采用主动性绩效测量和被动性绩效测量两种方法，但宜主要采用主动性绩效测量，以促进绩效的改进和伤害的减少。

主动性绩效测量示例包括：

——法律法规和其他要求的符合性评价；

——工作场所安全巡视或检查结果的有效使用；

——职业健康安全培训的有效性评估；

——职业健康安全行为观察；

——使用认知调查以评估职业健康安全文化和相关员工的满意度；

——内、外部审核结果的有效使用；

——如期完成法定要求或其他检查；

——方案(参见 4.3.3)实施的程度；

——员工参与过程的有效性；

——健康筛查；

——有害暴露的模拟和监视；

——以良好职业健康安全实践为标杆；

——工作活动评价。

被动性绩效测量的示例包括：

——健康损害的监视；

——事件和健康损害的发生及比率；

——事件的时间损失率、健康损害的时间损失率；

——按监管机构的评价所需采取的措施；

——按所收到的相关方意见采取的措施。

4.5.1.2 监视和测量设备

职业健康安全监视和测量设备宜与所测量的职业健康安全绩效的特性相适宜和相关联，并能胜任该项事宜。

为确保结果正确，用于测量职业健康安全状况的监视设备(例如：采样泵、噪声测量仪、有毒气体探测设备等)宜保持良好工作状态并已被校准或验证，且必要时依照可溯源至国际或国家测量基准的测量标准对其进行校准。若无此类测量标准，则宜记录用于校准的基准。

如果计算机软件或系统用于收集、分析或监视数据且会影响职业健康安全绩效结果的准确性，则在使用前宜进行验证，以测试其适用性。

宜选择适宜的设备并以能提供准确和一致结果的方式使用。这可能包括确认抽样方法或抽样地点的适宜性，或者明确规定该设备需以特定的方式使用。

测量设备的校准状态宜为使用者清晰识别。组织不仅不宜使用校准状态不明或校验过期的职业健康安全测量设备，而且还宜将这些设备从使用中撤出，并清楚地予以标识、贴上标签或以其他方式标明，以防误用。

校准和维护宜由有能力的人员承担(参见4.4.2)。

4.5.2 合规性评价

GB/T 28001—2011 的条文内容

4.5.2 合规性评价

4.5.2.1 为了履行遵守法律法规要求的承诺[参见4.2c)],组织应建立、实施并保持程序,以定期评价对适用法律法规的遵守情况(参见4.3.2)。

组织应保存定期评价结果的记录。

注:对不同法律法规要求的定期评价的频次可以有所不同。

4.5.2.2 组织应评价对应遵守的其他要求的遵守情况(参见4.3.2)。这可以和4.5.2.1中所要求的评价一起进行,也可另外制定程序,分别进行评价。

组织应保存定期评价结果的记录。

注:对于不同的、组织应遵守的其他要求,定期评价的频次可以有所不同。

作为合规承诺的一部分,组织宜建立、实施和保持程序,用于定期评价对适用于其职业健康安全风险的法律法规和其他要求的符合性。

组织的合规性评价宜由有能力的人员执行,既可使用组织内部人员,也可使用外部资源。

多种输入可用于评价合规性,包括:

——审核;

——监管机构检查的结果;

——对法律法规和其他要求的分析;

——对事件和风险评价的文件和(或)记录的评审;

——访谈;

——对设施、设备和区域的检查;

——对项目或工作的评审;

——对监视和测试结果的分析;

——设施巡查和(或)直接观察。

组织的合规性评价过程取决于组织的性质(规模、结构和复杂性)。合规性评价可针对综合的法律法规要求或某专项要求。评价的频次会受到诸如以往的合规表现或具体法律法规要求等多种因素的影响。组织可选择在不同时间或以不同频次,或者以其他适当方式评价对单项要求的合规性。

合规性评价方案可与其他评价活动相结合。这些活动可包括管理体系审核、环境审核或质量保证检查。

同样,组织宜定期评价对其应遵守的其他要求的合规性(关于其他要求的进一步指南参见4.3.2)。组织可建立单独的过程开展此方面的评价,也可将此方面的评价与对法律法规的合规性评价、管理评审(4.6)或其他评估过程结合起来进行。

对法律法规和其他要求的合规性定期评价结果需予以记录。

4.5.3 事件调查、不符合、纠正措施和预防措施

4.5.3.1 事件调查

> **GB/T 28001—2011 的条文内容**
>
> **4.5.3 事件调查、不符合、纠正措施和预防措施**
>
> **4.5.3.1 事件调查**
>
> 组织应建立、实施并保持程序，记录、调查和分析事件，以便：
>
> a) 确定内在的、可能导致或有助于事件发生的职业健康安全缺陷和其他因素；
>
> b) 识别采取纠正措施的需求；
>
> c) 识别采取预防措施的可能性；
>
> d) 识别持续改进的可能性；
>
> e) 沟通调查结果。
>
> 调查应及时开展。
>
> 对任何已识别的纠正措施的需求或预防措施的机会，应依据 4.5.3.2 相关要求进行处理。
>
> 事件调查的结果应形成文件并予以保持。

事件调查是防止事件再次发生和识别改进可能性的重要工具。它也可用于提升工作场所内的整体职业健康安全意识。

组织宜有用于报告、调查和分析事件的程序。其目的是为了提供一个结构化的、适宜的和具有时效性的方法来确定和处理引发事件的潜在(根本)原因。

组织宜对所有事件进行调查，并设法防止事件的报告不足。在确定调查性质、所需资源、事件调查优先项时，组织宜考虑：

——事件的实际结果和影响后果；

——此类事件发生的频率及其潜在后果。

在制定这些程序时，组织宜考虑：

——对“事件”(参见 GB/T 28001—2011 中的 3.9)的构成和事件调查的益处达成共同理解和认可的需求；

——报告宜捕捉所有类型的事件，包括重大和微小事件、紧急事件、未遂事件、健康损害事件和某一时段内所发生的事件(如有害暴露等)；

——满足任何与事件报告和调查有关的法律法规要求的需求，例如：对事故登记簿的维护；

——确定事件报告和后续调查的职责和权限的分配；

——处理紧迫风险的即时措施的需求；

——实现公正和客观调查的需求；

——重在确定因果因素的需求；

——使具有事件知识的人员参与的益处；

——确定关于处理和记录调查过程不同阶段的要求，例如：

- 及时收集事实和证据；
- 分析结果；

- 就所识别的纠正措施和(或)预防措施的需求进行沟通；
- 为危险源辨识、风险评价、应急响应、职业健康安全绩效测量和监视、管理评审的过程提供反馈信息。

被指派开展事件调查的人员宜具有胜任该项事宜的能力(参见 4.4.2)。

事件调查过程的输出宜强调 GB/T 28001—2011 的 4.5.3.1 中 a)～e)所列的各项。

4.5.3.2 不符合、纠正措施和预防措施

GB/T 28001—2011 的条文内容

4.5.3.2 不符合、纠正措施和预防措施

组织应建立、实施并保持程序，以处理实际和潜在的不符合，并采取纠正措施和预防措施。程序应明确下述要求：

a) 识别和纠正不符合，采取措施以减轻其职业健康安全后果；

b) 调查不符合，确定其原因，并采取措施以避免其再度发生；

c) 评价预防不符合的措施需求，并采取适当措施，以避免不符合的发生；

d) 记录和沟通所采取的纠正措施和预防措施的结果；

e) 评审所采取的纠正措施和预防措施的有效性。

如果在纠正措施或预防措施中识别出新的或变化的危险源，或者对新的或变化的控制措施的需求，则程序应要求对拟定的措施在其实施前先进行风险评价。

为消除实际和潜在不符合的原因而采取的任何纠正或预防措施，应与问题的严重性相适应，并与面临的职业健康安全风险相匹配。

对因纠正措施和预防措施而引起的任何必要变化，组织应确保其体现在职业健康安全管理体系文件中。

为了保持职业健康安全管理体系的持续有效性，组织宜有程序，用于识别实际和潜在的不符合，并予以纠正且采取纠正措施和预防措施，最好能使问题在发生前就已得到预防。组织可针对纠正措施和预防措施分别建立单独的程序，也可针对二者共建一个程序。

不符合是指未满足要求。要求可与 GB/T 28001—2011 管理体系所述要求相关，或者可为职业健康安全绩效方面。引发不符合问题的示例包括：

a) 在职业健康安全管理体系绩效方面

——最高管理者未能证实其承诺；

——未建立职业健康安全目标；

——未确定职业健康安全管理体系所需的职责，如实现目标的职责等；

——未定期评估对法律法规要求的符合性；

——未能满足培训需求；

——文件过期或不适宜；

——未能进行沟通。

b) 在职业健康安全绩效方面

——未能实施已策划的实现改进目标的方案；

——未能持续实现绩效改进的目标；

——未能满足法律法规或其他要求；
——未记录事件；
——未能及时实施纠正措施；
——未得到处理的人身伤害或健康损害持续保持高比率；
——偏离职业健康安全程序；
——引入新材料或新工艺时未进行适当的风险评价。

可依据以下结果确定纠正措施和预防措施的输入：

——应急程序的定期测试；
——事件调查；
——内部或外部审核；
——定期的合规性评价；
——绩效监视；
——维护活动；
——员工建议方案以及来自员工意见和(或)满意调查的反馈；
——有害暴露评价。

识别不符合宜成为每个人的职责(参见4.4.1)，组织宜鼓励最接近作业现场的人员报告潜在的或实际的问题。

纠正措施是指为消除已识别的不符合或事件的根本原因以防止再次发生而所采取的措施。

一旦识别了不符合，就宜对其进行调查以确定其原因，以便使纠正措施能够针对体系的适当部分。组织宜考虑需采取何种措施以处理问题，和(或)需作出何种改变以纠正这种状况。此类措施的响应和时间安排宜适合于不符合和职业健康安全风险的性质和规模。

预防措施是指为消除潜在不符合或潜在不期望状况的根本原因以防止其发生而所采取的措施。

当识别了潜在问题但未出现实际不符合时，组织宜使用类似纠正措施的方法采取预防措施。潜在问题可使用诸如推断的方法来识别，如将实际的不符合纠正措施推断用于存在类似活动或危险源的其他适当区域。组织宜确保：

——如果确定了新的或变化的危险源，或者确定了对新的或变化的控制措施的需求，所提出的纠正措施或预防措施均宜在实施前进行风险评价；
——纠正措施和预防措施能得以实施；
——对纠正措施和预防措施的结果予以记录，并能使之得到沟通；
——对所采取措施的有效性进行跟踪评审。

4.5.4 记录控制

GB/T 28001—2011的条文内容

4.5.4 记录控制

组织应建立并保持必要的记录，用于证实符合职业健康安全管理体系要求和本标准要求，以及所实现的结果。

组织应建立、实施并保持程序，用于记录的标识、贮存、保护、检索、保留和处置。

记录应保持字迹清楚，标识明确，并可追溯。

组织宜保持记录,以证实其职业健康安全管理体系正在有效运行,以及其职业健康安全风险正在得到管理。

能够证实符合要求的记录包括:

——法律法规和其他要求的合规性评价记录;
——危险源辨识、风险评价和风险控制记录;
——职业健康安全绩效监视记录;
——用于监视职业健康安全绩效的设备校准和维护记录;
——纠正措施和预防措施记录;
——职业健康安全检查报告;
——支持能力评估的培训和相关记录;
——职业健康安全管理体系审核报告;
——参与和协商报告;
——事件报告;
——事件跟踪报告;
——职业健康安全会议纪要;
——健康监护报告;
——个体防护装备维护记录;
——应急响应演练报告;
——管理评审记录。

组织宜保持记录和数据的完整性,以便于后续使用,例如:用于监视和评审活动;用于识别预防措施的变化趋势等。

在确定适宜的记录控制措施时,组织宜考虑任何适用的法律法规要求,保密问题(尤其是关系到个人隐私的问题),储存、获取、处置和备份的要求,以及电子记录的使用。

对于电子记录,组织宜考虑使用防病毒系统和非现场的备份储存。

4.5.5 内部审核

GB/T 28001—2011 的条文内容

4.5.5 内部审核

组织应确保按照计划的时间间隔对职业健康安全管理体系进行内部审核。目的是:

——确定职业健康安全管理体系是否:

- 符合组织对职业健康安全管理的策划安排,包括本标准的要求;
- 得到了正确的实施和保持;
- 有效满足组织的方针和目标。

——向管理者报告审核结果的信息。

组织应基于组织活动的风险评价结果和以前的审核结果,策划、制定、实施和保持审核方案。

应建立、实施和保持审核程序,以明确:

——关于策划和实施审核、报告审核结果和保存相关记录的职责、能力和要求;
——审核准则、范围、频次和方法的确定。

审核员的选择和审核的实施均应确保审核过程的客观性和公正性。

4.5.5.1 概述

组织可运用审核来评审和评估其职业健康安全管理体系的绩效和有效性。

组织宜建立职业健康安全管理体系内部审核方案，以评审其职业健康安全管理体系对GB/T 28001—2011的符合性。

组织宜选定内部或外部人员来执行所策划的职业健康安全管理体系审核，以确定其职业健康安全管理体系是否得到适当实施和保持。所选定的执行职业健康安全管理体系审核的人员宜有能力胜任，其挑选方式宜确保审核过程的客观和公正。

GB/T 19011—2003中所述的基本原理和方法也适用于职业健康安全管理体系审核。

4.5.5.2 建立审核方案

内部审核方案的实施宜针对以下方面：

——与相关方就审核方案所需进行的沟通；

——审核员和审核组的选择过程的建立和保持；

——审核方案所需必要资源的提供；

——审核的策划、协调和日程安排；

——确保审核程序得到建立、实施和保持；

——确保审核活动记录得到控制；

——确保审核结果和审核后续活动得到报告。

注：以上改编自GB/T 19011—2003的5.4。

审核方案宜基于组织活动的风险评价结果和以前的审核结果。风险评价的结果(参见4.3.1)宜用于指导组织确定特定活动、区域或职能的审核频次，以及所需关注的管理体系部分。

职业健康安全管理体系审核宜覆盖职业健康安全管理体系范围(参见4.1)内的所有区域和活动，并评价与GB/T 28001—2011的符合性。

职业健康安全管理体系审核的频次和覆盖范围与以下各方面有关：与不同职业健康安全管理体系要素的失效相关的风险；可获得的关于职业健康安全管理体系绩效的数据；管理评审的输出；职业健康安全管理体系或组织的活动易受变更影响的程度。

4.5.5.3 内部审核活动

职业健康安全管理体系审核宜依据审核方案进行。在下列情况下，组织宜考虑增加额外的审核：

——危险源或风险评价发生变化；

——以往审核结果表明需要额外的审核；

——根据事件的类型或事件频次的增长而确定有此必要；

——其他情况表明有此必要。

一个典型的内部审核活动可包括：

——启动审核；

——开展文件评审和进行审核准备；

——实施审核；

——准备审核报告并就其进行沟通；

——完成审核并开展审核后续活动。

注：以上改编自GB/T 19011—2003的6.1。

4.5.5.4 启动审核

启动审核包括以下典型活动：

——确定审核的目的、范围和准则；

注：审核准则是指与审核证据相比较的参考依据，如 GB/T 28001—2011 的职业健康安全方针和程序。

——在考虑对客观和公正的需求的情况下，选定适合的审核员和审核组；

——确定审核方法；

——与受审核方以及其他参与审核的人员确认审核安排。

确定适宜的工作场所职业健康安全规则是该过程的一个重要组成部分。在某些情况下，可能还需对审核员开展额外的培训和(或)要求其遵守附加的要求(如：穿戴专业个体防护装备)。

4.5.5.5 审核员的选择

承担职业健康安全管理体系审核任务的审核员可为一人或多人。采用审核组方法可使更多人参与并增进合作。它还可使更广泛的专家技能得到利用，并要求审核员个人各自具备特定的能力。

为了保持独立、客观和公正，审核员不宜审核自己所承担的工作。

审核员需理解其任务并有能力胜任。审核员宜熟悉其所审核区域的职业健康安全危险源和风险，以及所适用的法律法规或其他要求。他们需具备相关审核准则及所审核活动的经验和知识，以使其能够评估绩效和确定不足。

4.5.5.6 文件评审和审核准备

在开展审核前，审核员宜评审适当的职业健康安全管理体系文件和记录以及以往的审核结果。在制定审核计划时，组织宜使用这些信息。

可评审的文件包括：

——作用、职责和权限方面的信息(如组织结构图)；

——职业健康安全方针；

——职业健康安全目标和方案；

——职业健康安全管理体系审核程序；

——职业健康安全程序和作业指导书；

——危险源辨识、风险评价和风险控制的结果；

——适用的法律法规和其他要求；

——事件、不符合和纠正措施报告。

评审文件的数量和审核计划的详细程度宜反映审核的范围和复杂性。审核计划宜覆盖以下各方面：

——审核目的；

——审核准则；

——审核方法；

——审核范围和(或)区域；

——审核日程安排；

——涉及审核的有关各方的作用和职责。

审核计划的信息可包含在多个文件中，重点在于为实施审核提供充分的信息。

如果需要将其他方面(如员工代表等)包含在审核过程中，则宜将其纳入审核计划。

4.5.5.7 实施审核

下列活动为部分典型的审核活动：

——审核期间的沟通；

——信息的收集和验证；

——审核发现和结论的产生。

审核期间是否有必要安排正式的沟通，这取决于审核的范围和复杂性。审核组宜及时向受审核方沟通如下信息：

——审核计划；

——审核活动的状况；

——审核期间引起的任何关注；

——审核结论。

审核计划的沟通可利用首次会议进行。末次会议期间宜报告审核发现和结论。

如果审核期间所收集到的证据表明，需对某项紧迫风险采取即时措施，则宜及时予以报告。

在审核期间，宜通过适当方法收集与审核目的、范围和准则相关的信息。方法的选用取决于所开展的职业健康安全管理体系审核的性质。

审核宜确保对重要活动的代表性样本进行审核，并与相关人员进行面谈。这可能包括与诸如工作人员个人、员工代表和相关外部人员(如承包方等)等进行访谈。

有关的文件、记录和结果宜予以检查。

在可能的情况下，宜将检查纳入职业健康安全管理体系审核程序中，以有助于避免所收集的数据、信息或其他记录的曲解或错用。

宜对照审核准则来评估审核证据，以得出审核发现和审核结论。审核证据宜可验证，并宜予以记录。

4.5.5.8 准备审核报告并进行沟通

职业健康安全管理体系审核的结果宜予以记录并及时向管理者报告。

职业健康安全管理体系最终审核报告的内容宜清晰、准确和完整。审核报告宜由审核员签署并注明日期。

审核报告宜包含下列要素：

——审核目的和范围；

——有关审核计划的信息(审核组成员和受审核方代表的识别、审核日期、受审核区域的识别)；

——用于实施审核的依据文件和其他审核准则(如：GB/T 28001—2011、职业健康安全程序等)的识别；

——所识别不符合的详情；

——对于职业健康安全管理体系，任何关于以下各方面的程度的评价：

- 符合策划安排的程度；
- 得到合适实施和保持的程度；
- 实现所阐明的职业健康安全方针和目标的程度。

职业健康安全管理体系审核的结果宜尽快与所有相关方进行沟通，以使纠正措施得到实施。

在就职业健康安全管理体系审核报告所含信息进行沟通时，宜考虑到保密性。

4.5.5.9 完成审核并开展审核后续活动

必要时宜对结果进行评审并采取有效的纠正措施。

宜对审核发现进行后续监视，以确保所识别的不符合均得到处理。

最高管理者宜考虑职业健康安全管理体系的审核发现和建议，必要时适时采取适宜的措施。

4.6 管理评审

> **GB/T 28001—2011 的条文内容**
>
> **4.6 管理评审**
>
> 最高管理者应按计划的时间间隔，对组织的职业健康安全管理体系进行评审，以确保其持续适宜性、充分性和有效性。评审应包括评价改进的可能性和对职业健康安全管理体系进行修改的需求，包括对职业健康安全方针和职业健康安全目标的修改需求。应保存管理评审记录。
>
> 管理评审的输入应包括：
>
> ——内部审核和合规性评价的结果；
>
> ——参与和协商的结果(参见 4.4.3)；
>
> ——来自外部相关方的相关沟通信息，包括投诉；
>
> ——组织的职业健康安全绩效；
>
> ——目标的实现程度；
>
> ——事件调查、纠正措施和预防措施的状况；
>
> ——以前管理评审的后续措施；
>
> ——客观环境的变化，包括与职业健康安全有关的法律法规和其他要求的发展；
>
> ——改进建议。
>
> 管理评审的输出应符合组织持续改进的承诺，并应包括与如下方面可能的更改有关的任何决策和措施：
>
> ——职业健康安全绩效；
>
> ——职业健康安全方针和目标；
>
> ——资源；
>
> ——其他职业健康安全管理体系要素。
>
> 管理评审的相关输出应可用于沟通和协商(参见 4.4.3)。

管理评审宜重点关注关于以下各方面的职业健康安全管理体系总体绩效：

——适宜性(有赖于组织的规模、风险的性质等，体系是否适合于组织)；

——充分性(体系是否充分强调组织的职业健康安全方针和目标)；

——有效性(体系是否正在实现所预期的结果)。

最高管理者宜定期(如：每季度、每半年、每年度)开展管理评审，可以会议或其他沟通方式进行。适当时，对职业健康安全管理体系绩效的部分管理评审可更频繁地开展。不同的评审可针对总体管理评审的不同要素。

最高管理者中的被任命者(参见 4.4.1)有责任确保将有关职业健康安全管理体系总体绩效的报告提交给最高管理者，以供其评审。

在策划管理评审时，宜考虑以下方面：

——所针对的主题；

——为确保评审的有效性而必不可少的人员(最高管理者、管理者、职业健康安全专家、其他人员)；

——参与者个人在评审方面的职责；

——提交评审的信息；

——如何记录评审。

涉及组织的职业健康安全绩效，以及表明防止人身伤害和健康损害的方针承诺所获进展的证据，可考虑下列输入：

——实际的应急报告或应急演练报告；

——员工满意度调查；

——事件统计；

——监管机构的检查结果；

——监视和测量的结果和(或)建议；

——承包方的职业健康安全绩效；

——所供应的产品和服务的职业健康安全绩效；

——法律法规和其他要求变化的信息。

除 GB/T 28001—2011 所需的管理评审特定输入外，也可考虑下列输入：

——管理者个人关于体系局部有效性的报告；

——持续进行的危险源辨识、风险评价和风险控制过程的报告；

——职业健康安全培训计划的完成进展。

除 GB/T 28001—2011 所需输出外，也应考虑下列问题的详情：

——当前危险源辨识、风险评价和风险控制过程的适宜性、充分性和有效性；

——当前的风险水平和现有控制措施的有效性；

——资源的充分性(财力、人力、物力)；

——应急准备的状况；

——对法规和技术可预见变化的影响评价。

依据评审中形成一致的决定和措施，宜考虑评审结果的沟通的性质和类型以及沟通的对象。

附 录 A
（资料性附录）
GB/T 28001—2011、GB/T 24001—2004 和 GB/T 19001—2008 之间的对应关系

GB/T 28001—2011、GB/T 24001—2004 和 GB/T 19001—2008 之间的对应关系如表 A.1 所示。

表 A.1 GB/T 28001—2011、GB/T 24001—2004 和 GB/T 19001—2008 之间的对应关系

GB/T 28001—2011		GB/T 24001—2004		GB/T 19001—2008	
章条号	章条标题	章条号	章条标题	章条号	章条标题
	引言		引言		引言
				0.1	总则
				0.2	过程方法
				0.3	与 GB/T 19004 的关系
				0.4	与其他管理体系的相容性
1	范围	1	范围	1	范围
				1.1	总则
				1.2	应用
2	规范性引用文件	2	规范性引用文件	2	规范性引用文件
3	术语和定义	3	术语和定义	3	术语和定义
4	职业健康安全管理体系要求(仅有标题)	4	环境管理体系要求(仅有标题)	4	质量管理体系(仅有标题)
4.1	总要求	4.1	总要求	4.1	总要求
				5.5	职责、权限与沟通
				5.5.1	职责和权限
4.2	职业健康安全方针	4.2	环境方针	5.1	管理承诺
				5.3	质量方针
				8.5.1	持续改进
4.3	策划(仅有标题)	4.3	策划(仅有标题)	5.4	策划(仅有标题)
4.3.1	危险源辨识、风险评价和控制措施的确定	4.3.1	环境因素	5.2	以顾客为关注焦点
				7.2.1	与产品有关的要求的确定
				7.2.2	与产品有关的要求的评审
4.3.2	法律法规和其他要求	4.3.2	法律法规和其他要求	5.2	以顾客为关注焦点
				7.2.1	与产品有关的要求的确定
4.3.3	目标和方案	4.3.3	目标、指标和方案	5.4.1	质量目标
				5.4.2	质量管理体系策划
				8.5.1	持续改进
4.4	实施和运行(仅有标题)	4.4	实施与运行(仅有标题)	7	产品实现(仅有标题)
4.4.1	资源、作用、职责、责任和权限	4.4.1	资源、作用、职责和权限	5.1	管理承诺
				5.5.1	职责和权限
				5.5.2	管理者代表

表 A.1(续)

GB/T 28001—2011		GB/T 24001—2004		GB/T 19001—2008	
章条号	章条标题	章条号	章条标题	章条号	章条标题
4.4.1	资源、作用、职责、责任和权限	4.4.1	资源、作用、职责和权限	6.1 6.3	资源提供 基础设施
4.4.2	能力、培训和意识	4.4.2	能力、培训和意识	6.2.1 6.2.2	总则 能力、意识和培训
4.4.3	沟通、参与和协商	4.4.3	信息交流	5.5.3 7.2.3	内部沟通 顾客沟通
4.4.4	文件	4.4.4	文件	4.2.1	(文件要求)总则
4.4.5	文件控制	4.4.5	文件控制	4.2.3	文件控制
4.4.6	运行控制	4.4.6	运行控制	7.1 7.2 7.2.1 7.2.2 7.3.1 7.3.2 7.3.3 7.3.4 7.3.5 7.3.6 7.3.7 7.4.1 7.4.2 7.4.3 7.5 7.5.1 7.5.2 7.5.5	产品实现的策划 与顾客有关的过程 与产品有关的要求的确定 与产品有关的要求的评审 设计和开发策划 设计和开发输入 设计和开发输出 设计和开发评审 设计和开发验证 设计和开发确认 设计和开发更改的控制 采购过程 采购信息 采购产品的验证 生产和服务的提供 生产和服务的提供的控制 生产和服务的提供过程的确认 产品防护
4.4.7	应急准备和响应	4.4.7	应急准备和响应	8.3	不合格品控制
4.5	检查(仅有标题)	4.5	检查(仅有标题)	8	测量、分析和改进(仅有标题)
4.5.1	绩效测量和监视	4.5.1	监视和测量	7.6 8.1 8.2.3 8.2.4 8.4	监视和测量设备的控制 (测量、分析和改进)总则 过程的监视和测量 产品的监视和测量 数据分析
4.5.2	合规性评价	4.5.2	合规性评价	8.2.3 8.2.4	过程的监视和测量 产品的监视和测量
4.5.3	事件调查、不符合、纠正措施和预防措施(仅有标题)	—	—	—	—

表 A.1(续)

GB/T 28001—2011		GB/T 24001—2004		GB/T 19001—2008	
章条号	章条标题	章条号	章条标题	章条号	章条标题
4.5.3.1	事件调查	—	—	—	—
4.5.3.2	不符合、纠正措施和预防措施	4.5.3	不符合、纠正措施和预防措施	8.3 8.4 8.5.2 8.5.3	不合格品控制 数据分析 纠正措施 预防措施
4.5.4	记录控制	4.5.4	记录控制	4.2.4	记录控制
4.5.5	内部审核	4.5.5	内部审核	8.2.2	内部审核
4.6	管理评审	4.6	管理评审	5.1 5.6 5.6.1 5.6.2 5.6.3 8.5.1	管理承诺 管理评审(仅有标题) 总则 评审输入 评审输出 持续改进

附　录　B
（资料性附录）
GB/T 28000 系列标准与 ILO-OSH:2001 之间的对应关系

B.1　引言

本附录识别了 ILO-OSH:2001《职业健康安全管理体系指南》与 GB/T 28000 系列标准之间的主要不同点，并提供了它们之间不同要求的对比评价。

注：需注意的是，经识别确认，两者并无重大差异。

如果组织已实施了职业健康安全管理体系且符合 GB/T 28001—2011，则可确信其职业健康安全管理体系也与 ILO-OSH:2001 的建议相一致。

B.4 给出了 GB/T 28000 系列标准与 ILO-OSH:2001 之间的对应关系表。

B.2　概述

ILO-OSH:2001 的两个主要目标是：

a)　帮助国家建立职业健康安全管理体系国家构架；

b)　为单个组织就职业健康安全要素融入其总体方针和管理安排之中提供指南。

GB/T 28001—2011 规定了职业健康安全管理体系的要求，使组织能够控制风险和改进其职业健康安全绩效。本标准是 GB/T 28001—2011 的实施指南。GB/T 28000 系列标准与 ILO-OSH:2001 第 3 章“组织的职业健康安全管理体系”类似。

B.3　对照 GB/T 28000 系列标准对 ILO-OSH:2001 第 3 章的详尽分析

B.3.1　范围

ILO-OSH:2001 以工作人员为关注焦点，而 GB/T 28000 系列标准以组织控制下的人员和其他相关方为关注焦点，其关注范围更广。

B.3.2　职业健康安全管理体系模式

关于描述职业健康安全管理体系主要要素的模式，ILO-OSH:2001 与 GB/T 28000 系列标准完全相同。

B.3.3　ILO-OSH:2001 的 3.2“工作人员参与”

ILO-OSH:2001 的 3.2.4 建议：“适当时，雇主宜确保健康安全委员会的建立和有效运行，以及依据国家法律和惯例对工作人员健康安全代表的认可”。

GB/T 28001—2011 中 4.4.3 要求组织建立沟通、参与和协商的程序，使更广泛的相关方参与其中（因为 GB/T 28000 系列标准应用范围更广）。

B.3.4　ILO-OSH:2001 的 3.3“职责和责任”

ILO-OSH:2001 的 3.3.1(h)建议建立预防和健康促进方案。GB/T 28000 系列标准无此要求。

B.3.5 ILO-OSH:2001 的 3.4“能力和培训”

ILO-OSH:2001 的 3.4.4 建议:“宜向所有参与者提供免费培训,并尽可能安排在工作时间内”。GB/T 28000 系列标准无此要求。

B.3.6 ILO-OSH:2001 的 3.10.4“采购”

ILO-OSH:2001 强调宜将组织的健康安全要求融入采购和租赁规范之中。

GB/T 28000 系列标准强调宜依据风险评价的要求、所识别的法律法规要求和所确立的运行控制措施来进行采购。

B.3.7 ILO-OSH:2001 的 3.10.5“承包”

ILO-OSH:2001 明确了确保组织的健康安全要求适合于承包方所需采取的步骤(承包方也提供所需的措施概要)。这隐含在 GB/T 28000 系列标准中。

B.3.8 ILO-OSH:2001 的 3.12“与工作有关的人身伤害、健康损害、疾病和事件的调查及其对健康安全绩效的影响”

不同于 GB/T 28001—2011 的 4.5.3.2,ILO-OSH:2001 不要求纠正措施或预防措施在实施前通过风险评价过程进行评审。

B.3.9 ILO-OSH:2001 的 3.13“审核”

ILO-OSH:2001 建议协商选择审核员。与之相对应,GB/T 28000 系列标准要求审核人员公正和客观。

B.3.10 ILO-OSH:2001 的 3.16“持续改进”

在 ILO-OSH:2001 中,“持续改进”是一个单独的子条款。它详细阐述了为实现持续改进所宜考虑的安排。在 GB/T 28000 系列标准中,类似的安排则贯穿于整个标准中,因而没有与其相对应的单独条款。

B.4 GB/T 28000 系列标准和 ILO-OSH:2001 之间的对应情况

GB/T 28000 系列标准和 ILO-OSH:2001 之间的对应情况如表 B.1 所示。

表 B.1 GB/T 28000 系列标准与 ILO-OSH:2001 之间的对应关系

章条号	GB/T 28000 系列标准	章条号	ILO-OSH:2001
	前言		国际劳工组织
	引言	 3.0	引言 组织的职业健康安全管理体系
1	范围	1.0	目标
2	规范性引用文件		参考文献
3	术语和定义		词汇表
4	职业健康安全管理体系要求(仅有标题)		—
4.1	总要求	3.0	组织的职业健康安全管理体系

表 B.1（续）

章条号	GB/T 28000 系列标准	章条号	ILO-OSH:2001
4.2	职业健康安全方针	3.1 3.16	职业健康安全方针 持续改进
4.3	策划(仅有标题)	—	策划和实施(仅有标题)
4.3.1	危险源辨识、风险评价和控制措施的确定	3.7 3.8 3.10 3.10.1 3.10.2 3.10.5	初始评审 体系策划、建立和实施 危害预防 预防和控制措施 变更管理 承包
4.3.2	法律法规和其他要求	3.7.2 3.10.1.2	(初始评审) (预防和控制措施)
4.3.3	目标和方案	3.8 3.9 3.16	体系策划、建立和实施 职业健康安全目标 持续改进
4.4	实施和运行(仅有标题)	—	—
4.4.1	资源、作用、职责、责任和权限	3.3 3.8 3.16	职责和责任 体系策划、建立和实施 持续改进
4.4.2	能力、培训和意识	3.4	能力和培训
4.4.3	沟通、参与和协商	3.2 3.6	工作人员参与 沟通
4.4.4	文件	3.5	职业健康安全管理体系文件
4.4.5	文件控制	3.5	职业健康安全管理体系文件
4.4.6	运行控制	3.10.2 3.10.4 3.10.5	变更管理 采购 承包
4.4.7	应急准备和响应	3.10.3	应急预防、准备和响应
4.5	检查(仅有标题)	—	评价(仅有标题)
4.5.1	绩效测量和监视	3.11	绩效监视和测量
4.5.2	合规性评价	—	—
4.5.3	事件调查、不符合、纠正措施和预防措施(仅有标题)	—	—
4.5.3.1	事件调查	3.12 3.16	与工作有关的人身伤害、健康损害、疾病和事件的调查及其对职业健康安全绩效的影响 持续改进
4.5.3.2	不符合、纠正措施和预防措施	3.15	预防和纠正措施
4.5.4	记录控制	3.5	职业健康安全管理体系文件
4.5.5	内部审核	3.13	审核
4.6	管理评审	3.14 3.16	管理评审 持续改进

附　录　C
（资料性附录）
在危险源辨识检查表中包含项目的示例

C.1　物理性危险源

——溜滑或不平坦的场地；
——高处作业；
——高空物体坠落；
——受限空间作业；
——未能考虑人类工效学要求（例如工作场所设计未能考虑人类工效学要求）；
——手工搬运；
——重复性工作；
——服饰缠绕、卷入伤害、灼烫和其他因设备产生的危险源；
——在出差或步行时的交通运输危险源（与运输工具的速度和外部特征以及道路环境相关联），无论是在途中还是在生产经营场所或生产现场；
——火灾和爆炸（与易燃物质的数量和性质相关联）；
——可造成伤害的能源，如电、辐射、噪声、振动等（与所包含的能量大小相关联）；
——能快速释放并对身体造成伤害的储存能量（与能量大小相关联）；
——能导致上肢失调的频繁重复性任务（与任务的持续时间相关联）；
——能导致体温过低或热应激的不适热环境；
——造成员工身体伤害的职场暴力（与施害的性质相关联）；
——电离辐射（由X光机、伽马射线仪或放射性物质产生）；
——非电离辐射（如光、磁、无线电波等）。

C.2　化学性危险源

因以下情况而危害健康或安全的物质：
——吸入烟雾、有害气体或尘粒；
——身体接触或被身体完全吸收；
——摄食；
——物料的储存、不相容或降解。

C.3　生物性危险源

生物制剂、过敏源或病菌（例如细菌或病毒）可能：
——被吸入；
——经接触传染，包括经由体液（如针头扎伤）和昆虫叮咬等传染；
——被摄食（如受污染的食品）。

C.4 社会心理危险源

能导致负面社会心理状态(包括精神状态等)的情况,例如因以下情况而产生的应激(包括创伤后应激等)、焦虑、疲劳或沮丧:

——工作量过度;

——缺乏沟通或管理控制;

——工作场所物理环境;

——身体暴力;

——胁迫或恐吓。

注1:社会心理危险源可由工作场所外部的问题而引发,并影响个人或其同事的职业健康安全。

注2:GB/T 16856.2 也给出了其他来源和危害的示例。

附 录 D
（资料性附录）
风险评价工具和方法的示例比较

风险评价工具和方法的示例比较见表 D.1。

表 D.1 风险评价工具和方法的示例比较

工 具	优 势	劣 势
检查表/问卷	• 易用 • 在初始评估中可防止“遗漏”	• 常受限于回答“是/否” • 仅与所用检查表几乎一样——不考虑独特状况
风险矩阵	• 相对易用 • 提供可视表达 • 不需使用数字	• 仅二维——不能考虑影响风险的多重因素 • 预设答案可能不适合某些情况
排名/投票表	• 相对易用 • 适用于捕捉专家意见 • 允许考虑多风险因素（例如：严重性、可能性、可检测性、数据的不确定度等）	• 需要使用数字 • 如果数据质量不好，结果会很差 • 可能导致对不可比的风险进行比较
失效模式与后果分析（FMEA） 危害与可操作性分析（HAZOP）	• 适用于详尽的过程分析 • 提供技术数据的输入	• 需使用专业知识 • 需输入数值数据进行分析 • 花费资源（时间和金钱） • 更适合于设备有关的风险，而不适合与人因有关的风险
暴露评价策略	• 适用于与危险物质和环境有关的数据分析	• 需使用专业知识 • 需输入数值数据
计算机模拟	• 如果有关且足够的数据可资利用，计算机模拟可给出很好的答案 • 通常使用数值输入，极少主观判断	• 需要花费相当多的时间和金钱去开发和验证 • 潜在地过度依赖结果，而不质疑结果的有效性
帕累托分析	• 能有助于判定最重要变化的简单的技术	• 仅适用于比较相似的项目，亦即呈线性关系

参 考 文 献

［1］ GB 2894—2008 安全标志及其使用导则

［2］ GB/T 10001(所有部分) 标志用公共信息图形符号(ISO 7001:2007,NEQ)

［3］ GB/T 16273(所有部分) 设备用图形符号(ISO 7000:2004,NEQ)

［4］ GB/T 16856.1—2008 机械安全 风险评价 第1部分:原则(ISO 14121-1:2007,IDT)

［5］ GB/T 16856.2—2008 机械安全 风险评价 第2部分:实施指南和方法举例(ISO/TR 14121-2:2007,IDT)

［6］ GB/T 19000—2008 质量管理体系 基础和术语(ISO 9000:2005,IDT)

［7］ GB/T 19001—2008 质量管理体系 要求(ISO 9001:2008,IDT)

［8］ GB/T 20438.5—2006 电气/电子/可编程电子安全相关系统的功能安全 第5部分:确定安全完整性等级的方法示例(IEC 61508-5:1998,IDT)

［9］ GB/T 23809—2009 应急导向系统 设置原则与要求(ISO 16096:2004,MOD)

［10］ GB/T 24001—2004 环境管理体系 要求及使用指南(ISO 14001:2004,IDT)

［11］ GB/T 25894—2010 疏散平面图 设计原则与要求(ISO 23601:2009,MOD)

［12］ GB/T 25895.1—2010 水域安全标志和沙滩安全旗 第1部分:工作场所和公共区域用水域安全标志(ISO 20712-1:2008,MOD)

［13］ GB/T 25895.3—2010 水域安全标志和沙滩安全旗 第3部分:使用原则与要求(ISO 20712-3:2008,MOD)

［14］ GB/T 26443—2010 安全色和安全标志 安全标志的分类、性能和耐久性(ISO 17398:2004,MOD)